工程制图与计算机绘图

（第2版）

贾朝政　贺元成　主编

重庆大学出版社

图书在版编目(CIP)数据

工程制图与计算机绘图/贾朝政,贺元成主编. —重庆:重庆大学出版社,2001.11(2023.7 重印)
土木工程专业本科系列教材
ISBN 978-7-5624-2375-1

Ⅰ.工…　Ⅱ.①贾…②贺…　Ⅲ.工程制图:计算机制图—高等学校—教材　Ⅳ.TB23

中国版本图书馆 CIP 数据核字(2001)第 069797 号

工程制图与计算机绘图
(第 2 版)
贾朝政　贺元成　主编
责任编辑:曾令维　　版式设计:曾令维
责任印制:张　策
*
重庆大学出版社出版发行
出版人:饶帮华
社址:重庆市沙坪坝区大学城西路 21 号
邮编:401331
电话:(023) 88617190　88617185(中小学)
传真:(023) 88617186　88617166
网址:http://www.cqup.com.cn
邮箱:fxk@cqup.com.cn (营销中心)
全国新华书店经销
重庆市正前方彩色印刷有限公司印刷
*
开本:787mm×1092mm　1/16　印张:19.75　字数:493千
2016年1月第2版　2023年7月第7次印刷
ISBN 978-7-5624-2375-1　定价:49.80元

前言

为适应现代科学技术的发展，进一步深化教育教学改革，大力推进素质教育，满足加强基础设施建设对工程制图学科的现实需要，一定程度地解决高校教学中教材滞后于实践的问题，我们特编写这本《工程制图与计算机绘图》。该教材的编写目标主要集中在：一是打破原教材的体系模式，突出计算机绘图的重要性，将之作为下篇增大在教材中的比重；二是努力贯彻素质教育精神，着力培养学生的实践能力，使工程制图与画法几何单独成书而强化该教材的实践性；三是力求充分吸取科技有关新成就，大力培养学生的科学精神和创新意识；四是尽量联系实际和尽量反映教学科研的有关成就，把教材的基本内容与生产实践和教学实践相结合。本教材中很多插图特别是专业图，大都来自生产实际，其结构和复杂程度均符合教学要求。

本教材分为上、下两篇。上篇为工程制图，其中绪论及第 1 章为制图基础知识，第 2、3 章为投影制图，其余各章分别为各专业工程图。第 10 章机械制图属选学内容，可根据专业需要选用。下篇为计算机绘图。

教材中制图基础知识部分采用国家统一的技术制图标准。对于不同的专业图采用不同的国家标准、部颁标准。对于有的专业图的画法，没有相应的国标或部标时，采用习惯的通用画法。

本教材可作为工业与民用建筑专业、建筑结构专业、交通工程专业、给水排水专业本科的工程制图与计算机绘图课程的教材，也可作为建筑学、地下建筑专业的教材。同时可供电大、自考、函大等相同专业作为教材使用，也可作为有关工程人员的参考书，还可作为从事计算机绘图人员的培训教材。

本书的编写，力求文字叙述通俗易懂，便于阅读；结构严谨、逻辑严密，便于理解；插图清晰、图文配合紧密，便于自学。

参加本教材编写的人员有：贾朝政（绪论、第 2 章、第 3 章）、贺元成（第 1 章、第 10 章）；蒋红英、申林翠（合编第 4、5、6 章）；熊岚（第 7、8、9 章）；黎玉彪（第 11 章至第 16 章）。在编写过程中，有关同仁提出了宝贵意见，我们于此谨致谢意！同时，我们借鉴了有关的教材专著；我们的各界友人，也以各种方式给予了一定的鼓励和支持。于此，并致谢忱，恕不一一细列了。

由于时间仓促，加之水平有限，在编写过程中难免出现错误。为此，热忱欢迎广大教师和读者批评指正。

编　者

2015 年 8 月

目录

上篇　工程制图

下 篇 计算机绘图

上 篇　工程制图

绪　论

(1)概述

工程制图课，是高等工业学校培养高级工程技术人才所开设的一门技术基础课。图纸，作为工程界共同的技术“语言”，是每一个从事工程技术的人员必须掌握的。不懂得这一语言，就无法表达自己的设计构思，无法领会别人的设计意图，无法进行工程技术的交流。所以，要成为未来的工程技术人员，就必须经过严格的训练，使之具备阅读和绘制工程图样的能力。

工程制图随着人类社会生产和生活的发展，特别是随着物质生产和科学技术的进步，日益充满生机和活力。作为一种工程建设中的知识理论，工程制图既古老又常新。制图在我国古代建筑史上占有光辉的一页，我国的制图曾取得了一系列重要的成就。如3000多年前劳动人民便创造了“规、矩、绳、墨、悬、水”等制图工具。公元1100年写成的《营造法》，就是世界上最早的一部建筑巨著，书中有大量的建筑图样。其图样的种类有平面图、立面图、剖面图，其表现形式有正投影、斜投影、中心投影。

伴随着我国现代化建设的推进，计算机日益进入生产和生活的各个领域，工程技术界也较为普遍地运用计算机绘图。计算机技术运用于工程制图必将带来制图业的重大进步。高等工业学校的工程制图课充实计算机绘图知识不仅势在必行，而且刻不容缓了。了解和掌握计算机绘图，对工科院校学生投身现代化建设，在将来的工程建设岗位上施展才华，是十分必要和非常重要的。为了突出这一点，本教材取名为《工程制图与计算机绘图》，以增强应有的时代感。

(2)工程制图与计算机绘图课程的主要内容

本教材的内容主要有以下几个方面：

①制图基础知识　介绍制图工具和仪器的使用，制图国家标准以及基本的几何作图方法。

②投影制图　主要介绍组合体的绘制、阅读、尺寸标准以及建筑形体的表示方法。

③专业制图　主要运用制图的基本知识和投影原理，介绍各专业工程图样的表示方法。本书介绍的专业图有：房屋建筑施工图、结构施工图、给水排水工程图、道路线路工程图、桥隧工

程图、涵洞工程图、机械图。根据各个专业的不同,可重点学习其中某些部分。

④计算机绘图　主要介绍 Auto CAD2000 中基本的绘图、编辑命令及其操作,同时介绍了文本标注、尺寸标注、图形输出。

(3)工程制图与计算机绘图课程的目的和任务

本课程是培养和造就高级工程技术人才所必修的技术基础课,其目的在于:

①培养学生阅读和绘制工程图样的能力,并通过实践,培养学生的空间想象力。

②培养学生在计算机绘图方面的上机操作能力。

主要任务是:

①使学生熟悉有关制图标准,正确使用工具和仪器,熟练掌握制图技巧。

②培养绘制和阅读工程图的能力,掌握绘制工程图样的有关知识和技能。通过作业练习,使绘制的专业图能达到符合一定要求的图面质量。

③掌握绘制草图的基本技能,学会观察物体,按比例徒手画出草图。

④熟悉工程制图中物体的各种表示方法。

⑤培养空间想象力,培养学生空间分析问题的能力。

⑥培养学生计算机绘图的上机操作能力,熟悉计算机绘图中基本的绘图和编辑命令。通过学习,能绘制出简单的专业图。

(4)工程制图与计算机绘图课程的学习方法

①自觉养成正确使用绘图工具和仪器的习惯,严格遵守制图国家标准,掌握正确的作图步骤和方法。

②多观察、多思考、多动手,下工夫培养自己的空间想象力。而空间想象力的培养,在本课程中就是一个从二维到三维的训练过程。它通过一系列练习、作业体现出来。因此,必须认真对待每一次练习、作业。逐步掌握绘图和读图方法,提高绘图、读图的能力。

③在计算机绘图部分,应多上机操作。只有多实践,才能熟练掌握计算机绘图常用的操作命令及绘图技巧,提高计算机绘图的速度和质量。

④图纸上的每一个数字、每一个符号、每一根线条都和工程息息相关,多画、少画或画错都会给工程造成严重损失。因此,在绘制工程图样时,必须认真仔细、一丝不苟,以此培养自己严肃认真的工作作风和实事求是的科学态度。

第 1 章 工程制图基本知识

1.1 制图仪器、工具及其用法

1.1.1 图板、丁字尺、三角板

图板是用作画图的垫板。图板板面要平整,工作边要平直、光滑。图纸应用胶带纸或胶布固定在图板的左下方适当位置,如图 1.1 所示。

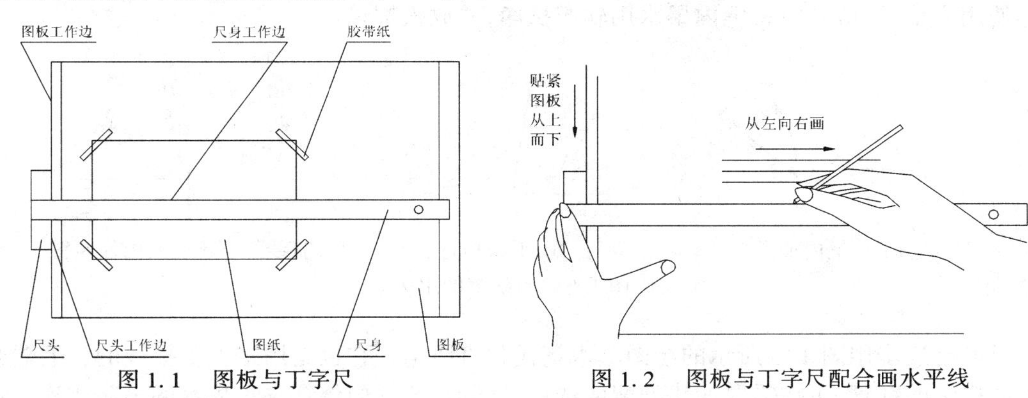

图 1.1 图板与丁字尺

图 1.2 图板与丁字尺配合画水平线

丁字尺由尺头和尺身两部分组成。尺身和尺头的工作边都应光滑、平直。使用时必须将尺头紧靠图板左侧的工作边,利用尺身工作边由左向右画水平线。上、下移动丁字尺,可画出一组水平线,如图 1.2 所示。

三角板除了直接用来画直线外,也可配合丁字尺画铅垂线,如图 1.3 所示。

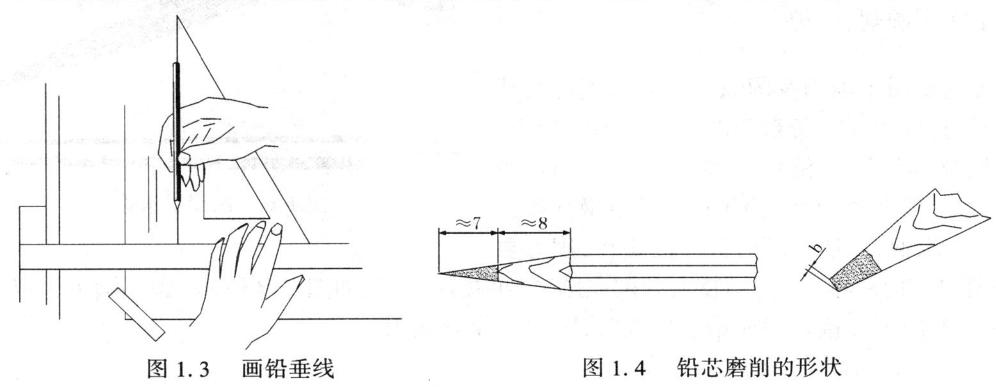

图 1.3 画铅垂线

图 1.4 铅芯磨削的形状

1.1.2 铅笔、直线笔、绘图墨水笔

(1) 绘图铅笔

绘制图样时，应选用"绘图铅笔"。在绘图铅笔的一端印有"H"、"B"或"HB"等字母，表示铅芯的软硬。"H"前的数字越大，表示铅芯越硬；"B"前的数字越大，表示铅芯越软；"HB"表示铅芯硬度适中。绘图时，应根据不同的用途选用适当的铅芯和铅笔，并削成一定的形状，如图 1.4 所示。

(2)直线笔与绘图墨水笔

直线笔主要用于描绘直线。往笔内加墨水可用墨水瓶盖上的吸管（或小钢笔）蘸上墨水，加到两叶片之间，笔内所含墨水高度一般为 5～6mm。如果直线笔叶片的外表面上沾有墨水，必须及时用软布拭净，以免描线时玷污图纸，如图 1.5a)所示。

描直线时，直线笔应位于铅垂面内，将两叶片同时接触纸面，并使直线笔向前进方向稍微倾斜，如图 1.5b)所示。

描线时，笔杆不应向内或向外倾斜。因为当笔杆向内倾斜时，将造成图线的外侧不光洁；而笔杆向外倾斜时，则将使笔内墨水沾在尺边上或渗入尺底而弄脏图纸，如图 1.5c)所示。直线笔使用完毕后，应及时将笔内墨水用软布拭净，并放松螺母。

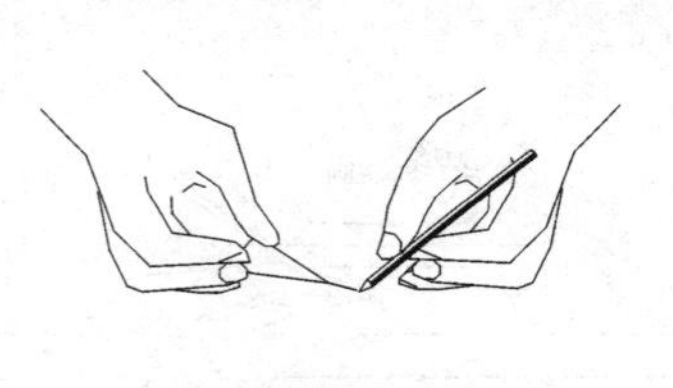
a) 往笔内加墨水

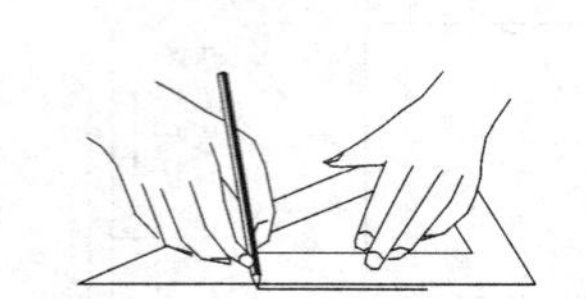
b) 上墨描直线

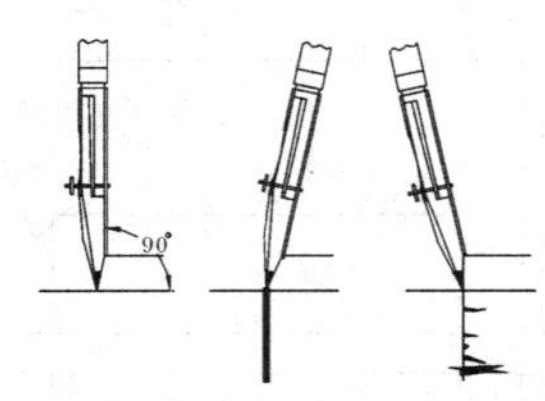

c) 直线笔下不应向内外倾斜

图 1.5 直线笔的用法

目前已逐步用图 1.6 所示的绘图墨水笔代替直线笔，它也是用来上墨描线的，笔端通常是不同粗细的针管，可按需要的线型宽度选用，针管与笔杆内储存碳素墨水的笔胆相连。它比起直线笔有较大的优越性，它不需要调节螺母来控制图线的宽度，也不需经常加墨水，因此，可以提高绘图速度。

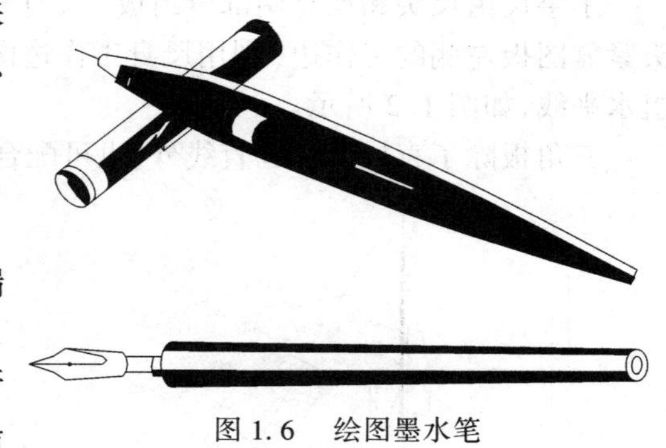
图 1.6 绘图墨水笔

1.1.3 圆规、分规

圆规主要用于画圆及圆弧。圆规的钢针两端的针尖不同，使用时将带台肩的一端插入图板中，钢针应调整到比铅芯稍长一些，如图 1.7a) 所示。画圆时应根据圆的直径不同，尽量使钢针和铅芯插腿垂直纸面，一般按顺时针方向旋转，用力要均匀，如图 1.7b)所示。若需画特大的圆或圆弧，可接加长杆，如图 1.8 所示。画小圆可用点(弹簧)圆规。若用钢针接腿替换铅芯接腿时，圆规可作分规用。

分规用来量取线段、等分线段和截取尺寸。分规两腿端部有钢针，当两腿合拢时，两针尖应汇交于一点。图1.9为用分规连续截取若干等长线段的作图方法。

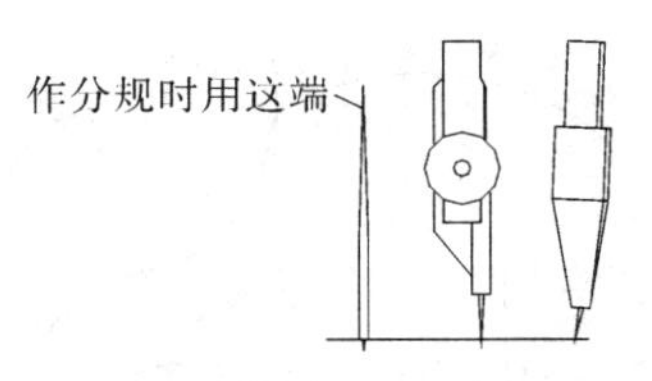

a）针脚应比铅芯稍长

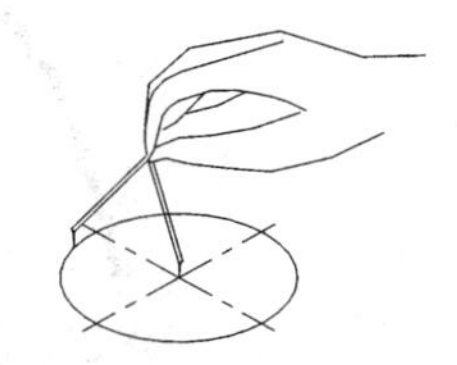

b）画大圆时，应使圆规两脚垂直纸面

图1.7　圆规的用法

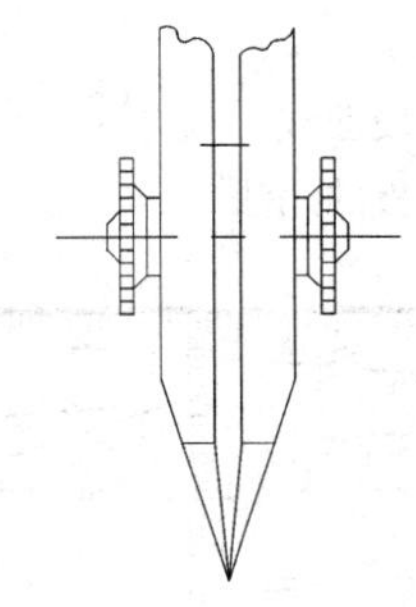

图1.8　接加长杆画大圆

图1.9　分规的用法

1.1.4　比例尺

比例尺是一种刻有不同比例的直尺，形式很多，常见的是三棱尺，如图1.10所示。它的尺面上有6种不同比例的刻度。绘图时，应根据所绘图形的比例，选用相应的刻度，直接进行度量，无须换算。

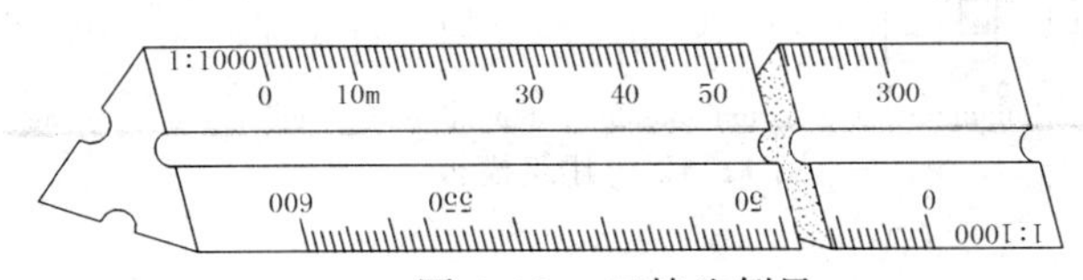

图1.10　三棱比例尺

1.1.5　曲线板

曲线板是光滑连接非圆曲线上诸点时使用的工具，其使用方法如图1.11所示。先徒手将这些点轻轻地连成曲线，如图1.11a）所示。接着，从一端开始，找出曲线板上与所画曲线吻合的一段，沿曲线板描出这段曲线，如图1.11b）所示。用同样的方法逐段描绘曲线，直到最后一段，如图1.11c）所示。值得注意的是前后描绘的两段曲线应有一小段（至少3个点）是重合的，这样描绘的曲线才显得光滑。

1.1.6　建筑模板

建筑模板主要用来画各种建筑标准图例和常用符号。模板上刻有可以画出各种不同图例或符号的孔，如图 1.12 所示。只要用笔在孔内画一周，图例就画出来了。

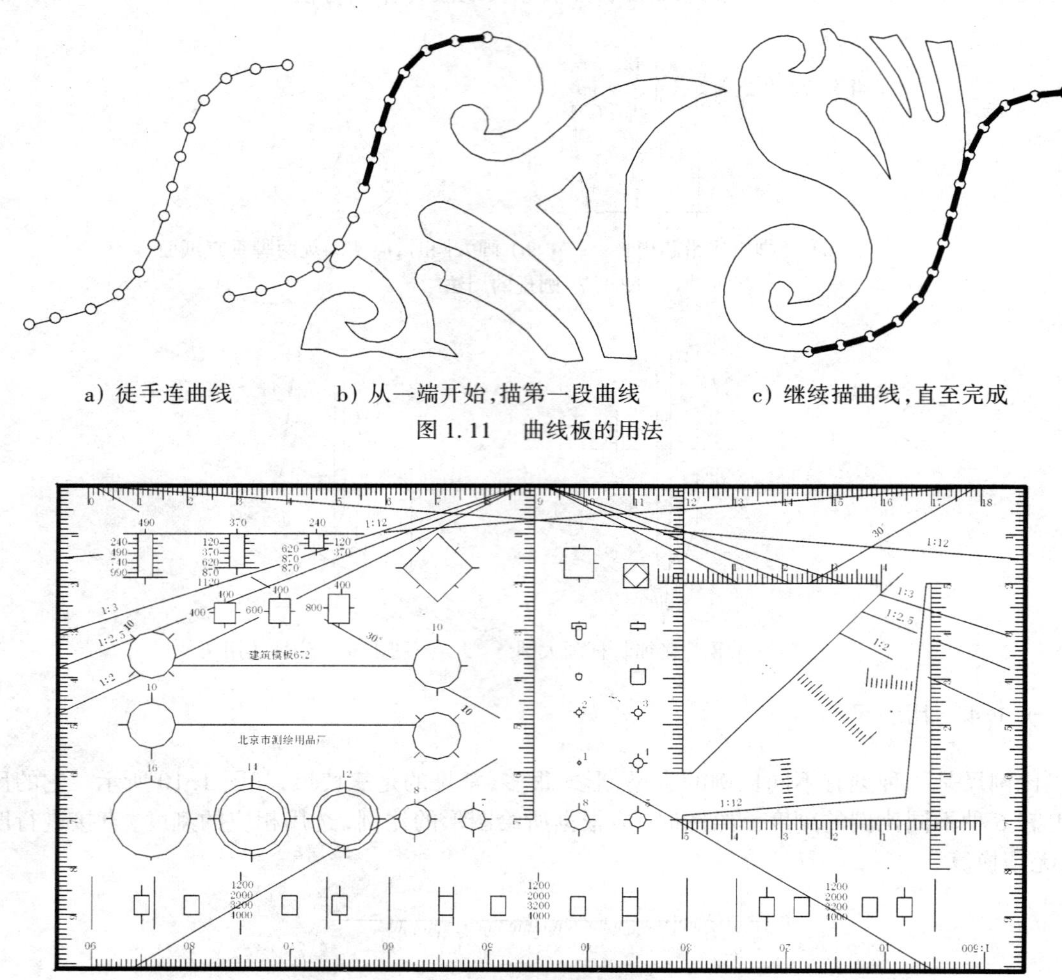

a）徒手连曲线　　b）从一端开始，描第一段曲线　　c）继续描曲线，直至完成

图 1.11　曲线板的用法

图 11.12　建筑模板

1.1.7　擦图片

擦图片用于擦除图纸上多余的或需修改的线条。通常有金属的和胶质的两种，其形状如图 1.13 所示。

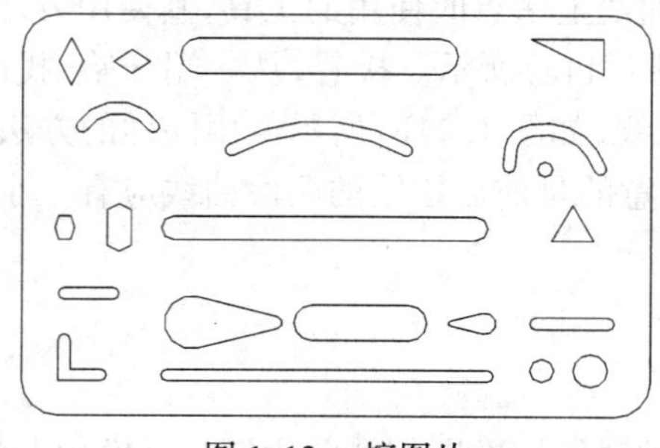

图 1.13　擦图片

1.2　制图基本规定

1.2.1　图纸幅面及格式(GB/T14689—93)

绘制图样时，应优先采用表 1.1 所规定的基本幅面。必要时，也允许选用加长幅面，加长幅面的尺寸是由基本幅面的短边成整数倍增加后得出，见图 1.14。

表 1.1　图纸幅面尺寸

幅面代号	A0	A1	A2	A3	A4
$B \times L$	841×1189	594×841	420×594	297×420	210×297
a	25				
c	10			5	
e	20		10		

图 1.14 中，粗实线所示为基本幅面；细实线和虚线所示均为加长幅面。

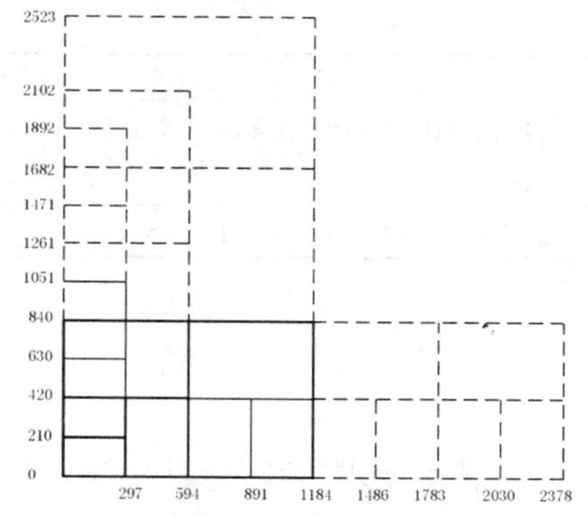

图 1.14　图纸的基本幅面和加长幅面

在图纸上必须用粗实线画出图框，其格式分为不留装订边和留装订边两种，但同一产品的图样只能采用一种格式。图框幅面可横放和竖放。不留装订边的图纸，其图框格式如图 1.15 所示；留装订边的图纸，其图框格式如图 1.16 所示。

1.2.2　标题栏(GB10609.1—89)

每张图纸上都必须画出标题栏。标题栏的位置应位于图纸的右下角，如图 1.15 和图 1.16 所示。

标题栏一般由图名区、签名区、图号区等组成，如图 1.17 所示。

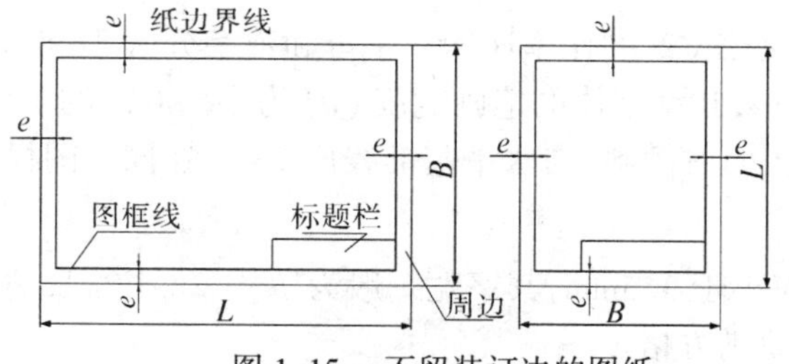

图 1.15　不留装订边的图纸

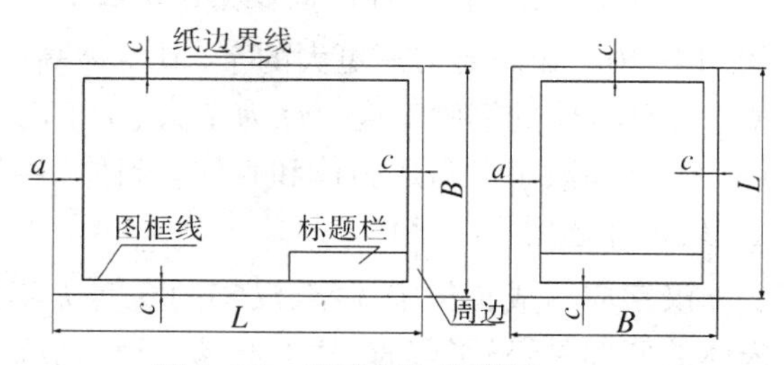

图 1.16　留装订边的图纸

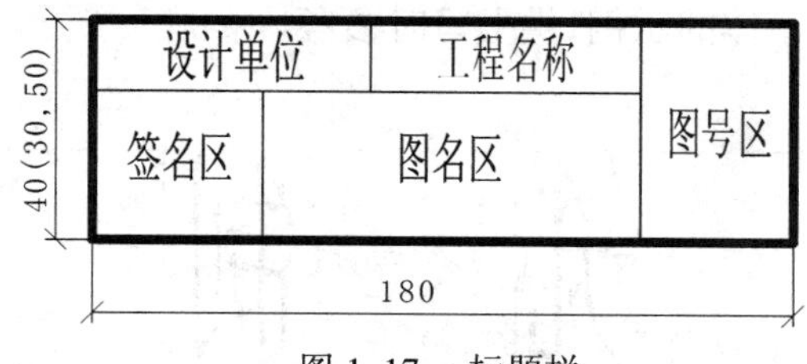

图 1.17　标题栏

结合学习期间的实际情况,制图作业的标题栏建议采用图 1.18 所示的格式和尺寸。

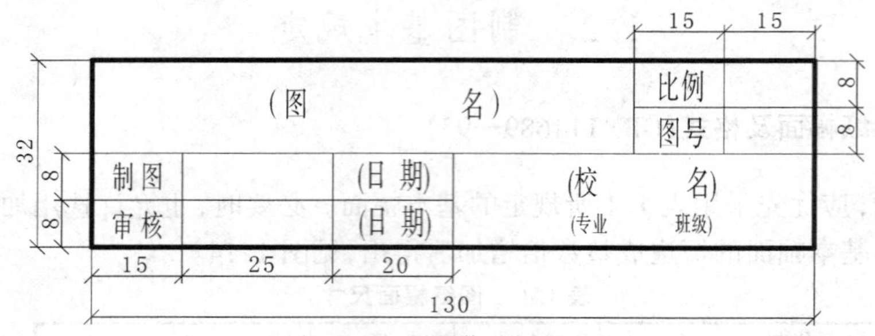

图 1.18 制图作业的标题栏

1.2.3 比例(GB/T14690—93)

比例是指图中图形与其实物相应要素的线性尺寸之比。

绘制图样时,应优先选择表 1.2 中规定的不带括号的比例,必要时也允许选取表 1.2 中带括号的比例。比例一般应标注在标题栏中的比例栏内;必要时,可标注在视图名称的下方或右侧。

表 1.2 绘图的比例

原值比例	1:1
缩小比例	(1:1.5) 1:2 (1:2.5) (1:3) (1:4) 1:5 (1:6) $1:1\times10^n$ $(1:1.5\times10^n)$ $1:2\times10^n$ $(1:2.5\times10^n)$ $(1:3\times10^n)$ $(1:4\times10^n)$ $1:5\times10^n$ $(1:6\times10^n)$
放在比例	2:1 (2.5:1) (4:1) 5:1 $1\times10^n:1$ $2\times10^n:1$ $(2.5\times10^n:1)$ $4\times10^n:1)$ $5\times10^n:1$

注:n 为正整数。

1.2.4 字体(GB/T14691—93)

在技术图样中,除了图形外,还要根据需要书写尺寸数字、技术要求、填写标题栏等。在书写时,必须做到:字体工整、笔画清楚、间隔均匀、排列整齐。

字体的号数,即字体的高度(用 h 表示,单位为 mm),其尺寸系列为:1.8,2.5,3.5,5,7,10,14,20。如需要书写更大的字,其字体高度应按 $\sqrt{2}$ 的比率递增。字母和数字分 A 型和 B 型。A 型字体的笔画宽度(d)为字高(h)的 1/14;B 型字体的笔画宽度(d)为字高(h)的 1/10。字母和数字可写成斜体和直体。斜体字字头向右倾斜,与水平基准线成 75°。在同一图样上,只允许选用一种字体。

汉字应写成长仿宋体字,汉字的高度 h 不应小于 3.5mm,其字宽一般为 $h/\sqrt{2}$。书写长仿宋体的要领是:横平竖直,注意起落,结构匀称,填满方格。

长仿宋字的基本笔画为点、横、竖、撇、捺、折、勾等。下面是汉字、拉丁字母、希腊字母、阿拉伯数字和罗马数字等常用字体的示例,供书写时参考。

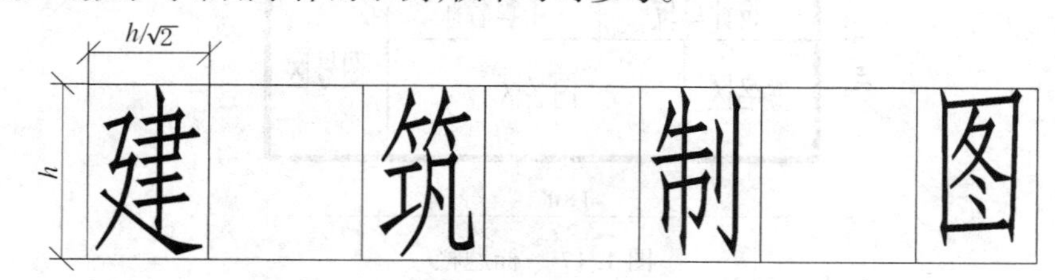

横平竖直注意起落排列整齐间隔均匀

工业民用建筑房屋平立剖面祥图结构施说明比例

尺寸长宽高厚砖瓦木石土砂浆水泥钢筋混凝门窗

截基础地层楼板梁柱墙梯厕浴标号校核审定日期

A 型字体

拉丁字母

大写斜体

小写斜体

abcdefghijklmnopq

rstuvwxyz

希腊字母

小写斜体

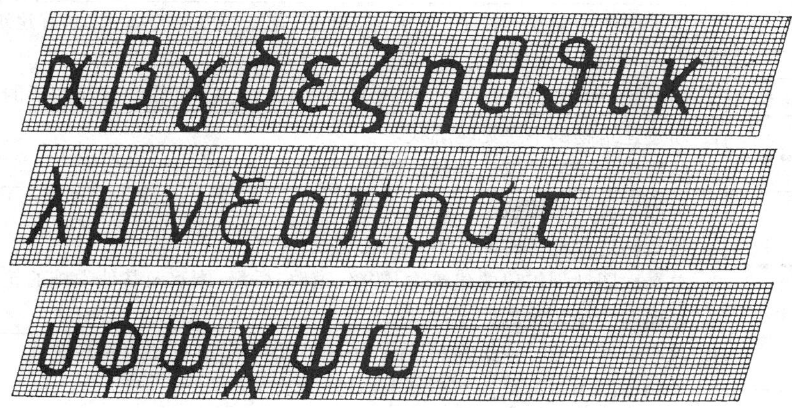

罗马数字
斜体

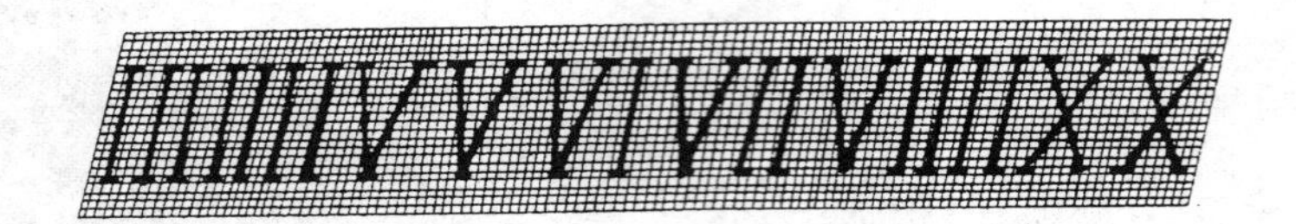

阿拉伯数字
斜体

1.2.5 图线(GB/T17450—1998)

各种图形都是由不同的图线组成的,不同形式的图线代表不同的含义,以此来识别图样的结构特征。国家标准规定了图线的名称、形式、结构、标记及画法规则。表 1.3 和图 1.19 列出了各种形式图线的主要用途。

表 1.3 图线及其应用

名称		线型	用途
实线	粗		1. 一般作主要可见轮廓线 2. 平、剖面图中主要构配件断面的轮廓线 3. 建筑立面图中外轮廓线 4. 详图中主要部分的断面轮廓线和外轮廓线 5. 总平面图中新建筑物的可见轮廓线
	中		1. 建筑平、立、剖面图中一般构配件的轮廓线 2. 平、剖面图中次要断面的轮廓线 3. 总平面图中新建道路、桥涵、围墙等及其他设施的可见轮廓线和区域分界线 4. 尺寸起止符号
	细		1. 总平面图中新建人行道、排水沟、草地、花坛等可见轮廓线,原有建筑物、铁路、道路、桥涵、围墙的可见轮廓线 2. 图例线、索引符号、尺寸线、尺寸界线、引出线、标高符号、较小图形的中心线
虚线	粗		1. 新建建筑物的不可见轮廓线 2. 结构图上不可见钢筋及螺栓线
	中		1. 一般不可见轮廓线 2. 建筑构造及建筑构配件不可见轮廓线 3. 总平面图计划扩建的建筑物、铁路、道路、桥涵、围墙及其他设施的轮廓线 4. 平面图中吊车轮廓线
	细		1. 总平面图上原有建筑物和道路、桥涵、围墙等设施的不可见轮廓线 2. 结构详图中不可见钢筋混凝土构件轮廓线 3. 图例线

续

名称		线型	用途
点画线	粗		1. 吊车轨道线 2. 结构图中的支撑线
	中		土方填挖区的零点线
	细		分水线、中心线、对称线、定位轴线
双点画线	粗		预应力钢筋线
	细		假想轮廓线、成型前原始轮廓线
折断线			不需画全的断开界线
折断线			不需画全的断开界线
附注:图线在各专业图中的具体应用,详见各章			

在绘图时应按照图样的种类、尺寸、比例和缩微要求及其他复制方法选择线宽 d,图线宽度系列为 0.13,0.18,0.25,0.35,0.5,0.7,1,1.4,2mm。粗线、中粗线、细线的宽度比例为 4: 2: 1。在同一图样中同类图线的宽度应一致。双点画线中的点的长度≤0.5d,虚线中的线段(画)的长度为 12d,虚线、点画线、双点画线中的间隔(短间隔)长度为 3d;点画线和双点画线中的画(长画)长度为 24d。

绘图时通常应遵守以下各点:

①为了满足缩微复制的要求,保证图样的清晰,除了另有规定之外,两条平行线间的最小间隔不得小于 0.7mm。

②两条线相交应以画相交,而不应该相交在点或间隔处;直虚线在实线的延长线上相接时,虚线应留出间隔;虚线圆弧与实线相切时,虚线圆弧应留出间隔,如图 1.20 所示。

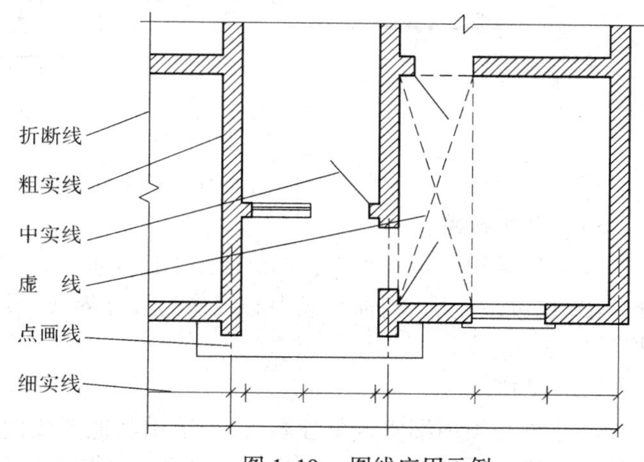

图 1.19　图线应用示例

③点画线、双点画线的首末两端应是画,而不应是点;画圆的中心线时,圆心应是画的交点,点画线的两端应超出轮廓线 2～5mm,当圆的图形较小时,允许用细实线代替点画线。

1.2.6 尺寸注法(GB/T16675.2—1996)

不论图样按什么比例画出,图样中的图形只能表示物体的形状、结构,不能确定它的大小。物体的真实大小应以图样的尺寸数值为依据,与绘图的比例、图形大小及绘图的准确度无关。

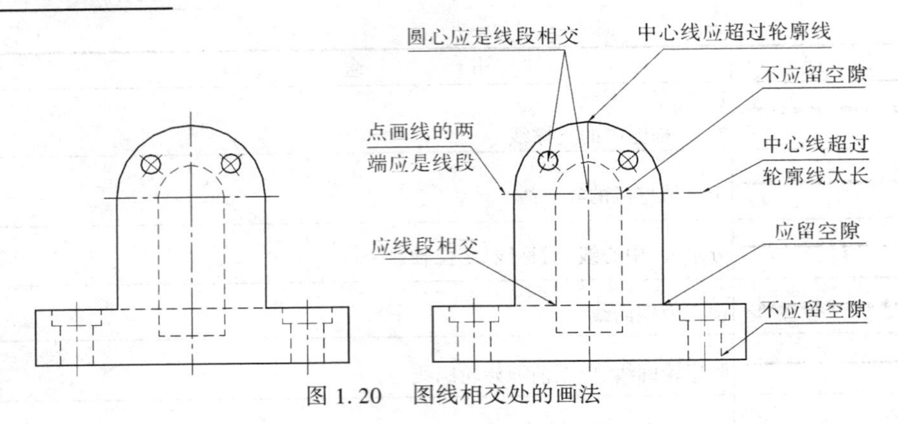

图 1.20　图线相交处的画法

物体的每一结构尺寸，一般只标注一次，并应标注在表示该结构最清晰的图形上。图样中(包括技术要求和其他说明)的尺寸以 mm 为单位时，不需标注其计量单位的名称或代号；如果采用其他单位时，则必须注明，如：30°，3″，5cm，4m 等。

一个完整的尺寸一般应由尺寸界线、尺寸线、尺寸线终端和尺寸数字组成，如图 1.21 所示。

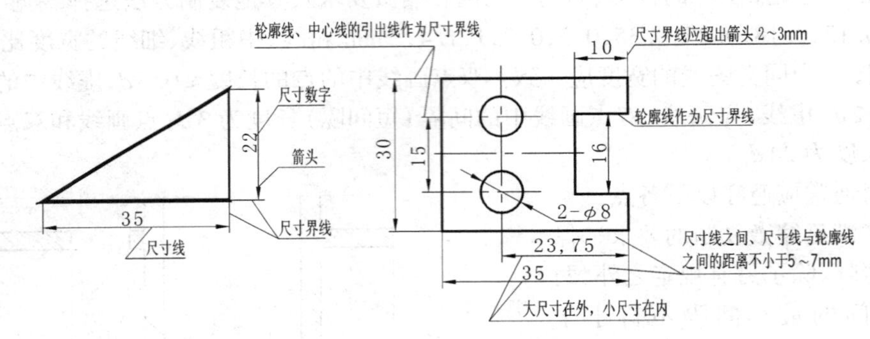

图 1.21　尺寸的组成及注法示例

(1) 尺寸界线

尺寸界线用细实线画出，一般与被注长度垂直，并应从图形的轮廓线、轴线或对称中心线处引出。也可用轮廓线、轴线或中心线作为尺寸界线。尺寸界线一般应与尺寸线垂直，并超出尺寸线 2～3mm。

(2) 尺寸线

尺寸线必须用细实线单独画出，不准用其他图线代替或与其他图线重合，不要画在其他图线的延长线上。标注线性尺寸，尺寸线必须与所标注的线段平行。当有数条尺寸线相互平行时，大尺寸要放在小尺寸的外面，避免尺寸线与尺寸界线相交。在标注圆弧的直径或半径尺寸时，尺寸线一定要通过圆心，半径尺寸线只需一端画出箭头。

(3) 尺寸线终端

尺寸线终端有箭头和斜线两种形式。箭头适用于各种类型图样，箭头的尖端应指到尺寸界线。斜线多用于金属结构件和土木建筑图。斜线用细实线绘制，且与尺寸线成 45°(是按尺寸线的逆时针转向)，如图 1.22 所示。当尺寸终端采用斜线时，尺寸线与尺寸界线必须相互垂直，一个尺寸线两个终端斜线必须平行。同一张图样中只能采用一种尺寸线终端的形式。

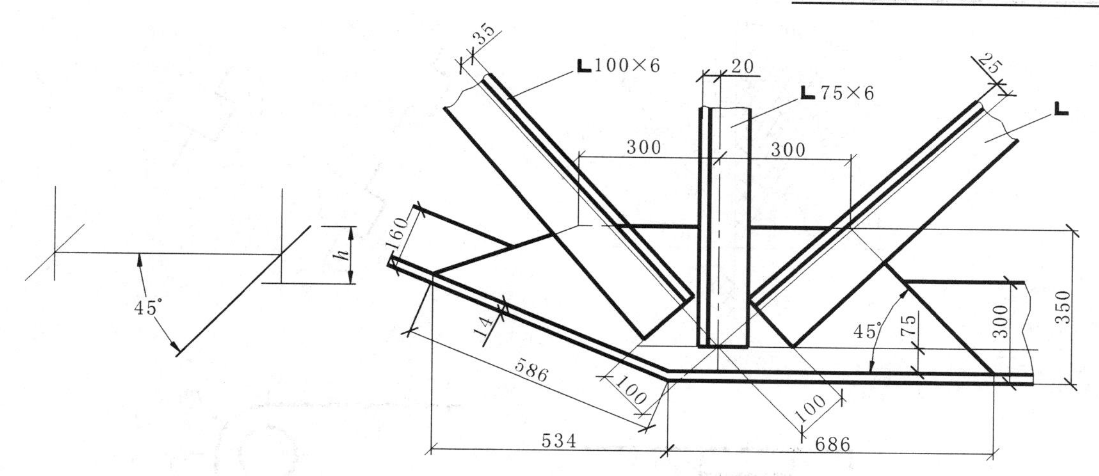

图1.22　尺寸终端用斜线标注的示例

对较小的尺寸，当没有足够的位置画箭头或写数字时，可将箭头画在尺寸界线的外面或用圆点代替，如图1.23所示。

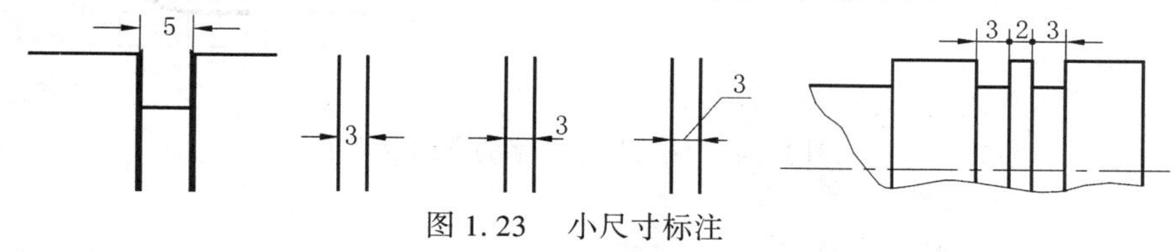

图1.23　小尺寸标注

(4) **尺寸数字**

线性尺寸的数字一般应注写在尺寸线的上方，也允许注写在尺寸线的中断处，但同一张图纸上只能采用一种形式。尺寸数字的书写方向如图1.24所示，并应尽可能避免在图1.24a)中网格30°范围内标注尺寸。当无法避免时，可按图1.24b)标注。

尺寸数字不允许任何图线穿过，当无法避免时，必将图线断开，如图1.24c)所示。当位置不够时，也可以引出标注，如图1.24d)所示。

(5) **角度、弦、弧长的标注**

角度、弦、弧长应按图1.25所示注写。角度的尺寸线是以角顶为圆心的一段圆弧，其角度数字应水平注写在尺寸线的中断处，必要时也可以标注在尺寸线的上面、外面或引出标注，但必须字头朝上。标注弦的长度或圆弧的长度时，尺寸界线应平行于弦或弧的垂直平分线。标注圆弧时，在尺寸数字上方应加注符号“⌒”。

1.3　几何作图

1.3.1　直线的平行、垂直

用两个三角板可以过定点作已知直线的平行线或垂直线，具体作法见图1.26、图1.27。

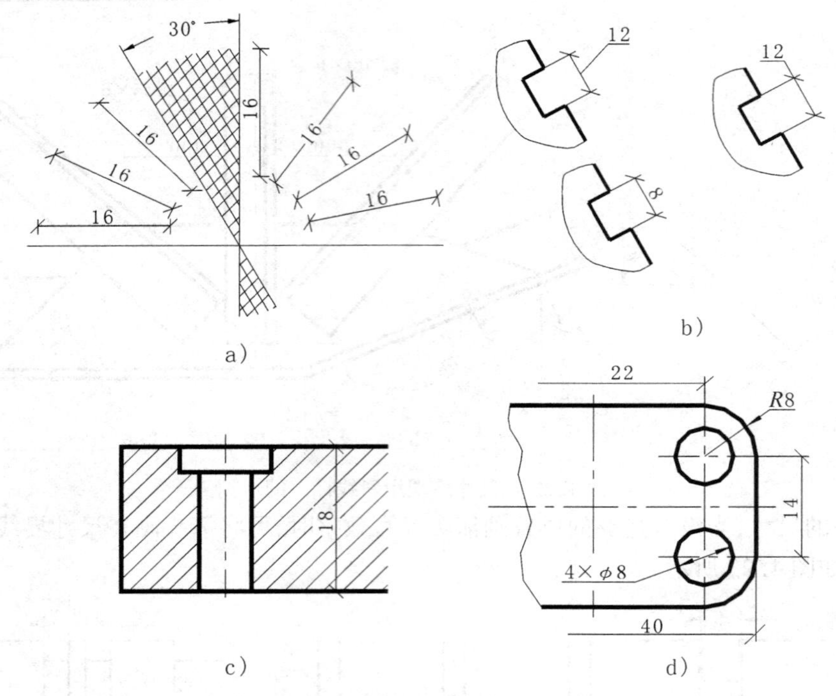

图 1.24　注写尺寸数字的方向及规定

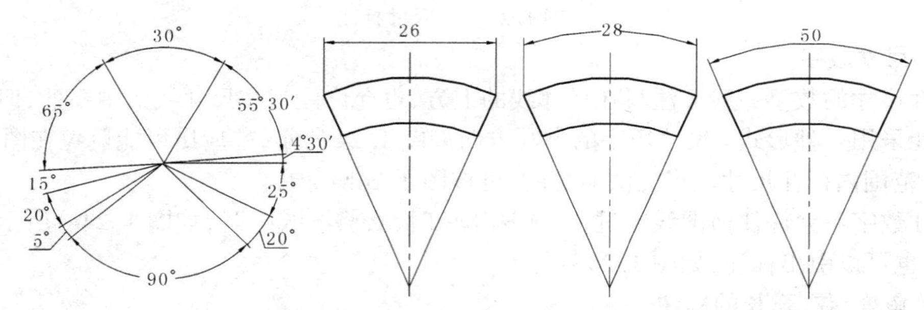

图 1.25　角度、弦、弧长的标注法

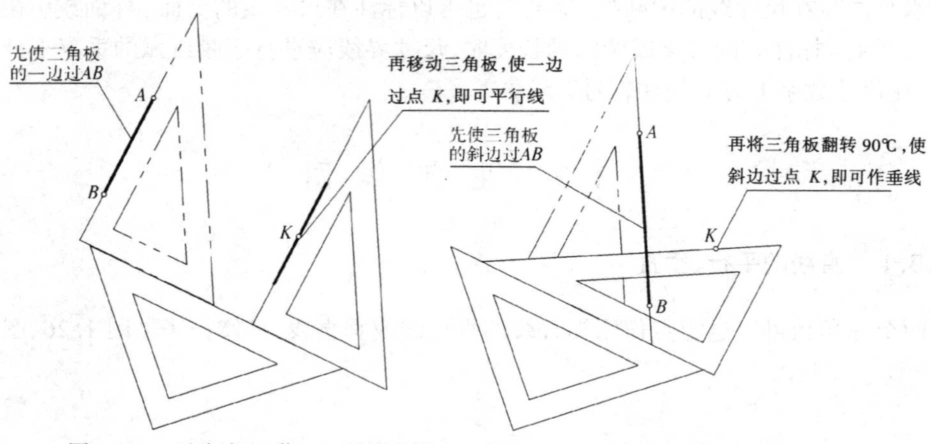

图 1.26　过定点 K 作 AB 的平行线　　图 1.27　过定点 K 作 AB 的垂线

1.3.2 正多边形的画法

1）正六边形画法

画出正六边形的外接圆，以 1，4 点为圆心，$D/2$ 为半径作圆弧，与外接圆交于 2，6，3，5 四点，依次连接 6 个分点，即为所要作的正六边形，如图 1.28a）所示；或用 30°，60°三角板与丁字尺配合，作出正六边形，如图 1.28b）所示。

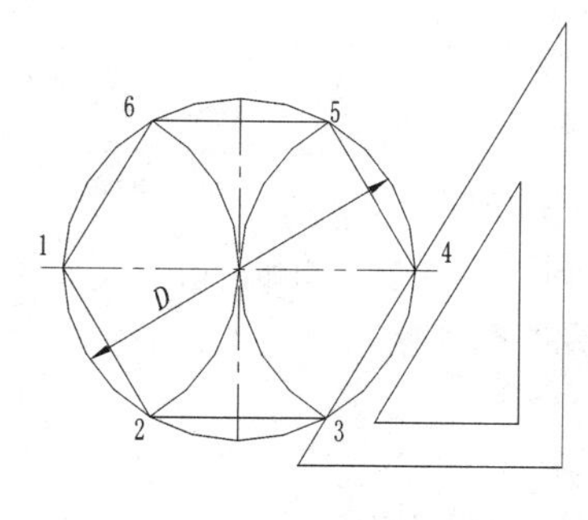

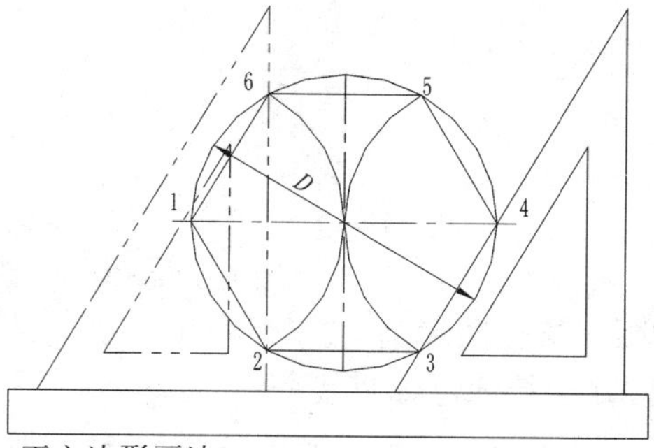

图 1.28　正六边形画法

2）正五边形画法

画出正五边形外接圆，作半径 OB 的中点 M，以 M 为圆心、MC 为半径作弧，交水平中心线于 P。以 CP 为边长，等分圆周，依次连接各等分点即得正五边形，如图 1.29 所示。

3）正 n 边形画法

如图 1.30 所示，n 等分铅垂直径 AN(图中 $n=7$)。以 A 为圆心，AN 为半径作弧，交水平中心线于点 M，延长连线 $M2$、$M4$、$M6$，与圆周交得点 B、C、D，再作出它们的对称点 G、F、E，即可连成圆内接正 n 边形。

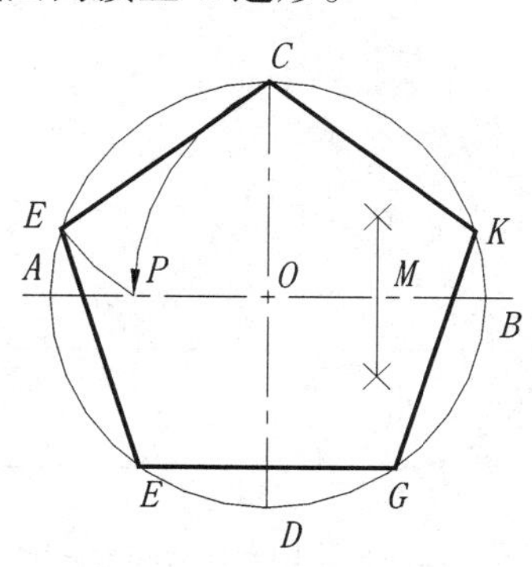

图 1.29　正五边形画法

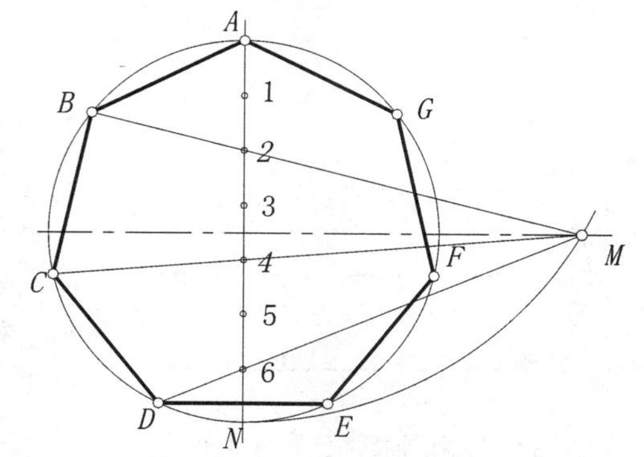

图 1.30　正 n 边形画法

1.3.3　圆弧连接

绘图时，经常需要用圆弧来光滑地连接直线或圆弧，光滑连接也就是相切连接，其要点是准确地求出连接圆弧的圆心及切点的位置。

(1)直线与圆弧连接

当圆弧与直线相切时，连接圆弧的圆心 O 的轨迹是直线的平行线，其距离等于圆的半径

R。过圆心 O 作直线的垂线，其交点为切点，如图 1.31a)所示。

(2) 圆弧与圆弧连接

当圆弧与圆心为 O_1、半径为 R_1 的圆弧相切时，连接圆弧的圆心 O 的轨迹是以 O_1 为圆心的圆弧。外切时，其半径为 R_1+R；内切时，其半径为 R_1-R。切点为两圆心的连线与圆弧的交点，如图 1.31b)、c)所示。

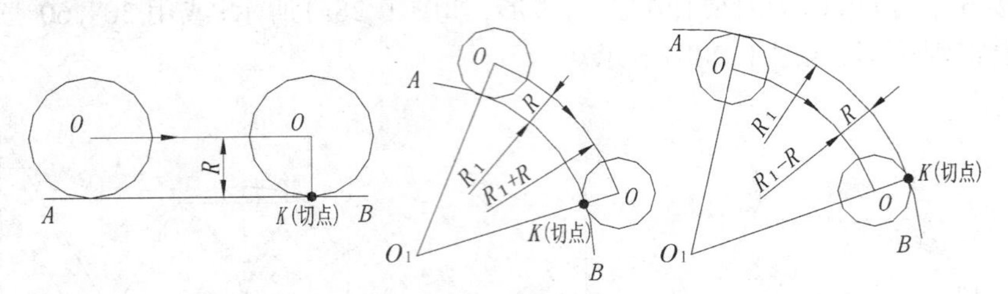

a)圆与直线相切　　b) 圆与圆弧外切　　c) 圆与圆弧内切

图 1.31　连接圆弧的圆心和切点

(3)圆弧连接作图举例

1)用圆弧连接两已知直线

已知直线 AC、BC 及连接圆弧的半径 R，求作用该圆弧连接这两直线。

作图方法：①作与 AC、BC 相距为 R 的平行线，相交为 O 点；②过 O 点作 AC、BC 的垂线，得切点 M、N；③以 O 为圆心、R 为半径作圆弧 MN，即为所求的连接圆弧，如图 1.32 所示。

2)用圆弧连接已知直线及圆弧

已知圆弧 AC、直线 BC 及连接圆弧的半径 R，求作用该圆弧连接圆弧 AC 和直线 BC。

作图方法：①作与 BC 相距为 R 的平行线；②以 O_1 为圆心、R_1-R 为半径作弧，与平行线相交于 O 点；③过 O 点作 BC 的垂线得切点 N，连接 OO_1 与轨迹圆弧相交得切点 M；④以 O 为圆心、R 为半径作圆弧 MN，即为所求的连接圆弧，如图 1.33 所示。

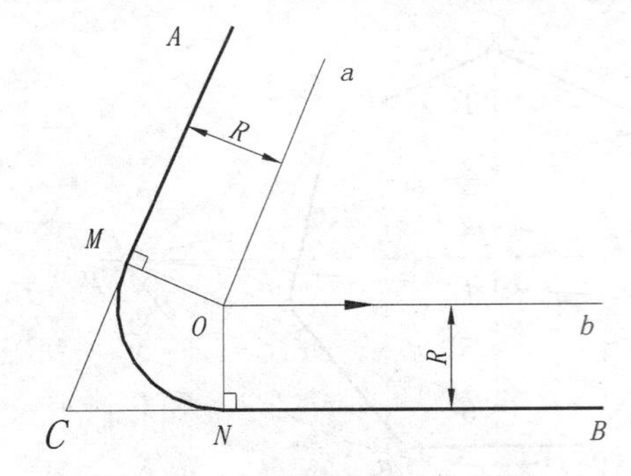

图 1.32　圆弧连接两已知直线

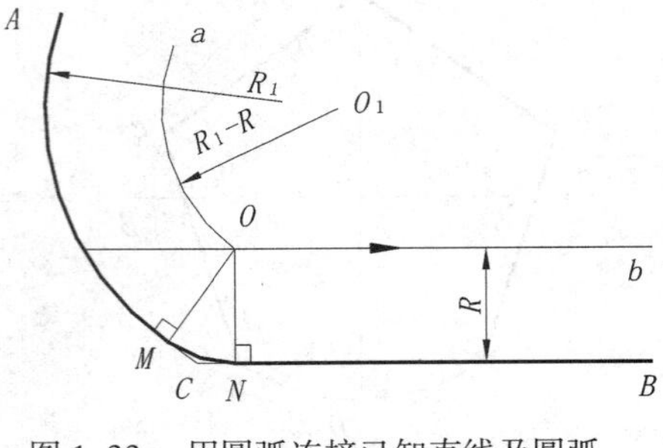

图 1.33　用圆弧连接已知直线及圆弧

3)用圆弧连接两已知圆弧

已知两圆弧 O_1、O_2 的半径 R_1、R_2 及连接圆弧的半径 R，求作用该连接圆弧内切连接两已知圆弧。

作图方法：①分别以 O_1、O_2 为圆心，$R-R_1$、$R-R_2$ 为半径作弧，相交于 O 点；②分别连接 OO_1、OO_2 与两圆相交得切点 M、N；③以 O 为圆心、R 为半径作圆弧 MN，即为所求的连接圆弧，如图 1.34a)所示。

若作连接圆弧与两已知圆弧外切连接，作图方法与上面一样，但需将①中圆弧半径 $R-R_1$、

$R - R_2$ 改为 $R + R_1$、$R + R_2$,如图 1.34b)所示。

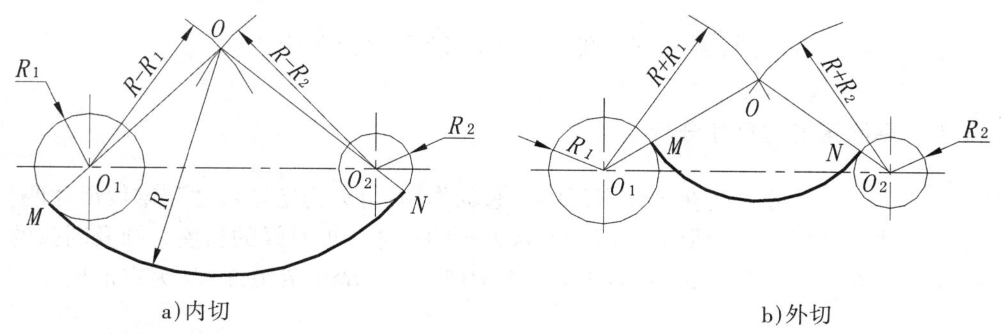

图 1.34　用圆弧连接两已知圆弧

1.3.4　椭圆的画法

1)用同心圆法作椭圆

如图 1.35 所示,已知椭圆的长、短轴,作椭圆的步骤如下:

①以 O 为圆心,长半轴 OA 和短半轴 OC 为半径,分别作圆;

②由 O 作若干射线与两圆相交,再由各交点分别作长、短轴的平行线,其交点即为椭圆上的各点;

③用曲线板将这些点连成椭圆。

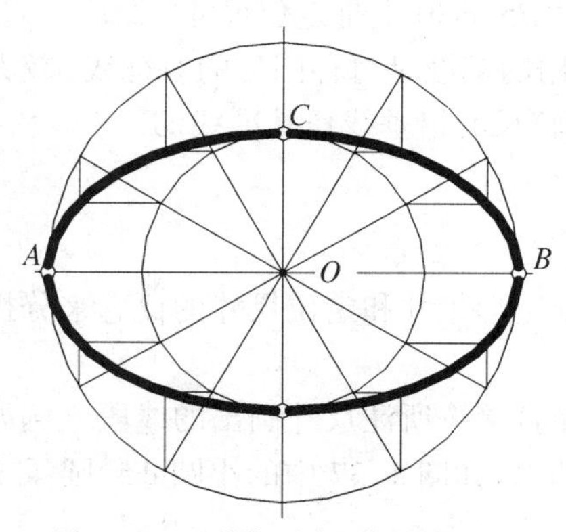

图 1.35　用同心圆法作椭圆

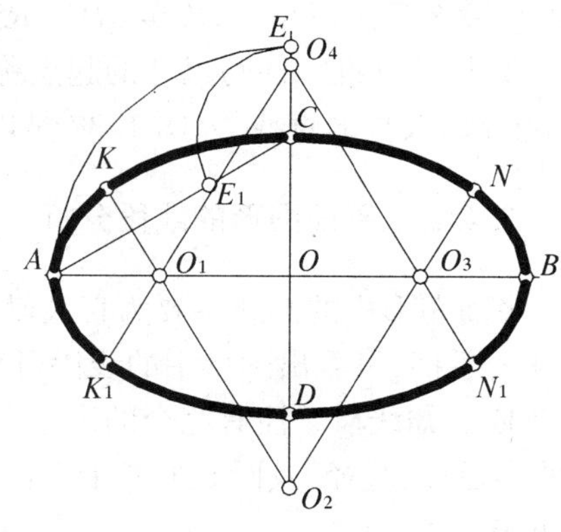

图 1.36　用四心圆法作近似椭圆

2) 用四心圆法作椭圆

如图 1.36 所示,已知椭圆的长、短轴,作椭圆的步骤如下:

①连长、短轴的端点 A、C,取 $CE_1 = CE = OA - OC$;

②作 AE_1 的中垂线,与两轴交得点 O_1、O_2,再取对称点 O_3、O_4;

③分别以 O_1、O_2、O_3、O_4 为圆心,O_1A、O_2C、O_3B、O_4D 为半径作弧,拼成近似椭圆,切点为 K、N、K_1、N_1。

1.4 平面图形的分析及画法

1.4.1 平面图形的尺寸分析

如图 1. 37 所示,尺寸按其在平面图形中所起的作用,可分为定形尺寸和定位尺寸两类。

①定形尺寸　确定平面图形上各部分形状大小的尺寸，如直线的长度、圆及圆弧的直径或半径以及角度大小等。图 1. 37 中的 φ20、φ5、*R*15、*R*12、*R*50、*R*10、15 均为定形尺寸。

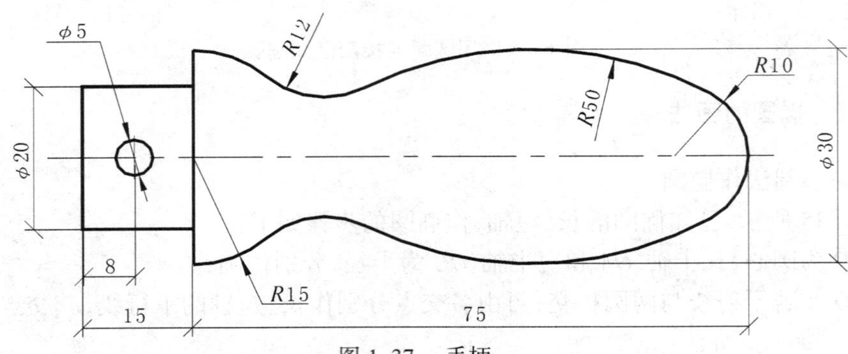

图 1. 37　手柄

② 定位尺寸　确定平面图形上各部分之间相对位置的尺寸,如图 1. 37 中确定 φ5 小圆位置的尺寸 8 是定位尺寸,确定 *R*10、*R*50 圆弧位置的尺寸 75、φ30 也是定位尺寸。

③ 尺寸基准　注写尺寸的起点称为尺寸基准。常用的基准是对称图形的对称线、较大圆的中心线、较长的直线等,图 1. 37 是以水平对称轴线和较长的铅垂线作基准线的。

1.4.2 平面图形的线段分析

平面图形中的图线主要为直线段和圆弧线段，根据定形尺寸和定位尺寸的概念来分析图 1. 39 的手柄,可看出图形中的线段可分为三类:

① 已知线段　注有完全的定形尺寸和定位尺寸,能直接按所注尺寸画出的线段。例如圆弧的半径(或直径)及圆心的两个坐标尺寸均为已知的圆弧,如图 1. 37 中的小圆 φ5、圆弧 *R*15 和 *R*10。

②中间线段　只给出定形尺寸和一个定位尺寸，必须依靠一端与另一线段相切的关系才能画出的线段。例如，已知圆弧的半径 (或直径) 尺寸以及圆心的一个坐标尺寸的圆弧，如图 1. 37 中的 *R*50 圆弧。

③ 连接线段　只给出定形尺寸、没有定位尺寸，要依靠与另两线段相切才能画出的线段。例如,圆弧的半径(或直径)尺寸为已知,而圆心的两个坐标尺寸未知的圆弧,如图 1. 37 中的 *R*12 圆弧。

画图时必须先画已知线段,然后画中间线段,最后画连接线段。图 1. 38 为图 1. 37 手柄平面图形的绘图步骤。

1.4.3　平面图形的尺寸标注

平面图形的尺寸,要求正确、完整、清晰。即标注尺寸要遵照国标的规定,尺寸数值不能写错和出现矛盾;尺寸要注写齐全,不遗漏、不重复;尺寸要布置在图形的明显处,清楚、整齐。

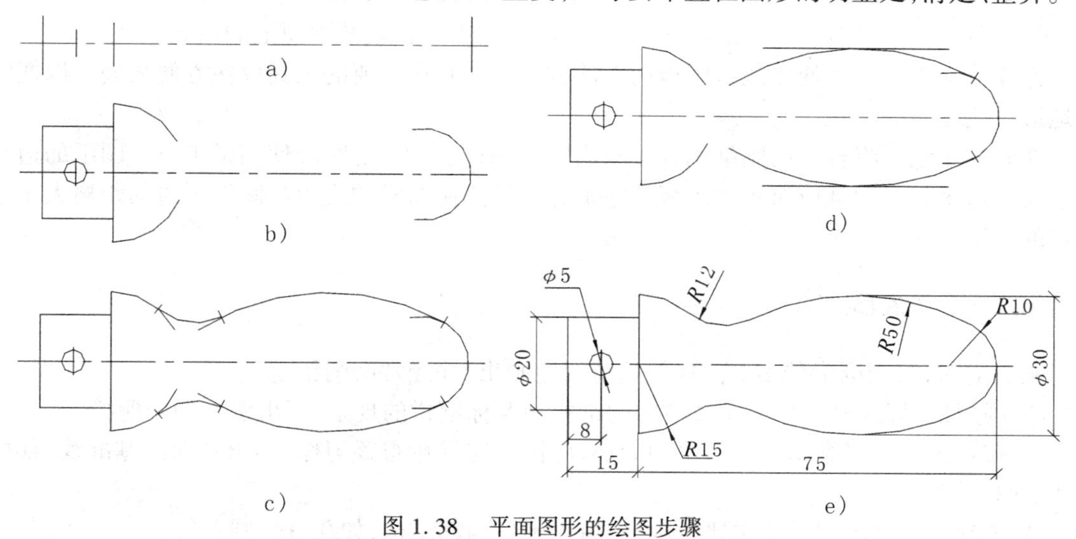

图 1.38　平面图形的绘图步骤

a)画基准线 ；b)画已知线段；c)画中间线段；d) 画连接线段；e)标注尺寸

如图 1.39 所示,平面图形尺寸标注的一般步骤如下:

① 确定尺寸基准　由于这个平面图形左右对称，上下不对称，于是可选择左右对称线为长度方向的尺寸基准,φ22 圆的水平中心线为高度方向的尺寸基准。

② 确定已知线段、中间线段和连接线段　分析图形各部分的关系,可确定圆 φ22、φ32,圆弧 $R4$、$R42$ 为已知线段,$R18$ 圆弧为中间线段,连接 $R4$ 的两圆弧及 $R10$ 圆弧为连接线段。

③ 注出已知线段的定形尺寸和定位尺寸　如图 1.39 中的 φ22、φ32、$R42$、$R4$、$R32$、60°。

④ 注出中间线段的定形尺寸和部分定位尺寸　如图 1.39 中的 $R18$、22。

⑤ 注出连接线段的定形尺寸　如图 1.39 中的 $R10$。

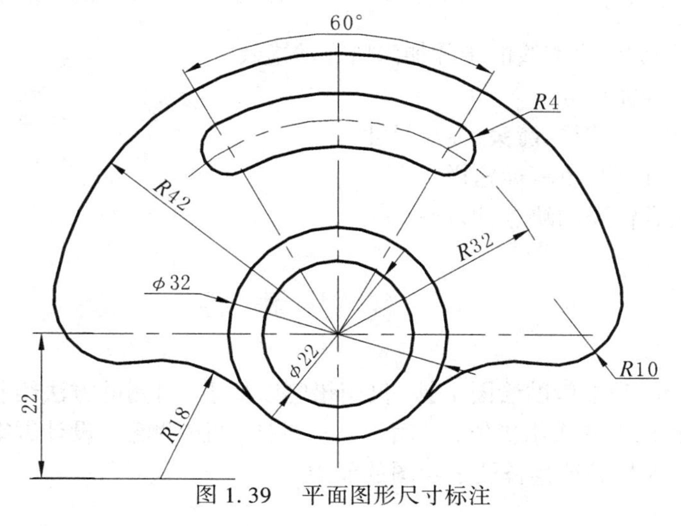

图 1.39　平面图形尺寸标注

1.5 绘图方法和步骤

1.5.1 绘图前的准备工作

①准备工具　准备好所用的绘图工具和仪器,磨削好铅笔及圆规上的铅芯。

②安排工作地点　使光线从图板的左前方射入，并将需要的工具放在方便之处，以便顺利地进行绘图工作。

③固定图纸　将合适的图纸用胶纸条固定在图板上。固定时应使图纸平整、图纸的边与丁字尺的边平行。图纸应布置在图板的左下方，但要使图板的底边与图纸下边的距离大于丁字尺的宽度。

1.5.2 画底稿

画底稿时,宜用削尖的 H 或 2H 铅笔清淡地画出,并经常磨削铅笔。

① 画图框、标题栏　根据 1.2 节中图纸幅面及标题栏的规定,画出图框和标题栏。

② 布置图形　根据图形的多少和大小,将图形应尽量布置匀称,画出各图的基准线,如中心线、对称线等。

③ 画图　先画出图形的主要轮廓,然后再画各细部结构,如孔、槽、圆角等。

1.5.3 加深图线

在加深时,应做到线型正确、粗细分明、连接光滑、图面整洁。

加深粗实线用 HB 或 B 铅笔,其他线用 H 铅笔,写字、标注尺寸用 HB 铅笔,画圆或圆弧时圆规的铅芯应比画直线的铅芯软一级。

加深前,应对底稿进行细致的检查,擦除不需要的作图线。

铅笔加深的一般步骤:

①加深粗实线　先加深所有的圆和圆弧,从上到下加深所有的水平线,从左到右加深所有的铅垂线,加深所有的斜线。

②加深虚线　按加深粗实线的步骤加深所有的虚线。

③绘制中心线、剖面线等。

④绘制尺寸界线、尺寸线、箭头,标注尺寸。

⑤注写其他文字说明,填写标题栏。

⑥检查全图,如有错误和缺点,即行改正。

1.6 徒手作图

徒手图也称草图,是不借助绘图工具,仅用铅笔以徒手、目测的方法绘制的图样。由于绘制草图迅速简便,有很大的实用价值,常用于创意设计、机器测绘、设计方案讨论和技术交流中。所以,工程技术人员必须具备徒手绘图的能力。

徒手绘图的基本要求是快、准、好。即绘图速度要快；目测比例要准，各部分要匀称；图面质量要好，图线清晰，线型分明，标注尺寸无误，字体工整。

画草图的铅笔比用仪器画图的铅笔软一号，削成圆锥状，画粗实线要秃些，画细线可尖些。

要想画好草图，必须掌握徒手绘制各种线条的基本手法。

1.6.1　徒手绘直线

画直线时，手腕靠着纸面，沿着画线方向移动，保证图线画得直。眼要注意终点方向，便于控制图线。

水平直线应自左向右，铅垂直线应自上而下运笔。画短线，常以手腕运笔，画长线则以手臂动作。为了便于控制图形大小比例和各图形间的关系，可利用方格纸画草图。画长斜线时，可以转动图纸，使欲画的斜线处于水平方向。徒手画直线的方法见图 1.40。

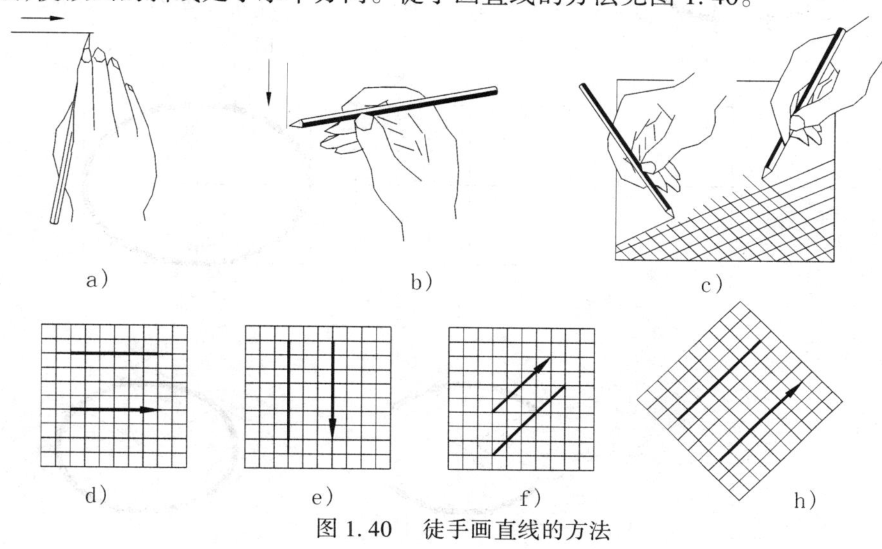

图 1.40　徒手画直线的方法

1.6.2　徒手绘圆、圆弧

画圆时，应先定圆心、画中心线，在中心线上按半径定出四点，过四点画圆即可，见图 1.41a)。画较大圆时，可再加画两条对角线并同样定出四点，过八点画圆，见图 1.41b)。

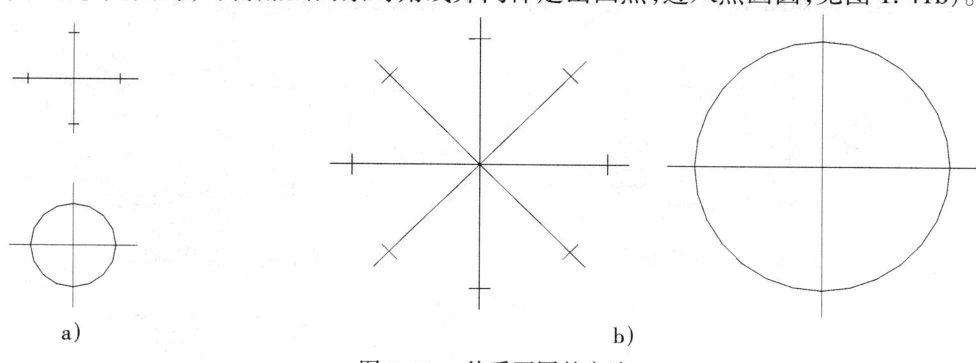

图 1.41　徒手画圆的方法

1.6.3 徒手绘椭圆

对于圆角、圆弧连接的画法，应尽量利用与正方形、长方形相切的特点，如图 1.42a)、b)所示。

椭圆的画法，也是尽量利用与菱形相切的特点绘制，如图 1.42c)、d)所示。

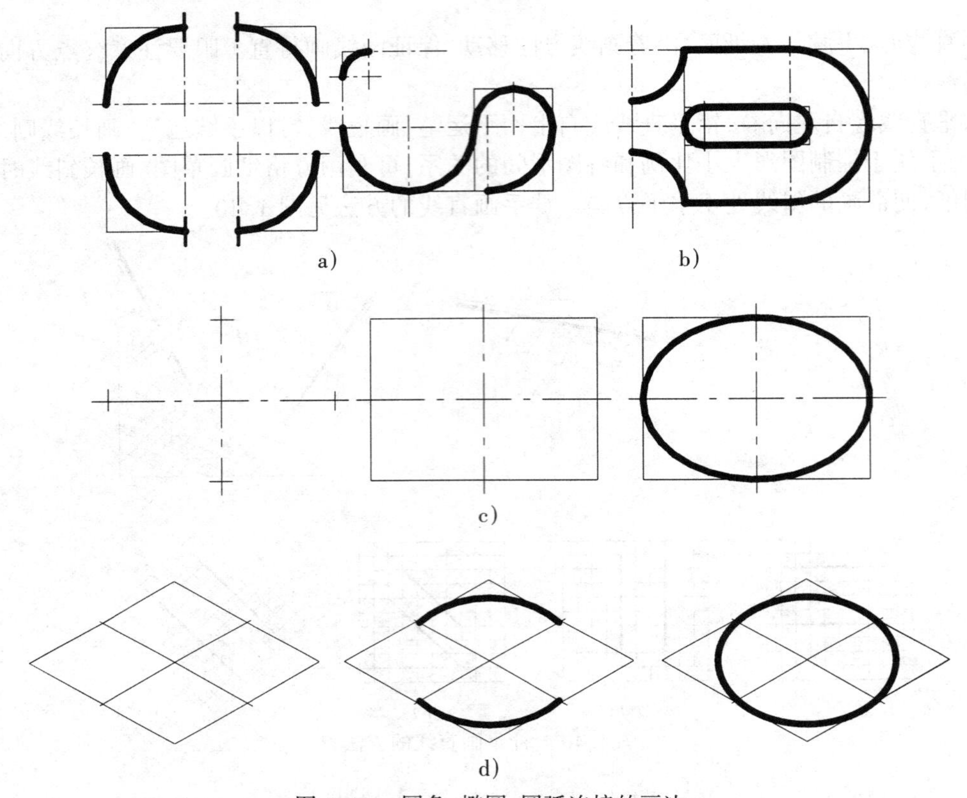

图 1.42　圆角、椭圆、圆弧连接的画法

此外，遇到较复杂平面轮廓的形状时，常采用勾描轮廓和拓印的方法。如平面能接触纸面时，采用勾描法，直接用铅笔沿轮廓画线，如图 1.43 所示。当平面上受其他结构所限，只能采用拓印法，在被拓印表面涂上颜料或红油，然后将纸贴上（遇有结构阻挡，可将纸挖去一块），即可印出曲线轮廓，如图 1.44 所示，最后再将印迹描到图纸上。

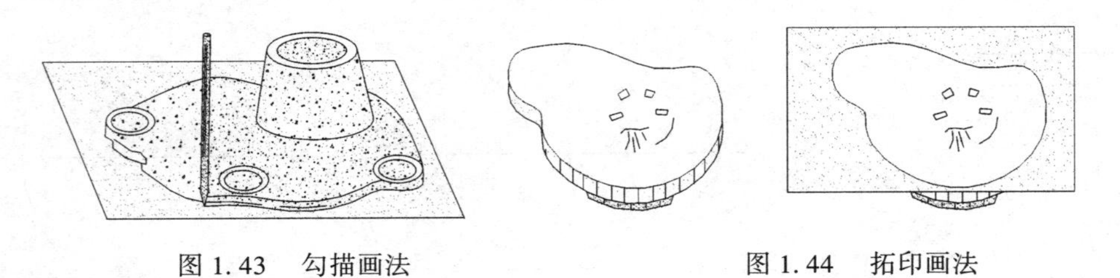

图 1.43　勾描画法　　　　图 1.44　拓印画法

第2章 组合体视图

在建筑工程中,各种各样的建筑物形状虽然较为复杂,但仔细分析后不难看出,它们都是由若干基本形体按一定的组合方式组合而成的。如图 2. 1 所示的凉亭就是由六棱柱、四棱柱、圆柱和六棱锥所组成。我们把由两个或两个以上的基本形体组成的物体称为组合体。由此可见,研究组合体的画法和投影图的阅读是绘制和阅读工程图样的基础。

工程上把组合体的投影图称为视图，正面投影称为正视图或正立面图，水平投影称为俯视图或平面图，侧面投影称为侧视图或侧立面图。本章着重讨论组合体视图的画法、读法和尺寸标注。

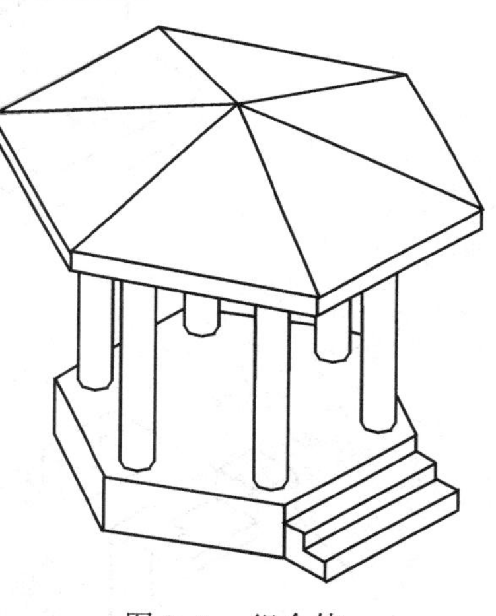

图 2. 1　组合体

2. 1　组合体视图的画法

2. 1. 1　形体分析

假想把组合体分解为若干基本形体，并分析它们的组合方式和各部分之间的相对位置，这种方法称为形体分析。

根据组合体中各基本形体间的相互位置和它们某些表面的相互关系，可将组合体分为叠加体和切割体。很多组合体看上去虽然复杂,其实,也只不过是这两者的综合而已。下面分别分析这两种组合体的投影特性和画法。

①叠加体　由若干个基本形体堆砌或拼合而成的形体称为叠加体。如图 2. 2 为带圆孔的四棱柱底板和圆筒叠加而成的组合体。这种形体结构简单,求其投影时,可以认为是几个基本形体的投影叠加起来的。但要注意区分组合处的情况,如图 2. 2 是两个不同形体的叠加 ,由于存在分界面,所以在主视图中,两投影之间便存在分界线;而图 2. 3 中,则因两形体前后表面对齐,主视图中无分界线。

②切割体　一个基本形体被切割后形成的新形体称切割体。 如图 2. 4 所示的切割体,便是在四棱柱的基础上切去了 I、II、III 三个部分所形成的。这类形体基本形状清楚,切割界线分明。求其投影时, 可以先画出基本形体的三面投影, 然后根据切割位置, 分别在基本形体的投影上进行切割。

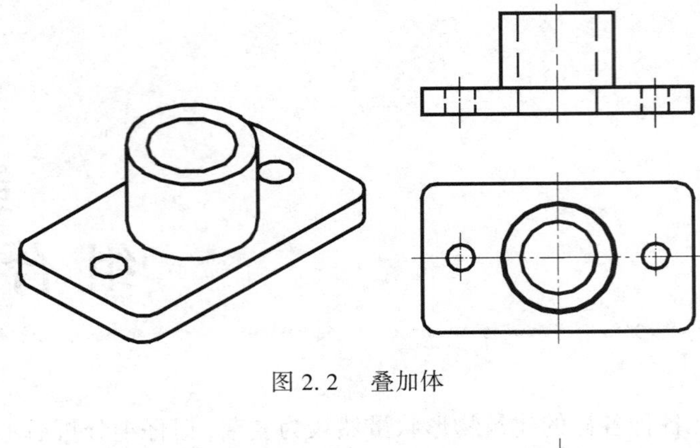

图 2.2　叠加体

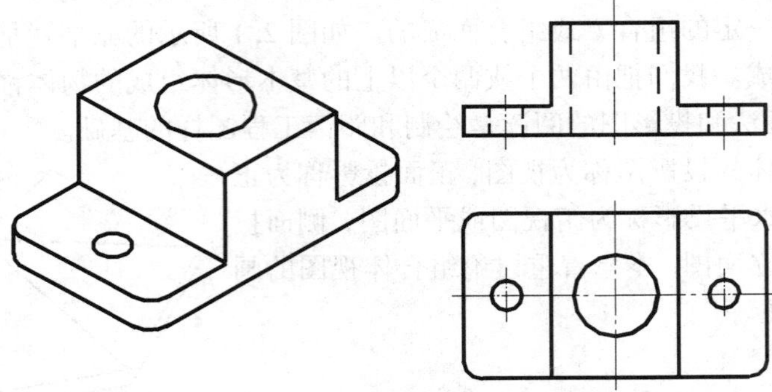

图 2.3　两形体前后共面,主视图中无分界线

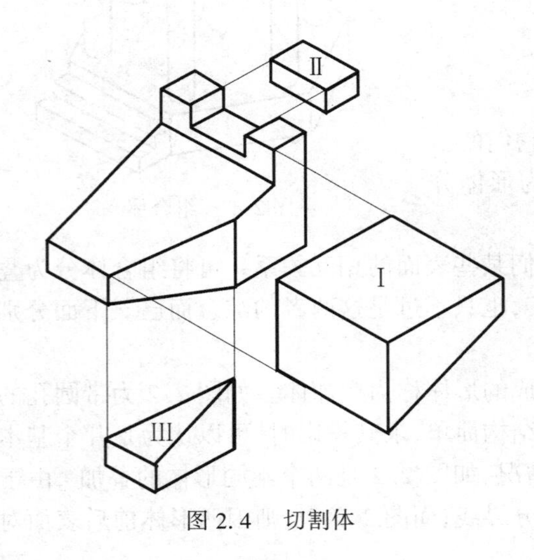

图 2.4　切割体

组合体能分成几种什么样的基本形体,由它自身的结构决定;而在什么地方分开,则要看各基本形体的相互位置和连接处的形式。但同一个组合体,可以采取不同的组合方式进行分析,如图 2.5 a)所示的组合体,可以分析成由图 2.5 b)所示的 I、II、III 部分的叠加,也可分析成由图 2.5 c)所示的由四棱柱切去了 I、II、III、IV 部分而形成。无论采取哪一种方式分析,只要分析正确,最后得出的组合体的形状都是相同的。

2.1.2　视图选择

视图的选择包括形体的安放位置、选择正视图和确定投影数量 3 个方面的问题。

1) 形体的安放位置

形体通常按自然位置或工作位置安放。如图 2.6a)所示的挡土墙,安放时应使底板在下,直墙在上,且底板顶面应放成水平位置。又如图 2.6b)所示的台阶,安放时应使踏面平行于水平投影面,踢面平行于正立投影面。

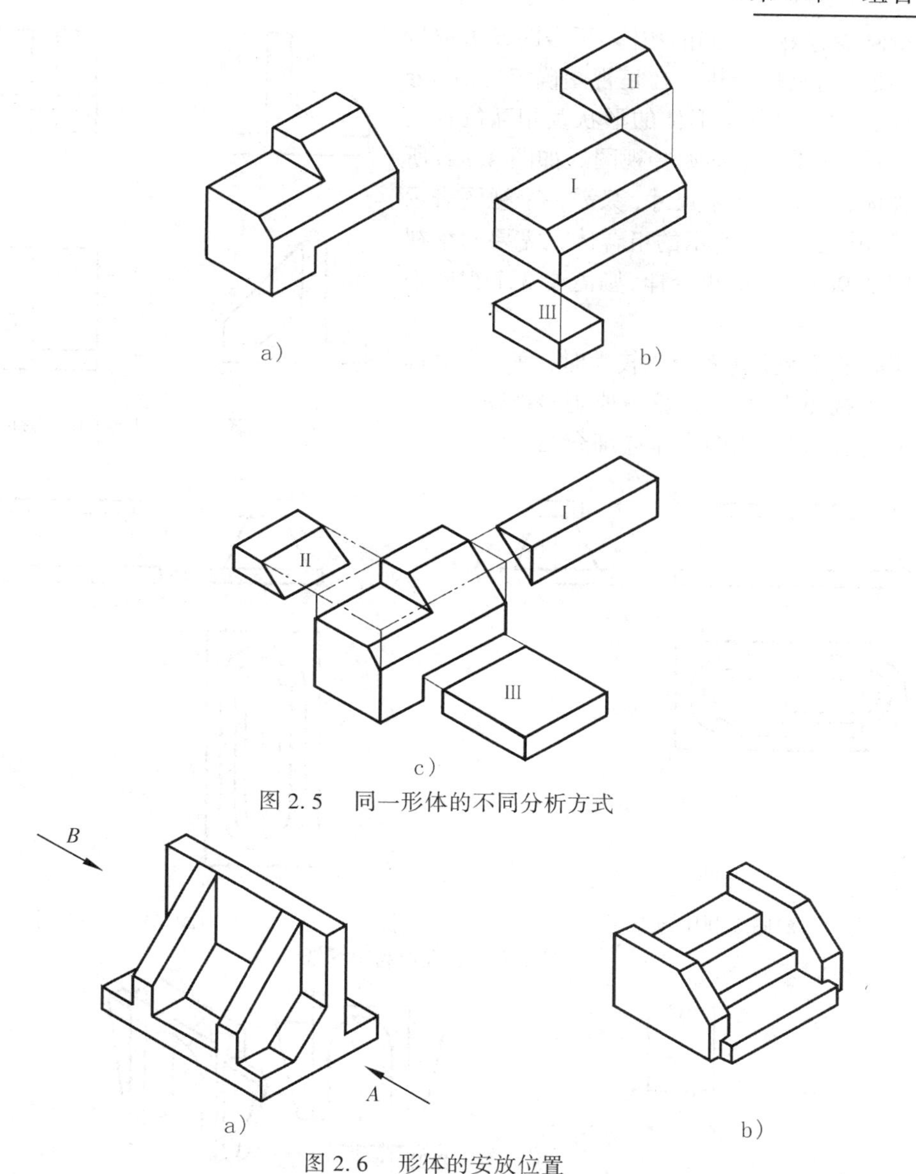

图 2.5　同一形体的不同分析方式

图 2.6　形体的安放位置

2）选择正视图

选择正视图的原则是:使正视图尽量反映形体各组成部分的形状特征及相互位置,同时使其他视图的虚线最少。如图 2.6 的挡土墙,按箭头 *A* 方向看去,所得到的正视图,能反映出底板、直墙和支撑板三部分的相互位置,同时还能看出底板和支撑板的形状特征,且投影图中没有虚线(图 2.7a)。若按反方向 *B* 投影,虽然也能看出三者之间的相对位置关系及底板和支撑板的形状特征,但在侧视图中出现了虚线(图 2.7b)。

选择正视图时,还应考虑到合理地利用图纸(图 2.8)。

3）确定投影数量

投影数量确定的原则是:在完整、清晰地表达物体各部分的形状和相互位置的情况下,视图的数量越少越好。不同的物体,所需的投影数量也不同,要进行具体分析。在正视图确定之后,分析组合体还有哪些基本形体的形状及相互位置还未表达清楚,还需要增加哪些视图。如图 2.9a)所示的圆柱体,由于加注了尺寸,只需一个视图表示即可。又如图 2.9b) 所示的组合体,需要两个视图。而图 2.9c)所示的组合体,则需要 3 个视图来表达。

对于一栋房屋,立面变化较大时,每一个立面都需要一个视图来表达,这就需要更多视图。关于这部分的内容,在专业图中作详细介绍。

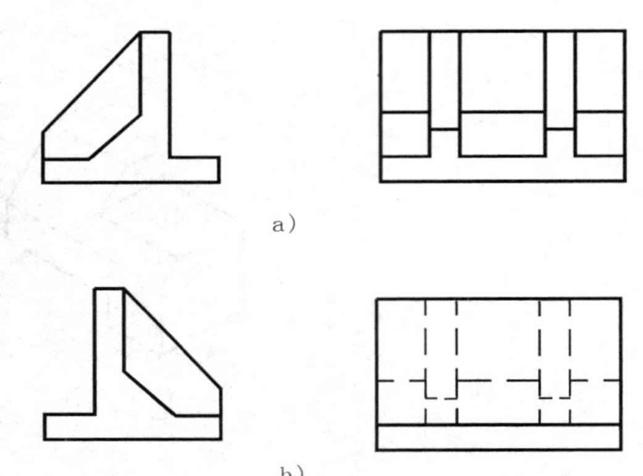

图 2.7　正视图的选择

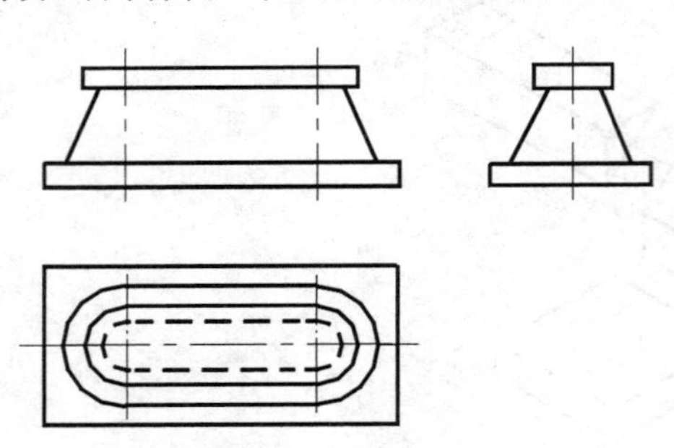

a)图纸利用合理

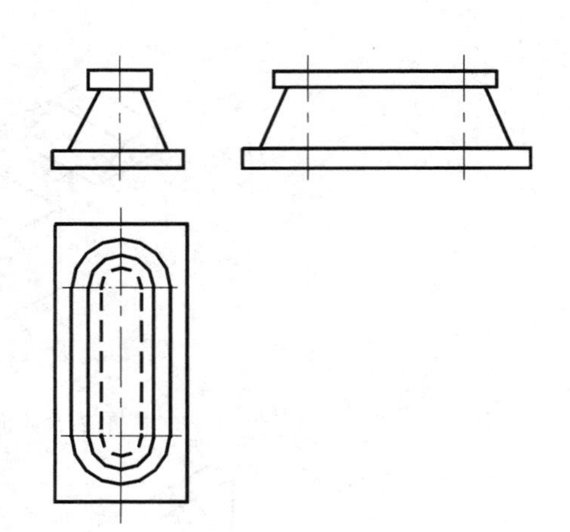

b)图纸利用不合理

图 2.8　合理地利用图纸

a)

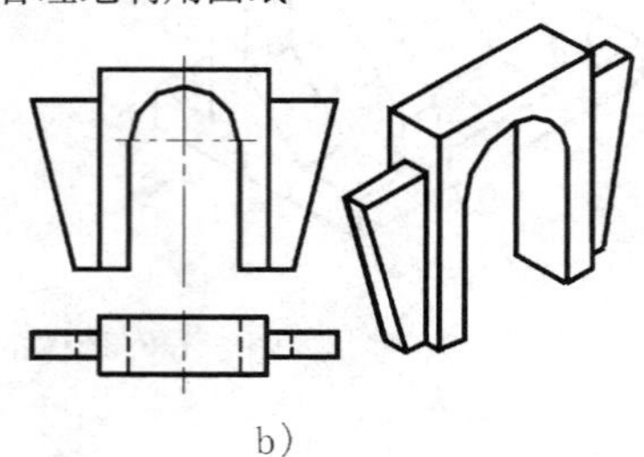

b)

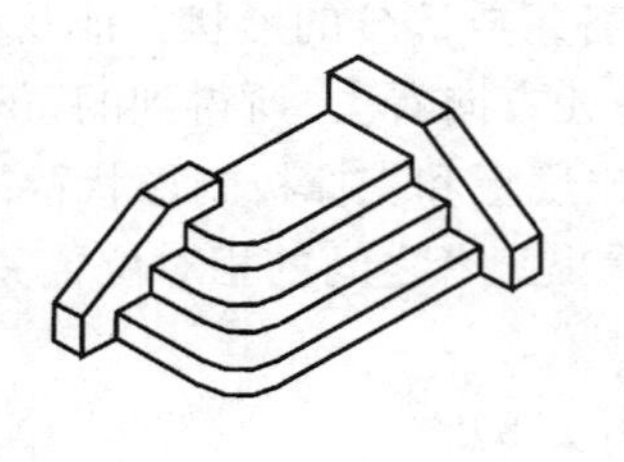

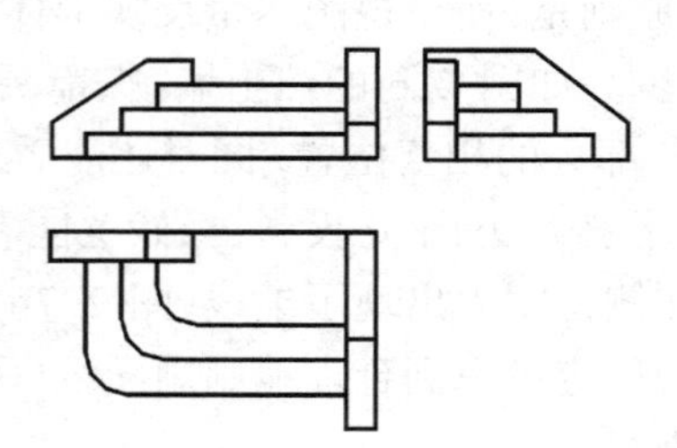

c)

图 2.9　投影数量的确定

2.1.3　组合体视图的画图步骤

1）选比例，定图幅

根据组合体的大小和复杂程度，选择适合的比例。然后根据视图的多少，算出各视图所需的面积，且留足标注尺寸和书写图名的位置。为使布图均匀，各个视图间还应留有一定的间距。最后定出图幅的大小。当然也可以先确定图幅，再根据图幅的大小定出合适的比例。

2）布置视图

先画出图框和标题栏线框，明确图纸上可以画图的范围，然后以各视图各个方向的最大尺寸作为各视图的边界线（包括标注尺寸所占的位置），计算出各视图间的间隔，定出画图基准线。

3）画底稿

根据形体分析的结果，逐次画出各基本形体的视图，其画图顺序是：先画大形体，后画小形体；先画反映形体特征的视图，后画其他视图；先画主要部分，后画次要部分。

4）检查

打完底稿后，检查所画的视图各投影之间是否符合"长对正、高平齐、宽相等"的投影规律；组合处的图线是否正确，是否存在多画或遗漏的现象。

5）加深图线

经检查无误后，擦掉多余的图线，按规定的线型加深、加粗。加粗的顺序是：先圆弧，后直线；水平线从上到下，铅直线从左到右。对细线进行加深，其顺序也是如此。

例 2.1　画出如图 2.10 所示叠加体的三面视图。

由形体分析可知，该叠加体由 I、II、III 部分组成，以箭头方向作为正视图的投影方向。其画图步骤见图 2.11a)、b)、c)、d)。

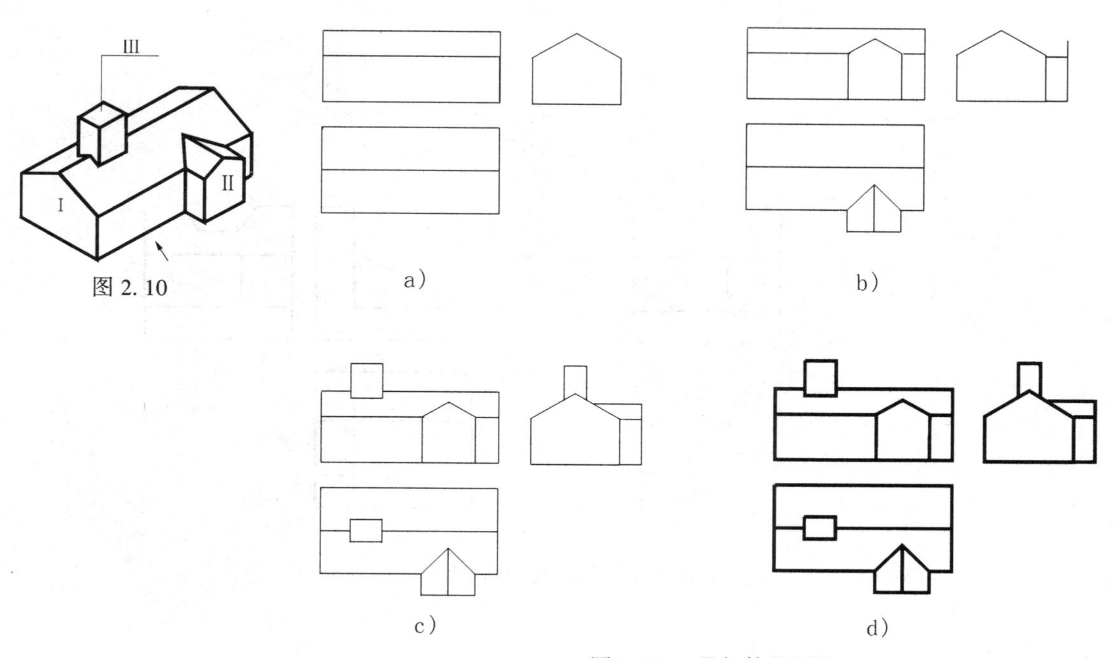

图 2.10

图 2.11　叠加体的画法

例 2.2 画出图 2.12a)所示切割体的三面视图。

由图 2.12b)形体分析可知,该切割体是在四棱柱的基础上切去了 I、II、III 部分所形成的,画图时应先画出四棱柱的三面视图,然后,分别画出各个部分的三面视图。以箭头的方向作为正视图的投影方向,画图步骤见图 2.13a)、b)、c)、d)。

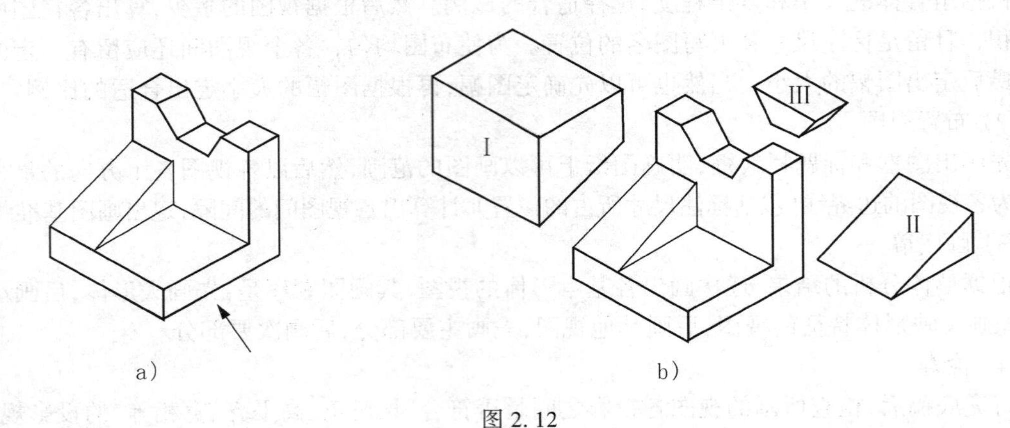

图 2.12

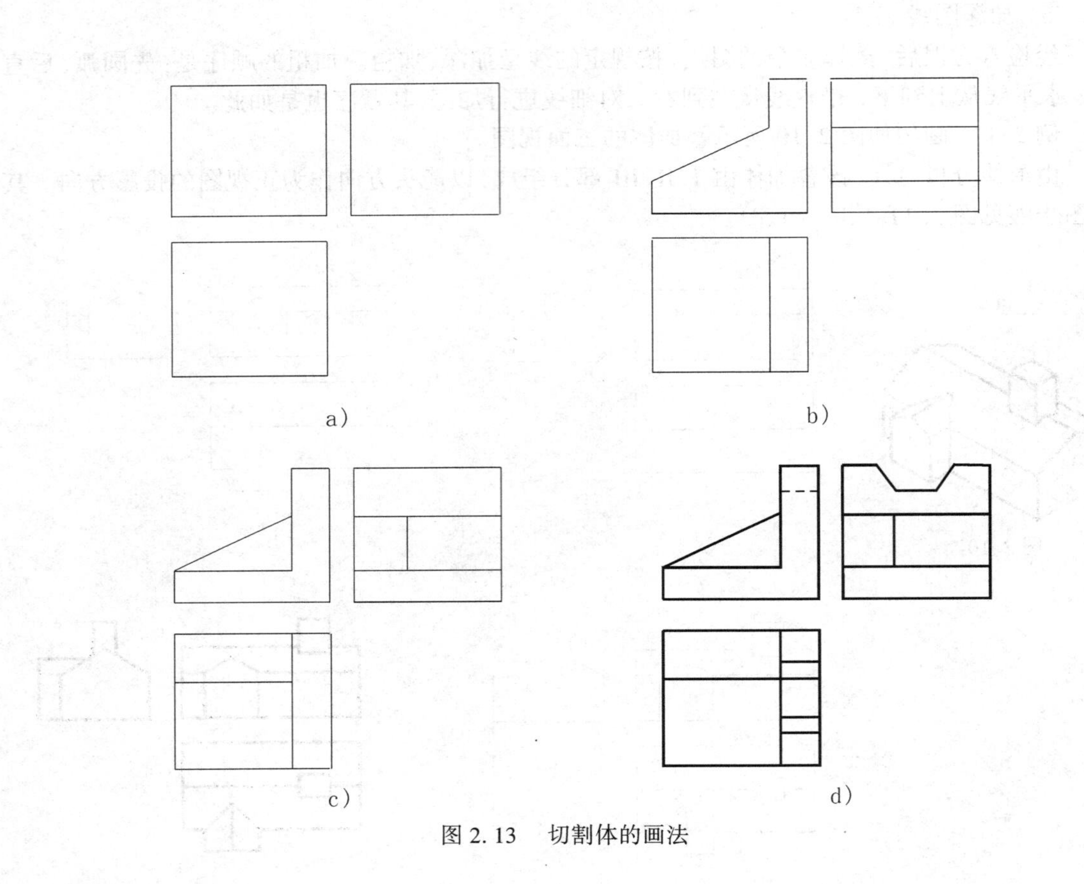

图 2.13 切割体的画法

2.2　组合体视图的尺寸标注

建筑工程中的形体，除了用一组视图表示其形状和各部分的相互位置外，还需用一组尺寸标注出实际的大小和各部分之间的相对位置。

2.2.1　组合体的尺寸分类

组合体的尺寸分为三类。

1）定形尺寸

确定组合体中各基本形体的大小尺寸称定形尺寸。常见的基本形体的尺寸标注见图2.14所示。

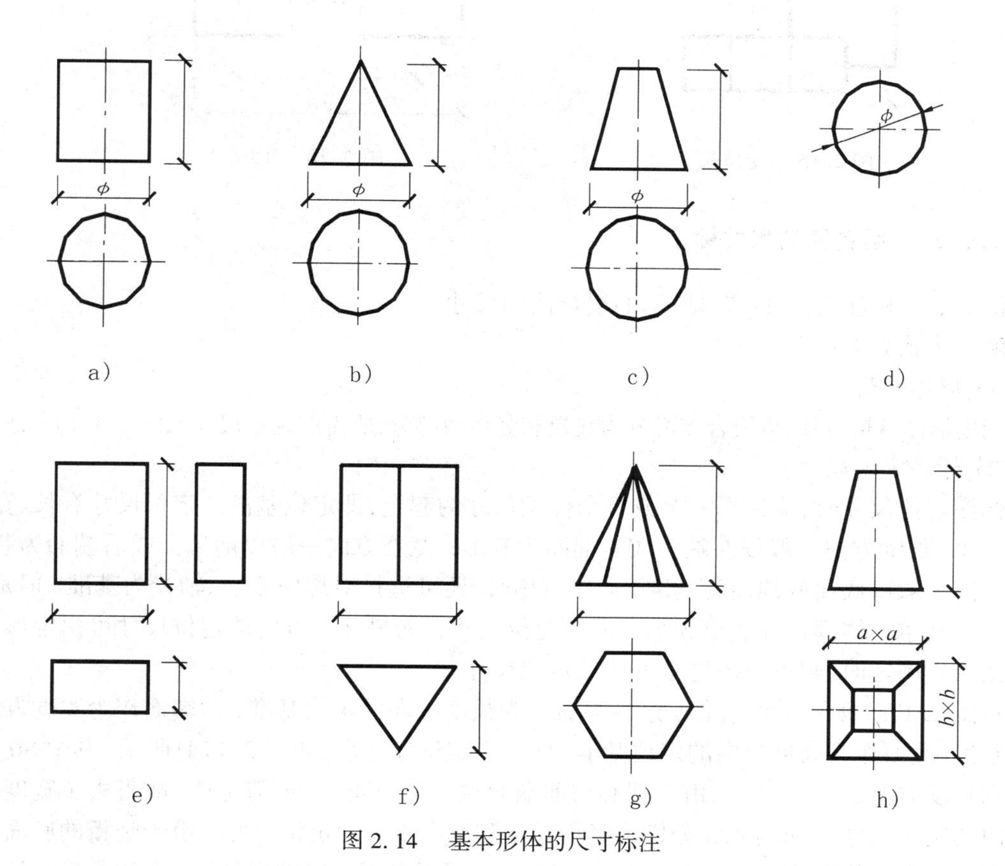

图2.14　基本形体的尺寸标注

2）定位尺寸

确定各基本形体在组合体中的相对位置尺寸称定位尺寸。如图2.15中，a、b分别为两板长度和宽度方向的定位尺寸，c为圆孔高度方向的定位尺寸。

3）总尺寸

确定组合体总的长、宽、高尺寸称为总尺寸。如图2.16中的e、f、g。

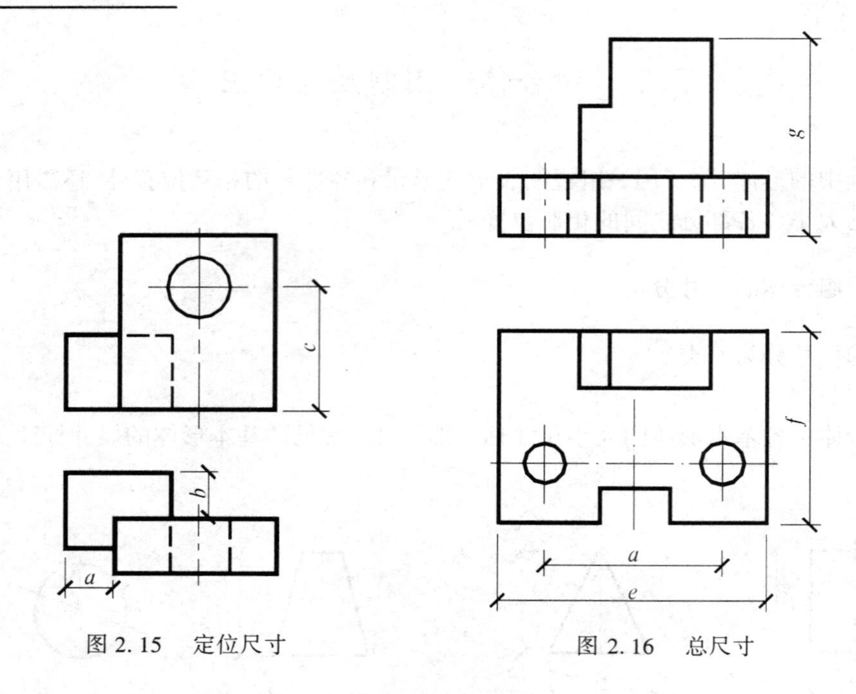

图 2.15　定位尺寸

图 2.16　总尺寸

2.2.2　组合体的尺寸标注

例 2.3　标注出图 2.17a)所示的组合体的尺寸。

解　步骤如下:

1) 形体分析

利用形体分析可知,该组合体可分为底板和竖板两部分,所需的定形尺寸如图 2.17b)所示。

2) 标注定位尺寸

标注定位尺寸时,应选择一个或几个标注尺寸的起点,即定位基准。定位尺寸有长、宽、高 3 个方向,长度方向一般以左端面或右端面为基准;宽度方向一般以前端面或后端面为基准;高度方向一般以底面或顶面为基准。形体对称时,还可选择对称中心线、轴线为基准。但是,并非每一个基本形体都得标注出 3 个方向的定位尺寸,如果某一方向的定位尺寸可由定形尺寸或其他因素确定时,则可省掉这个方向的定位尺寸。

对图 2.17a) 所示的组合体,选右端面作为长度方向的定位基准,后端面作为宽度方向的定位基准,底面作为高度方向的定位基准。标注出定位尺寸后,如图 2.17d)所示。其中 80 为底板半圆长度方向的定位尺寸,由于圆心与前端面对齐且为通孔,不需定位,故省去了宽度和高度方向的定位尺寸。 40 和 25 分别为竖板长度和宽度方向的定位尺寸,由于竖板的底面与底板的顶面叠合,底板高度方向的定形尺寸 30 就是竖板高度方向的定位尺寸,故不需标注这个方向的定位尺寸。110 为竖板上圆孔 $R\,50$ 和圆弧 $\phi 50$ 高度方向的定位尺寸,由于 $R\,50$ 与竖板右端面相切,$\phi 50$ 为通孔,所以竖板长、宽两个方向的定位就确定了圆孔 $\phi 50$ 和圆弧 $R\,50$ 在这两个方向的定位,不再重新标注。

又如图 2.16,俯视图上的尺寸 a 是以四棱柱底板顶面的对称线为基准标注的,它既是两圆孔之间长度方向的定位尺寸,同时也表示了圆孔与底板之间在长度方向的定位,这时孔与板

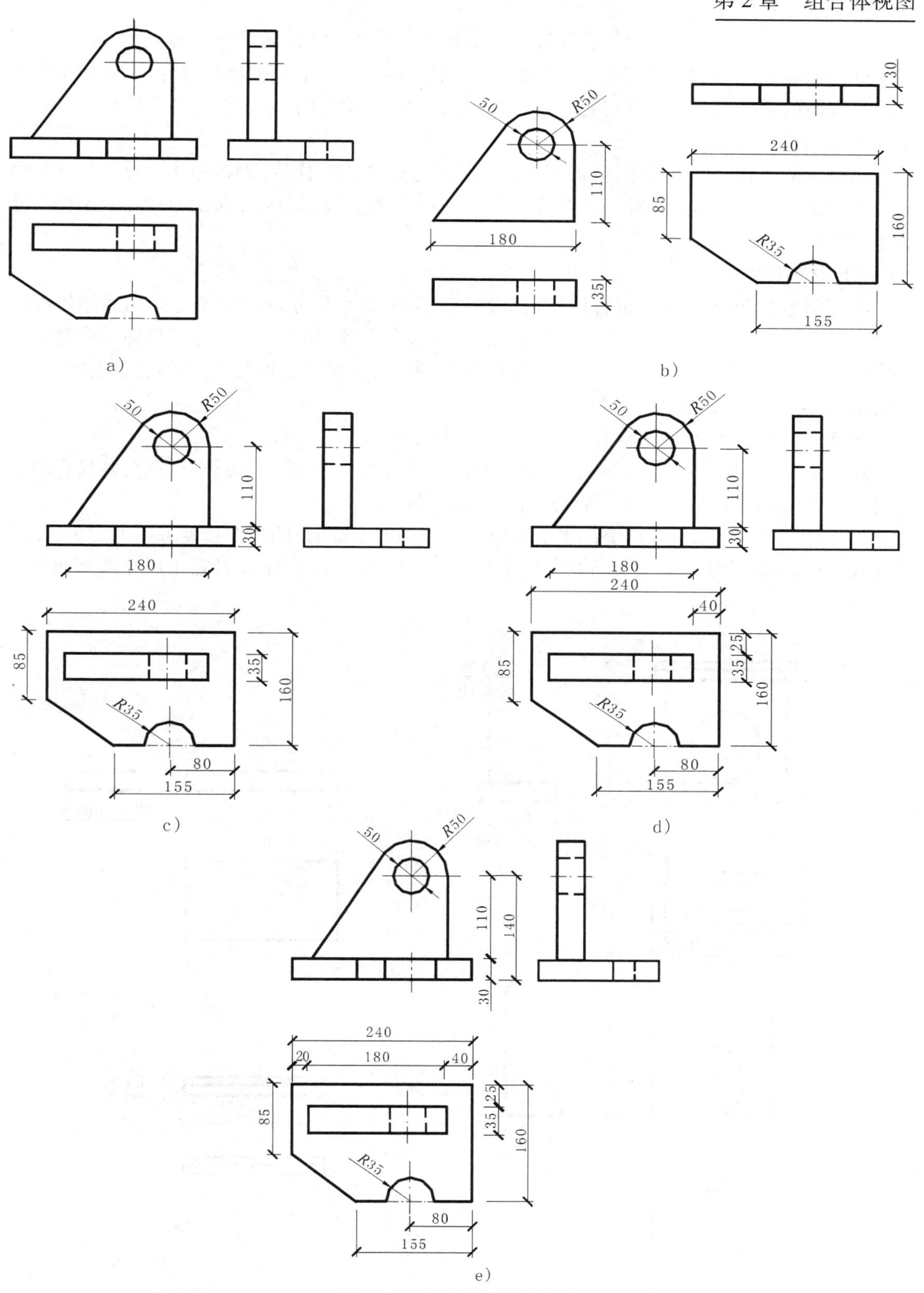

图 2.17　组合体的尺寸标注

在长度方向的定位尺寸是通过板在长度方向的尺寸与孔的中心线之间的距离 [即 $(e-a)/2$] 表示的。而竖板的后端面与底板的后端面对齐，竖板的底面与底板的顶面叠合，也省掉了宽度和高度方向的定位尺寸。由此可见，当两形体叠合、对齐、对称时，可省掉一些定位尺寸。

3)标注总尺寸

组合体的总长、总宽尺寸，可由底板的定形尺寸240、160代替，不再标注。总高尺寸可由140+50确定。由于组合体的一端为回转体，一般不直接注出总尺寸，而由回转体的定位尺寸加上定形尺寸表示。

4)调整、排列

为了完整清晰地标注出组合体所需的尺寸，需将以上尺寸进行调整、排列。结果见图2.17e)所示。其中20可由相关尺寸计算得出，均属多余尺寸，缺少这些尺寸对形体的完整性毫无影响，但标注出这些尺寸，可有利于测量和施工。所以，在建筑工程图中，根据工程的需要，允许适当标注一些多余尺寸。

例2.4　分析图2.18a)涵洞口一字墙的各类尺寸。

解　①定形尺寸　按形体分析，可将涵洞一字墙分为基础、墙身、缘石三部分，其投影图分别为图2.18b)、c)、d)所示，图中所标尺寸均为定形尺寸。

②定位尺寸　图2.18a)中，水平投影左右两端的30均为墙身在长度方向的定位尺寸；侧面投影中的25为墙身在宽度方向的定位尺寸；缘石在墙身的顶面，其定位尺寸为侧面投影中的10。

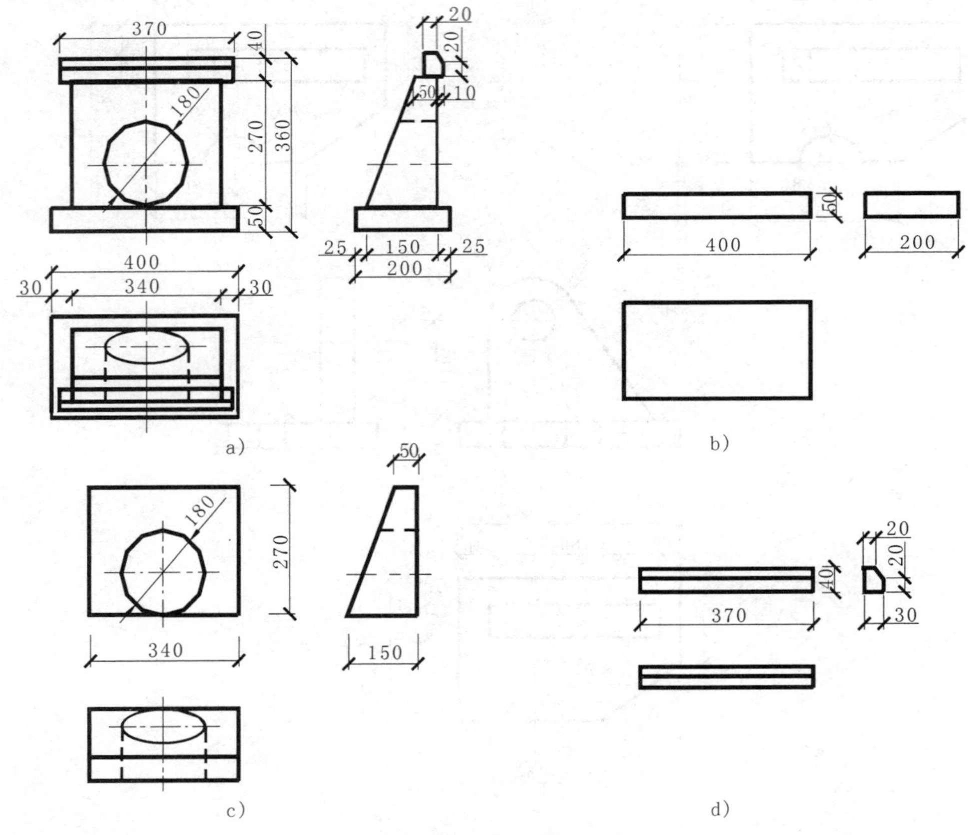

图2.18　涵洞一字墙的尺寸标注

③总尺寸　400、200、360 分别为涵洞一字墙的总长、总宽和总高尺寸。

2.2.3　尺寸标注中应注意的问题

在视图上标注尺寸要注意以下几个问题：

①齐全　不遗漏，不重复。不要等到施工时还得计算和度量，也不要将同一尺寸重复标注。

②明显　尺寸应注在形状特征明显的视图上。如图 2.17d) 中截角尺寸 155 和 85 应注在反映特征的俯视图上，而不应注在正视图或侧视图上。竖板圆孔的直径 ϕ50 和圆弧的半径 R 50 应注在反映圆弧特征的正视图上，而不应注在俯视图或侧视图上。

③集中　尺寸标注应尽量集中。同一基本形体的定形尺寸和定位尺寸尽量集中标注在同一个视图上。如图 2.17e) 中竖板的长 180、宽 35 以及它在长度和宽度方向的定位尺寸 40、25，都同时标注在俯视图上。半圆的定形尺寸 R 35、定位尺寸 80 也同时注在俯视图上。与两视图有关的尺寸尽量注在两视图之间。即长度方向的尺寸尽量注在正视图和俯视图之间的一个视图上；高度方向的尺寸尽量注在正视图和侧视图之间的一个视图上。

④清晰　尺寸应注在轮廓线之外，并尽可能靠近所标注的线段，且避免尺寸线与其他尺寸界线或轮廓线相交。

⑤整齐　尺寸标注要整齐。定形尺寸、定位尺寸、总尺寸应进行合理组合，使它们整齐地排成几行，一般组合体的尺寸最多排成三排。

⑥正确　标注的尺寸不应出现错误，且符合国家建筑工程制图标准。

⑦合理　标注的尺寸应满足设计、施工和生产的要求。这里涉及到很多专业方面的知识，关于这方面的问题，专业图中再作研究。

⑧尽量避免在虚线上标注尺寸。

2.3　组合体视图的阅读

读图就是根据形体的视图想象出形体的空间形状。这是一个由平面到空间的过程。读图有助于培养空间想象力，同时也促进绘图能力的提高。读图在施工中起着重要的作用，是每一个工程技术人员必须掌握的知识。

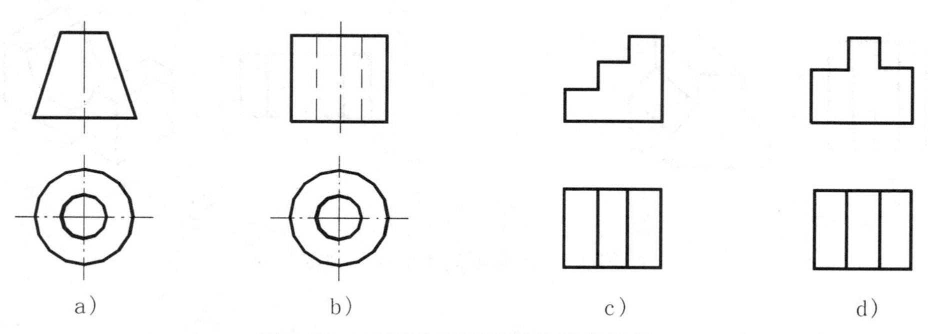

图 2.19　由两个视图确定物体的形状

通常一个视图不能确定物体的空间形状（图 2. 19），有时两个视图也无法确定物体的空间形状（图 2. 20）。因此，读图时不能孤立地看一个视图，而应将 3 个甚至更多的视图联系起来阅读，才能正确地确定物体的空间形状和结构。

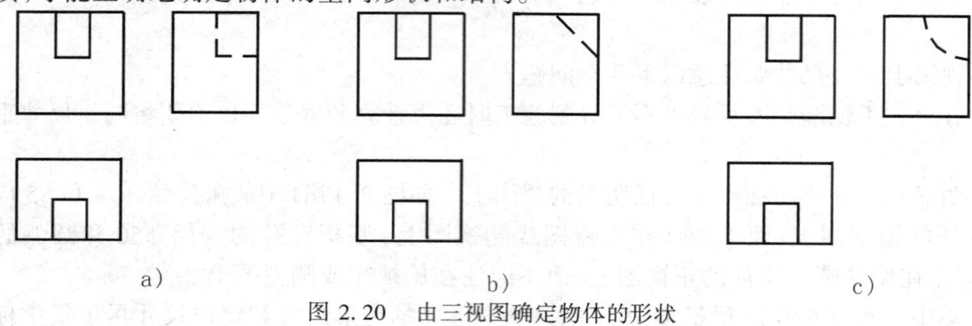

图 2. 20　由三视图确定物体的形状

2. 3. 1　读图的基本知识

①掌握三面视图的长度对应关系（长对正、高平齐、宽相等）和 6 个方向的位置关系。

②熟悉基本形体的投影特征（图 2. 14）。

③熟悉简单形体的三面视图（图 2. 21）。

④了解视图上线和线框的含义。

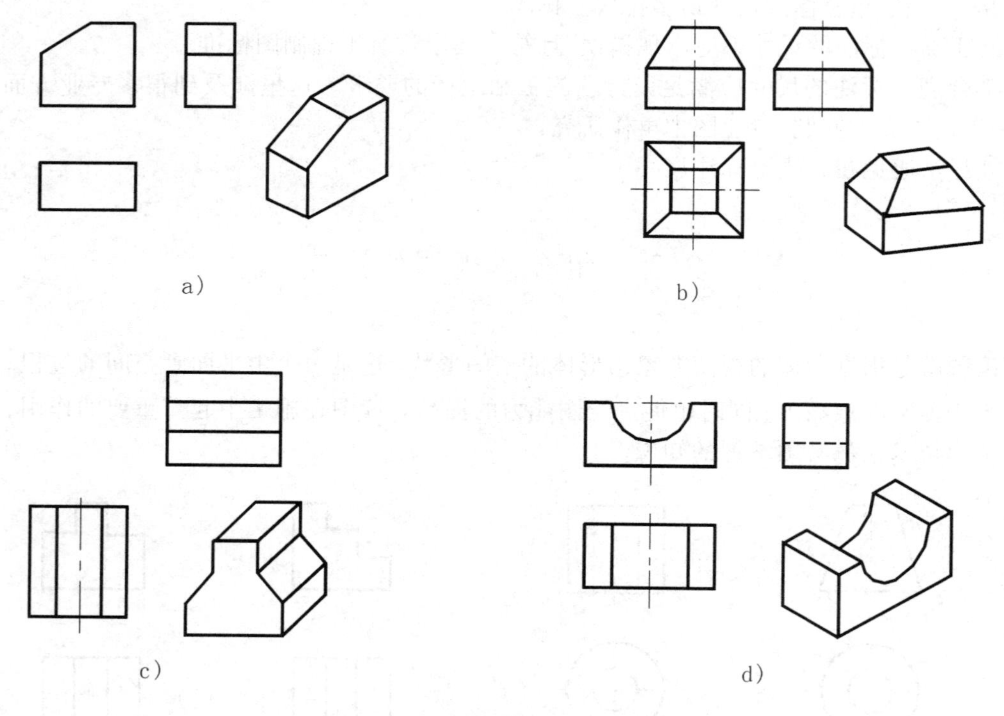

图 2. 21　常见简单形体的视图

线的含义：视图上的一条线可能是一个面的积聚投影（图 2. 22 中的 a），也可能是两个面的交线(图 2. 22 中的 b);还可能曲面的转向轮廓线(图 2. 22 中的 c)。

线框的含义:视图上一个封闭的线框可能表示一个平面,如图 2. 22 中的线框 1,也可能表示一个曲面,如图 2. 22 中的线框 2,还可以表示一个孔或洞,如图 2. 22 中的线框 3。

相邻两线框的含义:视图上相邻的两线框,可能是两个平行的平面,如图 2. 23 中的线框 1、2,也可能是两个相交的平面,如图 2. 23 中的线框 3、4。究竟是两个相交的平面还是两个平行的平面,要根据其他视图才能判断。

一个视图上的线框在其他视图上的对应投影有两种可能,或为类似形或积聚为一线段。也就是说,如果一个线框在其他视图没有类似形与它对应,就必然积聚成一线段。如图 2. 23 俯视图中的线框 4,在正视图中没有与之对应的类似形,该线框在正视图中积聚为一斜线。这种关系概括为"无类似形必积聚"。

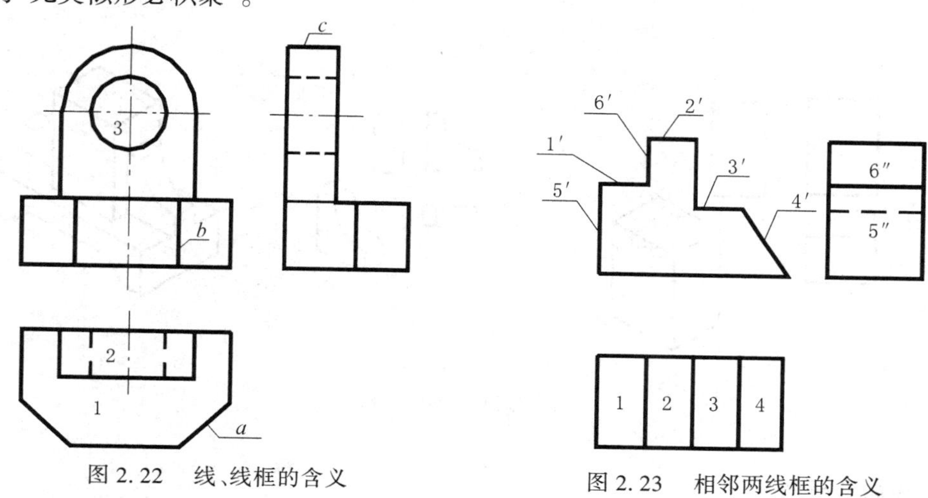

图 2. 22　线、线框的含义

图 2. 23　相邻两线框的含义

2. 3. 2　读图的基本方法

组合体读图的基本方法是形体分析法和线面分析法。下面分别介绍它们各自的方法及其特点。

(1)形体分析法

形体分析法就是利用基本形体的投影特征,将组合体的投影图分解成若干部分,根据各部分的视图想象出各部分的形状,再分析出各部分之间的相对位置,最后综合起来想象出组合体的整体形状。

例 2. 5　根据图 2. 24a)的三面视图,想象出组合体的空间形状。

首先,将组合体的正视图分为四个部分,根据三个视图的投影对应关系,将每一部分的投影从其余两视图中分离出来,如图 2. 24 所示的 b)、c)、d)三组视图。根据每一部分的投影特征想象出每一部分的空间形状,见图 2. 24b)、c)、d)中的立体图。

然后,根据三面视图中前后左右上下的位置关系,分析出各组成部分在整个形体中的相对位置。从图 2. 24a)的三个视图可知,形体 II 在形体 I 的上方中部,形体 III 与形体 IV 分放在形体 II 的两侧,且到形体 I 的前后距离相等。

最后,把三部分按它们的相互位置组合在一起,想象出组合体的整个空间形状,如图 2. 24e)所示的立体图。

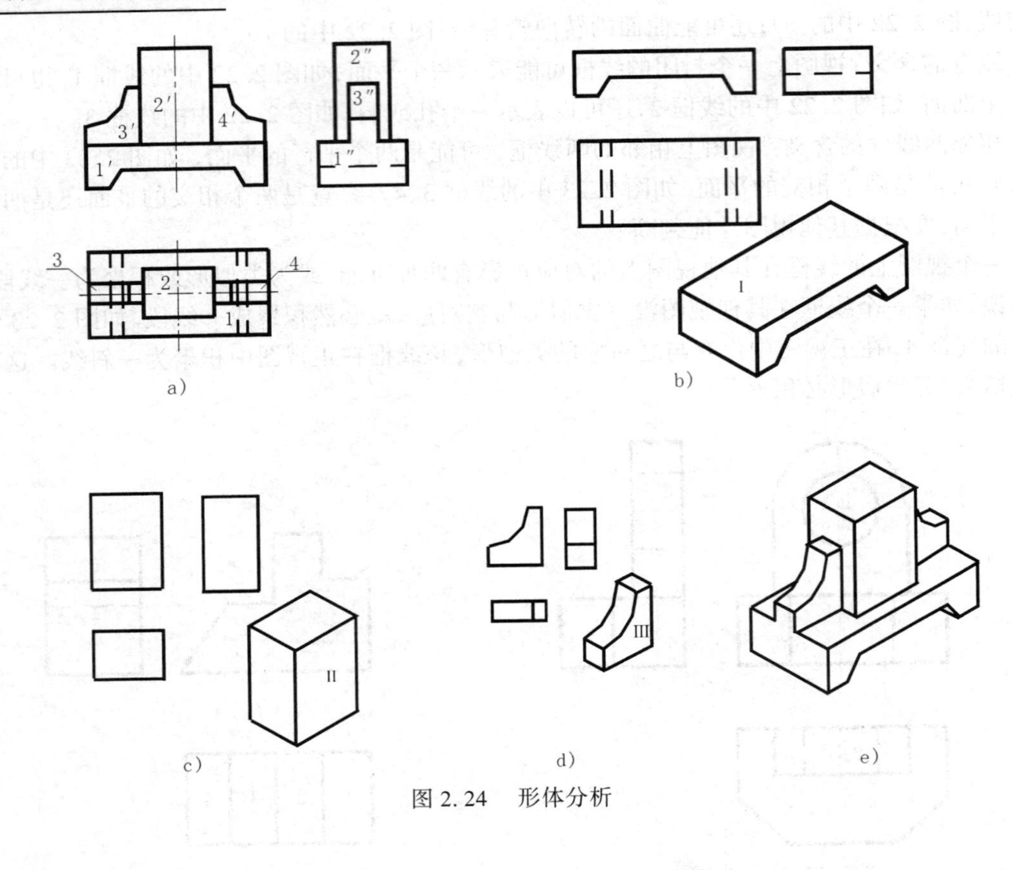

a)　b)　c)　d)　e)

图 2.24　形体分析

(2)**线面分析法**

线面分析法就是利用线、面的投影特性，找出视图中线段和线框的对应投影，分析出它们在视图中的含义，想象出形体各表面的形状和相互位置关系，从而想象出组合体的细部乃至整体的空间形状。

例 2.6　根据图 2.25a)的视图，想象出组合体的空间形状。

首先，将视图中的线框进行编号，找出其对应的投影，确定出它们在视图中的含义。

如图 2.25 所示，将俯视图中的两梯形线框编为 1、2 号，按"长对正"，线框 1 对应正视图中的梯形线框 1′，正、俯视图为类似形，说明该梯形平面同时倾斜于正立投影面和水平投影面，但它究竟代表的是一般面呢还是侧垂面？进一步分析，由于该梯形平面内含有侧垂线（*AB*），可知Ⅰ面为侧垂面；线框 2 在正视图中没有梯形线框与之长对正，根据"无类似形必积聚"的关系，它必然积聚为一线段，按投影关系找出与之对应的线段 2′，说明Ⅱ面为水平面。正视图中剩下的线框为 3′、4′，按投影关系，线框 3′对应于俯视图中的斜线 3，可知Ⅲ面为铅垂面；线框 4′对应俯视图中的线段 4，可知Ⅳ面为正平面。

然后，分析出它们的相对位置关系，想象出形体的整个空间形状。

根据以上分析及视图中各部分的相对位置可知，I 为侧垂面，II 为水平面，形状为梯形，且 I、II 为两个相交的平面；IV 为正平面，形状为矩形，位于形体的最前面，且与 II 相交；III 为铅垂面，位于形体的最左面，与其他 3 个面都相交。整个形体的空间形状如图 2.25b)所示。

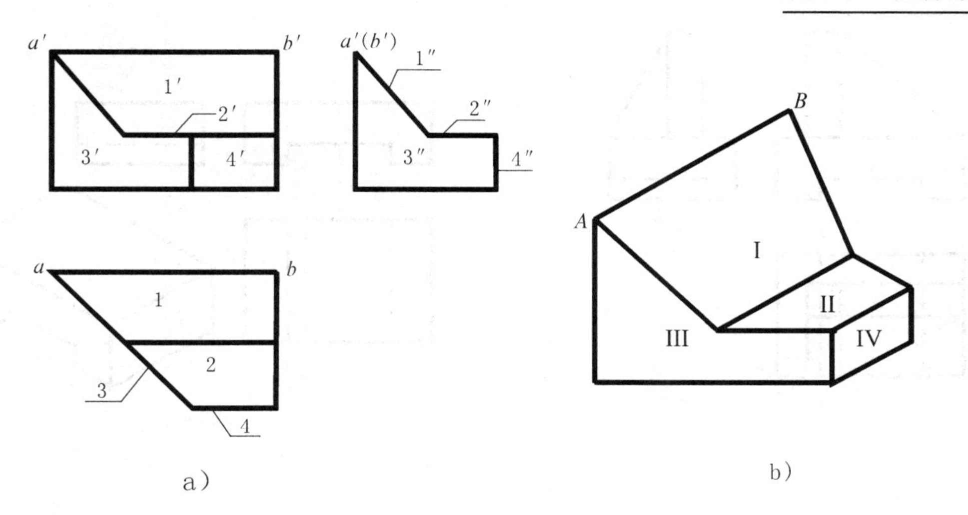

图2.25 线面分析

以上两例说明了形体分析法和线面分析法两种不同的读图方法和特点。通常情况下形状特征比较明显的组合体,特别是叠加体适合于采用形体分析。而对于那些形状特征不明显的视图,或采用形体分法析后仍有某些细部看不懂时,则采用线、面分析法。但实际读图时,两者并非截然分开,而是相互联系相互补充。总的说来是以形体分析为主,线面分析为辅;先用形体分析,后用线面分析。最后综合起来想象出整个组合体的空间形状。

2.3.3 读图步骤

下面举例说明组合体的读图步骤。

例2.7 根据图2.26a)所示的三面视图,想出物体的空间形状。

①形体分析 从正视图和侧视图可以看出,该形体由上、下两部分组成。下面部分为一块带槽的四棱柱底板,其三面视图和空间形状如图2.26b)所示。

上部分的三面视图见图2.26c),由于形状特征不明显,一下子无法读懂,所以,应用线面分析法作进一步分析。

②线面分析 俯视图中的矩形线框1,在正视图中没有类似形与它对应,故积聚为斜线1′,侧视图中对应于矩形线框1″,可知它为正垂面,形状为矩形。俯视图中的三角形线框2对应正视图中的三角形线框2′,由于该三角形平面内无侧垂线(见A、B、C的两面投影),故侧视图中必然对应于三角形线框2″,所以,三角形平面为一般面。正视图上的矩形线框3′对应侧视图中的斜线3″和俯视图中的矩形线框3,可知它为侧垂面,形状为矩形。矩形线框4在正、侧视图中分别积聚为4′和4″,可知它为水平面。从以上分析可以得出上部分的空间形状,如图2.26c)中的立体图所示。

③综合想象 按组合体三面视图(图2.26a)中两部分的相互位置关系,将形体的上部分叠加在底板上,得出如图2.26d)所示的整个组合体的空间形状。

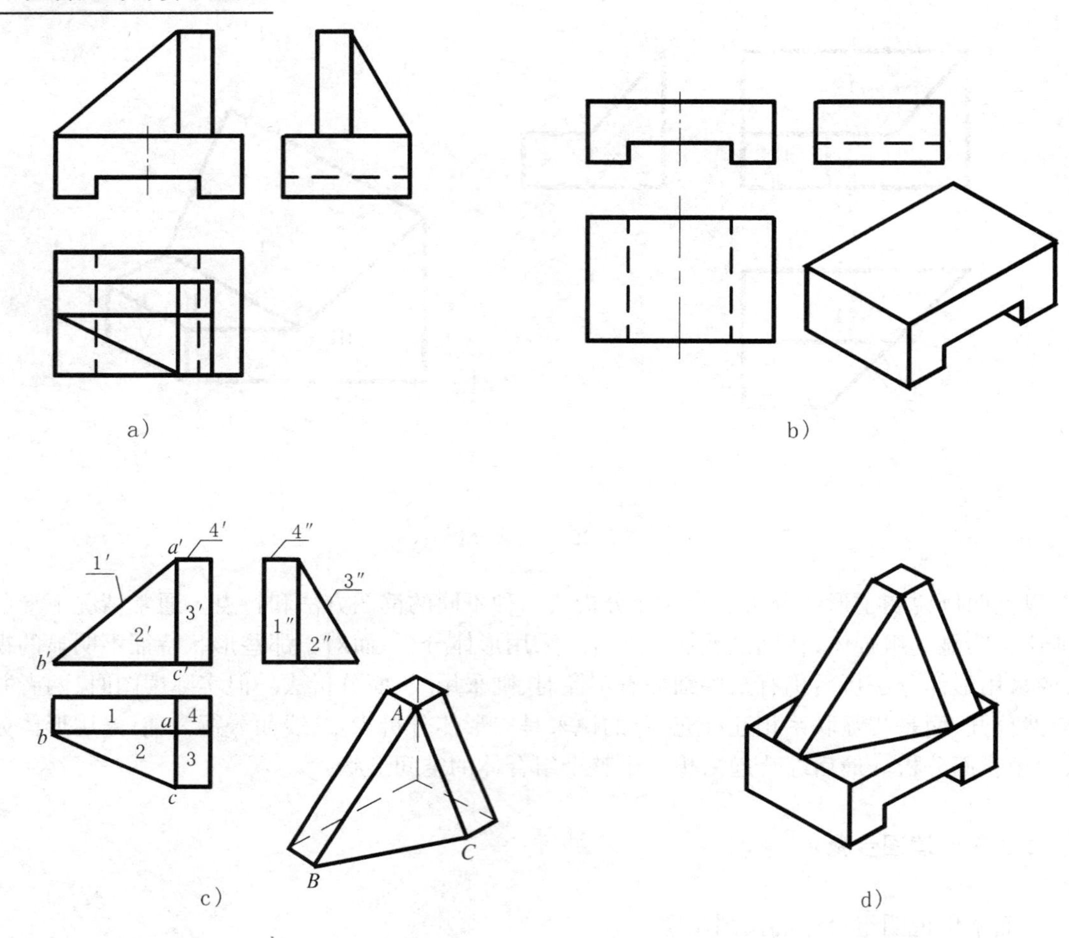

图 2.26　组合体视图的阅读

2.3.4　根据两面视图补绘第三视图

根据形体的两面视图补绘第三视图(简称“二补三”),是训练读图能力的一种有效方法。能否将视图真正读懂,就看是否能正确地补出第三视图。补图时,首先根据已知的两面视图,按形体分析和线面分析的方法,想象出形体的空间形状;然后按三面投影的投影规律,逐个补出简单形体的第三视图;最后,检查三面投影之间的关系是否正确,想象的形体与三面视图是否一致。由于两个视图已确定了物体长、宽、高 3 个方向的尺寸,因此,根据两面视图完全可以补画第三视图。但是,有时两面视图所表达的物体不确定,按投影关系所补出的第三视图就不可能是惟一的(图 2.20)。

例 2.8　根据图 2.27a)所示形体的两面视图,补绘出第三视图。

①分析　根据简单形体的投影特征及两视图的对应关系,将正视图的投影分为图 2.27b)所示的三个部分。按投影关系把它们从正视图和俯视图中分离出来,并想象出每一部分的空间形状,如图 2.27c)所示的各组视图。然后以形体 I 为基础,在顶面加上形体 II,右面加上形体 III,整个组合体的空间形状如图 2.27d)所示。

②补图　按投影规律，先补出形体 I 的侧视图，后补出形体 II 和 III 的侧视图，由于形体 III 被形体 I 挡住，故在侧视图中为虚线。整个组合体的侧视图如图 2.27e）所示。

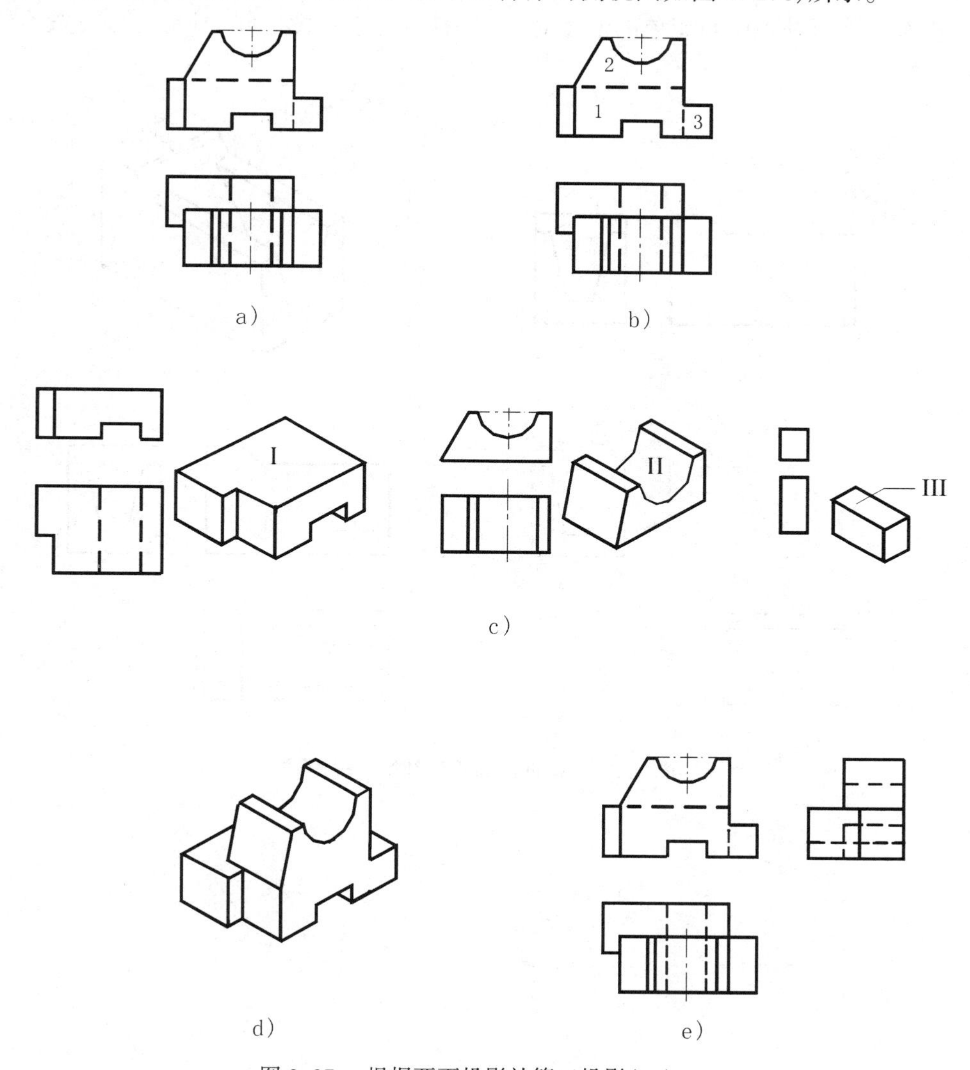

图 2.27　根据两面投影补第三投影（一）

③检查　检查三面视图是否符合投影规律；虚、实线有无错误，三面视图与想象的物体是否一致，所补视图正确，最后将结果加深。

例 2.9　根据图 2.28a）所示形体的两面视图，补绘出第三视图。

①分析　由正视图和侧视图可以看出，该形体是在四棱柱的基础上，从顶面切去一块，再从左端面挖去一个梯形槽而形成。进一步用线面分析可知，切割后形体的顶面和梯形槽的底面均为矩形水平面，梯形槽的前、后侧面为梯形侧垂面，右端面为多边形正垂面。空间形状如图 2.28b）所示。

②补图　按投影关系先补出四棱柱的水平投影，再补出各矩形水平面的水平投影，如图 2.28c）所示。梯形槽两侧面的直角梯形，其水平投影与正面投影应为类似形，将槽底和槽顶矩

形的顶点连线即可。梯形槽右端面为八边形的正垂面,这时水平投影中恰好有八边形类似形与之对应,如图 2. 28d)所示。

③检查　将所补视图与想象的形体对照,并检查三面视图之间的投影关系,没有错误,最后加深图线。

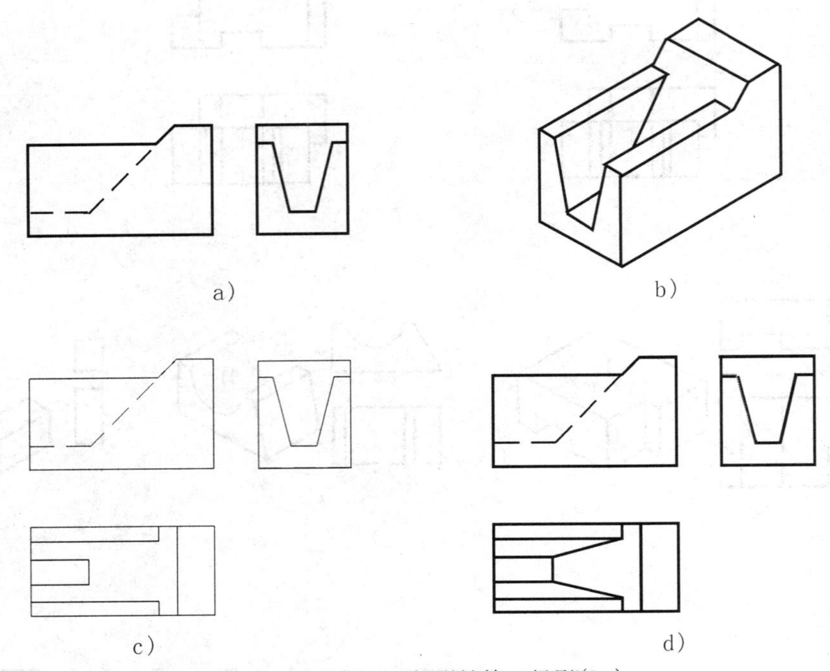

图 2. 28　根据两面投影补第三投影(二)

第3章 建筑形体的表示方法

在工程图中，三面视图及尺寸的标注，可以表达出建筑形体的形状、大小和结构。但是，有些形体的形状和结构都比较复杂，仅用三面视图无法将它们的形状完整、清晰地表达出来。为此，制图标准中规定了多种表达方法，本章介绍常用的几种，以供画图时选用。

3.1 建筑形体的各种视图

3.1.1 六个基本视图

以正六面体的六个面作为基本投影面，把形体放入其中，分别向六个投影面投影，得到六个视图。制图标准规定将这六个视图作为基本视图。六个基本视图中，除主视图、俯视图、左视图以外，还有后视图、仰视图、右视图，后三者的投影方向与前三者刚好相反。六个投影面的展开见图3.1。展开后，主、俯、左视图按原来的位置不变，其余视图应按图3.2所示的位置配置。在建筑工程图中，主视图又称作正立面图，俯视图又称作平面图，左、后、右视图又分别叫做左立面图、背立面图、右立面图。画图时应注意，六个视图之间仍要符合"长对正、高平齐、宽相等"的投影关系。每个视图下方应注写图名，并在图名下方画一粗横线，其长度与图名对齐。

3.1.2 局部视图

如图3.3所示，画了正视图和俯视图后，已将形体的大部分形状表达清楚，只有圆柱体右上方和左下方突出部分尚未表达清楚。若再画出左视图或右视图，则大部分投影重复，没有必要。这时只需画出没有表达清楚的那一部分视图，即 A 向视图和 B 向视图。这种只将形体的某些局部向基本投影面投影所得到的视图称为局部视图。可以看出，局部视图相当于基本视图的一部分。

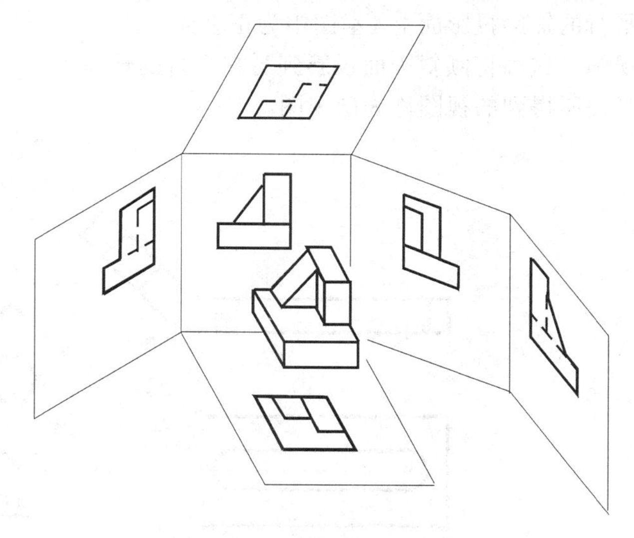

图3.1　六个基本视图的展开

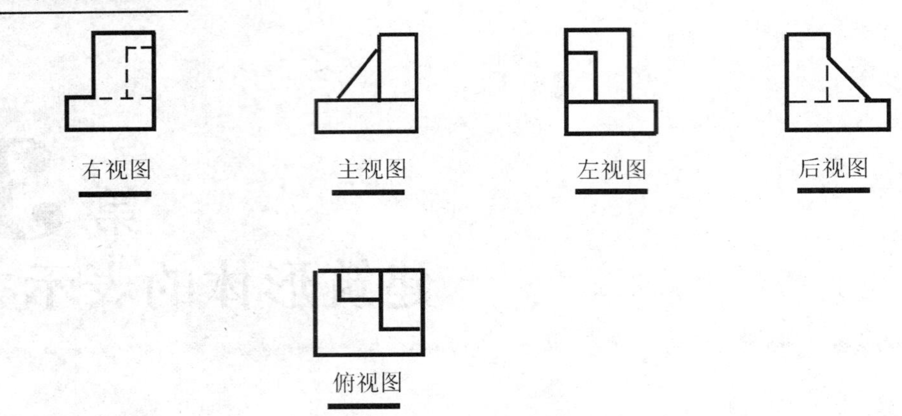

图 3.2　六个基本视图的布置

画局部视图时应注意以下几点：

第一，在基本视图上用带字母的箭头指明投影部位和投影方向，并在局部视图的下方（或上方）用相同的字母标明“*X* 向”，如图 3.3 中的 *A* 向。

第二，局部视图最好按投影关系配置，必要时也可以画在其他位置，如图 3.3 中的“*B* 向”。

第三，波浪线表示局部视图的范围。当局部视图的外轮廓线完整且封闭时，可省略波浪线。

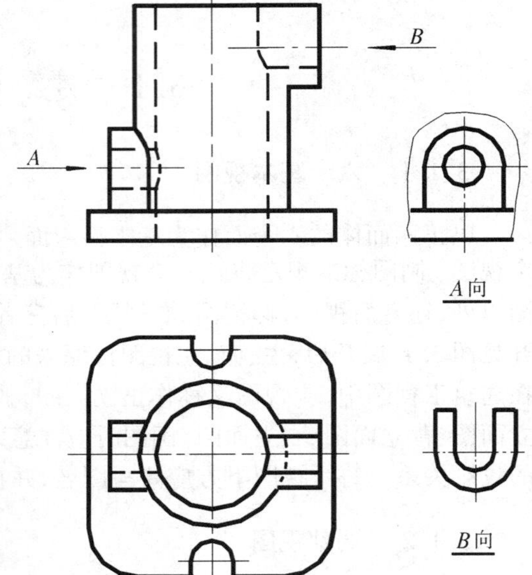

图 3.3　局部视图

3.1.3　斜视图

如图 3.4 所示的形体，若将倾斜表面向基本投影面投影时，其基本视图上的投影不反映实形，为了得到斜面的实形，可以把它投影到与倾斜面平行的辅助投影面上（本图中为正垂面），画出其视图。这种将倾斜表面投影到与它平行的辅助投影面所得到的视图称为斜视图。

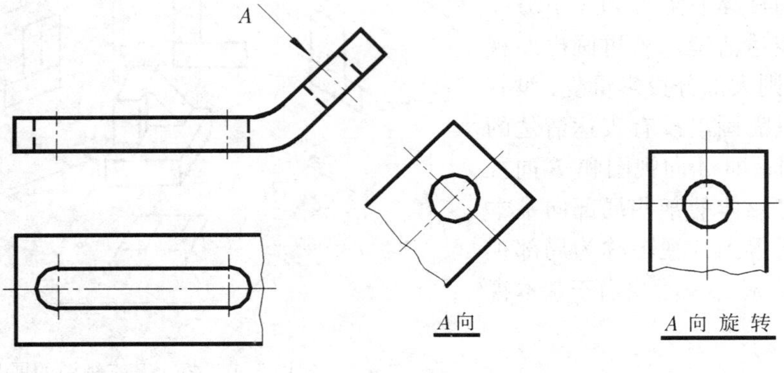

图 3.4　斜视图

画斜视图时应注意：

①斜视图尽可能按投影关系配置，必要时也可以平移到图纸内的适当位置。为了画图方便，也可将图形转正，但必须在图形名称后加注“旋转”二字。如图3.4中的“A向旋转”。

②斜视图是为了反映倾斜表面的实形，所设的辅助投影面只能垂直于一个基本投影面。形体上原来平行于基本投影面的表面，在斜视图中不反映实形，最好以波浪线为界省略不画。在基本视图中，同样要处理好这类问题。

斜视图的标注方法同局部视图一样。

3.1.4　展开视图

如图3.5所示的房屋，大门所在的墙面与正立投影面平行，在正视图中反映实形，而左侧面倾斜于正立投影面，在正视图中不反映实形。为了同时反映出正面与侧面的形状和大小，可假想将左侧面展开与正面位于同一平面上，再向正立投影面投影，这时左侧面在正视图中就反映实形。这种将倾斜部分展至与某一基本投影面平行后，再向该基本投影面投影所得到的视图称为展开视图。

展开视图不作任何标注，只需在图名后注写“展开”二字即可。

3.1.5　镜像视图

假想在平行于物体的表面设置一个镜面，将镜面中物体的像用正投影法绘制，这种方法称为镜像投影法。用镜像投影法绘制的视图称为镜像视图。为了与直接正投影法区别，应在图名后注写“镜像”二字。

当某些建筑形体采用直接投影法绘制不易表达时，则采用镜像投影法绘制。如图3.6为梁、板、柱的构造结点图，若采用直接正投影法，绘制出的平面图虚线太多，给看图带来不便。这时将镜面放置于下方代替水平投影面，画出在镜面中得到的图像，即为平面图（镜像）。

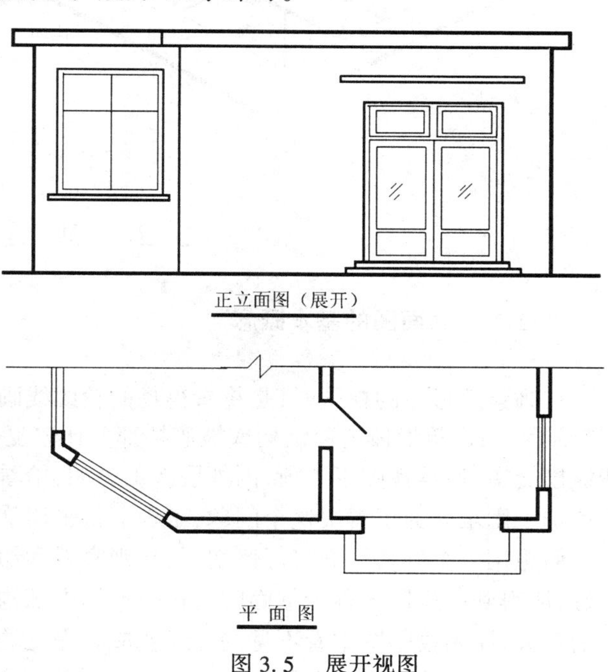

图3.5　展开视图

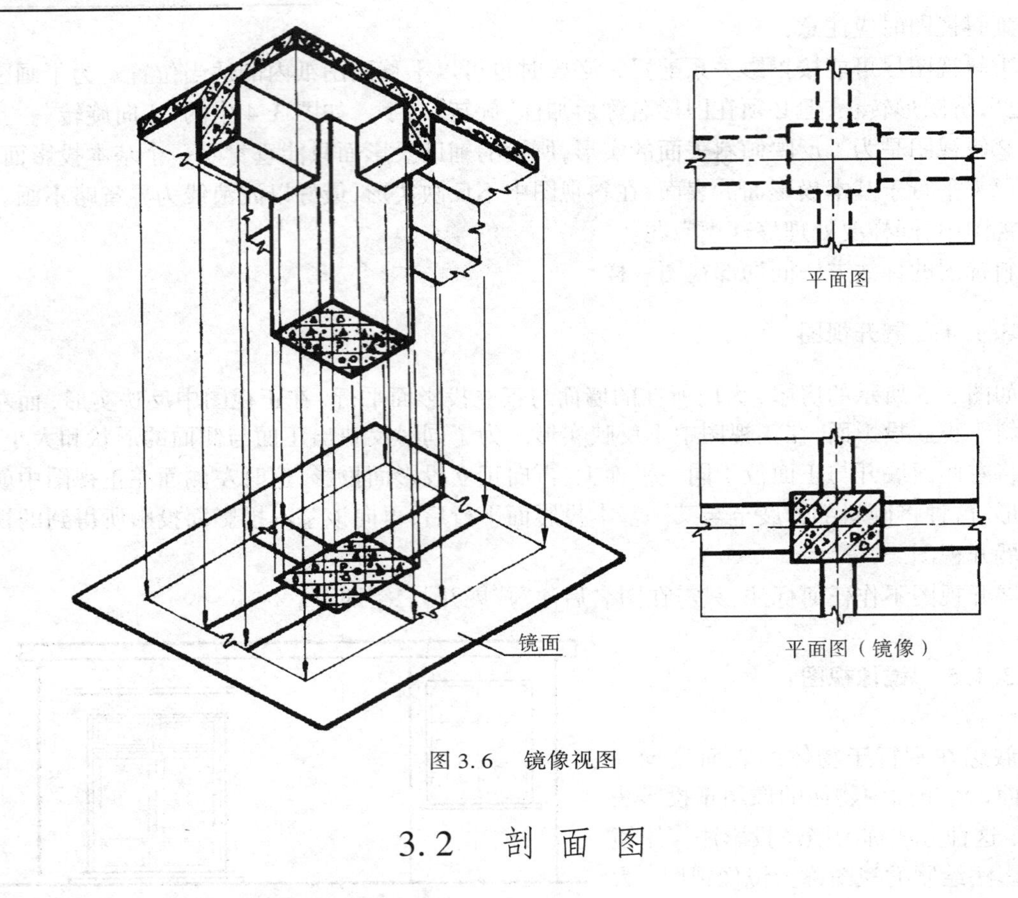

图 3.6　镜像视图

3.2　剖　面　图

3.2.1　剖面图的基本概念

在画建筑形体的视图时，是将看得见的轮廓线画成实线，看不见的轮廓线画成虚线。如图 3.7 所示，当建筑形体内部结构或被遮挡部分比较复杂时，视图上就会出现较多的虚线。虚、实线纵横交错，使得视图不清晰，内外层次不分明，给看图带来不便。同时，虚线较多，给尺寸标注也增加了困难。为了解决这个问题，工程上常采用剖面的方法。

假想用一个剖切平面将形体切开，将观察者和切平面之间的部分移去，而将其余部分进行投影，所得到的投影图称为剖面图。这时形体内部构造显露出来，原来看不见的部分变成看得见的部分，原来投影图中看不见的虚线变成看得见的实线。如图 3.8 假想用一个正平面 *P*，将形体切开，然后移走观察者和切平面 *P* 之间的那一部分，将剩下的部分向 *V* 面进行投影，所得到的投影图（图 3.9）就是该形体的剖面图。

画剖面图时应注意以下几点：

第一，剖切是假想的，目的是为了清楚地表达形体的内部形状，并不是真正地将形体切开而移去一部分。因此除了剖面图外，其他视图应按未剖切前的整体形状画出。如图 3.9 中的俯视图和侧视图，并不因为画了 1－1 剖面图而只画一半。同一形体若需要进行几次剖切时，每次剖切前都应按完整的形体进行考虑。如图 3.9 所示，作了 1－1 剖面图之后，作 2－2 剖面图时仍按完整形体剖切。

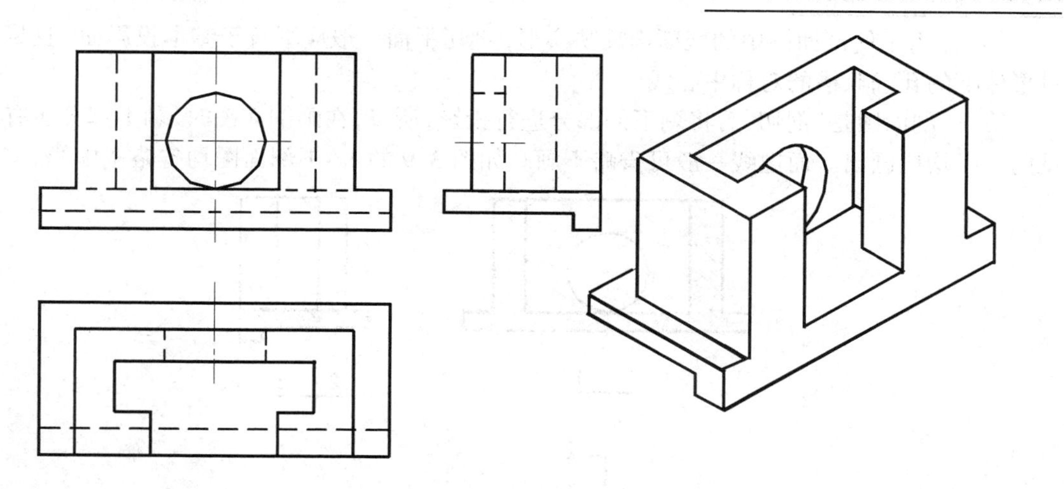

图 3.7　物体的投影图

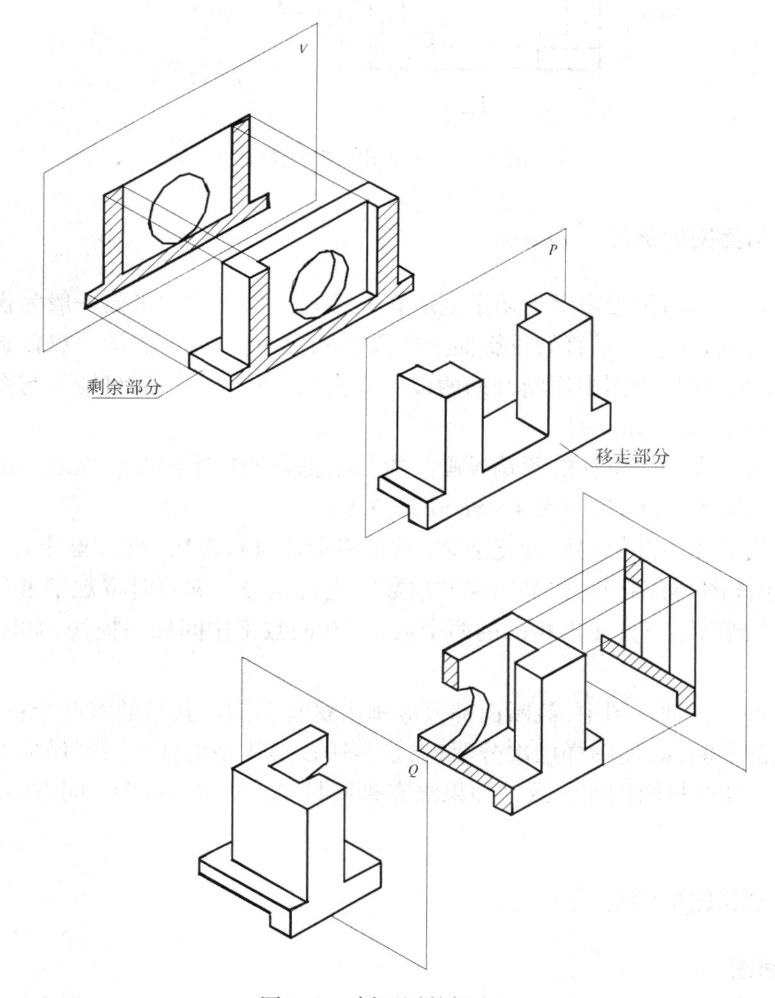

图 3.8　剖面图的概念

第二，为了使剖面图中的截断面反映实形，剖切平面一般应平行于基本投影面，且尽量通过形体上的孔、洞、槽的对称中心线。

第三，剖面图是“剖切”后将剩下的部分进行投影，所以，在画剖面图时，剩下部分所有看得见的图线均应画出。而虚线一般可省略不画。如图 3.9 的 1－1 剖面图均省略了虚线。

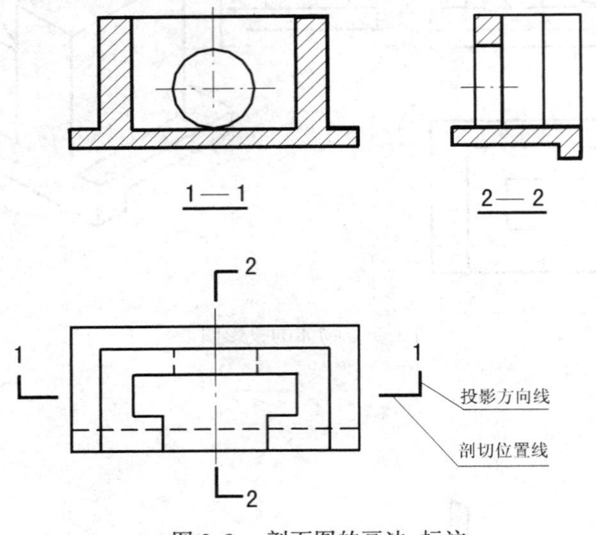

图 3.9　剖面图的画法、标注

3.2.2　剖面图的标注

①剖切位置　剖切位置表示剖切平面所在的位置。由于剖切平面一般为投影面平行面或投影面垂直面，因而在它所垂直的投影面上的投影积聚为一直线，画图时以该直线表示剖切位置，称剖切位置线，在投影图中用断开的两段短粗实线表示。此线尽可能不与图形的轮廓线接触，其长度为 6～10mm（图 3.9）。

②投影方向　在剖切位置的两端各画一段与之垂直的短粗实线，以表示剖切后的投影方向。该线称为投影方向线，长度为 4～6mm（图 3.9）。

③编号　当形体内部结构比较复杂时，就可将形体进行多次剖切，画出多个剖面图，为了清楚起见、便于读图，每剖切一次都用阿拉伯数字进行编号。编号时将数字书写在投影方向一侧，并在相应的剖面图下方注出相同的两个数字，在两数字中间加一横线，如图 3.9 中的“1－1”剖面图。

④材料图例　在剖面图中，截断面部分应画出材料图例。其目的有两个：一是区别切到的断面和未切到的非断面，使图样层次分明；二是表明该形体是由什么材料做成的。当一个形体有多个断面时，其材料图例应一致。如果没有指明材料，则用等间距、同方向的 45°细斜线表示。

3.2.3　剖面图的种类

(1)全剖面图

假想用一个剖切平面将形体完全切开后，所画出的剖面图称为全剖面图，如图 3.10 所示。全剖面图适合于外形比较简单、内部结构比较复杂,或外形虽然复杂但在另一视图中也能将其外形表达清楚的形体。

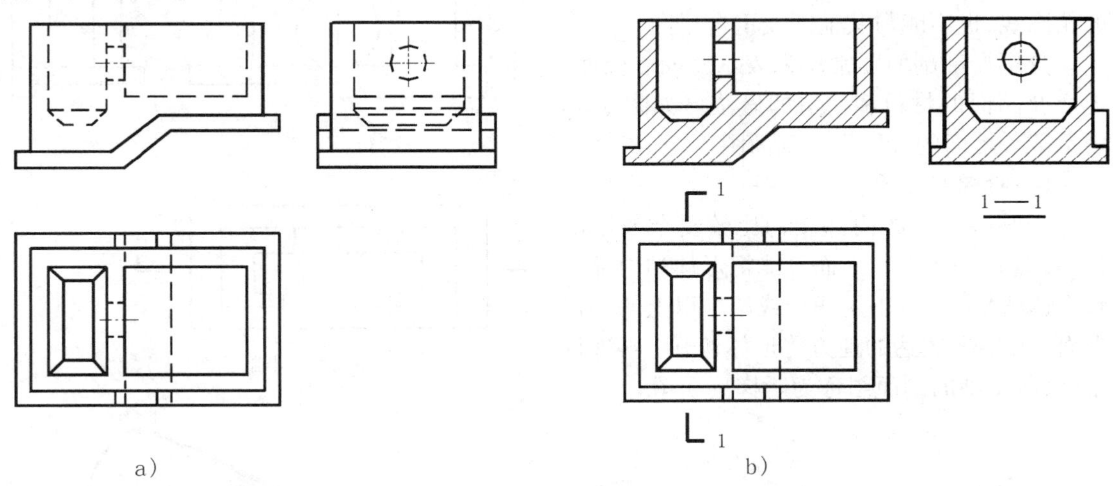

图3.10 全剖面图

全剖面图一般应加标注,但若剖切平面与形体的对称平面重合,而剖面图又代替基本视图时,不加任何标注,如图3.10b)中的正视图。

(2)**半剖面图**

当形体对称,外形又比较复杂时,为了既保留形体的外部形状又能看到其内部结构,作全剖后,可以对称中心线为界,半边画外形投影半边画剖面图,这种组合的图形称为半剖面图。当对称中心线竖直时,剖面图画在中心线的右边;当对称中心线为水平时,剖面图画在中心线的下边。

如图3.11为一杯形基础的半剖面图。

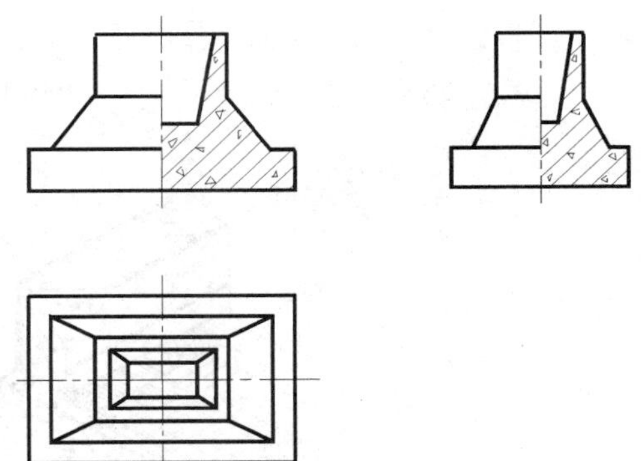

图3.11 半剖面图(一)

半剖面图的标注与全剖面图一样,当剖切平面与物体的对称平面重合,且又用半剖面图代替基本视图时不加任何标注,如图3.11所示的正视图和侧视图。当剖切平面与形体的对称平面不重合时,则要标注,如图3.12所示的1-1剖面图。

画半剖面图时应注意:①在半剖面图中,外形投影与剖面图之间是以对称中心线(细点画线)作为分界线,而不是实线。②由于图形具有对称性,半个剖面图已将内部形状表达清楚,故半个外形投影中不再画虚线。

(3)**局部剖面图**

当形体只有某一局部的内部结构尚未表达清楚,且外形又比较复杂时,可以只"切开"这一局部,将这一部分画成剖面图,其于部分仍按外形投影画出,这种剖面图称为局部剖面图。

如图3.13是钢筋混凝土水管的一组视图,为了表示其内部形状,正视图中采用了局部剖面图,被切开部分表示出管子的内部结构和材料,其余部分仍为外形视图。

局部剖面图与外形之间用波浪线隔开，不加任何标注。但要注意，波浪线不能超出图形的轮廓线，也不能与其他图线重合。

分层局部剖面图常用来表示屋面、楼面、地面及路面的材料和构造的做法。如图 3. 14 表示某一楼面的分层局部剖面图。

(4)阶梯剖面图

当某些形体的内部结构比较复杂或层次较多，采用一个剖切平面不能把形体的内部形状表达清楚时，可采用两个或两个以上的平行平面，在需要表达的地方将形体切开，再进行投影，所得到的剖面图称为阶梯剖面图。

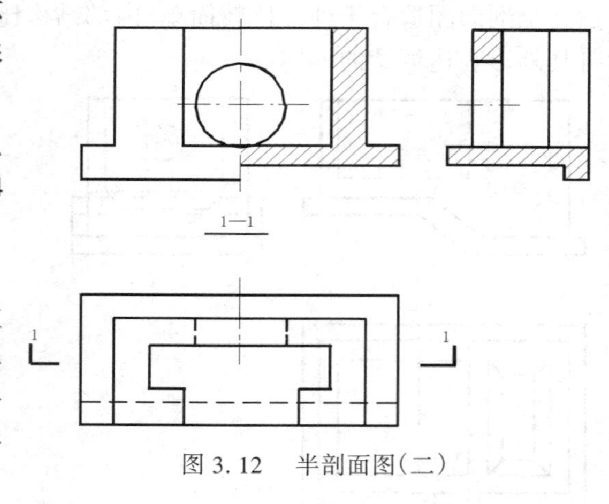

图 3. 12　半剖面图(二)

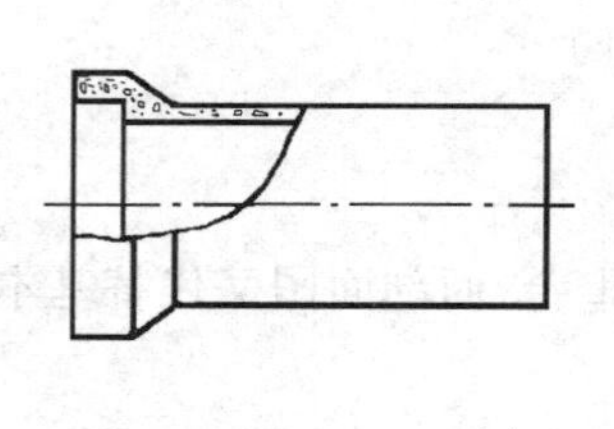
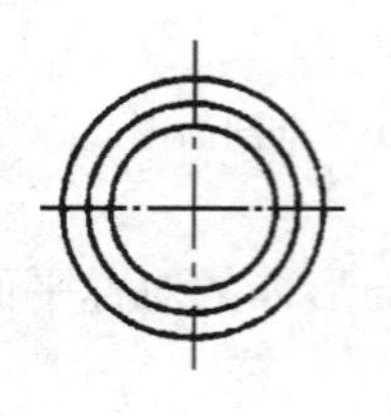

a)

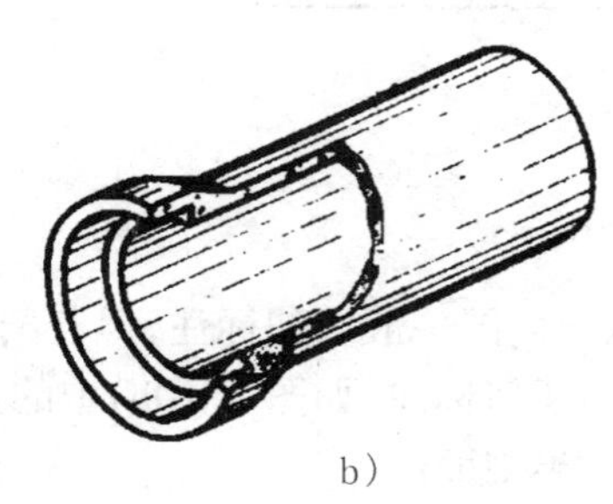

b)

图 3. 13　局部剖面图

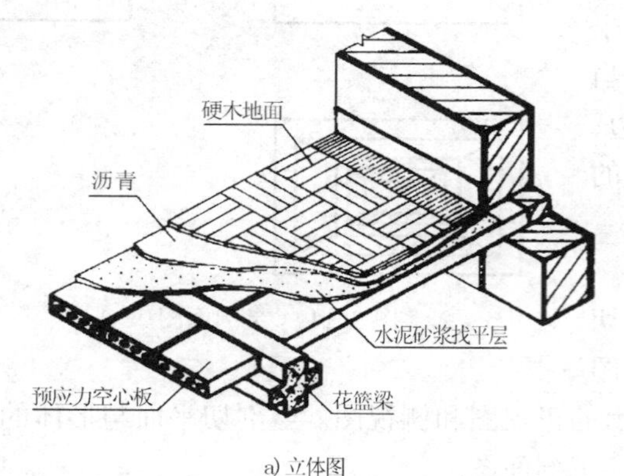

a) 立体图

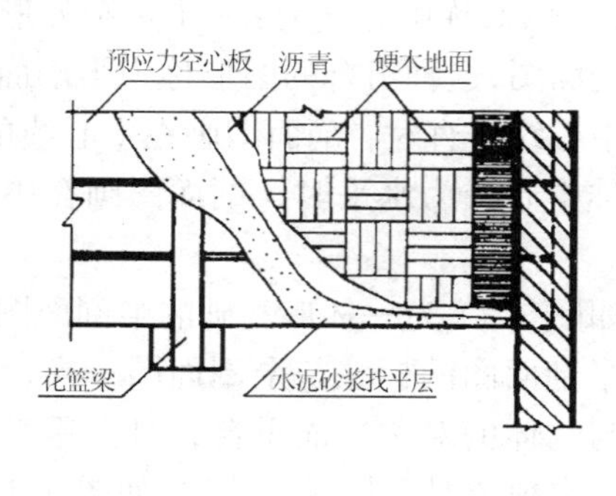

b) 平面图

图 3. 14　楼面分层局部剖面图

如图 3. 15 所示，在长方形的板上有一个方孔和一个圆孔，采用一个正平面只能切到其中的一个孔，故转折后再用一个正平面去剖切，作出其正面投影即为阶梯剖面图。

阶梯剖面图的标注如图 3. 15a)所示，在剖切平面发生转折处应注写编号。若不引起误解，转折处可不编号。画阶梯剖面图时应注意，由于剖切是假想的，所以剖切平面的转折处，在剖面图中不应画线。如图 3. 15b)为错误画法。

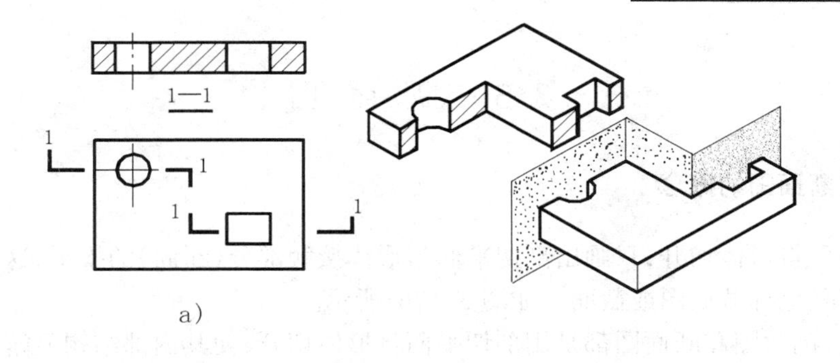

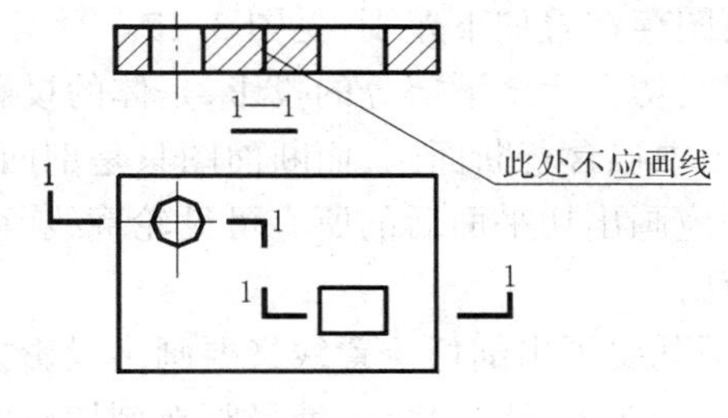

b)错误的画法

图 3.15　阶梯剖面图

(5)旋转剖面图

若采用一个或几个相互平行的剖切平面都无法使形体的内部形状表达清楚，而需要两个相交的剖切平面去剖切时，可以采用两个相交的且交线垂直于基本投影面的剖切平面将形体剖开，然后把倾斜部分绕其交线旋转到与基本投影面平行的位置，再进行投影。所得的剖面图称为旋转剖面图。

如图 3.16 所示，为了表示集水井和两进水管的内部结构，采用了一个正平面和一个铅垂面作为剖切平面，沿着两水管的轴线把集水井切开，并将铅垂面所切到的剖面图旋转与正平面在同一个平面上，然后一起向 V 面投影，得到图 3.16a) 中的 1－1 剖面图，即为集水井的旋转剖面图。

旋转剖面图一般应加标注，标注方法如图 3.16a)所示。剖切平面转折处应写上相同编号。

画旋转剖应注意，两剖切平面的交线应与形体的轴线重合，这样画出的剖面图才不会失真。

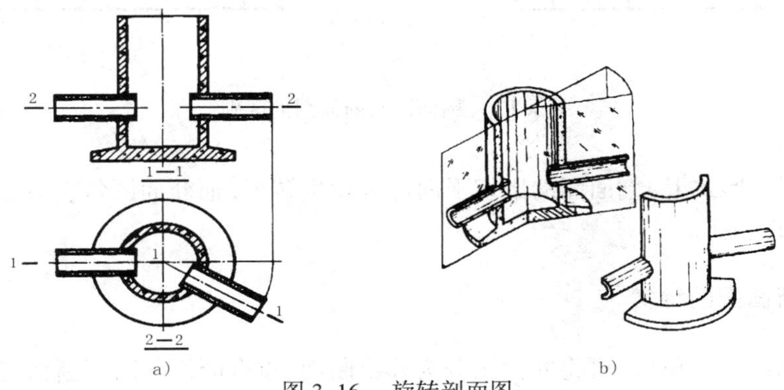

图 3.16　旋转剖面图

3.3 断 面 图

3.3.1 断面图的概念

用剖切平面将形体切开，只画出剖切平面与形体接触部分(断面)的投影，这种图形称为断面图，简称断面(也称截面图或截面)，如图 3.17b)所示。

由此可见，剖面图和断面图都是用剖切平面将形体切开，使其内部结构显露出来后而画出的投影图。但剖面图与断面图存在着如下差别，见图 3.17。

第一，在性质上，剖面图是切开后余下部分的投影，是体的投影。而断面图只是切开后断面的投影，是面的投影。剖面图中包含着断面图，而断面图只是剖面图中的一部分。

第二，在画法上，剖面图应画出切平面后的所有可见轮廓线，而断面图只画出切口的形状，其余轮廓线即使可见也不画出。

第三，在标注上，剖面图既要画出剖切位置线又要画出投影方向线，而断面图则只画剖切位置线，其投影方向用编号的注写位置来表示。编号写在剖切位置线之下表示向下投影，写在剖切位置线之右表示向右投影。图 3.17b)中的 1—1 断面表示剖切后向 V 面投影画出的。

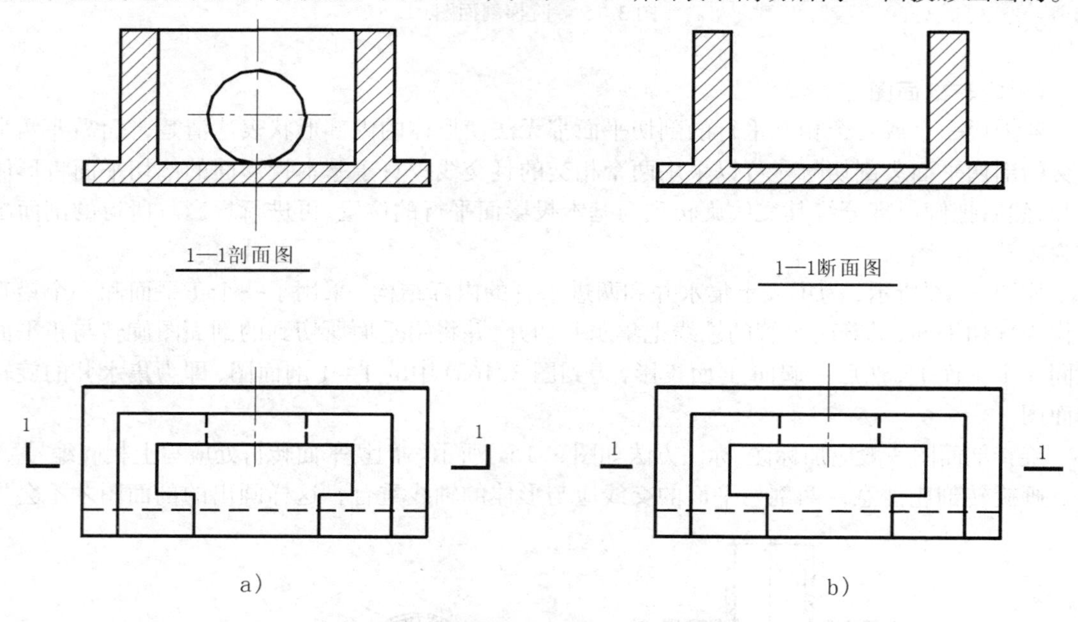

图 3.17　剖面图与断面图的区别

第四，在剖切形式上，剖面图的剖切平面可以发生转折，而断面图每次只能用一个剖切平面去剖切，不允许转折。

3.3.2 断面图的种类

根据断面图的配置位置，可将断面图分为移出断面、重合断面和断开断面三种。下面分别介绍。

①移出断面　画在物体投影图之外的断面图称移出断面。如图3.18所示的柱,图中采用了移出断面以表示出柱各段的断面形状。图3.19为挡土墙的移出断面图。

一个物体有多个断面时,断面图应按剖切顺序整齐地排列在投影图的周围,有的还需要将其比例放大画出。

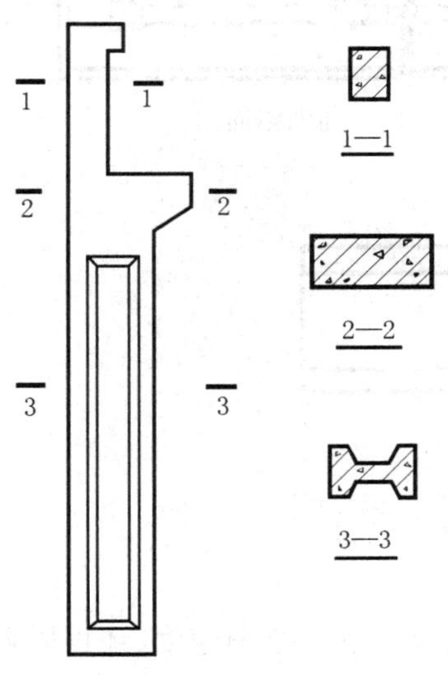

图3.18　柱的移出断面

②重合断面　把断面图画在投影图以内，二者重合在一起，称重合断面。这种断面图由于直接画在投影上，故比例与投影图一致，图中重合断面的轮廓线用（粗）实线表示。

如图3.20所示，图a)为墙壁装饰断面图，它是假想用一个水平剖切平面将墙体切开，然后把断面图向下旋转与立面图重合而得。它反映出墙体立面凹凸不平的形状。图b)为厂房屋面断面图,它是假想用一个平行于侧面的剖切平面将屋面切开，然后把断面图向左旋转与平面图重合而得,它反映出屋面的坡度及梁、板的断面形状。重合断面不加任何标注，只在断面的轮廓线内沿轮廓线边缘画(45°)细斜线。当断面较小时,可将断面涂黑,如图3.20b)所示。

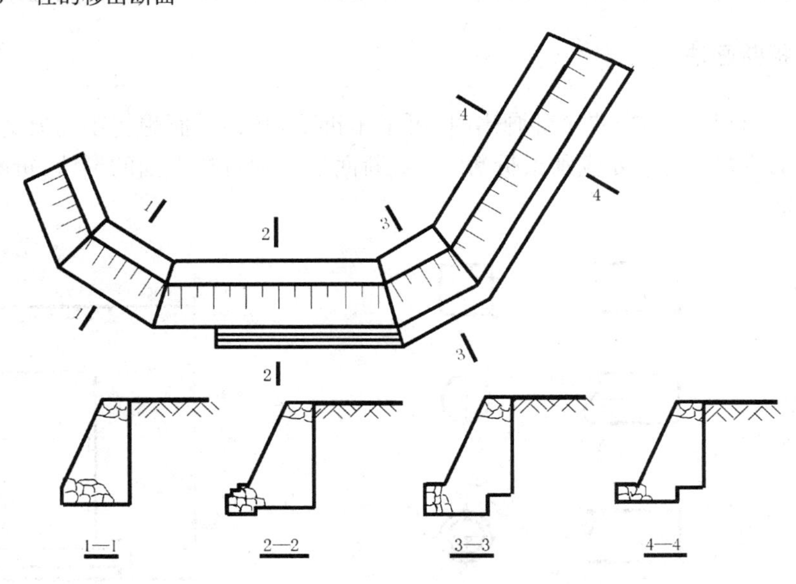

图3.19　挡土墙的移出断面

③断开断面　画在构件断开处的断面称断开断面。如图3.21为一工字形梁的断开断面图。这种断面图适合于较长而断面单一的构件,它也不加任何标注。

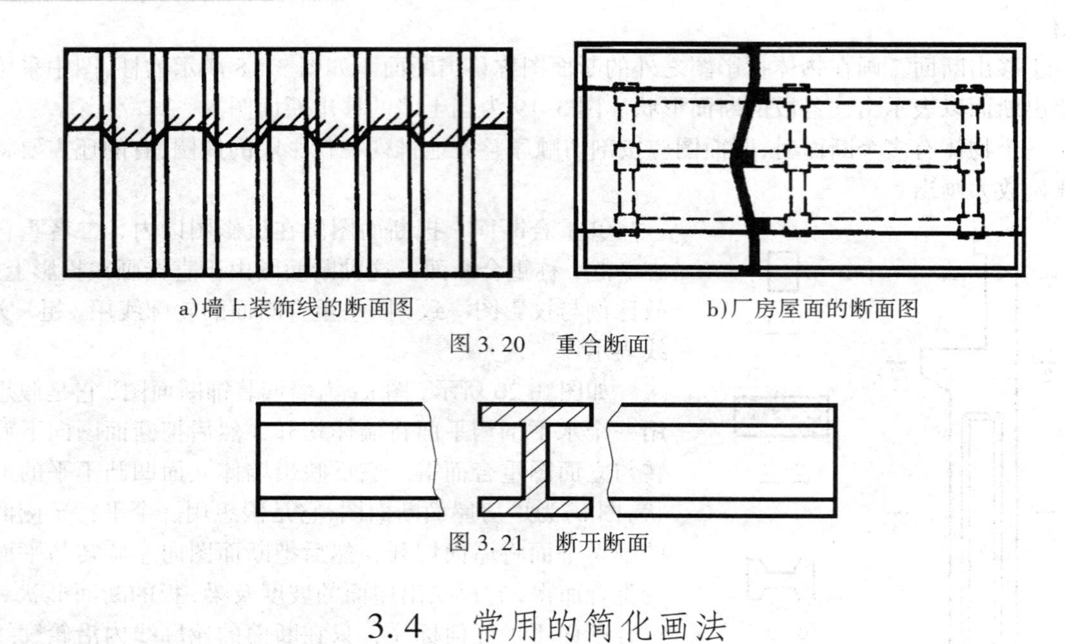

a)墙上装饰线的断面图　　b)厂房屋面的断面图

图 3.20　重合断面

图 3.21　断开断面

3.4　常用的简化画法

建筑制图标准中允许采用一些简化画法，熟悉这些画法有助于加快绘图速度，还可以合理地利用图纸。下面对一些常用的简化画法作一介绍，画图时可根据具体情况选用。

3.4.1　折断画法

当形体较大、较长又不需要全部画出时，可采用折断画法。即假想将不需要的部分折断，只画出需要部分的投影。折断处应画出折断线。对断面形状和材料不同的形体，折断线的画法也不同，如图 3.22 所示。

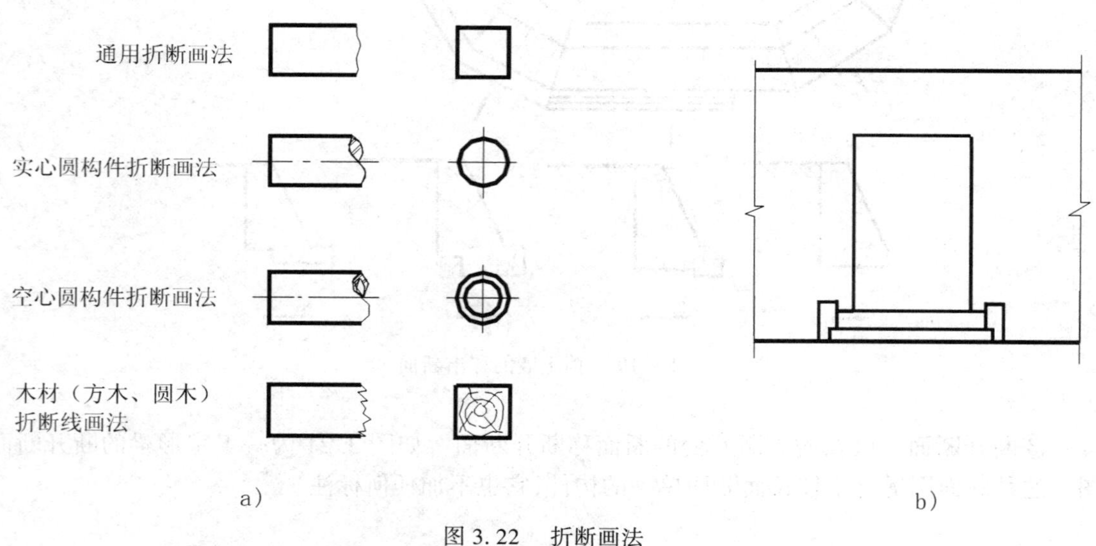

a)　　b)

图 3.22　折断画法

3.4.2　断开画法

当构件较长，且断面形状相同或按一定规律变化时，可采用断开画法。即假想将构件的中间部分去掉不画，只画构件的两端。在断开处应以折断线表示。 但要注意：虽然采用了断开画法，标注构件的总长时应按未折断时的长度标出，如图 3.23 所示。

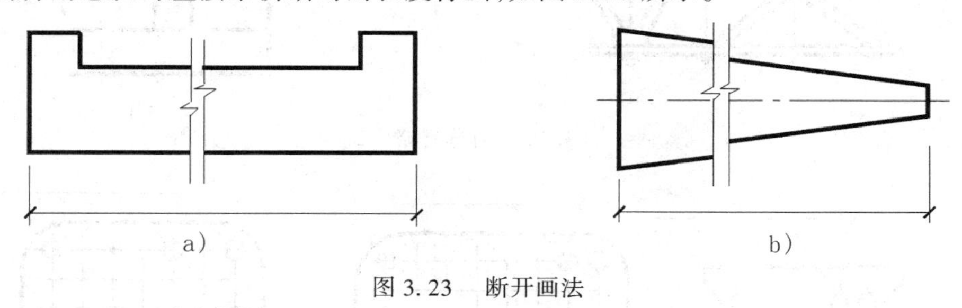

图 3.23　断开画法

3.4.3　省略画法

①对称省略　当形体的某一视图有一条对称线时，允许只画图形的一半，但要画出对称符号。如图 3.24a) 图形左右对称，可只画出左半部，然后在对称线的两端加上对称符号，如图 3.24b)所示。

对称符号是两条平行的细实线，其长度为 6 ~ 10mm，平行线间距为 2 ~ 3mm，平行线在对称线两侧的长度相等，两端的对称符号到图形的距离相等。

当图形有两条对称线时，可以只画出其 1/4，但同时要在两条对称线的两端加上对称符号，如图 3.24c)所示。

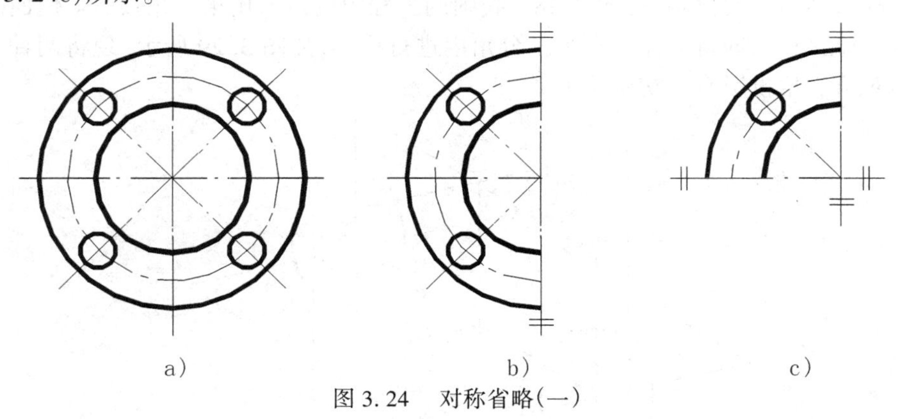

图 3.24　对称省略（一）

对于只有一条对称线的图形来说，画图也可以稍稍超出对称线以外，然后加上波浪线或折断线而省去对称符号，如图 3.25a)、b) 所示。

②相同要素的省略　如果视图上有多个形状相同而连续排列的结构要素，可仅在两端或适当位置画出一两个要素的完整形状，其余要素只画出中心线或中心线的交点，以确定它们的位置，然后注明它们的数量，如图 3.26a)、b)所示。

如相同构造要素少于中心线的交点个数，则其余部分应在相同构造要素位置中心线的交点处用小圆点表示,如图 3.26c)所示。

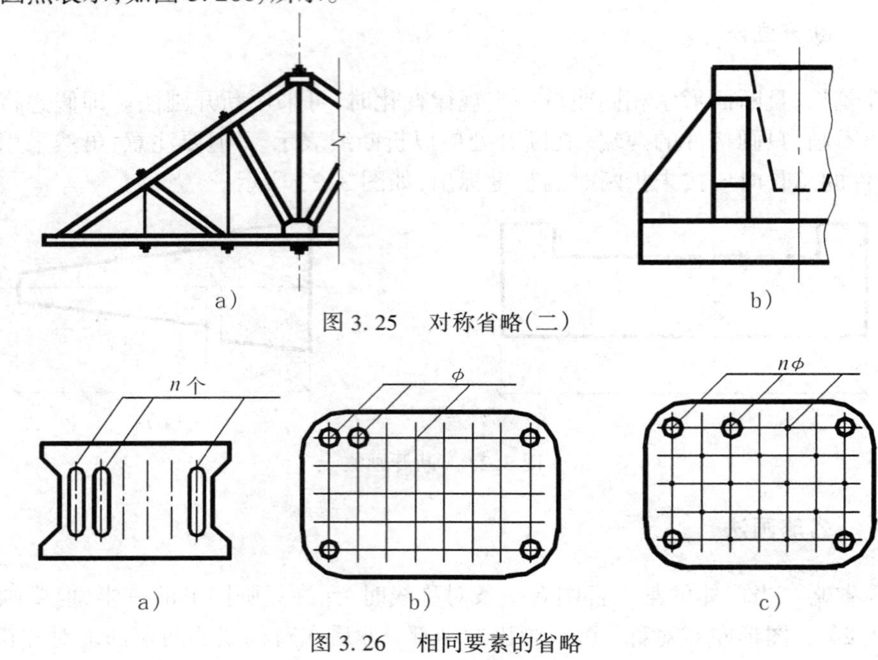

图 3.25　对称省略(二)

图 3.26　相同要素的省略

3.5　第三角投影简介

三个相互垂直的投影面,将空间分为八个分角,如图 3.27 所示。把形体放在第一分角内投影所得的视图,称第一角投影,见图 3.28。我国的工程图规定采用第一角投影。但西欧有些国家则采用第三角投影,即将形体放在第三分角内进行投影,如图 3.29 所示。现将两种投影作一比较,从而对第三角投影有一初步了解。

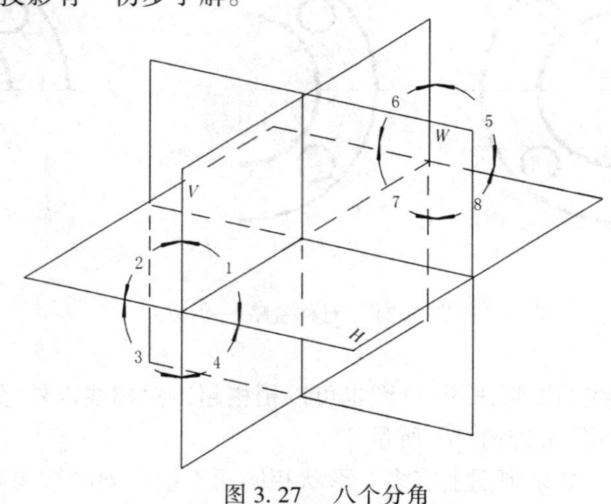

图 3.27　八个分角

第三角投影与第一角投影的共同点是:两者均采用正投影法绘制,两者所得的视图均符合“长对正、高平齐、宽相等”的投影关系。

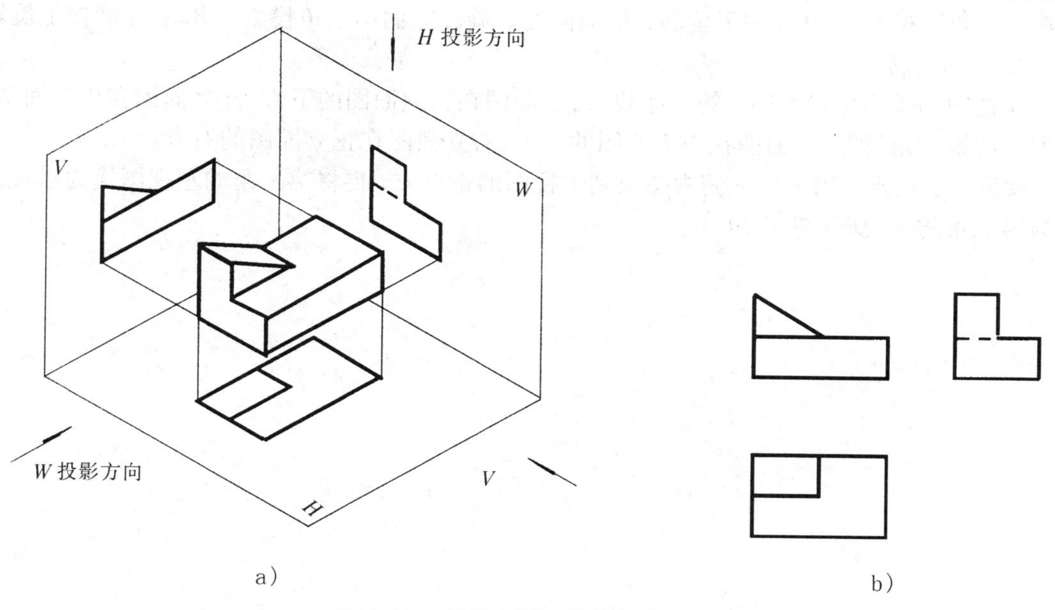

图 3.28　形体在第一分角中的投影

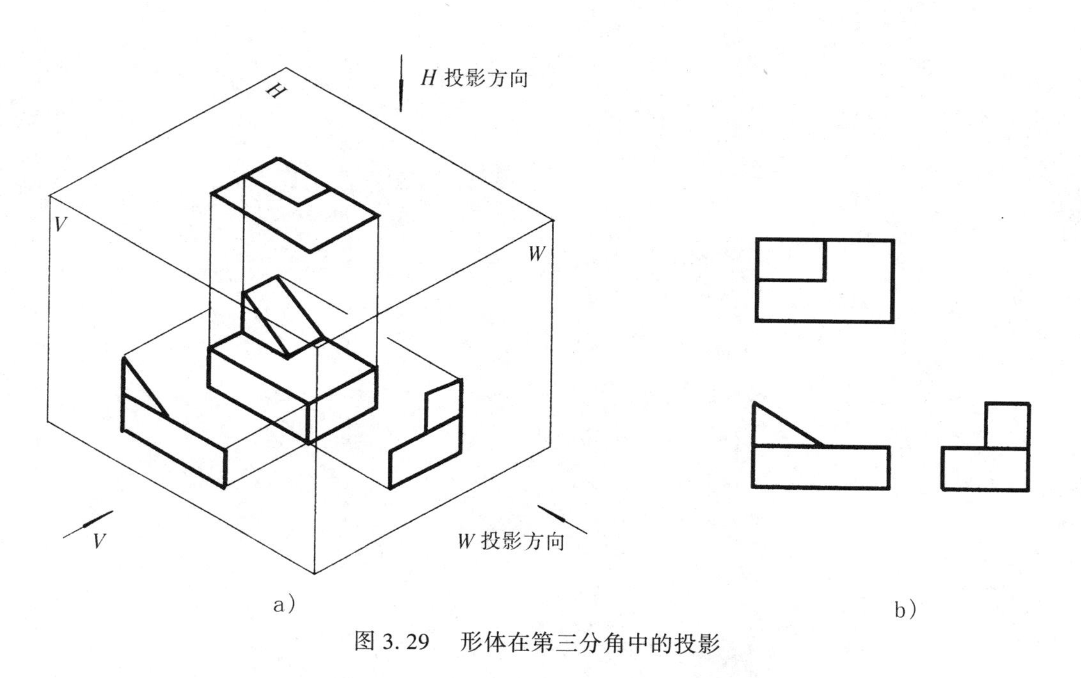

图 3.29　形体在第三分角中的投影

第三角投影与第一角投影的不同点是：

①投影面与形体的相对位置不同。第一角投影，*V*、*H*、*W* 投影面分别位于形体的后、下、右方，而第三角投影，投影面则分别位于形体的前、上、右方。

②投影过程不同。第一角投影的过程为：人—形体—投影面，而第三角投影的过程为：人—投影面—形体。

③展开时投影面的旋转方向不同。第一角投影和第三角投影在展开时均保持 *V* 面不动，

但第一角投影展开时 H 面向下旋转，W 面向右后旋转。而第三角投影展开时 H 面向上旋转，W 面向右前旋转。

④视图的排列位置不同。第一角投影，平面图在正立面图的下方，左立面图在正立面图的右方。而第三角投影，平面图在正立面图的上方，右立面图在正立面图的右方。

实际上，只要将第一角的俯视图换到主视图的正上方，再将第一角的左视图换为右视图，即为第三角的三视图(图 3.29b)。

第4章 建筑施工图

4.1 概 述

房屋是供人们生活、生产、工作、学习和娱乐的场所,与人们关系密切。它的建造是国家基本建设任务的一项重要内容。

设计人员将一幢拟建房屋的内外形状和大小、布置以及各部分的结构、构造、装修、设备等内容,按照“国标”的规定,用正投影方法,详细准确地画出的图样,称为房屋建筑图。它的用途主要是指导施工,所以又称为施工图。

4.1.1 房屋的组成和分类

房屋建筑根据使用功能和使用对象的不同通常分为:工业建筑(如机械设备制造车间和各种厂房、仓库)、农业建筑(如谷仓、饲养场)以及民用建筑三大类。其中民用建筑又可分为居住建筑(如住宅、宿舍、公寓等)和公共建筑(如商场、剧院、旅馆等)。

一幢房屋由很多部分组成,这些组成部分在建筑学里称为构件。

无论哪一类建筑,它们的基本构件是相似的。现以图4.1所示一幢三层的综合办公楼为例,对房屋各组成部分的名称及作用作一简单介绍。楼房从下向上数为第一层(也叫底层、首层)、第二层、……、顶层。由图可知:一幢房屋由基础、墙或柱、楼面和地面、楼梯、门窗、屋面6大部分组成,它们各处在不同的部位发挥着自己的作用。

1)基础

它是建筑物与土层直接接触的部分,它承受建筑物的全部荷载,并把它们传给地基(地基是基础下面的土层,承受由基础传来的整个建筑物的重量),但地基不是房屋的组成部分。

2)墙

墙是房屋的承重和围护构件。凡位于房屋四周的墙称为外墙,其中位于房屋两端的外墙称为山墙。外墙有防风、雨、雪的侵袭和保温、隔热的作用,故又称外围护墙。凡位于房屋内部的墙称为内墙,主要起分隔房间和承重的作用。另外沿建筑物短轴方向布置的墙称横墙,沿建筑物长轴方向布置的墙称纵墙。直接承受上部传来荷载的墙称为承重墙,不承受外来荷载的墙称为非承重墙。

3)楼面与地面

楼面与地面是分隔建筑空间的水平承重构件。楼面是二层以上各层的水平分隔并承受家具、设备和人的重量,并把这些荷载传给梁、墙和柱。地面是指第一层使用的水平部分,它承受第一层房间的荷载。

4)楼梯

楼梯是楼房的垂直交通设施,供人们上下楼层和紧急疏散之用。台阶是室内外高差的构造处理方式,同时也供室内外交通之用。

5)门窗

门主要作交通联系和分隔房间之用,窗主要作采光、通风之用。门和窗作为房屋围护构件,还具有阻止风、霜、雨、雪等侵蚀和隔声的功能。门窗是建筑外观的一部分,它们还对建筑立面处理和室内外装饰产生影响。

6)屋面

屋面是房屋顶部的围护和承重构件,由承重层、防水层和其他构造层(如根据气候特点所设置的保温隔热层,为了避免防水层受自然气候的直接影响和使用时的磨损所设置的保护层,为了防止室内水蒸气渗入保温层而加设的隔汽层等等)组成。

此外,天沟、雨篷、雨水管、勒脚、散水、明沟等起着排水和保护墙身的作用。阳台供远眺、晾晒之用,同时也起到立面造型的效果。

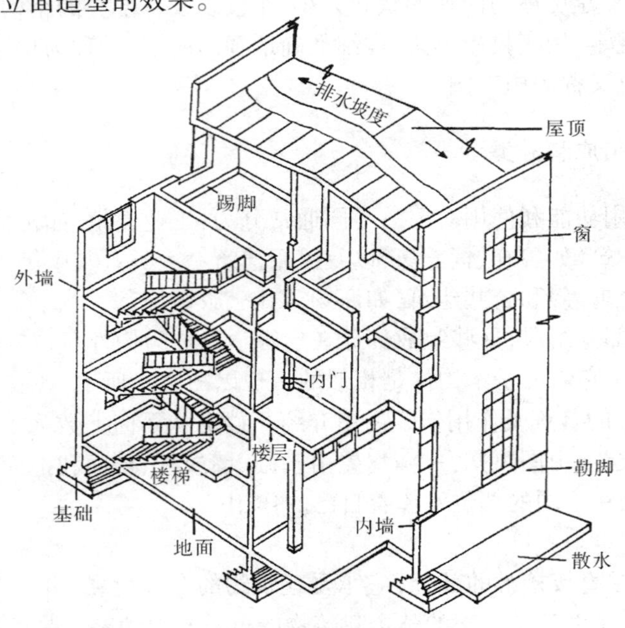

图 4.1　房屋的构造组成

4.1.2　施工图的分类和内容

房屋设计一般分为初步设计和施工图设计两个阶段。对一些技术复杂、工艺新颖的重大建设项目,还应在两个设计阶段之间增加技术设计(或称扩大初步设计)阶段。

初步设计阶段:即根据该项目的设计任务书,明确要求,收集资料,踏勘现场,调查研究。设计人员根据建设方提供的各项条件诸如地质勘测资料、经费及需求(房间尺寸及数量)等,作出合理的初步设计。其内容一般应包括:对建筑中的主要问题,如总体布置、平面组合方式、空间体形、建筑材料和承重结构的选型等进行考虑,作出合理的方案。多用平面、立面、剖面图把设计意图表达出来。重要大型房屋常作多个方案，以便建设方比较选用。方案确定后，再与结构设计人员一道研究合理的结构选型及布置，有关工种配合等技术问题，然后由建筑设计人员按一定比例将建筑总平面布置图、建筑平、立、剖面图绘制好，常用1:200、1:400的比例。初步设计完成后，再送有关部门审批。通常在初步设计图中还加绘给予人们具有视觉印象和造型感觉的透视图或模拟实体模型来表示建筑物竣工后的外貌。图4.2为初步设计图的示例。

施工图设计阶段：初步设计批准后，即以初步设计为依据编制施工图。通过建筑、结构、设备等各工种的相互配合，设计人员将建筑平面、立面、剖面设计完后，同时可展开结构、给排水、电气照明、采暖通风等工种设计，以便更好地相互配合。

一套完整的施工图，一般可分为：

1）首页图

①图纸目录：说明该工程由哪几个工种的图纸组成，各工种图纸名称、张数和图号顺序。先列新绘制的图纸，后列所选用的标准图纸（表4.1）。

表4.1　图纸目录表

图号	图纸内容	图号	图纸内容
建施01	首页图（总说明、装修表、门窗表等）	结施03	梁、板、柱结构详图
建施02	总平面图	水施01	给排水平面布置图
建施03	底层平面图、正立面图、侧立面图	水施02	给排水系统图
建施04	楼层平面图、背立面图、屋顶平面图、剖面图	电施01	设备材料表
		电施02	照明平面图
建施05	楼梯详图	电施03	防雷、接地平面图
建施06	墙身剖面详图、阳台详图	讯施01	闭路电视及电话设备材料表
建施07	单元大样等	讯施02	闭路电视及电话配线图
结施01	基础平面图、基础详图	标准图	如：96G101
结施02	底层、楼层、屋面结构布置图		

②设计总说明：主要说明工程的概况和总的要求。内容包括工程设计依据（如建筑面积，造价以及有关的地质、水文气象资料），设计标准（建筑标准、结构荷载等级、抗震要求、采暖通风要求、照明标准），施工要求（如施工技术及材料的要求等）。本项目±0.000与总图绝对标高的相对关系，室内室外用料说明（如砖强度等级、砂浆标号、屋面做法等），采用新技术，新材料或有特殊要求的做法说明，门窗表等。以上各项内容，对于小型工程，可分别在各专业图纸上写成文字说明。

2）建筑施工图（简称建施）

主要表示建筑物的内部布置情况、外部形状以及装修、构造、施工要求等。基本图纸包括总平面图、平面图、立面图、剖面图和构造详图。本章就是介绍这些图纸的读法和画法。

3）结构施工图（简称结施）

主要表示承重结构的布置情况、构件类型、大小以及构造做法等。基本图纸包括结构设计说明、基础图、结构平面布置图和各构件的结构详图（见第5章）。

4）设备施工图（简称设施）

包括给排水施工图、采暖通风施工图和电气照明施工图。给排水施工图：主要表示管道的布置和走向，构件做法和加工安装要求。图纸包括管道平面布置图、管道系统轴测图、详图等。

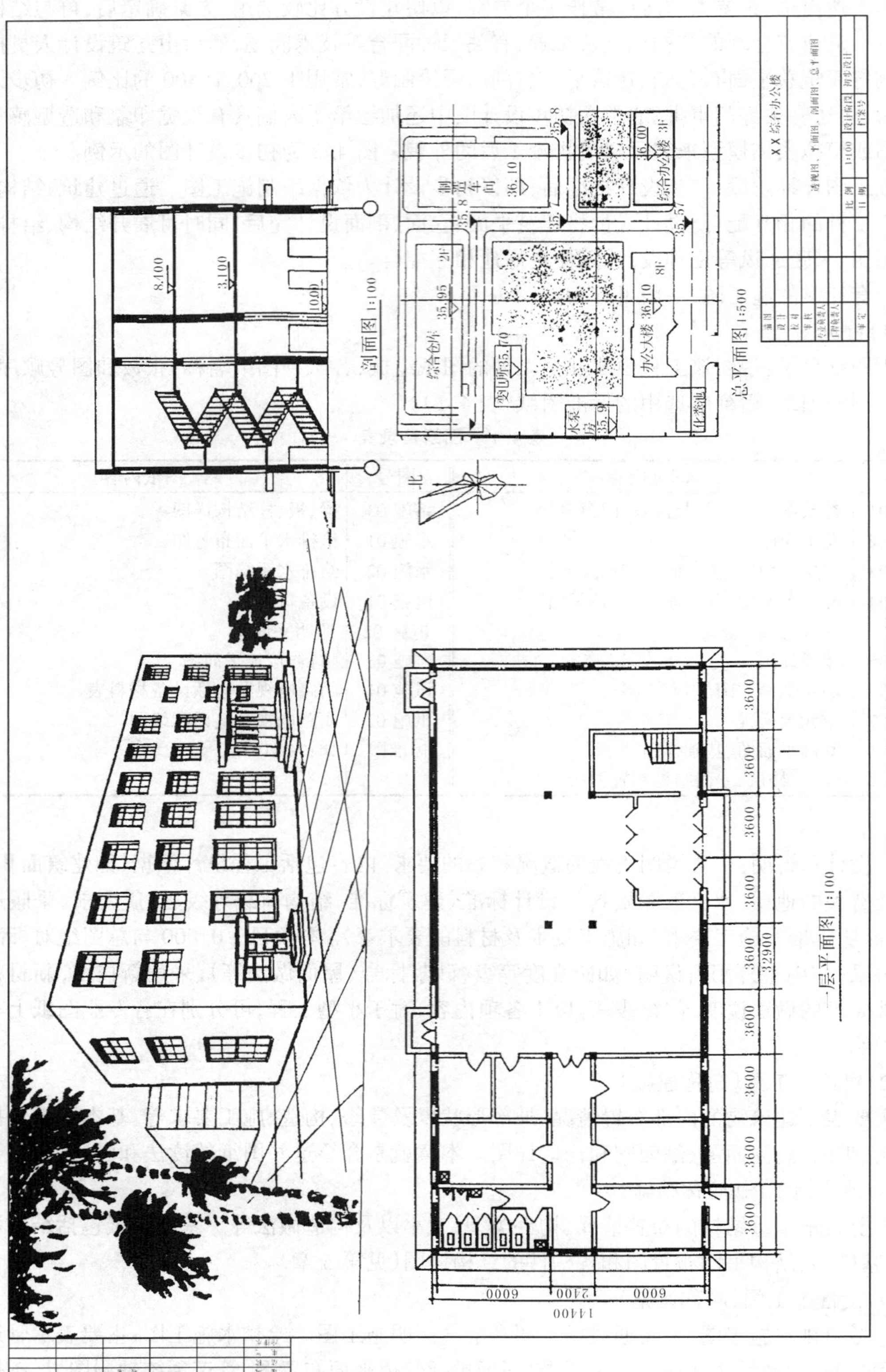

图 4.2　初步设计图的示例

采暖通风施工图:主要表示管道的布置和构造安装要求。图纸包括平面图、系统图、安装详图等。

电气照明施工图:主要表示电气线路走向及安装要求。图纸包括平面图、系统图、接线原理图以及详图等。

4.1.3　施工图的图示特点

①施工图中各图样,主要是根据正投影原理绘制,所绘图样都应符合正投影的投影规律,通常,在 *H* 面上作平面图,在 *V* 面上作正、背立面图和在 *W* 面上作剖面图或侧立面图。平、立、剖面图一般按投影关系画在同一张图纸上,以便阅读,如图4.3、图4.4所示。如果图幅不够,平、立、剖面图也可分别单独画出,这时,对所画出的图纸应依次连续编号。

②图样比例　建筑物是庞大和复杂的形体,所以施工图一般采用不同的比例来绘制。平、立、剖面图都用较小比例画出,以表达房屋内外的总体形状。某些房间布置、构配件详图和局部构造详图还需要用较大比例画出(表4.2)。

表4.2　图样比例

图　名	常用比例	备　　注
总平面	1:500,1:1000,1:2000	
平面、立面、剖面图	1:50,1:100,1:200	
次要平面图	1:300,1:400	次要平面图指屋面平面图、工业建筑的底面平面图
详图	1:1,1:2,1:5,1:10,1:20,1:25,1:50	1:25仅适用于结构构件详图

③线型粗细变化　为了使所绘的图样重点突出、活泼美观,建筑图上采用了多种线型。如立面图上的室外地坪线用特粗(1.4*b*)线,外围轮廓线用粗实(*b*)线,门窗洞、窗台、台阶、勒脚等的投影线用中粗线,门窗格子等用细实线。平面和剖面图中,剖到的墙身用粗实线,门窗洞及看到的墙柱、窗台等投影轮廓线用中粗线,其他为细线。

④采用图例、符号,简化图示　为了保证制图质量,提高效率,表达统一和便于识读,我国制定了国家标准《建筑工程制图标准》。"国标"规定了一系列的图形符号来代表建筑构配件、卫生设备、建筑材料等,这种图形符号称为图例,如表4.3,4.4,4.5所示。

4.1.4　施工图的阅读步骤

施工图的绘制是投影理论和图示方法及有关专业知识的综合利用。因此,要看懂施工图的内容,首先要做好一些准备工作:

①掌握投影原理和形体的各种表示方法　施工图是根据投影原理绘制的,并用图样表明房屋建筑的设计及构造做法。所以要看懂施工图,应掌握投影原理和形体的各种表达方法。

②熟悉和掌握建筑制图国家标准的基本规定和查阅"标准"的方法　施工图采用了一些图例符号以及必要的文字说明,共同把设计内容表现在图样上。因此,要看懂施工图,还必须熟悉图示特点中常用的图例、符号、线型、尺寸和比例的意义。

表 4.3 建筑配件图例

名称	图例	名称	图例	名称	图例
空门洞	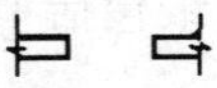	双扇门	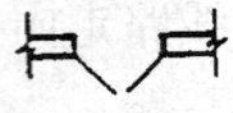	单扇门	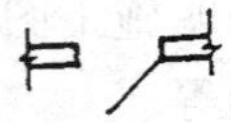
双扇双面弹簧门	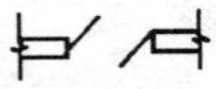	单层固定窗	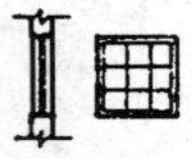	双扇外开平开窗	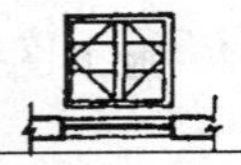
单层外开上悬窗	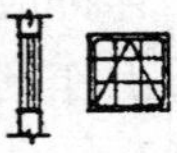	蹲式大便器	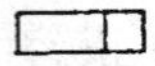	污水池	
沐浴间		盥洗台		烟道	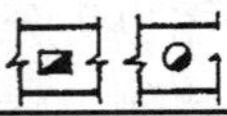

表 4.4 总平面图图例

名称	图例	说明
新设计的建筑物	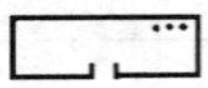	粗实线，右上角以点数表示楼层数，小于 1:2000 时不画入口
原有建筑物	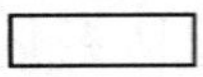	细实线，若细实线上打×表示拆除建筑物，若用中虚线表示计划扩建的预留地或建筑物
原有道路		用细实线表示，其上打×表示拆除的道路，若用细虚线表示计划扩建的道路，若用中实线表示新建的道路
护坡		
测量坐标	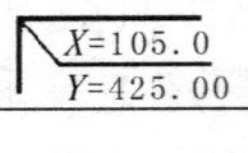 X=105.0 Y=425.00	
建筑坐标	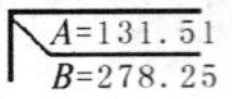 A=131.51 B=278.25	又称施工坐标
公路桥	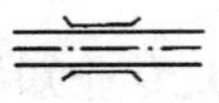	
铁路桥	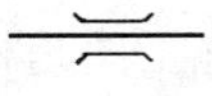	
指北针	 N	指北针圆圈直径一般以 24mm 为宜，指北针下端的宽度约为直径的 1/8
风向频率玫瑰图	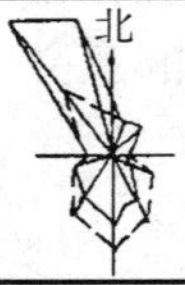 北	风向频率玫瑰图是根据当地多年平均统计的各个方向吹风次数的百分数按一定比例绘制的。实线表示全年风向频率；虚线表示夏季风向频率，按 6、7、8 三个月统计

表4.5 常用建筑材料图例

名称	图例	说明
自然土壤		包括各种自然土壤
夯实土壤		
砂、灰土	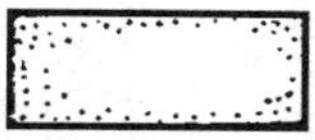	靠近轮廓线点较密的点
粉刷	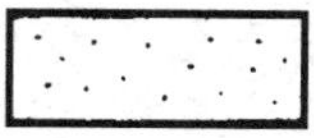	本图例点以较稀的点
普通砖	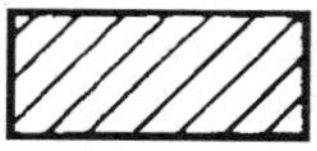	1. 包括砌体、砌块 2. 断面较窄,不易画出图例线时,可涂红
饰面砖		包括铺地砖、马赛克、陶瓷锦砖、人造大理石等
混凝土	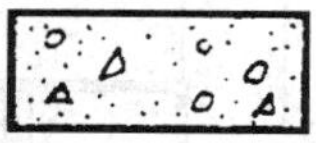	1. 本图例仅适用于能承重的混凝土及钢筋混凝土 2. 包括各种标号、骨料、添加剂的混凝土 3. 在剖面图上画出钢筋时不画图例线 4. 断面较窄,不易画出图例线时,可涂黑
钢筋混凝土		
毛石	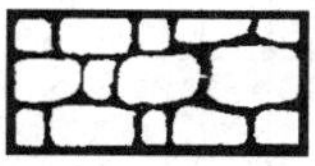	
木材		1. 上图为横断面,左上图为垫木、木砖、木龙骨 2. 下图为纵断面
金属	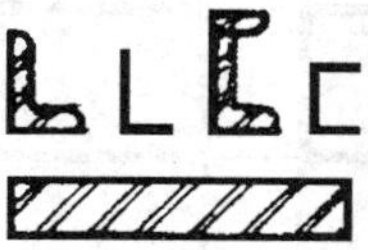	1. 包括各种金属 2. 图形小时,可涂黑
防水材料		构造层次多或比例较大时,采用上面图例

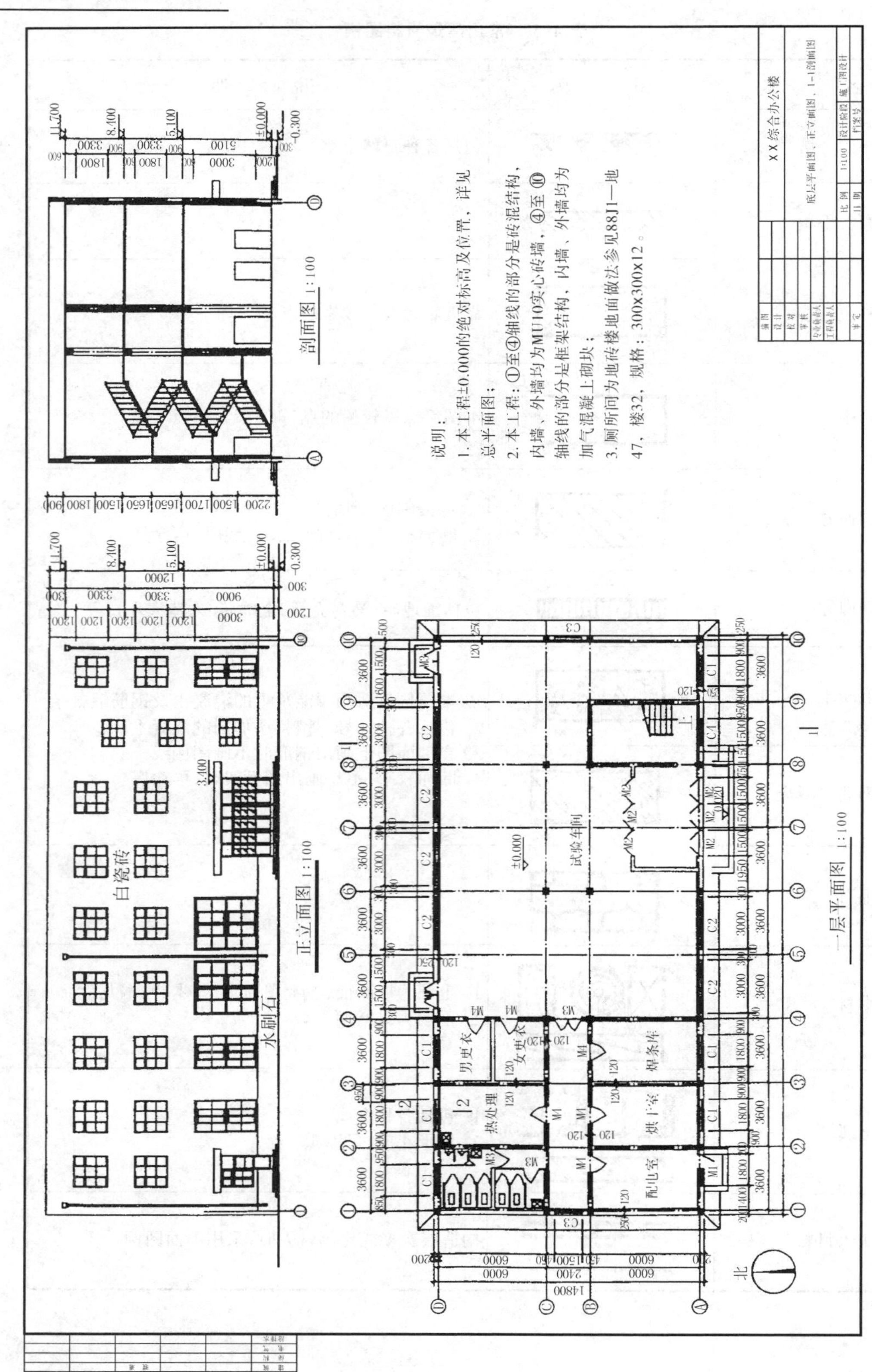

图 4.3 某公司综合办公楼建筑平、立、剖面图(一)

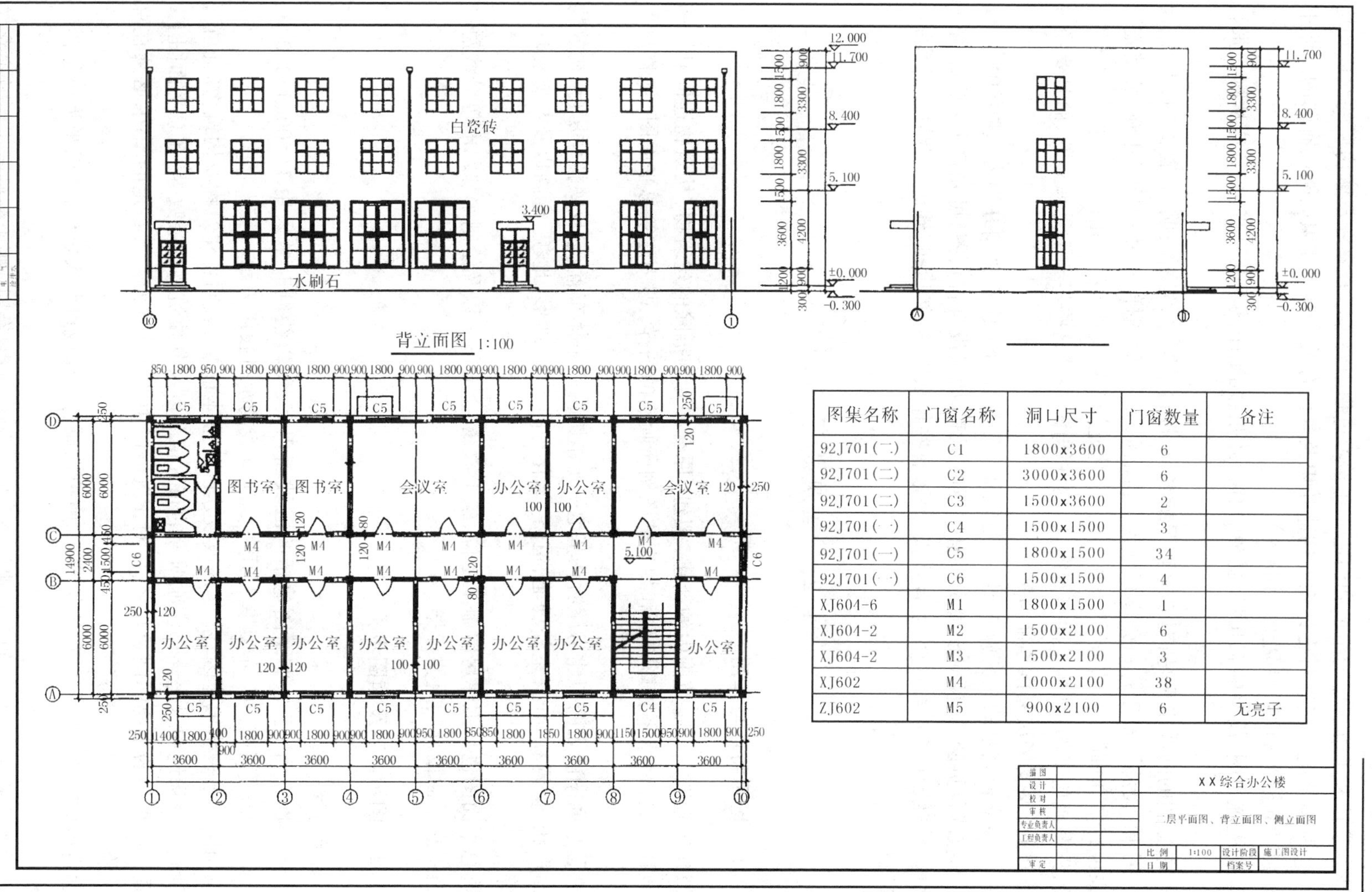

图集名称	门窗名称	洞口尺寸	门窗数量	备注
92J701(二)	C1	1800x3600	6	
92J701(二)	C2	3000x3600	6	
92J701(二)	C3	1500x3600	2	
92J701(一)	C4	1500x1500	3	
92J701(一)	C5	1800x1500	34	
92J701(一)	C6	1500x1500	4	
XJ604-6	M1	1800x1500	1	
XJ604-2	M2	1500x2100	6	
XJ604-2	M3	1500x2100	3	
XJ602	M4	1000x2100	38	
ZJ602	M5	900x2100	6	无亮子

图 4.4　某公司综合办公楼建筑平、立、剖面图(二)

③基本掌握和了解房屋的组成和构造　在学习过程中要善于观察和了解房屋的组成和构造上的一些基本情况。当然对更详细的构造知识及其他有关的专业知识应阅读有关的专业书籍(如《房屋建筑学》、《钢筋混凝土结构》等)。

一套房屋施工图,简单的有几张,复杂的有十几张、几十张甚至几百张。究竟应从哪一张看起呢?

一般施工图的阅读步骤是:对于全套图纸来说,按目录顺序,先看说明书、首页图,再看"建施"、"结施"和"设施"。对于每一张图样来说,先图标、文字,后图样、尺寸;对于"建施"、"结施"、"设施"来说,先"建施",后"结施"、"设施";对于"建施"来说,先平、立、剖面图,后详图;对于"结施"来说,先基础施工图、结构平面布置图,后构件详图。当然这些步骤不是孤立的,而是要经常互相联系进行,反复多次阅读才能看懂。

在较复杂或较完整的一套施工图中,建筑施工图往往有一张首页图并编为"建施 01"。读图时,首先应读首页图,以便对该幢房屋有一概略了解。如果没有首页图,可先将全套图纸翻一翻,了解这套图纸有多少类别,每类有几张,每张有些什么内容,然后按"建施"、"结施"、"设施"的顺序进行阅读。

4.2　建筑总平面图

4.2.1　图示特点与作用

将拟建工程四周一定范围内的新建、拟建、原有和计划拆除的建筑物、构筑物连同其周围的地形地物状况,用水平投影方法和相应的图例所画出的图样,即为建筑总平面图(或称总平面布置图)。

建筑总平面图能表明拟建房屋所在基地一定范围内的总体布置,它反映拟建房屋、构筑物等的平面形状、位置和朝向;室外场地、道路、绿化等的布置;地形、地貌、标高以及与原有环境的关系等。

建筑总平面图也是拟建房屋施工定位、施工放线、土方施工以及绘制水、暖、电等管线总平面图和施工总平面设计的重要依据。

4.2.2　图示内容及读图步骤

(1)图示内容

①图名、比例。由于总平面图包括的区域面积大,所以绘制时常采用 1: 500、1: 1 000、1: 2 000、1: 5 000 等小比例。故房屋只用外围轮廓线的水平投影表示。

②应用图例来表明拟建区、扩建区或改建区的总体布置,表明各建筑物及构筑物的位置,道路、广场、室外场地和绿化,河流、池塘等的布置情况以及各建筑物的层数等。在总平面图上,一般应画上所采用的主要图例及其名称。对于"国标"中缺乏规定而需要自定的图例,必须在总平面图中绘制清楚,并注明其名称。

③确定拟建或扩建工程的具体位置,一般根据原有房屋或道路来定位,并以米为单位标出定位尺寸。

当修建成片的住宅、较大的公共建筑物、工厂或地形较复杂时,用坐标确定房屋及道路转折点的位置。当地形起伏较大的地区,还应画出地形等高线。

④注明拟建房屋底层室内地面和室外已平整的地面的绝对标高和层数（常用黑小圆点数或用大写 F 表示层数）。

⑤用指北针表示房屋的朝向,用风玫瑰图表示常年风向频率和风速。

(2)读图步骤

①先看图标、图名、图例及有关的文字说明。总平面图上标注的尺寸,一律以米为单位。图中使用较多的图例符号,必须熟悉它们的意义。"国标"中所规定的几种常用图例,如表 4.4 所示。

②了解工程性质、用地范围、地形地貌和周围环境情况。从图 4.5 所示内容中可知总平面图表示某一厂区的部分区域。

③了解地形高低。总平面图上所注标高,注至小数点后两位,均为绝对标高。所谓绝对标高,是指以我国青岛市外的黄海海平面作为零点而测定的高度尺寸。

④风向频率玫瑰图,即风玫瑰图,它表示总平面图所在地区的常年风向频率,是根据该地区多年平均统计的各个方向吹风次数的百分数值,并按一定比例绘制,一般用 12 个(或 16 个)罗盘方位表示。图中表示该地区全年最大的风向频率为西北风。

⑤为了保证在复杂地形中施工放线准确,总平面图中常用坐标(或施工坐标)表示建筑物、道路、管线的位置。即在地形图上绘制方格网叫测量坐标网，与地形图采用同一比例，以 100m × 100m 或 50m × 50m 为一方格,竖轴为 x,横轴为 y,(施工坐标竖轴为 A,横轴为 B)。放线时根据现场已有点的坐标,用仪器导测出拟建房屋的坐标。本例以 50 m × 50m 为一方格。

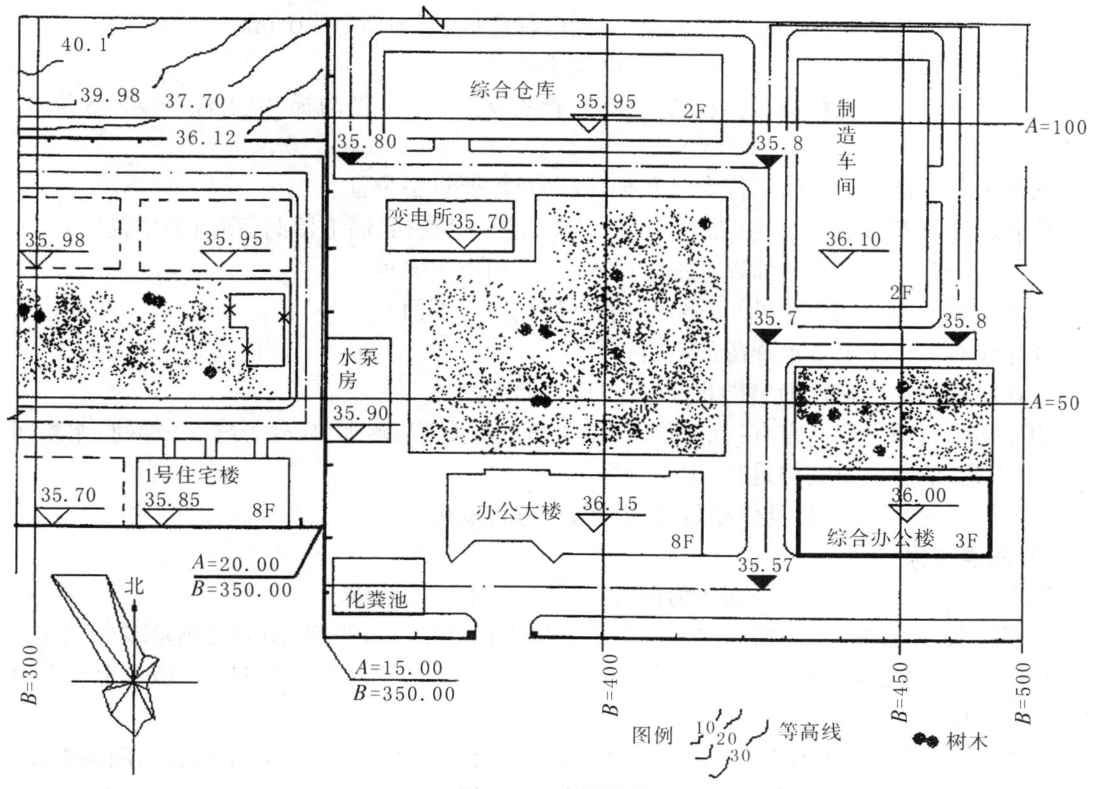

图 4.5　总平面图

4.3 建筑平面图

4.3.1 图示特点与作用

用一个假想的水平剖切平面沿门窗洞中间位置剖切房屋后，对剖切面以下部分所作出的水平剖面图,即为建筑平面图,简称为平面图。它反映出房屋的平面形状、大小和房间的布置,墙(或柱)的位置、厚度、材料,门、窗的位置、大小和开启方向等。一般房屋有几层,就应有几个平面图。当沿房屋底层门窗洞口剖切所得的平面图称为底层平面图,沿二层门窗洞口剖切所得的平面图称为二层平面图,用同样的方法可得到三层、四层……平面图,若中间各层完全相同,可用一个平面图表示,称为标准层平面图。最高一层的平面图称为顶层平面图。一般房屋有底层平面、标准层平面、顶层平面图三个平面图即可,在各平面图下方应注明相应的图名及采用比例。如平面图左右对称时,亦可将两层平面合绘在一张图上,左边绘出一层的一半,右边绘出另一层的一半,中间用细点画线分开,点画线的上下方画出对称符号作分界线,并在图的下方,左右两边分别注明图名。

4.3.2 图示内容与读图步骤

(1)图示内容

①表示墙、柱、墩、内外门窗位置及编号,房间的名称或编号,轴线编号。

②注出室内外的有关尺寸及室内楼、地面的标高(底层地面为 ±0.000)。

③表示电梯、楼梯位置及楼梯上下方向及主要尺寸。

④表示阳台、雨篷、踏步、斜坡、通气竖道、管线竖井、烟囱、消防梯、雨水管、散水、等位置及尺寸。

⑤画出卫生器具、水池、工作台、厨、柜、隔断及重要设备位置。

⑥表示地下室、地坑、地沟、各种平台、阁楼(板)、检查孔、墙上留洞、高窗等位置尺寸与标高。如果是隐蔽的或在剖切面以上部位的内容,应用虚线表示。

⑦画出剖面图的剖切符号及编号(一般只注在底层平面)。

⑧标注有关部位上节点详图的索引符号。

⑨在底层平面图附近画出指北针(一般取上北下南)。

⑩屋面平面图一般内容有:女儿墙、屋面坡度、分水线与落水口、变形缝、楼梯间、水箱间、天窗、上人孔、消防梯及其构筑物、索引符号等。

以上所列内容,可根据具体项目的实际情况进行取舍。

(2)阅读步骤

现以图 4.6 所示的一层平面图为例,说明平面图的读图步骤。

①读图名,识形状,看朝向　先从图名了解该平面是哪一层平面,图的比例是多少。本图是二层平面图,比例是 1:100,平面形状为长方形。平面的下方为房屋的南向。一般取上北下南,称为坐北朝南。

②读房间的名称,了解布局、组合　从墙的分隔情况和房间的名称,了解各房间的配置用途、数量及其相互的联系情况。

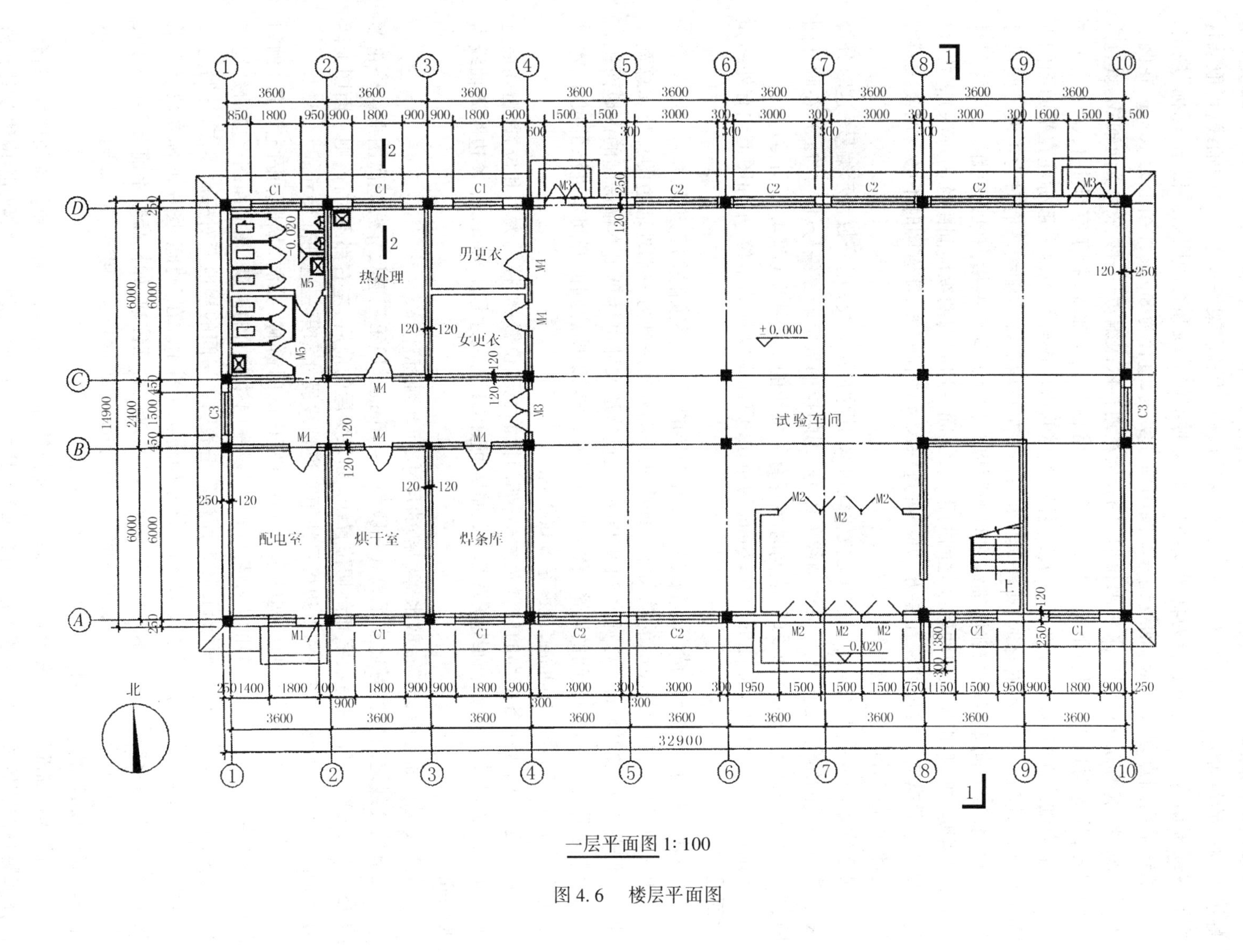

一层平面图 1:100

图 4.6　楼层平面图

③根据定位轴线，确定位置，了解房间的开间、进深　根据定位轴线的编号及其间距，了解各承重构件的位置和房间的大小。定位轴线是指墙、柱、梁和屋架等承重构件的轴线，可取墙柱中心线或根据需要偏离中心线为轴线，以便于施工时定位放线和查阅图纸。根据“国标”规定，定位轴线采用细点划线表示。轴线编号的圆圈用细实线，直径为 8mm，详图上为 10mm，在圆圈内写上编号，水平方向的编号采用阿拉伯数字，从左到右依次编写，一般称为横向轴线。垂直方向的编号，用大写拉丁字母自下而上顺次编写，通常称为纵向轴线，拉丁字母中 I、O、Z 三个字母不得用为轴线编号，以免与数字 1、0、2 混淆。对称的房屋中轴线编号一般标注在平面图的下方和左方，当前后、左右不对称时，则平面图的上下、左右均需标注轴线。有时为了使开间尺寸（与建筑物长度方向垂直的相邻两轴线之间的距离，称为开间或两横向轴线间距）、进深尺寸（建筑物宽度方向上相邻纵向两轴线之间的距离，或同一房间内两纵向间距称为进深）清楚，可将一种进深的纵向轴线尺寸注在左方，另一种进深尺寸注在右方，使看图时不必再加或减而直接知道此房间的开间和进深尺寸。

对于次要的墙或承重构件，它的定位轴线可采用附加的轴线，用分数表示编号，这时分母表示前一轴线的编号，分子表示附加轴线的编号，用阿拉伯数字顺序编号（图 4.7a ）。在画详图时，如一个详图适用于几个轴线时，应同时将各有关轴线的编号注明（图 4.7c、d、e）。

④读尺寸　平面图上标注的尺寸以 mm 为单位，但标高以 m 为单位。平面图上注有外部和内部尺寸。

(A)外部尺寸　为便于读图和施工，一般在图形的下方及左侧注写三道尺寸：

第一道尺寸，表示外轮廓的总尺寸，即指从一端外墙边到另一端外墙边的总长和总宽尺寸。本例总长为 32 900mm，总宽为 14 900mm，通过这道尺寸可计算出本幢房屋的占地面积。

第二道尺寸，表示轴线间的距离，称为轴线尺寸，用以说明房间的开间及进深的尺寸。本例房间的大部分开间是 3 600mm，进深是 6 000mm。

第三道尺寸，表示各细部的位置及大小，如门窗洞宽和位置、墙柱的大小和位置，窗间墙宽等。标注这道尺寸时，应与轴线联系起来，如房间窗 C1 的尺寸是 1 800mm，窗边距离轴线为 900mm。

另外底层平面图中，台阶、散水等细部的尺寸，可单独标注。

三道尺寸线之间应留有适当距离（一般为 7 ~ 10mm，但第三道尺寸线应离图形最外轮廓线 15 ~ 20mm），以便注写数字和剖切位置线。如果房屋的前后、左右都不对称，则平面图上四边都需注写尺寸，但这时右边和上边可只注第二道轴线尺寸和第三道细部尺寸。

(B) 内部尺寸　为了说明房间的净空大小和室内的门窗洞、孔洞、墙厚和固定设备（例如厕所、盥洗室、工作台、搁板等）的大小与位置，以及室内楼地面的高度，在平面图上应清楚地注写出有关的内部尺寸和楼地面标高。楼地面标高是表明各房间的楼地面对标高零点（注写为 ±0. 000）的相对高度，用标高符号表示，标高符号如图 4. 9 所示。在“建施”图中的标高数字表示其完成面的数值。标高数值以米为单位，一般注至小数点后三位数，如标高数字前有“ - ”号的，表示该处完成面低于零点标高。如数字前没有符号的，则表示高于零点标高。如同一位置表示几个不同标高时，数字注写形式可按图 4. 8g)所示。

⑤看图例、细部以及门窗代号　了解房屋其他细部的平面形状、大小和位置如楼梯、阳台、栏杆和厨厕的布置等情况。从图中的门窗图例及其编号，了解门窗的类型、数量、位置及其开启方向。门的代号是 M，窗的代号是 C，在代号后面写上编号，如 M1，M2……和 C1，C2……。同一

编号表示同一类型的门窗,从所写的编号可知门窗共需用多少种。

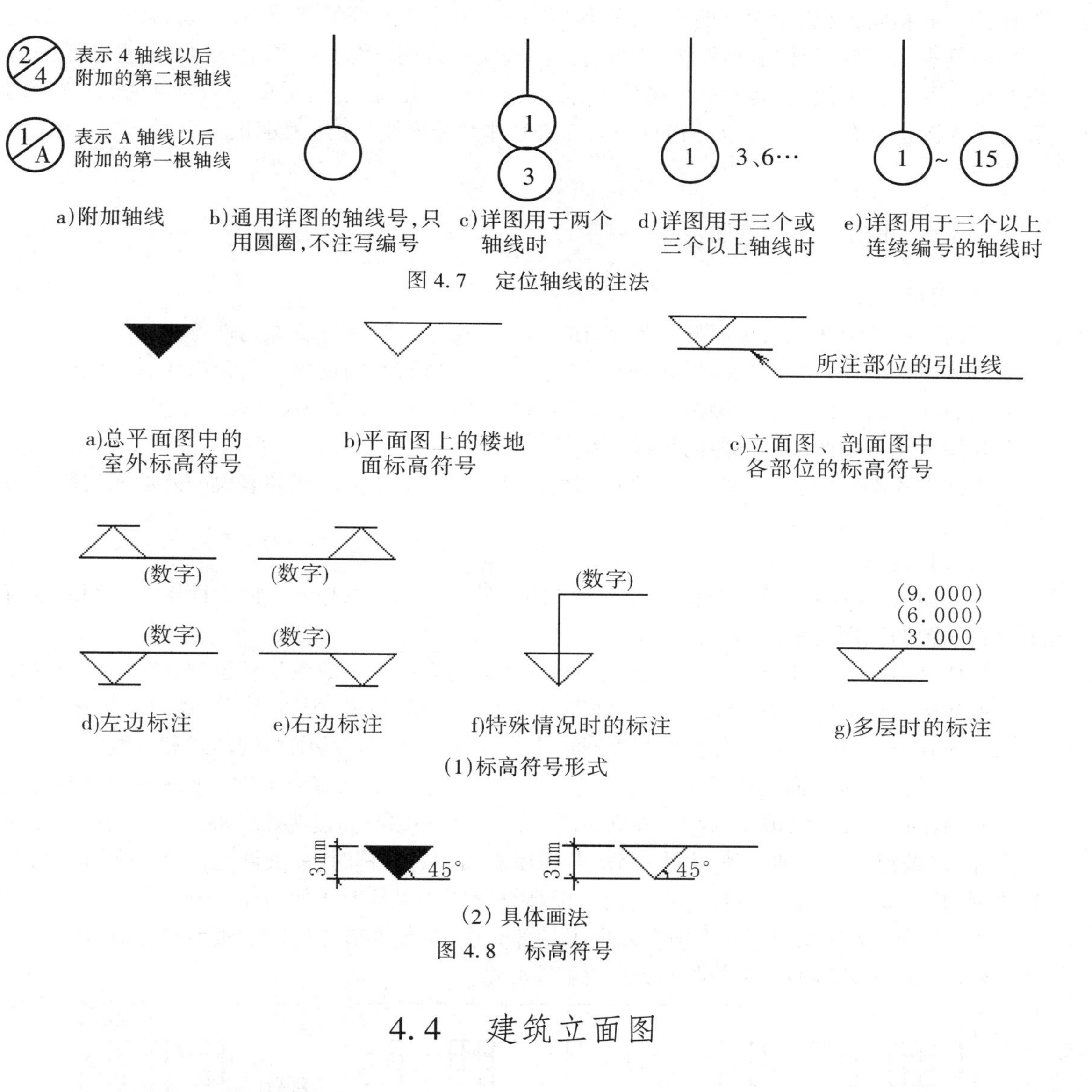

图4.7 定位轴线的注法

图4.8 标高符号

4.4 建筑立面图

4.4.1 图示特点与作用

一幢房屋是否美观,很大程度上取决于它在主要立面上的艺术处理,艺术处理主要指体型比例,装饰材料的选用,色彩运用等处理。在施工图中,立面图主要反映房屋的长度、高度、层数等外貌和外墙装修构造。

在与房屋立面平行的投影面上所作房屋的正投影图,称为建筑立面图,简称立面图。一般民用房屋以坐北朝南布置,以达到良好的朝向和日照。这时南立面图主要反映房屋的外貌特征,作为主要立面,故又称正立面图,相应的则有东、西立面图,又称侧立面图,北立面图又称背立面图。“国标”规定按轴线编号来命名如①—⑩立面图(正立面图)、⑩—①立面图(背立面图)。

按投影原理,立面图上应将立面上所见的细部都表示出来。但由于立面图的比例与平面图的比例一般相同,常用 1:100 的小比例,像门窗扇、雨篷构造等细部,往往不易详细表示出来,只用图例表示。它们的构造和做法,都另有详图或文字说明。因此,习惯上往往对这些细部只分别画出一两个作为代表,其他都可简化,只需画出它们的轮廓线。若房屋左右对称时,正立面图和背立面图也可合并绘出,以一铅直的对称符号作为分界线,左边表示正立面图,右边表示背立面图。

4.4.2 图示内容与读图步骤

(1)图示内容

①画出室外地面线及房屋的勒脚、台阶、门、窗、雨篷、墙、柱等装饰构件等。

②注出外墙各主要部位的标高。如室外地面、台阶、窗台、门窗顶、阳台、雨篷、檐口、屋顶等处完成面的标高。但对于外墙留洞除注出标高外,还应注出其大小尺寸及定位尺寸。

③注出建筑物两端或分段的轴线及编号。

④标出各部分构造、装饰节点详图的索引符号。用图例或文字或列表说明外墙面的装修材料及做法。

(2)阅读步骤

①读图名、轴线编号　先看图名或轴线的编号以了解该图是哪一向立面图,如图 4.9 所示。立面图的比例与平面图一样为 1:100,可以对照阅读。

②从立面图上可知道房屋层数、长度和高度,该向立面上门窗数量和位置、大小。从正立面图上可知该幢房屋的外貌形状。此外立面图上画出了勒脚、门窗、雨篷、台阶、墙、柱、屋顶(女儿墙)、雨水管、装饰构件等。因此通过读立面图,可了解该房屋这些细部的形式和位置。

③读尺寸　从立面图中所标注的标高,可知房屋最低处(室外地面)比室内 ±0.000 低 300mm,最高处(女儿墙顶面)为 12.600 m,所以房屋的外墙总高度为 12.900m。一般标高注在图形外,并做到符号排列整齐、大小一致。若房屋立面左右对称时,一般注在左侧。不对称时,左右两侧均应标注。必要时可标注在图内。标高符号的注法及形式如图 4.8 所示。

④看图例、文字说明　立面图上标出了各部分构造、装饰节点详图的索引符号。用图例、文字或列表说明了外墙面的装修材料及做法(图 4.9)。

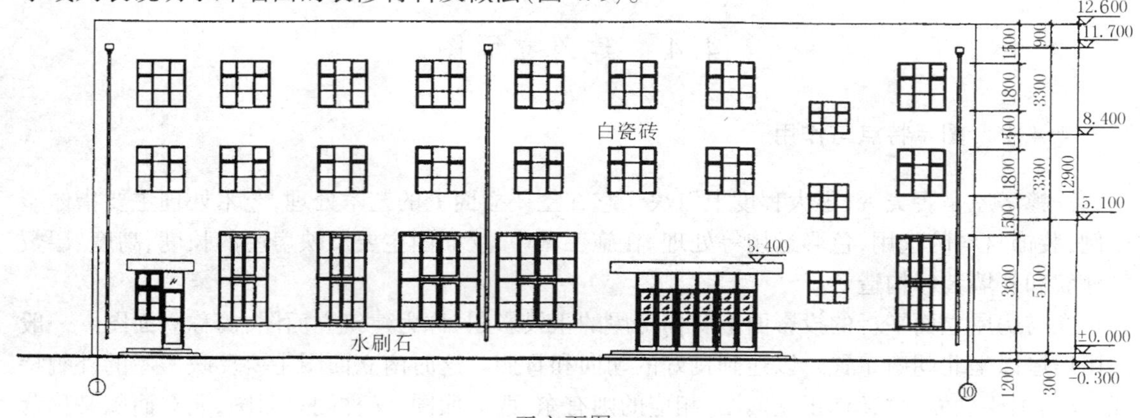

图 4.9　建筑立面图

4.5　建筑剖面图

4.5.1　图示特点与作用

假想用一个或多个垂直于外墙轴线的铅垂剖切面，将房屋剖开所得的投影图，称为建筑剖面图，简称剖面图。剖面图用以表示房屋内部的结构或构造方式、屋面形状、分层情况和各部位的联系、材料及其高度等。剖面图与平面图、立面图相互配合，是不可缺少的重要图样之一。采用的比例一般也与平面、立面图一致。

剖面图的数量是根据房屋的具体情况和施工实际需要而决定的。剖切面的位置一般为横向（即垂直于屋脊线或平行于 *W* 面方向），必要时也可为纵向（即平行于屋脊线或平行于 *V* 面方向），其位置应选择在能反映出房屋内部构造比较复杂或典型的部位，并应通过门窗洞的位置。若为多层房屋，应选择在楼梯间或层高不同、层数不同的部位。剖面图的图名应与平面图上所标注剖切位置线的编号一致，如 1—1 剖面图、2—2 剖面图等。习惯上在剖面图上不画出基础，而在基础墙部位用折断线断开。剖面上的材料图例与图中线型应与平面图一致。

4.5.2　图示内容与读图步骤

(1)图示内容

①表示墙、柱及其定位轴线。

②表示室内底层地面、地坑、地沟、各层楼面、顶棚、屋顶（包括檐口、女儿墙、隔热层或保温层、天窗、烟囱、水池等）、门、窗、楼梯、阳台、雨篷、留洞、墙裙、踢脚板、防潮层、室外地面、散水、排水沟及其他装修等剖切到或能见到的内容。

③标出各部位完成面的标高和高度方向尺寸。

(A)标高内容　室内外地面、各楼层面与楼梯平台、檐口或女儿墙顶面、高出屋面的水池顶面、烟囱顶面、楼梯间顶面、电梯间顶面等处的标高。

(B)高度尺寸内容

外部尺寸：门、窗洞口（包括洞口上部和窗台）高度，层间高度及总高度（室外地面至檐口或女儿墙顶）。有时，后两部分尺寸可不标注。

内部尺寸：地坑深度和隔断、搁板、平台及室内门、窗等的高度。

注写标高及尺寸时注意与平面图和立面图相一致。

(2)阅读步骤

①读图名、轴线编号　先从图名和轴线编号与平面图上的剖切位置和轴线编号相对照，可知 1-1 剖面图是一个剖切平面通过楼梯间，剖切后向左投影所得的横剖面图。剖面图的比例与平面、立面图的一致，为 1:100（图 4.10）。

②从剖面图中可知房屋地面至屋顶的结构形式和构造内容，可知此房屋的垂直方向承重构件柱是由钢筋混凝土构成的，墙是用砖砌成的。水平方向承重构件梁和板均是由钢筋混凝土构成的。

③看标高、尺寸，了解高度和大小　从某层的楼面到其上一层的楼面之间的尺寸称为层

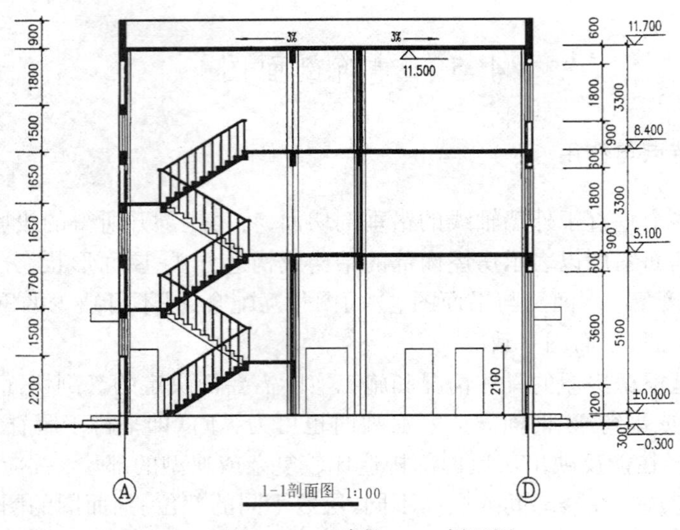

图 4.10　建筑 1—1 剖面图

高。某层的楼面到该层的顶棚面之间的尺寸为净高，本例一层是实验车间层高 5 100mm，二～三层是办公楼，层高均为 3 300mm。

④从剖面图中可知屋面坡度大小以及排水方向（其他倾斜的地方，如散水、排水沟、坡道等也可用此方式表示其坡度）。

4.6　建筑详图

4.6.1　详图的产生、作用和特点

对房屋的细部或构配件用较大的比例（1∶30、1∶20、1∶10、1∶5、1∶2、1∶1）将其形状、大小、材料和做法，按正投影的画法，详细地画出来的图样，称为建筑详图，简称详图。因此详图实质上是一种局部放大图，它表达详细、清楚。在详图中可知建筑物的合理构造，适宜材料，齐全尺寸。详图的数量和图示内容根据房屋构造复杂程度而定。有时只需一个剖面详图就能表达清楚，有时同时需有几个平面详图和剖面详图，如楼梯间、厨房、厕所，有时需加立面详图，如门窗等。有时还要在详图中再补充比例更大的详图。因此，详图的特点是比例较大，表达详尽清楚，尺寸标注齐全，使该处的局部构造、材料、做法、大小，详细完整合理地表示出来。

4.6.2　索引符号与详图符号

为了施工、读图时查阅详图方便，在房屋的平面、立面、剖面图中需要局部放大绘成详图之处，常用索引符号，注明需绘详图的位置、详图编号以及详图所在的图纸编号，这种方法称为详图索引。它用一引出线指出要画详图的地方，在线的另一端画一细实线圆，其直径为 10mm。引出线应对准圆心，圆内过圆心画一水平线，上半圆中用阿拉伯数字注明该详图的编号，下半圆中用阿拉伯数字注明该详图所在图纸的图纸号（图 4. 11a）。如详图与被索引的图样同在一张图纸内，则在下半圆中间画一水平细直线（图 4. 11b）。索引出的图样，如采用标准图，应在索引

符号水平直径的延长线上加注标准图册的编号(图4.11c)。当索引符号用于索引剖面详图时，应在被剖切的部位绘制剖切位置线。引出线所在一侧应为剖视方向，如图4.12所示。

详图符号用来表示详图的位置和编号，它用一粗实线圆绘制，直径为14 mm。如详图与被索引的图样同在一张图纸内时，应在符号内用阿拉伯数字注明详图编号。如不在同一张图纸内，可用细实线在符号内画一水平直径，在上半圆中注明详图编号，在下半圆中注明被索引图纸号(图4.13)。

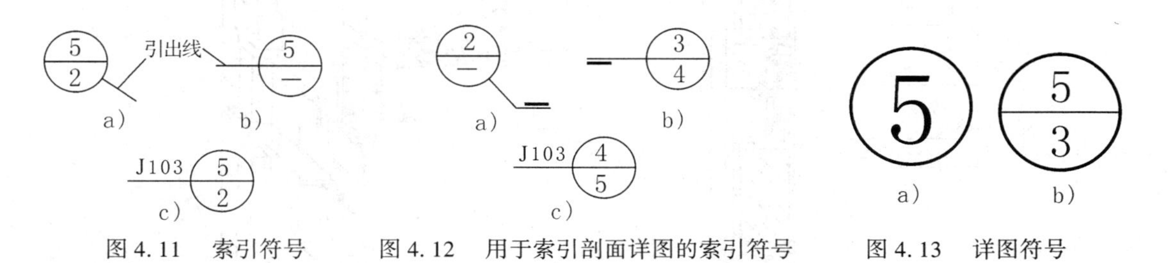

图4.11　索引符号　　图4.12　用于索引剖面详图的索引符号　　图4.13　详图符号

4.6.3　详图实例

详图是施工的重要依据，一幢房屋施工图通常需绘制如下几种详图：外墙身详图、楼梯间详图、门窗详图等。

(1)外墙身详图

外墙身详图实际上是建筑剖面图的局部放大图，它表达了外墙与地面、楼面、屋面的构造连接情况以及门窗顶、窗台、勒脚、散水的尺寸、材料、做法等构造情况，它是砌墙、室内外装修、门窗立口、编制施工图预算以及材料估算的重要依据。

详图用较大比例(如1∶20)画出，多层房屋中，若各层的构造情况一样时，可只画底层、顶层或加一个中间层来表示。画图时，往往在窗洞中间处断开，成为几个节点详图的组合(图4.14)。有时，也可不画整个墙身的详图，而是把各个节点的详图分别单独绘制。这时，各节点详图按1、2、3、……顺序依次排在同一张图纸上，以便读图。

外墙剖面图上标注尺寸和标高，与建筑剖面图基本相同，线型也与建筑剖面图相同，剖到的线用粗实线，粉刷线用细实线，断面轮廓线内应画上材料图例。

现以综合办公楼的外墙身剖面为例，说明墙身剖面图的主要内容。

①表明砖墙的轴线编号，砖墙的厚度及其与轴线的关系。如图4.14表明墙身剖面是Ⓐ、Ⓓ轴线上的外墙，砖墙厚度370mm，外墙皮距轴线为250mm。图中注上两个轴线编号，表示这个详图适用于Ⓐ、Ⓓ两个轴线的墙身。也就是说，在横向轴线①～④的范围内，Ⓐ、Ⓓ两轴线的任何地方，墙身各相应部分的构造情况都相同。

②表明墙身防潮层、散水等细部做法。墙身防潮层设在±0.000以下60mm处，采用20mm厚1∶2水泥防水砂浆(掺5%的防水剂)。在外墙面，离室外地面300～500mm高度范围内(或窗台以下)，用坚硬防水的材料做成勒脚，以保护外墙墙脚。在勒脚的外地面，用1∶2的水泥砂浆抹面，做出2%坡度的散水，以防雨水或地面水对墙基础的浸蚀。在每层的室内墙脚处需做一踢脚板，以保护室内墙脚，从图中的说明可看到其构造做法。踢脚板的厚度可等于或大于内墙面的粉刷层。如厚度一样时，在其立面投影中可不画出其分界线。从剖面图中还可看到窗台、窗

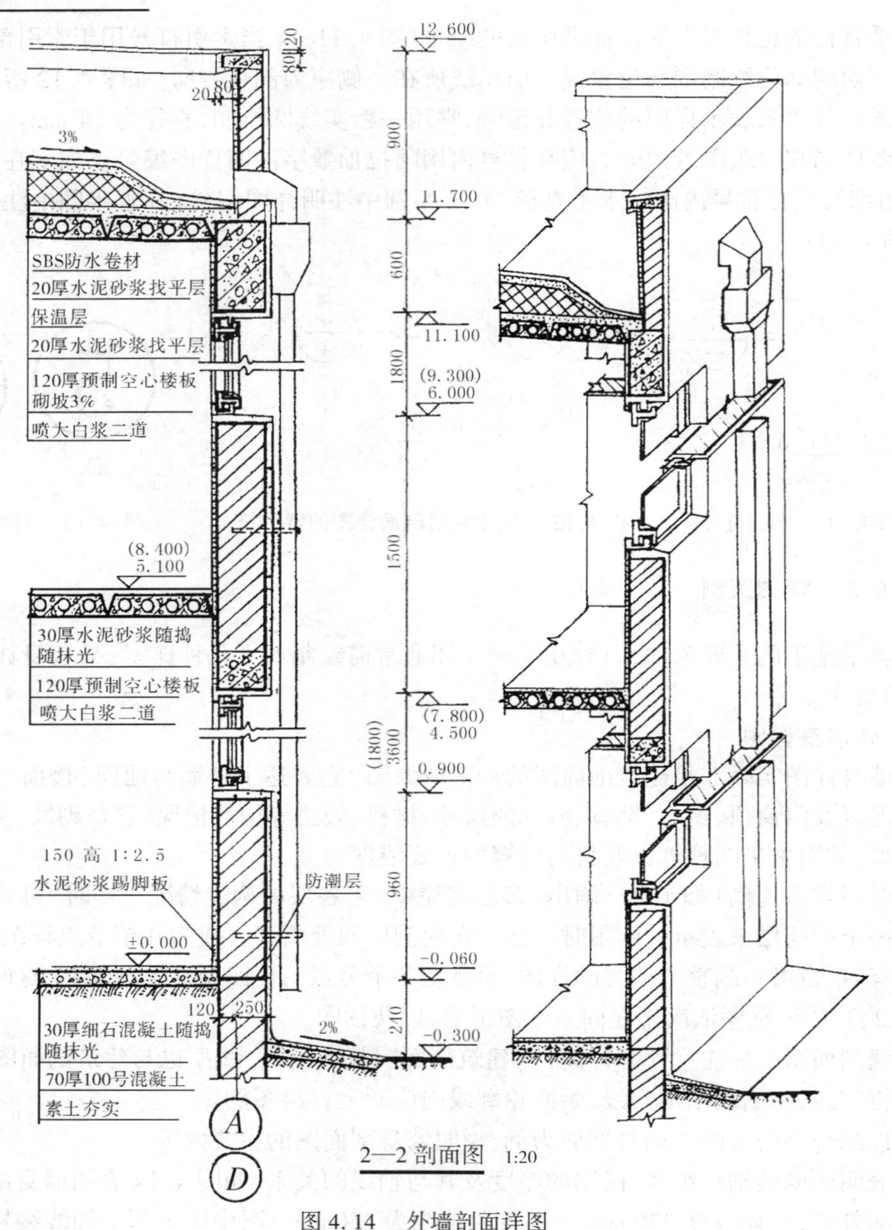

图 4.14 外墙剖面详图

过梁(或圈梁)的构造情况。窗框、窗扇的形状和尺寸,还另有窗的详图表示。

③表明楼、地面各层构造以及各层楼板(或梁)的搁置方向及与墙身的关系。如本详图,从材料图例中可知楼板为预制钢筋混凝土空心板，地面为素混凝土地面。从楼板与墙身连接部分，可了解到各层楼板是平行于纵向外墙布置的，因而它们是搁置在两端的横墙上或横梁上的。

④表明了该房屋女儿墙、屋面的构造。本图屋面是采用柔性防水。即在承重结构层上做20mm 厚 1∶3 水泥砂浆找平层，再刷冷底子油一道，其上依次为一毡二油隔汽层、加气混凝土保温层，再做 20mm 厚 1∶3 水泥砂浆找平层，最后，铺贴 4mm 厚 SBS 改性沥青防水卷材。

外墙剖面详图中还应说明内、外墙各部位墙面粉刷、装饰的用料、做法等。

(2)**楼梯详图**

1)楼梯及楼梯间详图的组成

楼梯是多层房屋上下交通的主要设施，应满足行走方便、人流疏散畅通、有足够的坚固耐久性。楼梯主要由梯段、平台和栏杆扶手组成。梯段(或称梯跑)是联系两个不同标高平台的倾斜构件，一般是由踏步和梯梁(或梯段板)组成。踏步是由水平的踏板和垂直的踢板组成。平台是供行走时调节疲劳和转换梯段方向用的。栏杆扶手是设在梯段及平台边缘上的保护构件，以保证楼梯交通安全。

楼梯的构造一般较复杂，需另画详图表示。楼梯详图主要表示楼梯的组成、结构形式、各部位的尺寸及装修做法，是楼梯施工放样的主要依据。

楼梯详图一般包括楼梯平面图、剖面图及踏步、栏杆详图等，这些详图应尽可能画在同一张图纸内。平、剖面图的比例一般要一致，以便对照阅读。踏步、栏杆扶手一般另有详图，采用的比例要大些，以便表达清楚该部分的大小、材料及构造情况。楼梯详图一般分建筑详图与结构详图，并分别绘制，分别编入“建施”和“结施”中。但对一些构造和装修较简单的现浇钢筋混凝土楼梯可只绘楼梯结构施工图。

2)楼梯平面图

将房屋平面图中楼梯间的部分放大，称为楼梯平面图。三层以上的楼梯，当中间各层的楼梯位置、梯段数、踏步数大小都相同时，通常只画出底层、中间层和顶层三个平面图即可。

楼梯平面图是在该层往上走的第一梯段(休息平台下)的任一位置处作水平剖切，往下投影而得。各层被剖切到的梯段，按“国标”规定，均在平面图中以一根45°细斜折断线表示。在每一梯段处画有一长箭头，并注写“上”和“下”字和步级数，表明从该层楼(地)面往上(或往下)走多少步级可到达上(或下)一层的楼(地)面。例如二层楼梯平面图中，被剖切的梯段的箭头注有“上20”，表示从该梯段往上走20步级可到达第三层楼面。另一梯段注有“下30”，表示往下走30步级可到达底层地面。

楼梯平面图中，除注出楼梯间的开间和进深尺寸、楼地面和平台面的标高尺寸外，还需注出各细部的详细尺寸。通常把梯段水平投影长度尺寸与踏面数、踏面宽的尺寸合并写在一起。如图中9×300mm=2 700mm，表示该梯段有9个踏面，每一踏面宽为300mm。通常，把各层楼梯平面图画在同一张图纸内，并互相对齐，这样便于阅读，又可省略标注一些重复尺寸。各层平面图中还应标出该楼梯间的轴线。而且，在底层平面图还应注明楼梯剖面图的剖切位置线(如图中的3—3剖面)。

读图时，要掌握各层平面图的特点。底层平面图只有一个被剖切的梯段及扶手栏杆，并注有“上”字的长箭头。顶层平面图由于剖切平面在安全栏杆之上，未剖到楼梯段，在图中画有两段完整的梯段和楼梯休息平台，没有45°细斜折断线。在梯口处有一个注有“下”字的长箭头。中间层平面图既画出被剖切的往上走的梯段(画有“上”字的长箭头)，还画出由该层往下走的完整的梯段(画有“下”字的长箭头)、楼梯休息平台以及平台往下的梯段。这部分梯段与被剖切的梯段的投影重合，以45°折断线为分界。由于梯段的踏步最后一级走到平台或楼面，所以最后一级的踏面就是平台或楼面，故平面图上梯段踏面的投影数总是比梯段的级数少一。如顶层平面图中往下走的第一梯段共有10级，但在平面图中只画有9格。梯段水平投影长度为9×300mm=2 700mm。

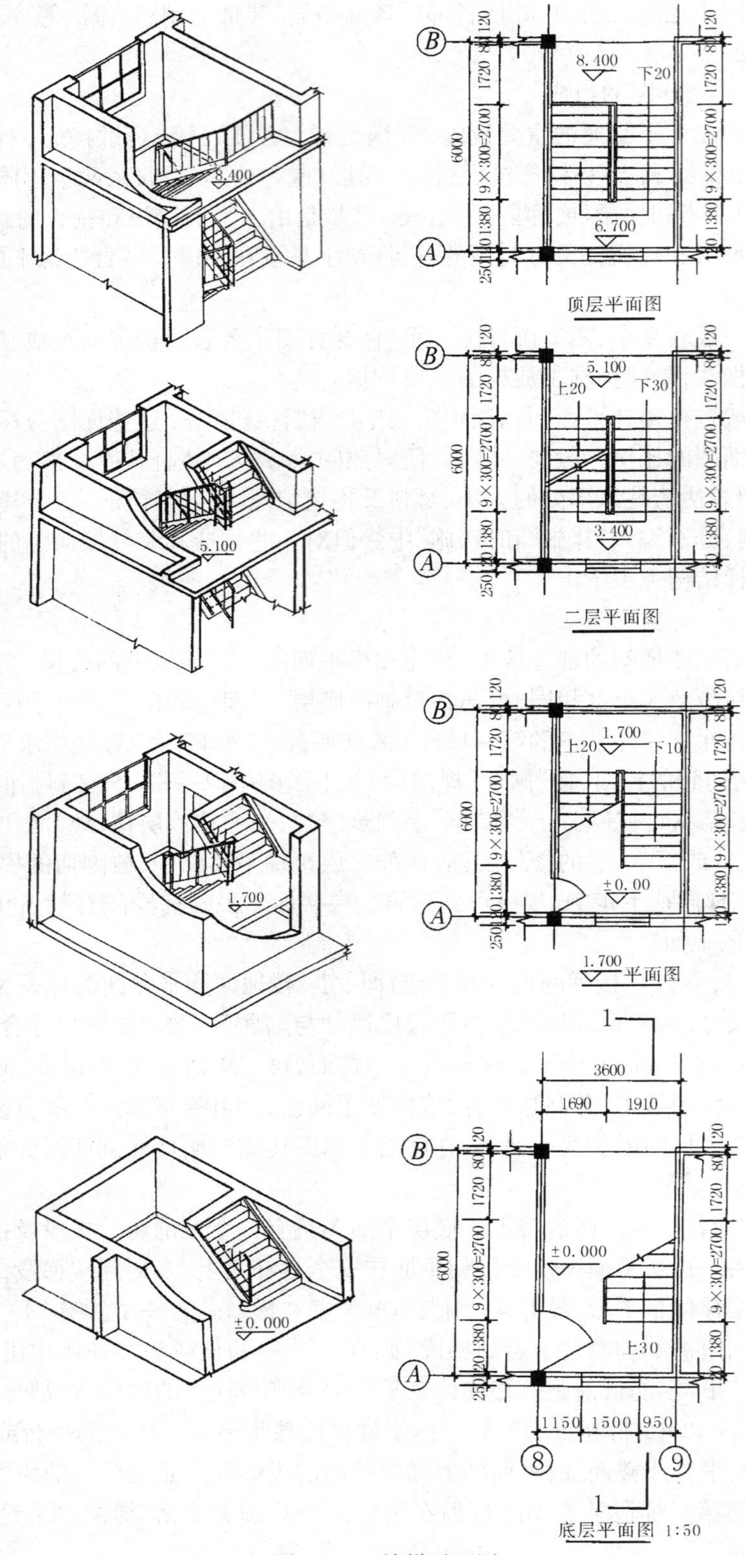

图 4.15　楼梯平面图

3)楼梯剖面图

假想用一铅垂面，通过各层的一个梯段和门窗洞，将楼梯剖开，向另一未剖到的梯段方向投影，所作的剖面图，即为楼梯剖面图(图4.16)。剖面图应能完整地、清晰地表示出各梯段、平台、栏杆等的构造及它们的相互关系情况。本例楼梯，一层至二层之间有三个梯段，二层至三层之间有两个梯段，分别称为三跑楼梯和双跑楼梯。

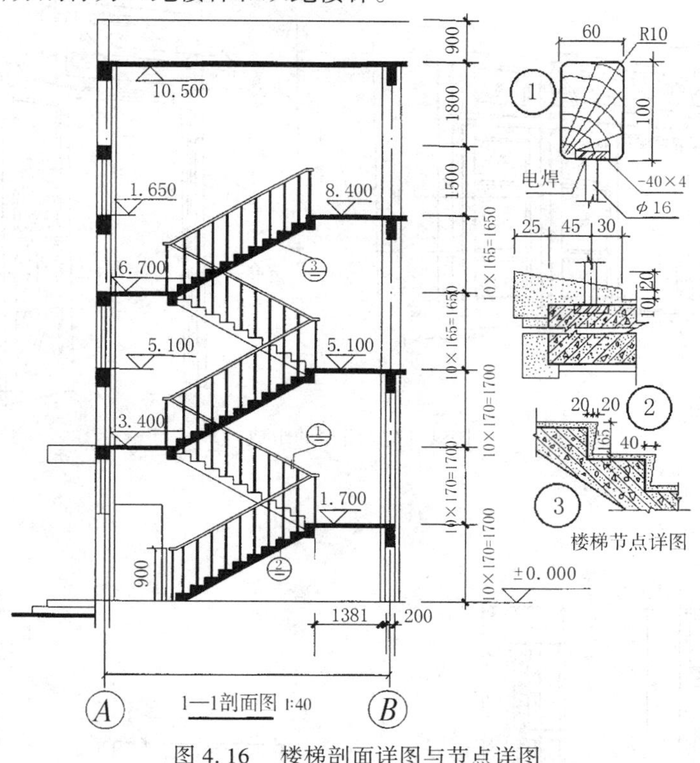

图4.16　楼梯剖面详图与节点详图

剖面图中一般应注明地面、平台面、楼面等的标高和梯段、栏杆扶手的高度尺寸。梯段高度尺寸注法与楼梯平面图中梯段长度注法相同，在高度尺寸中注的是梯级数，而不是踏面数。

(3)门窗详图

门窗详图，一般都有预先绘制好的各种不同规格的标准图，以供设计者选用。因此，在施工图中，只要说明该详图所在标准图集中的编号，就可不必另画详图。如果没有标准图时，就一定要画出详图。门窗的组成与名称如图4.17所示。

门窗详图一般用立面图、节点详图、断面图以及五金表和文字说明等来表示。按规定，在节点详图与断面图中，门窗料的断面一般应加上材料图例。

现以本例综合办公楼中木门、钢窗为例，介绍门窗详图的特点如下：

①立面图　所用比例较小(1∶20、1∶10)。只表示门窗的外形、开启方式及方向、高宽主要尺寸和详图索引符号等内容，如图4.18、4.19所示。立面图上的线型，除轮廓线用粗实线外，其余均用细实线。

②节点详图　习惯上将同一方向的节点详图连在一起，中间用折断线断开，并分别注明详图符号，以便与门窗立面图相对应。节点详图比例较大，能表示门窗各材料的断面形状、用料尺

寸、安装位置和门窗扇与门窗框的连接关系等内容。

③断面图　用较大比例(1∶5、1∶2)将各不同门窗料的断面形状单独画出,注明断面上各截口的尺寸,以便于下料加工。有时,为减少工作量,往往将断面图与节点详图结合画在一起。

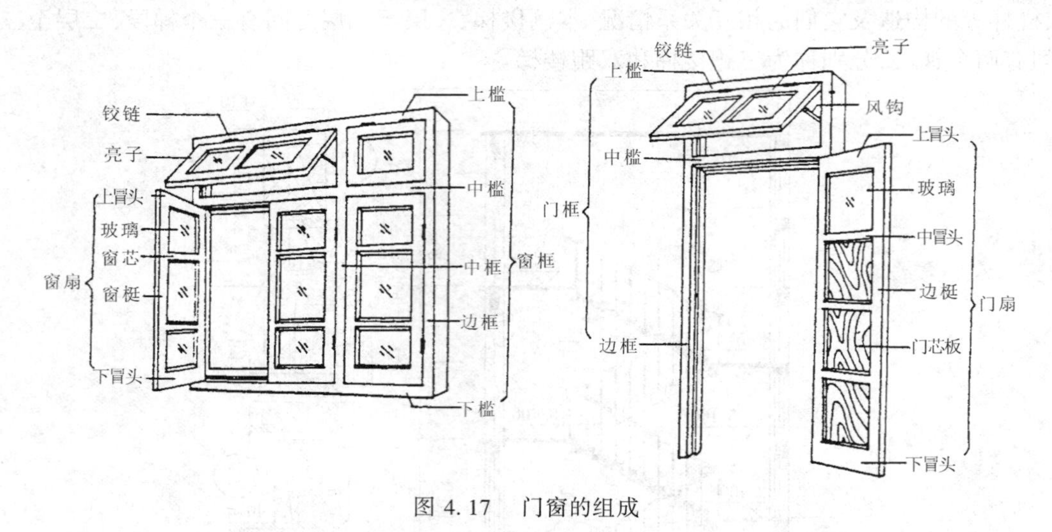

图 4.17　门窗的组成

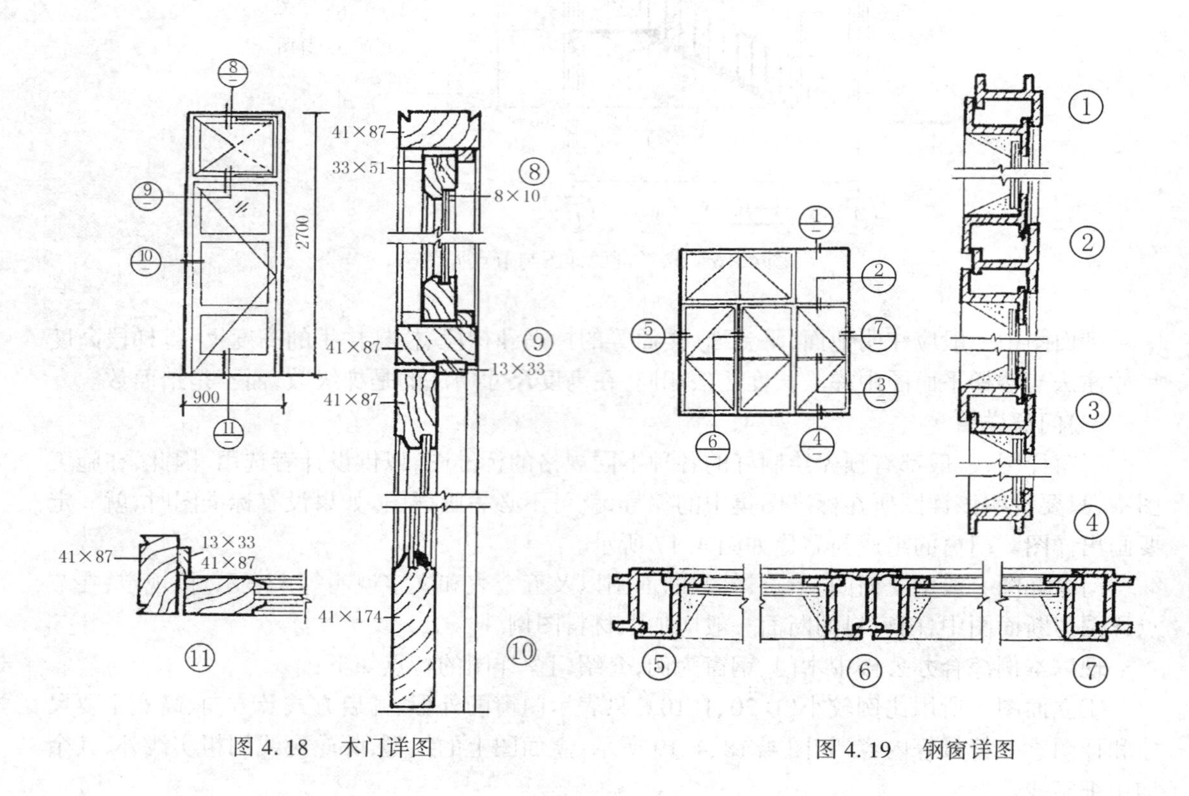

图 4.18　木门详图　　图 4.19　钢窗详图

4.7　建筑施工图的绘制

4.7.1　建筑施工图的绘制步骤与方法

通过前面的学习,基本掌握了建筑施工图的内容、图示原理与方法。但还必须学会绘制施工图,才能把设计意图和内容正确地表达出来,并使我们进一步认识房屋的构造,提高读图能力,熟练绘图技能。

在绘图过程中,要始终保持高度负责的工作态度和认真、耐心、细致的工作作风。所绘制的施工图,要求投影正确、技术合理、表达清楚、尺寸齐全、线型粗细分明、字体工整以及图样布置紧凑、图面整洁等,这样才能满足施工的需要。

绘制建筑施工图的步骤和方法如下:

①确定绘制图样的内容与数量　根据房屋的外形、层数、每层的平面布置和内部构造的复杂程度,以及施工的具体要求,来决定绘制哪些内容,哪几种图样,并对各种图样及数量作全面规划、安排,防止重复和遗漏,便于施工,便于前后对照读图。在保证施工质量的前提下,图样的数量尽量少。

②选择合适的比例　在保证图样能清晰表达其内容的情况下,根据各图样的具体要求和作用,选用不同的比例。

③合理组合与布置　图样组合就是在确定绘制哪些图样和数量之后,还应考虑哪几个图安排在一张图上。在图幅大小许可的情况下,尽量保持各图之间的投影关系,或将同类型的、内容关系密切的图样,集中在一张或顺序连接的图纸上,以便对照查阅。

一般应把同比例的平面、立面和剖面图绘在同一张图纸上,平面图与正立面图应长对正,平面图与侧立面、剖面图应宽相等,正立面图与侧立面、剖面图应高平齐。当房屋的体量较大时可把各层平面、各向立面和各个剖面按顺序连续绘在几张图纸上。

图纸组合考虑完毕后,还要对每张图幅进行图面布置,包括图样、图名、尺寸、文字说明及表格等内容进行合理布置,使得每张图纸上主次分明,排列均匀紧凑,表达清晰,布置整齐。总之要根据房屋的不同复杂程度来进行合理的安排和布置。

④打底稿绘制图样　绘制施工图的顺序,一般是按平面→立面→剖面→详图的顺序来进行的。但也可以在画完平面图后,再画剖面图(或侧立面图),然后根据投影关系再画出正立面(或背立面)图,这时,正立面图上的屋脊线可由剖面图(或侧立面图)投影而得。

为了使图样画得准确与整洁,先用较硬(例如H)的铅笔绘出轻淡的底稿线,在全部打好各图样的底稿线经检查无误后再按“国标”要求用较软(B或HB)的铅笔加粗、加深线型。在打底稿线时注意同一方向或相等的尺寸一次量出,以提高绘图的速度。当加粗、加深图线时,要注意线型粗细分明、浓淡一致,同一方向或同一线型的线条要相继绘画,先画水平线(从上到下),后画铅直线或斜线。一张图上同一比例的同类型线型粗细相同,数字大小要一致,中文字要按字号打格子书写。一般先画好图,再注写尺寸和文字说明。

4.7.2　建筑施工图画法举例

现以综合办公楼为例说明。

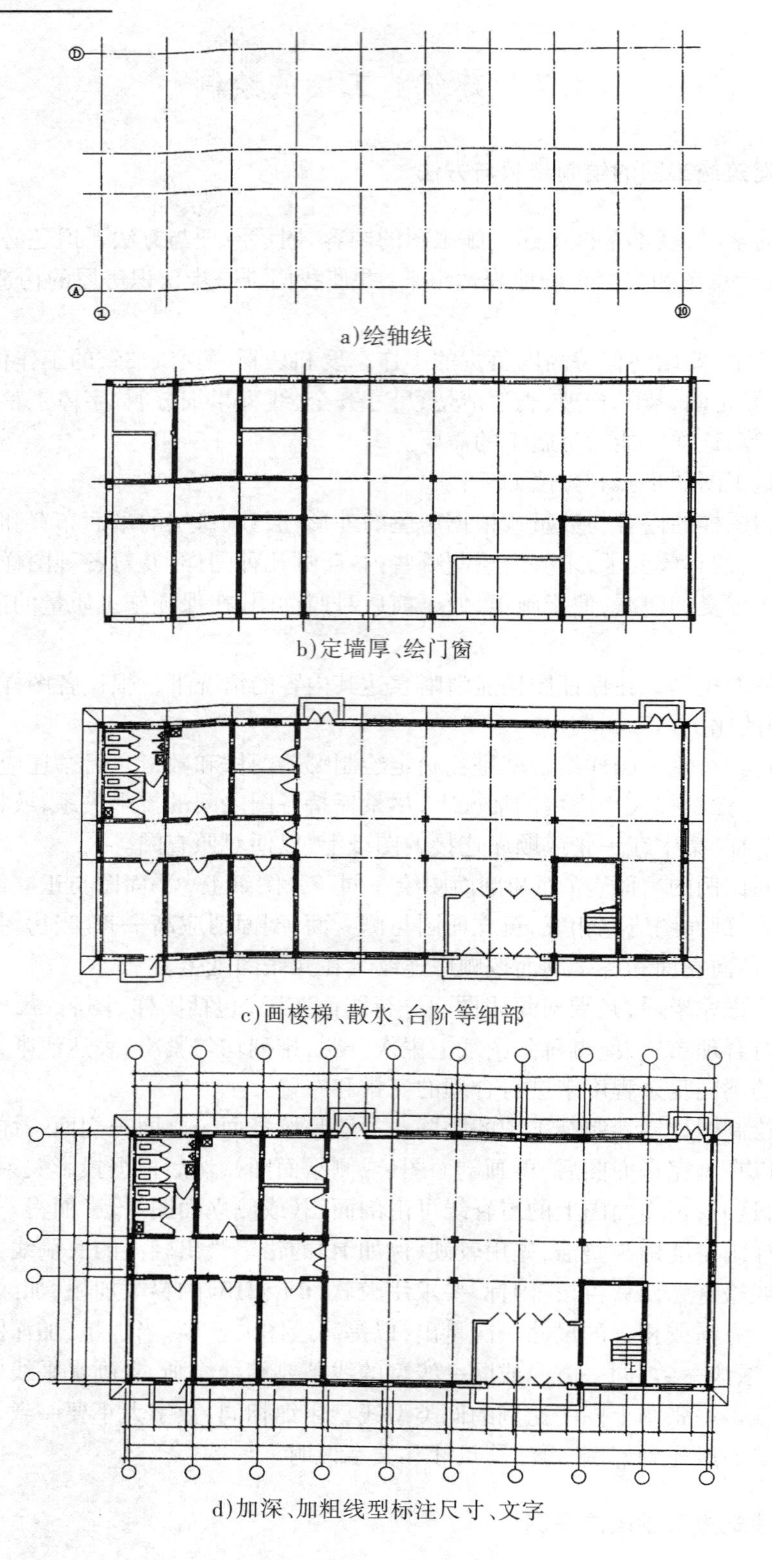

a)绘轴线

b)定墙厚、绘门窗

c)画楼梯、散水、台阶等细部

d)加深、加粗线型标注尺寸、文字

图 4.20　平面图画图步骤

(1) **建筑平面图画法**(图 4.20)

①定轴线。先定横向和纵向的最外两道轴线，如图 4.20a 中①、⑩、Ⓐ、Ⓓ轴线，再根据开间和进深尺寸定出各轴线。

②画墙身和柱，定门窗洞位置。如图 4.20b)所示，定门窗洞位置时，应从轴线往两边定窗间墙宽，这样门窗洞宽自然就定出了。

③画楼梯、台阶、卫生间、散水等细部(图 4.20c)。

④经检查无误后，擦去多余的作图线，按施工图要求加深或加粗图线，并标注轴线、尺寸、门窗编号、剖切位置线、图名、比例及其他文字说明，完成全图。

平面图中线型要求是：剖到的墙身用粗实线，看到的墙轮廓线、构配件轮廓线、窗洞、窗台及门扇为中粗线，窗扇及其他细部为细实线。

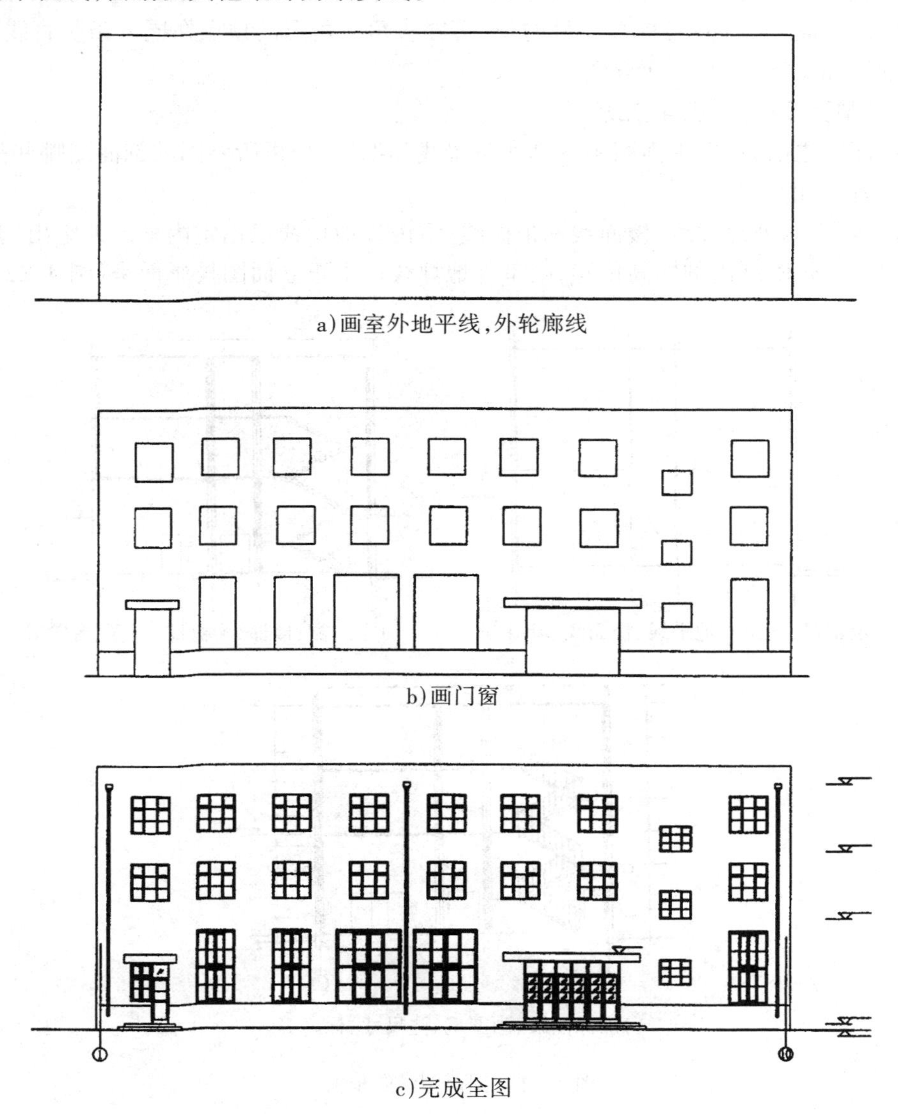

a)画室外地平线，外轮廓线

b)画门窗

c)完成全图

图 4.21　立面图画图步骤

(2)**建筑立面图画法**(图 4.21)

①定室外地坪线、外墙轮廓线和屋面线(图 4.21a)。在合适的位置画上室外地坪线。定外墙轮廓线时,如果平面图和正立面图画在同一张图纸上,则外墙轮廓线应由平面图的外墙外边线根据“长对正”原理向上投影而得。如无女儿墙时,则应根据侧面或剖面图上屋面坡度的脊点投影到正立面定出屋脊线。本例有女儿墙,根据标高定出女儿墙压顶线。

②定门窗位置,画细部。如:门窗洞、窗台、雨篷、雨水管等(图 4.21b)。正立面图上门窗宽度应由平面图朝南外墙的门窗宽投影得到。根据窗台标高、门窗顶标高画出窗台线、门窗顶线。

③经检查无误后,擦去多余的作图线,按立面图的线型要求加深加粗图线。立面图线型,习惯上屋脊线和外轮廓线用粗实线(粗度 b),室外地坪线用特粗线(粗度约 $1.4b$)。轮廓线内可见的墙身、门窗洞、窗台、雨篷、台阶等轮廓线用中粗线,门窗格子线、栏杆、雨水管为细实线。

最后标注标高,应注意各标高符号的45°等腰直角三角形的顶点在同一条竖直线上,写图名、比例、轴线和文字说明,完成全图。

(3)**建筑剖面图画法**(图 4.22)

在画剖面图之前,根据平面图中的剖切位置线和编号,分析所要画的剖面图哪些是剖到的部分,哪些是投影的部分。

①定轴线、室内外地坪线、楼面线和顶棚线。室内外地坪线根据室内外高差定出。若剖面与正立面布置在一张图纸内的同高位置,则室外地坪线可由正立面图投影而来(图 4.22a)。

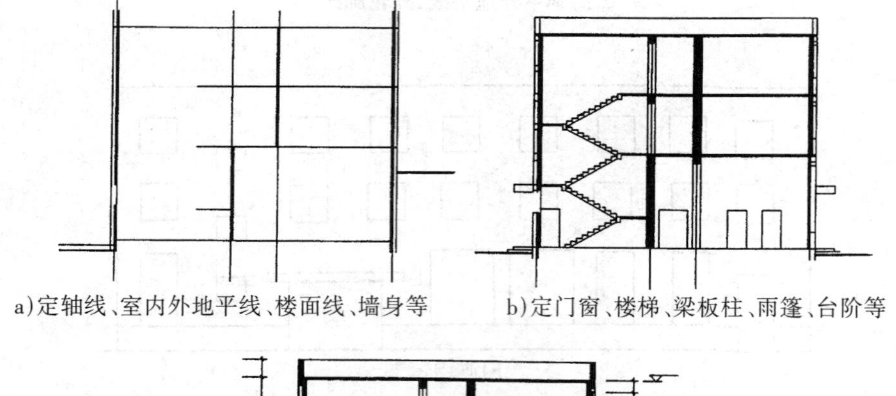

a)定轴线、室内外地平线、楼面线、墙身等　　b)定门窗、楼梯、梁板柱、雨篷、台阶等

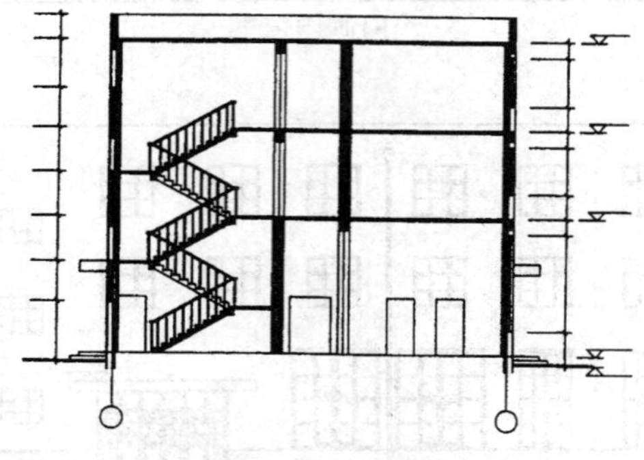

c)加深图线、画图例、注尺寸、标高等

图 4.22　剖面图画图步骤

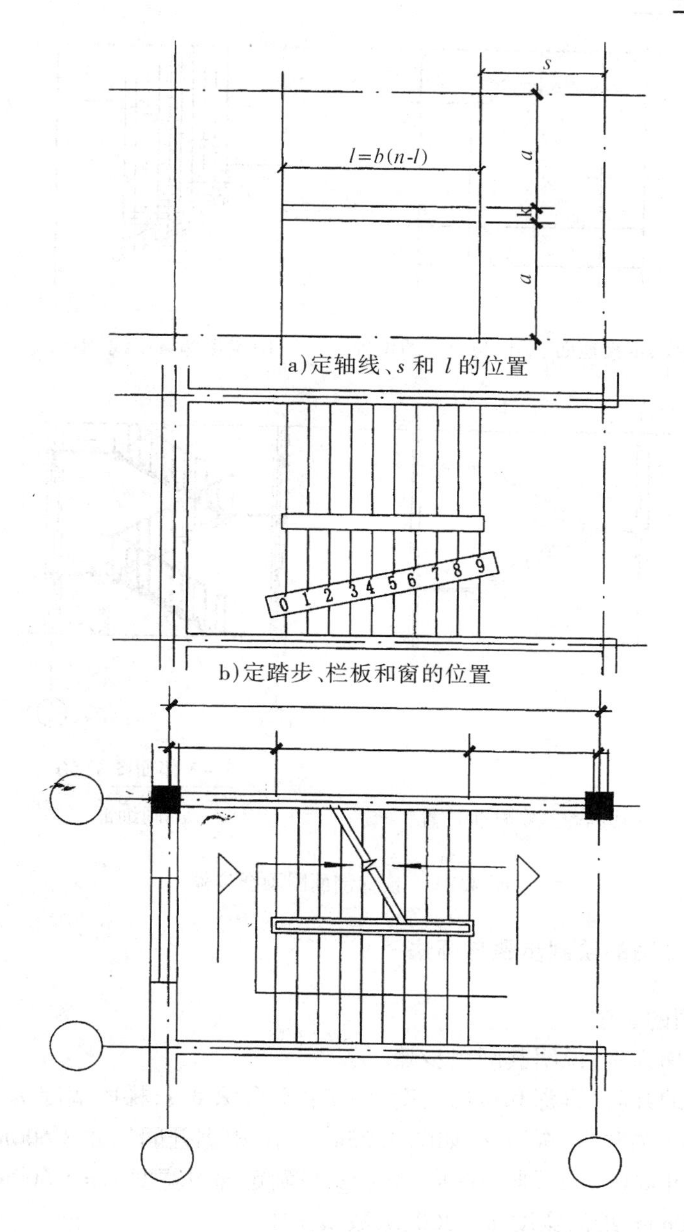

a)定轴线、s 和 l 的位置

b)定踏步、栏板和窗的位置

c)画其余部分，完成全图

图 4.23 楼梯间平面详图画图步骤

②定墙厚、楼板厚，画出天棚、屋面坡度和屋面厚度(图 4.22b)。

③定门窗、楼梯位置，画门窗、楼梯、台阶、梁、板等细部。

④经检查无误后，擦去多余的作图线，按要求加深加粗图线。画尺寸线、标高符号并注写尺寸和文字说明，完成全图。

剖面图中线型：即剖到的室外、室内地坪、墙身、楼面、屋面用粗实线，投影到的门窗洞、构配件用中粗线、窗扇及其他细部用细实线。

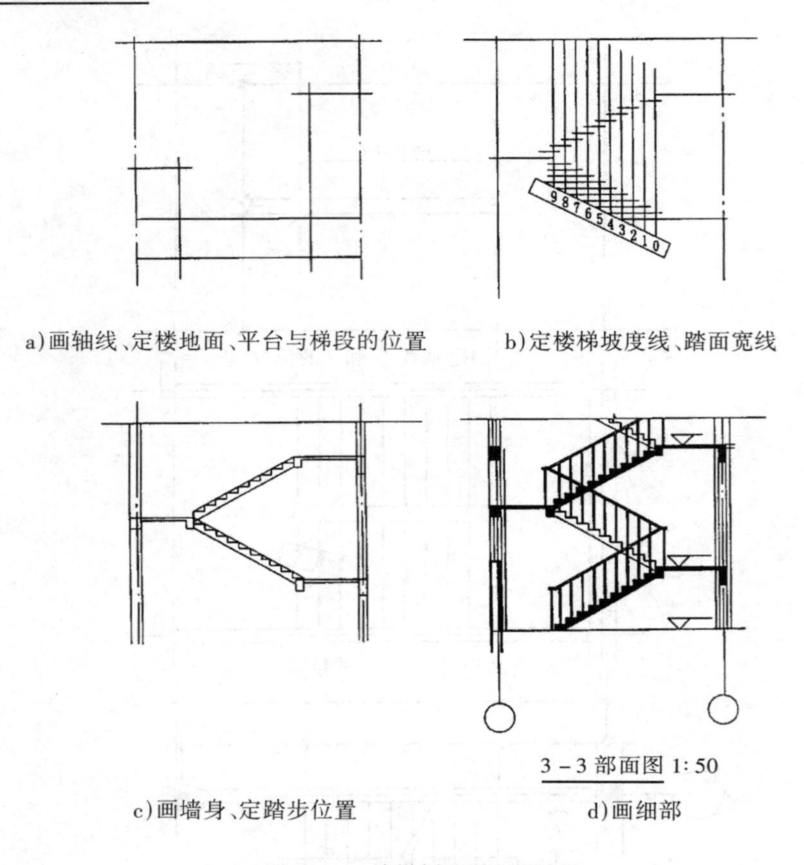

a)画轴线、定楼地面、平台与梯段的位置　　b)定楼梯坡度线、踏面宽线

c)画墙身、定踏步位置　　d)画细部

图 4.24　楼梯剖面图画图步骤

4.7.3　楼梯详图的绘制步骤与画法

(1)楼梯平面图的画法

这里以二层楼梯为例,说明其画图步骤。

①根据楼梯间的开间、进深和楼层高度,确定:平台深度 s,梯段宽度 a,踏面宽度 b,梯段水平投影长度 l,梯井宽度 k,级数 n,如图 4.23a)所示。根据开间尺寸 3 600mm,画出横向轴线⑧、⑨。根据进深尺寸 6 000mm,画出纵向轴线 Ⓐ、Ⓑ确定梯段宽度 $a=1\ 600$mm、平台深度 $s_1=1\ 380$mm、$s_2=1\ 720$mm、踏面宽度 $b=300$、级数 $n=10$。

②根据 l、b、n 可用等分两平行线间距的方法画出踏面投影,踏面数等于 $n-1$(图 4.23b)。

③画栏杆扶手、箭头,加深各种图线,注写标高、尺寸、图名、比例等。

(2)楼梯剖面图的画法

根据楼梯平面图所示的剖切位置 1—1 画出楼梯的剖面图,如图 4.24 所示。绘制时要注意下列问题。

①图形比例和尺寸应与楼梯平面图相一致。

②踏步位置,宜用等分平行线间距的方法来确定。

③画栏杆(栏板)时,其坡度应与梯段一致。

(3)图中应画出材料图例

图线要求与前述建筑剖面图和平面图一致。

4.8　工业厂房施工图

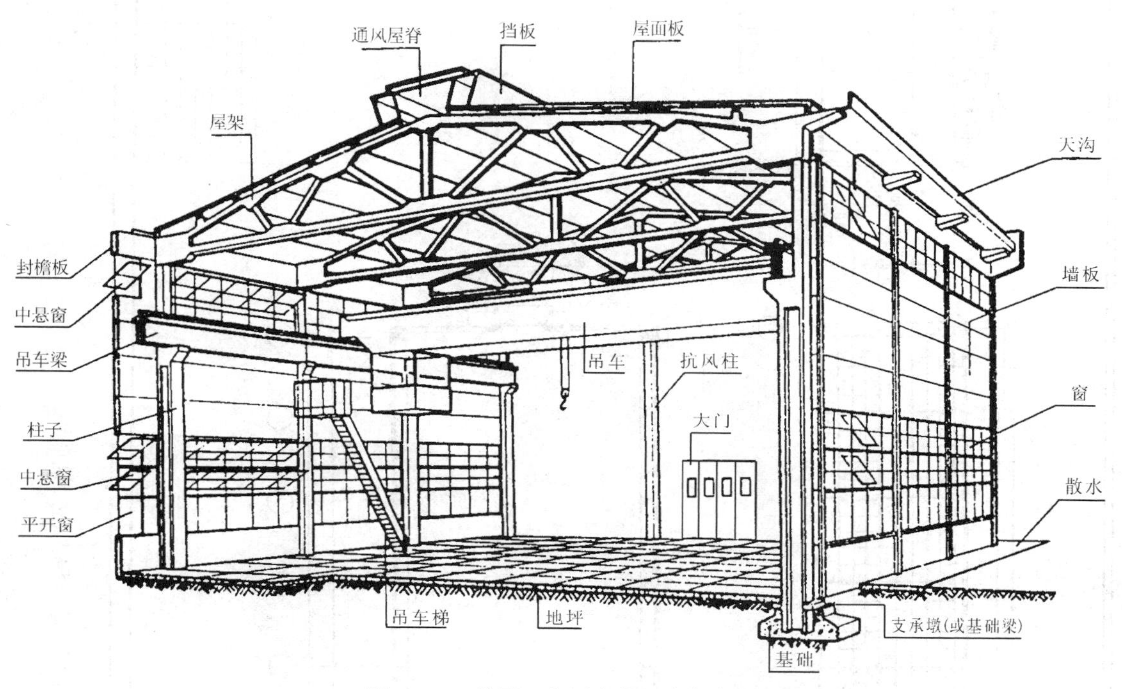

图4.25　单层工业厂房的组成与名称

工业厂房施工图的图示原理和读图方法与民用房屋施工图一样，只是由于生产工艺条件不同,对工业厂房的要求也不同,因此,在施工图上所反映的某些内容或图例符号有些不同。现以某地单层工业厂房建筑体系的一个车间为例(图4.25),说明厂房的各个组成部分。现将该车间的平面、立面及剖面图的内容与阅读方法简介如下。

(1)平面图

从标题栏可知,这是某公司的设备制造车间。车间的平面为一矩形,其横向轴线①～⑪共十个开间,柱子轴线之间的距离为6 000,但两端角柱与轴线有500的距离。纵向轴线Ⓐ、Ⓑ通过柱子外侧表面与墙的内沿。车间柱子是采用工字形断面的钢筋混凝土柱。车间内设有一台桥式吊车。吊车用图例[吊车图例]表示,注明吊车的起重量(Q = 5t)和轨距(L_k = 16.5m)。室内两侧的粗点划线,表示吊车轨道的位置,也是吊车梁的位置。上下吊车用的工作梯,设在②～③开间的Ⓐ轴墙内沿,其构造详图从J410图集中选用。车间四向各设大门一个,从图例看出,这是折式外开门,编号是M3030(M是门的代号,前“30”为门宽,后“30”为门高)。为了运输方便,门入口处设置坡道。室外四周设置散水。

(2)立面图

从图中可以看到条板墙块的划分、条窗位置及其规格编号。从勒脚至檐口有QA600、

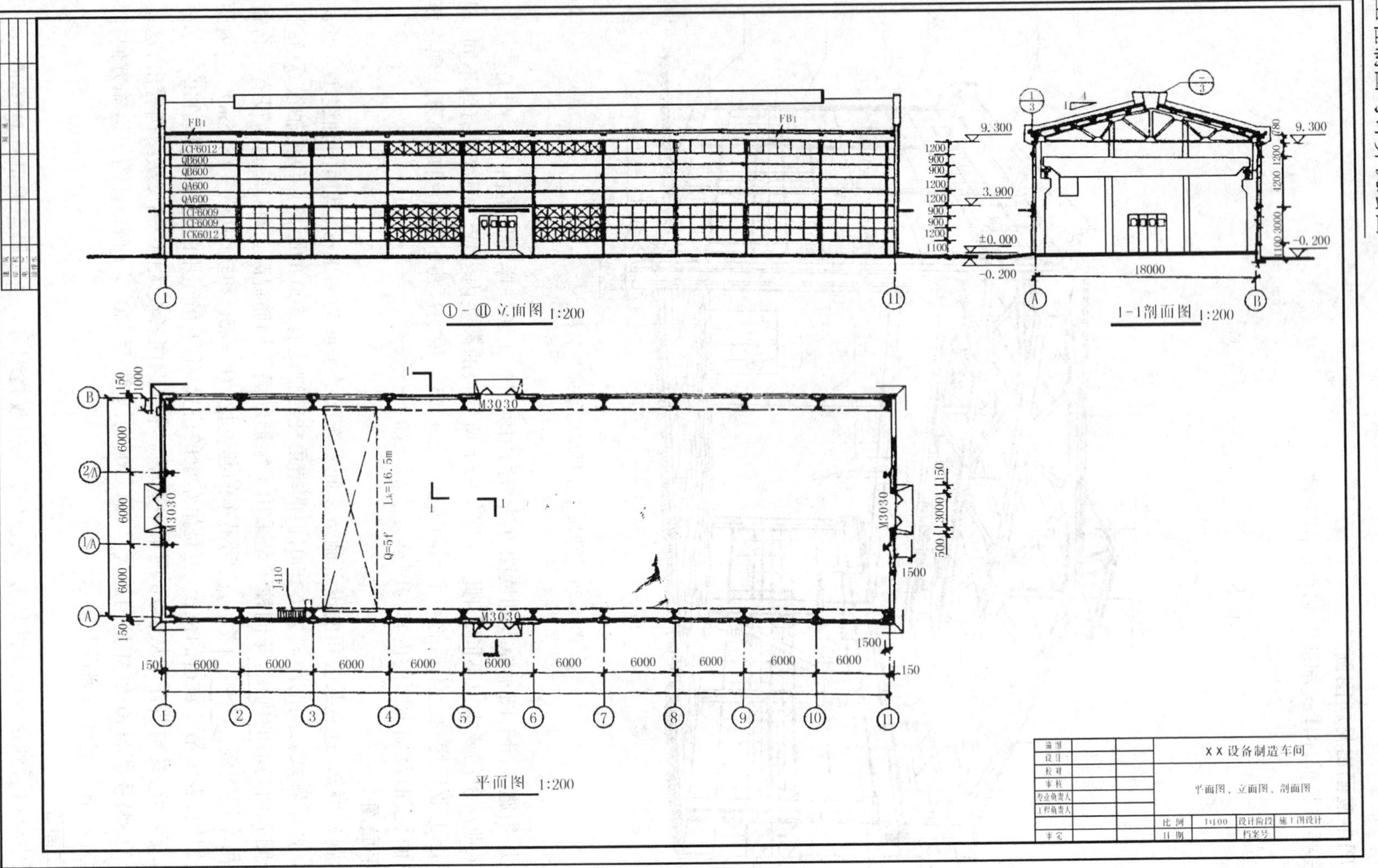

图 4.26 单层工业厂房平、立、剖面图

QB600 和 FB1 三种条板和 CF6009、CF6012 和 CK6012 三种条窗。屋面除两端开间外均设有通风屋脊。厂房墙面是由条板装配而成的，所以图上只标出上下两块条板（或条窗）的顶面与底面标高，中间注出条板和条窗的高度尺寸。

(3)1－1 **剖面图**

从平面图中的剖切位置线可知，1－1 剖面图为一阶梯剖面图。从图中可看到带牛腿柱子的侧面，T 形吊车梁搁置在柱子的牛腿上，桥式吊车则架设在吊车梁的轨道上（吊车用立面图例表示）。从图中还可看到屋架的形式、屋面板的布置、通风屋脊的形式和檐口天沟等情况。剖面图中的主要尺寸，有柱顶、轨顶、室内外地面标高和墙板、门窗各部位的高度尺寸等。

第5章 结构施工图

5.1 概　述

在房屋设计中，建筑设计完成后，即进入结构设计阶段。根据建筑设计各方面的要求及地质、地基资料，结构设计人员进行结构设计，包括结构选型，结构平面布置，各承重构件的力学计算，并在计算的基础上决定房屋各承重构件（柱、梁、板、墙及基础等）的材料、形状、大小和内部构造等，并将设计结果绘成图样，以指导施工，这种图样称为结构施工图，简称“结施”。图5.1所示为钢筋混凝土梁、板、柱体系结构示意图，图中说明了梁、板、柱、基础在房屋中的位置、作用及相互关系。

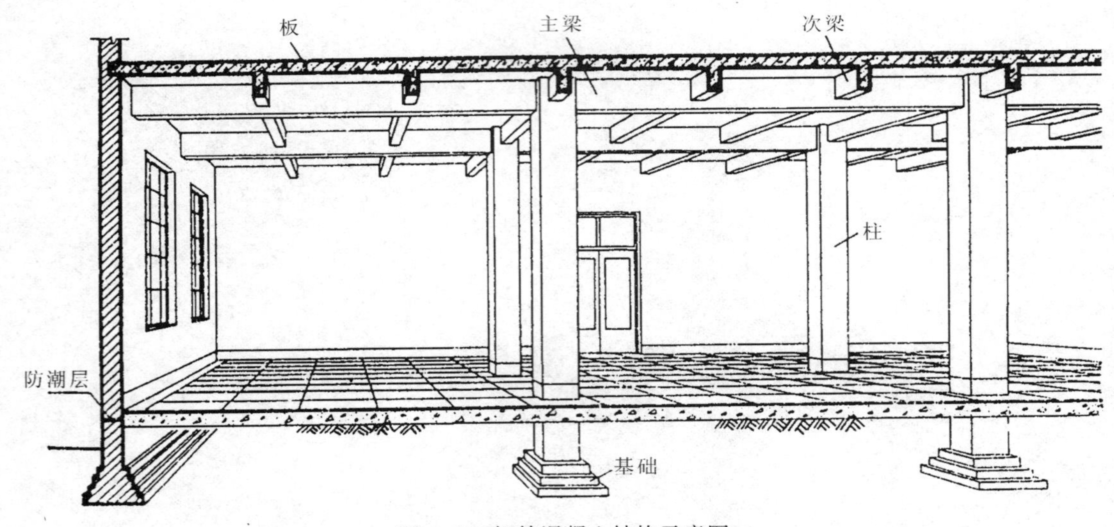

图5.1　钢筋混凝土结构示意图

5.1.1　结构施工图的内容

结构施工图包括下列内容：

1）结构设计说明，包括：选用结构材料的类型、规格、强度等级；地基情况（包括地基的耐压力）；施工注意事项；选用标准图集等（小型工程可将说明分别写在各图纸上）。

2）结构平面布置图，包括：

①基础平面图,工业建筑还有设备基础布置图。

②楼层结构平面布置图。工业建筑还包括柱网、吊车梁、柱间支撑、连系梁布置等。常用粗点画线表示上述各构件的位置,并用代号表示各构件的名称。常用构件名称的汉语拼音第一个字母大写表示各构件代号。“国标”规定如表5.1所示。

表5.1　常用构件代号(GBJ105－87)

名　称	代　号	名　称	代　号
板	B	屋　架	WJ
屋面板	WB	托　架	TJ
空心板	KB	天窗架	CJ
槽形板	CB	框　架	KJ
折　板	ZB	刚　架	GJ
密肋板	MB	支　架	ZJ
楼梯板	TB	柱	Z
盖板或沟盖板	GB	基　础	J
挡雨板或檐口板	YB	设备基础	SJ
吊车安全走道板	DB	桩	ZH
墙　板	QB	柱间支撑	ZC
天沟板	TGB	垂直支撑	CC
梁	L	水平支撑	SC
屋面梁	WL	梯	T
吊车梁	DL	雨　篷	YP
圈　梁	QL	阳　台	YT
过　梁	GL	梁　垫	LD
连系梁	LL	预埋件	M
基础梁	JL	天窗端壁	TD
楼梯梁	TL	钢筋网	W
檩　条	LT	钢筋骨架	G

预应力钢筋混凝土构件的代号,应在上列构件代号前加注“Y—”,例如Y－KB表示预应力钢筋混凝土空心板。

③屋面结构平面布置图,屋面板、工业建筑还包括天沟板、屋架、天窗架及屋面支撑系统布置等。

3)构件详图

①梁、板、柱及基础结构详图。若图幅允许,基础详图与基础平面图应布置在同一张图纸内,否则应画在与基础平面图连续编号的图纸上。

②楼梯结构详图。

③屋架结构详图。

④其他详图,如天沟、雨篷、过梁及工业建筑中的支撑详图等。

5.1.2　钢筋混凝土结构的基本知识和图示方法

混凝土由水泥、砂子、石子和水按一定比例浇捣而形成。凝固后坚硬如石。作为混凝土基本强度指标的立方强度，是指用边长为 150mm 的标准立方体试块在标准养护室（室内温度 20 ± 3℃，相对湿度不小于 90%）养护 28 天以后，用标准方法所测得的抗压强度，称为混凝土强度等级，例如 20N/mm² 的混凝土称为混凝土强度等级为 C20。规范规定的混凝土强度等级有：C7. 5、C10、C15、C20、C25、C30、C35、C40、C45、C50、C55、C60 共 12 个等级。混凝土受压性能好，但承受拉力的能力差，容易因受拉而断裂。如图 5. 2 所示为钢筋混凝土梁受力情况，梁受力弯曲变形时，上部受压，下部受拉。为了解决这一矛盾，充分发挥混凝土的抗受压能力，常在混凝土受拉区域内或相应部位加入一定数量的钢筋，使两种材料粘结成一个整体，共同承受外力。这种配有钢筋的混凝土，称为钢筋混凝土。未配钢筋的混凝土又称素混凝土。

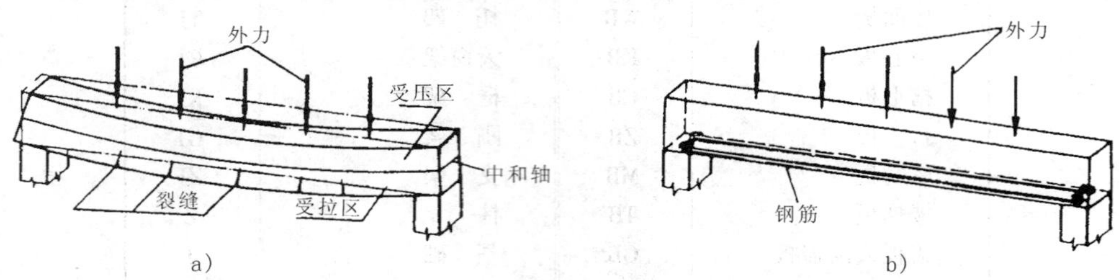

图 5. 2　钢筋混凝土梁受力示意图

用钢筋混凝土制成的梁、板、柱、基础等构件，称为钢筋混凝土构件。钢筋混凝土构件，有在所建房屋各构件所在位置直接浇制的，称为现浇钢筋混凝土构件。也有的在工厂或工地现场把构件预先制作好，然后运输吊装的，这种构件称为预制钢筋混凝土构件。此外，有的构件，在它承受外力之前，对混凝土的特定部位，人为地预加一定的预应力，以提高构件的强度和抗裂性能，称为预应力钢筋混凝土构件。

(1)钢筋的分类和作用

钢筋有光面圆钢筋（直径符号为 Φ）和变形钢筋（直径符号为 Φ、Φ、Φ 等）（表 5. 2 和图 5. 3）。

表 5. 2　钢筋的种类与代号

钢筋种类	代号	钢筋种类	代号
Ⅰ级钢筋(即 3 号光圆钢筋)	Φ	冷拉Ⅰ级钢筋	$Φ^t$
Ⅱ级钢筋(如 16 锰人字纹筋)	Φ	冷拉Ⅱ级钢筋	$Φ^t$
Ⅲ级钢筋(如 25 锰硅人字纹筋)	Φ	冷拉Ⅲ级钢筋	$Φ^t$
Ⅳ级钢筋(圆或螺纹筋)	Φ	冷拉Ⅳ级钢筋	$Φ^t$
Ⅴ级钢筋(螺纹筋)	$Φ_0^t$	附　冷拔低碳钢丝	$Φ^b$

钢筋按其作用分下列几种(图 5. 4a、b)：

①受力筋——主要承受拉应力，用于梁、板、柱等各种钢筋混凝土构件。钢筋根数根据受力大小由计算决定。受力筋还分为直筋和弯筋两种。

②钢箍(箍筋)——承受一部分斜拉应力，并固定受力筋的位置，多用于梁和柱内。

③架立筋——用以固定梁内箍筋的位置，位于梁的上部构成梁内的钢筋骨架。

④分布筋——用于屋面板、楼板等板内。与板的受力筋垂直布置，固定受力筋的位置，将承受的重量均匀地传给受力筋(图 5. 4b)，并承担垂直于板跨方向的收缩及温度应力。

⑤其他——因构件构造要求或施工安装需要而配置的构造筋,如腰筋、预埋锚固筋、吊环等。

如果受力筋用光圆钢筋,则两端要做弯钩,以加强钢筋和混凝土的粘结力,避免钢筋在受拉时滑动。带纹钢筋与混凝土的粘结力强,两端不必做弯钩。钢筋端部的弯钩常用三种形式(图5.5a):带有平直部分的半圆弯钩、直弯钩和斜弯钩。

常用的钢箍弯钩形式如图5.5b)所示。

在钢筋混凝土结构设计规范(以下简称"规范")中,对建筑用钢筋,按其产品种类等级不同,分别给予不同代号,以便标注及识别,如表5.2所示。

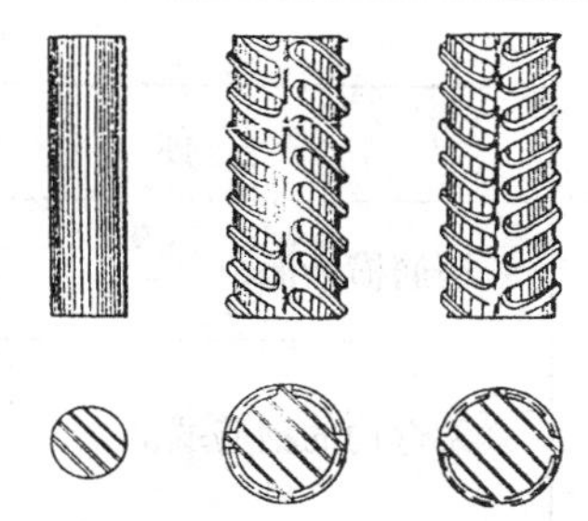

图5.3 钢筋形状

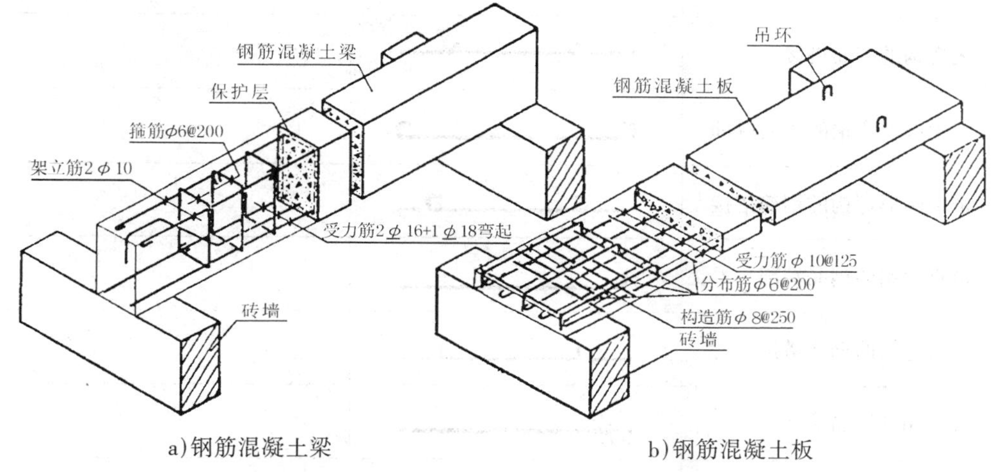

a)钢筋混凝土梁　　b)钢筋混凝土板

图5.4 钢筋混凝土梁、板配筋示意图

钢筋接长时可用绑扎搭接或焊接,宜优先采用焊接接头,受力钢筋的接头位置应互相错开,搭接长度一般取$30d$且不小于500mm。

为了保护钢筋、防腐蚀、防火以及加强钢筋与混凝土的粘结力,在构件中的钢筋外面要留有保护层。根据"规范"规定,梁、柱的保护层最小厚度为25mm,板和墙的保护层厚度为10~15mm。梁内受力筋净间距不应小于钢筋直径,且不得小于25mm。

(2)**钢筋的一般表示法**

在结构图中,通常用单根的粗实线表示钢筋的立面,用黑圆点表示钢筋的横断面,现将常见的具体表示方法列于表5.3。

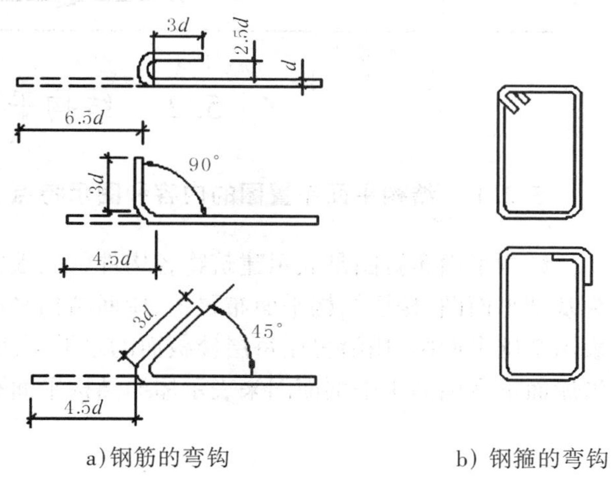

a)钢筋的弯钩　　b)钢箍的弯钩

图5.5 钢筋和钢箍的弯钩

表 5.3 钢筋表示图例

名　　称	图　　例	说　　明
钢筋横断面		
无弯钩的钢筋端部		下图表示长短钢筋投影重叠时，可在短钢筋的端部用45°短画线表示
预应力钢筋横断面		
预应力钢筋或钢铰线		用粗双点画线
无弯钩的钢筋搭接		
带半圆形弯钢的钢筋端部		
带半圆形弯钩的钢筋搭接		
带直弯钩的钢筋端部		
带直弯钩的钢筋搭接		
带丝扣的钢筋端部		
接触对焊(闪光焊)的钢筋接头		
单面焊接的钢筋接头		
双面焊接的钢筋接头		

5.2 结构平面布置图

5.2.1 结构平面布置图的内容和图示特点

结构平面布置图是表示建筑物各构件(梁、板、柱等)平面布置(即平面位置)的图样。可分为基础平面图、楼层结构平面布置图、屋面结构平面布置图。用沿房屋防潮层的水平剖面图来表示基础平面图；用沿房屋每层楼板面的水平剖面图来表达相应各层楼层结构平面布置图；用沿屋面承重层的水平剖面图来表示屋面结构平面布置图。

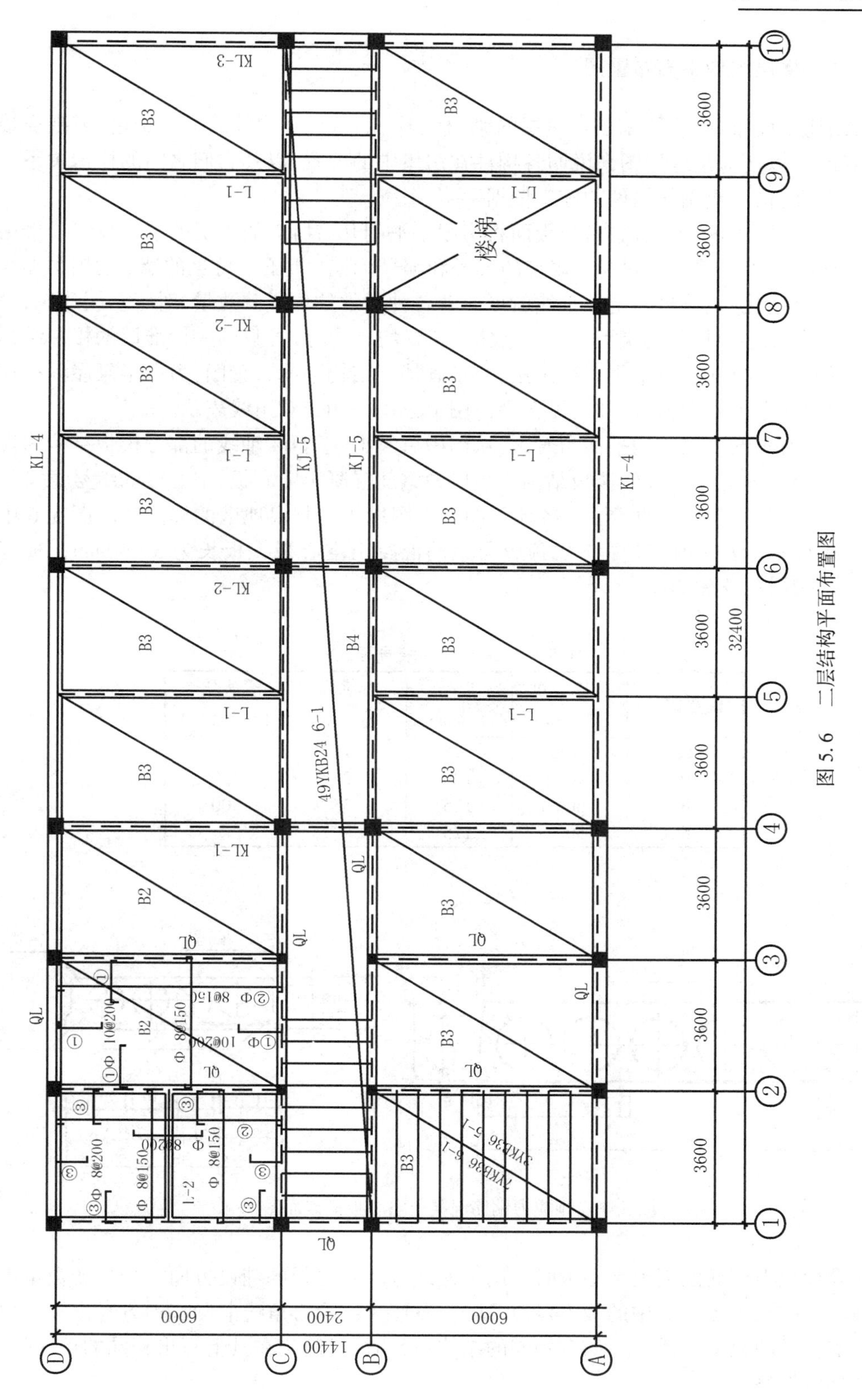

图 5.6　二层结构平面布置图

5.2.2　楼层结构平面布置图

楼层结构平面布置图,用来表示每层的梁、板、柱、墙等承重构件的平面布置,或现浇楼板的构造与配筋,以便清楚地用图来说明各构件在房屋中的位置,以及它们之间的构造关系。这种图是现场安装构件或制作构件的施工依据。

楼层结构平面布置图是假想沿楼板面将房屋水平剖开后所作的楼层的水平投影。楼层上各种梁、板构件在图上都用"国标"规定的代号和编号标记, 板下不可见的墙、梁用中虚线表示。只要查看这些代号、编号和定位轴线就可了解各种构件的位置和数量。对于多层建筑,一般应分层绘制,但如各层构件的类型、大小、数量、布置均相同时,可只画一标准层的楼层结构平面布置图。如平面对称时,可采用对称画法,一半画楼层结构平面布置图,另一半画屋面结构布置图。楼梯间或电梯间因另有详图,可在平面图上只用一相交对角线表示。

如图 5.6 所示的二层结构平面布置图,从图中可看出,①至③轴线的部分楼板结构为现浇钢筋混凝土楼板,③至⑩轴线的楼板结构为预应力钢筋混凝土空心板,空心板的编号意义如图 5.6 和表 5.4 所示: 空心板的标注, 各地不同, 本图所用为甘肃地区的标注法。图 5.6 中的 7YKB36 6—1 所表示的内容是: 7 块预应力钢筋混凝土空心板, 板长为 3 600mm, 板宽为 600mm,能承受活荷载为 200kg/m²。

表 5.4　空心板的编号意义

板宽代号	标志宽度 B/mm	板高 H/mm	活荷载类型	活荷载 /(kg·m⁻²)
12	1200	125	1	200
9	900	125	2	250
6	600	125	3	300
5	500	125		

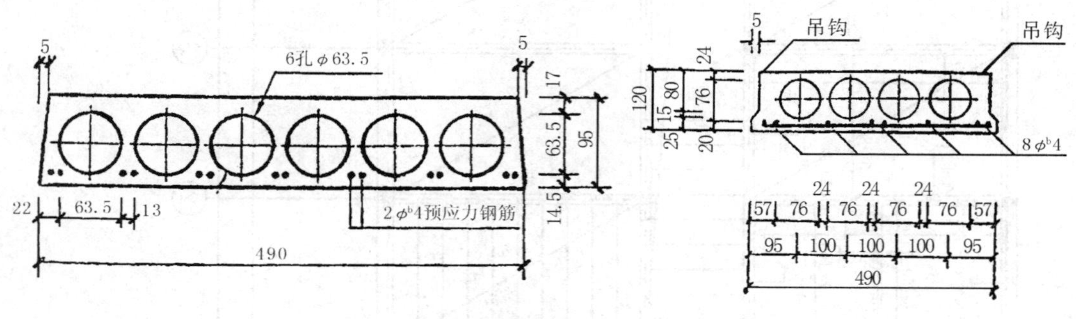

图 5.7　预应力钢筋混凝土空心板横截面图

当铺设预应力钢筋混凝土空心板时, 用细实线分块画出板的铺设方向, 如板的数量太多时,可只画出部分(如图 5.6 中的板 B4),并画上一对角线,沿对角线上(或下)方写出预应力钢筋混凝土空心板的数量、代号等。如有相同的结构单元时,可简化在其上写出相同的单元编号,其余内容都可省略。

如图5.6所示的现浇钢筋混凝土板中，画出了钢筋的平面布置、形状及编号，一共有3种受力筋，每一种都标注出其编号。例如编号为①的钢筋是直径为10mm的I级钢筋，每条钢筋之间的中心距为200mm。

配筋相同的现浇板，也只需将其中一块板的配筋画出，其余可在该板范围内画一对角线，注明相同板的代号，如图5.6中的板B2。

楼层结构平面布置图一般采用1∶100的比例绘制，较简单的楼层结构图可用1∶200。楼层结构平面布置图的绘制步骤基本上与建筑平面图相同。用中实线表示剖到或可见的构件轮廓线，用中虚线表示未可见构件的轮廓线，用粗点画线表示梁的中心位置，门窗洞一般可不画出。

结构平面图中应标注与建筑平面图相一致的轴线间尺寸及总尺寸。

5.2.3　单层工业厂房结构平面布置图

图5.8所示为某单层工业厂房的结构平面布置图。由于这一厂房的结构布置是左右对称的，因此图的左半部表示屋面结构布置，右半部表示柱、柱间支撑、吊车梁和屋架的平面布置。图中工字形截面的柱子分为边柱BZ和抗风柱FZ两种。粗点划线表示预应力屋架Y—WJ，虚线表示上下柱间支撑ZC—1、ZC—2，柱与柱之间的粗实线表示吊车梁DL。预应力屋面板Y—WB和天沟TG都分块画出。

5.3　钢筋混凝土构件详图

5.3.1　钢筋混凝土构件详图的内容和图示特点

(1)内容

钢筋混凝土构件详图，一般包括有模板图、配筋图、预埋件详图及钢筋表（或材料用量表）。模板图只用于较复杂的构件，以便于模板的制作和安装。配筋图包括有立面图、断面图和钢筋详图。它们主要表示构件内部的钢筋配置、钢筋形状、直径大小、数量和规格，是构件详图的主要图样。

(2)图示特点

一般情况主要绘制配筋图，对较复杂的构件才画出模板图和预埋件详图。在配筋图中，用细实线表示构件的轮廓线，用粗实线、黑圆点表示钢筋。

配筋图中的立面图，是假想混凝土构件是一透明体而画出的一个纵向正投影图。它能表明钢筋的立面形状及其上下排列的位置，图中箍筋只反映出其侧面(一条线)，当它的类型、直径、间距均相同时，可只画出其中一部分。

配筋图中的断面图，是构件的横向剖切投影图，它能表示出钢筋的上下和前后的排列、箍筋的形状及与其他钢筋的连接关系。一般在构件断面形状或钢筋数量和位置有变化之处，都需画一断面图(但不宜在斜筋段内截取断面)。通常位于支座、跨中应作一剖切，并在立面图上画出剖切位置线。立面图和断面图都应注出相一致的钢筋编号、直径、数量、间距等，此外还应留出规定的保护层厚度。

当梁的跨度大又左右对称时，可在立面图的对称位置上，画上对称符号(图5.10)，这时立面图上构件只画比一半稍大，尺寸则应标注全长。

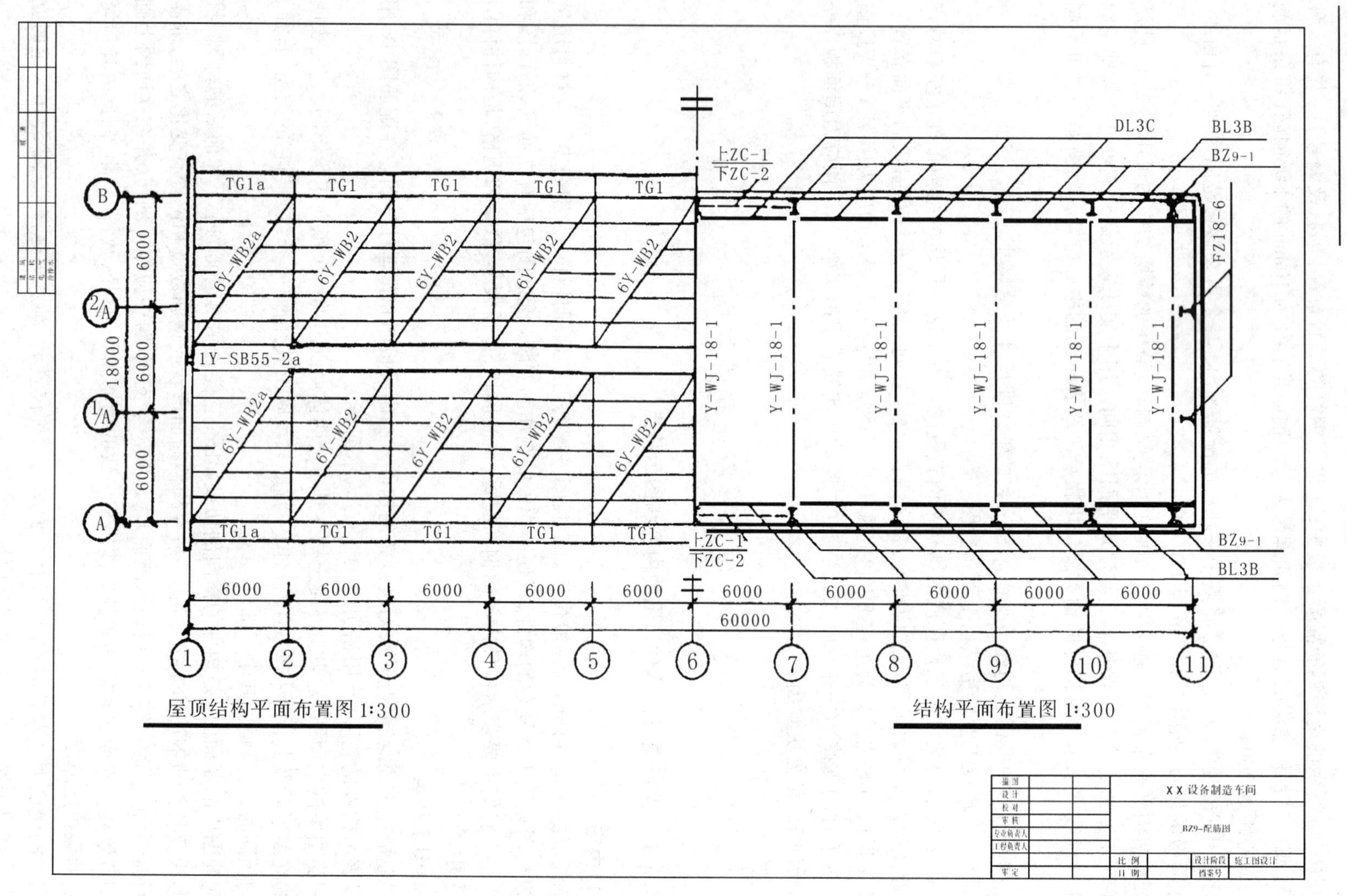

图 5.8 结构布置图、层面结构布置图

5.3.2　钢筋混凝土梁的结构详图

钢筋混凝土梁的结构详图包括钢筋混凝土梁的立面图、断面图、钢筋详图和钢筋表。读图时先看图名，再看立面图和断面图，后看钢筋详图和钢筋表。从图5.9的图名得知构件名称是次梁L—1，对照前面结构平面布置图，可了解梁L—1在房屋中的部位，再看L—1梁的立面图和断面图。立面图的比例为1∶30。立面图表示了梁的立面轮廓、长度尺寸为6 375mm，高度尺寸为500mm，结合断面图可知：架立筋为2根直径为12mm的Ⅰ级光圆钢筋即编号为① 2Φ12，梁下部的受力筋是4根通长的二级钢筋，直径为22mm，即② 4Φ 22。箍筋是直径为8mm的Ⅰ级钢筋，间距为200mm即③ Φ 8@200，箍筋距支座500mm处间距为100mm。梁L—1中梁的配筋较简单。

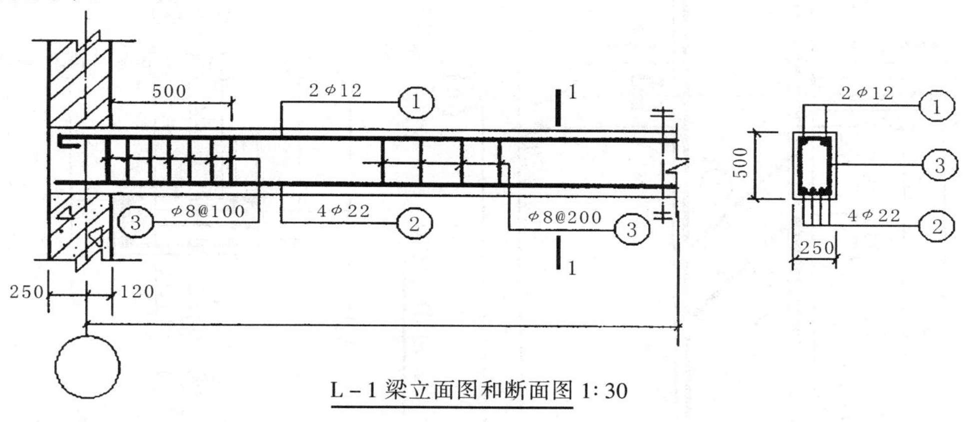

图5.9　L—1梁结构详图

图5.10所示，从图名可知此图为钢筋混凝土框架梁配筋图，立面图的比例为1∶30，梁高650mm，梁宽250mm，再看立面图对照断面图可知：架立钢筋是2根直径为12mm的Ⅰ级钢筋，编号为⑥，受力筋中的直筋介入支座为2根直径为25mm的Ⅱ级钢筋（16锰钢人字纹筋），编号为①，受力筋中的弯筋是直径为25mm的Ⅱ级钢筋，一根编号为②，一根编号为③，弯起钢筋②、③距支座外边50mm和650mm处弯起。弯起钢筋与梁的纵向轴线夹角当梁高小于800mm时为45°，当梁高大于800mm时为60°，较低并有集中荷载时为30°（常用于板）。

图中弯起钢筋与梁的纵向轴线夹角为45°，编号为④的钢筋是直径为20mm的Ⅱ级钢筋，两端不作弯钩，④号钢筋主要是因为Ⓑ支座处梁上部受拉而加的受力钢筋，从距Ⓑ柱左2 340mm处加上。编号为⑤的钢筋是直径为20mm的Ⅱ级钢筋，作用与④相同，从距Ⓑ柱左边1 560mm处加上，④、⑤号钢筋还起了架立筋的作用。⑦号钢筋为受力钢筋即2根直径为20mm的Ⅱ级钢筋。⑧、⑨号钢筋是中跨的弯起筋，⑩号钢筋是箍筋，在立面图中箍筋没有全部绘出，在2—2剖切线附近只绘出5根，直径为8mm的Ⅰ级钢筋、间距为200mm，框架梁是一根三跨连续梁，支承在钢筋混凝土柱子上（柱子为正方形断面400mm×400mm），由于连续梁左右对称，详图中立面只画了比一半略多，另一半省略，并用对称符号表示。

立面图中，假设混凝土是透明的，这样立面图能看到内部钢筋，但对其后面的板又假设是

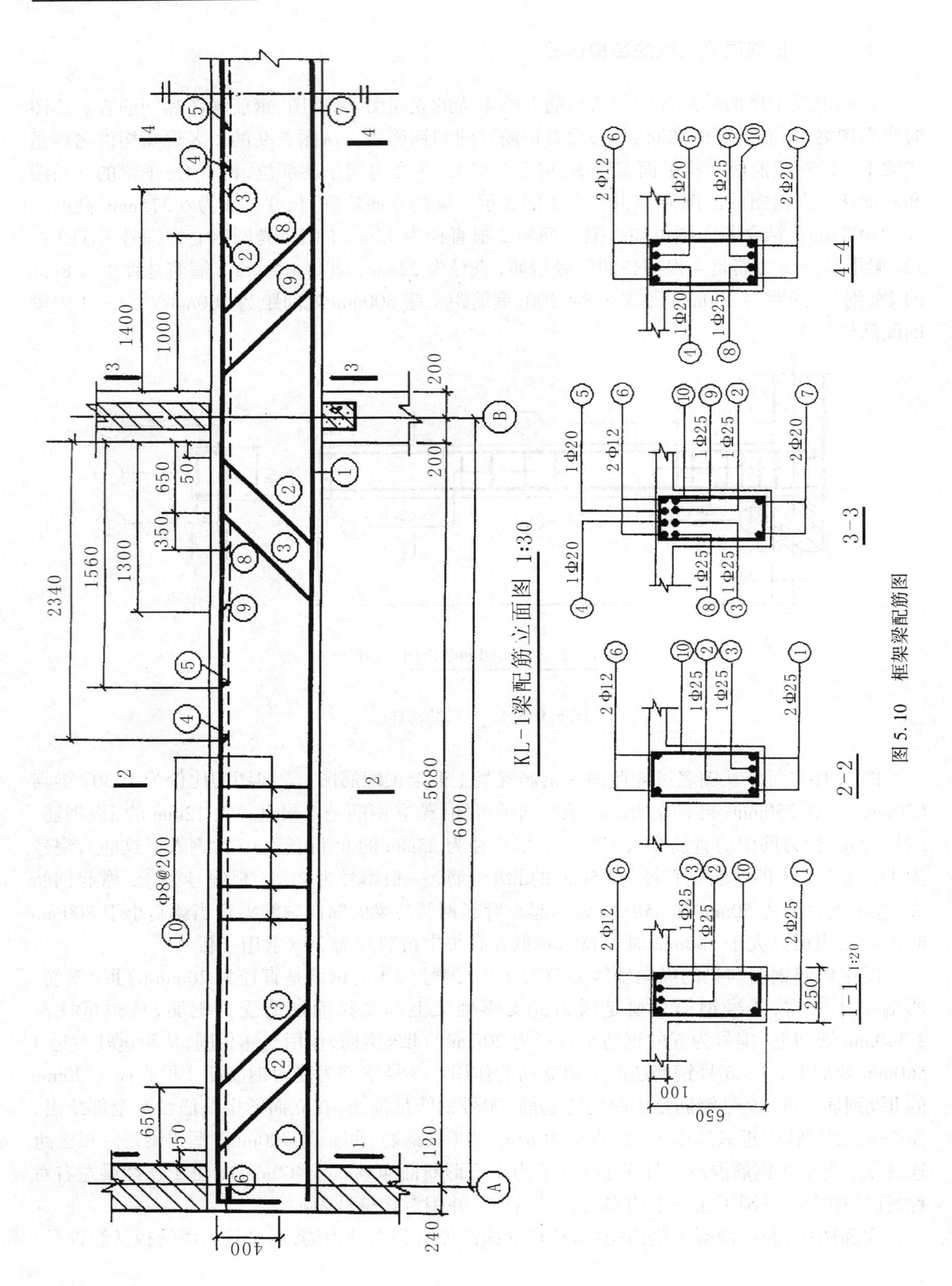
KL-1梁配筋立面图 1:30
Φ8@200
1400
1000
2340
1560
1300
650
350
50
200
5680
6000
120
240
400
1-1 1:20
2-2
3-3
4-4
2Φ12
2Φ25
1Φ25
1Φ20
2Φ20
250
100
650

图 5.10 框架梁配筋图

看不见的，所以在立面图上用虚线表示板厚（100mm）。

5.3.3　钢筋混凝土柱的结构详图

钢筋混凝土柱结构详图的图示方法，基本上和梁的相同，但对于工业厂房的钢筋混凝土柱等复杂的构件，除画出其配筋图外，还要画出其模板图和预埋件详图。

1）模板图（图 5—12）

主要表示柱的外形、尺寸、标高和预埋件的位置等，作为制作、安装模板和预埋件的依据。该柱分为上柱和下柱两部分，上柱支承屋架，上下柱之间突出的牛腿，用来支承吊车梁。与断面图对照，可以看出上柱是方形实心柱，其断面尺寸为 400×400。下柱是工字形柱，其断面尺寸为 400×600。牛腿的 2—2 断面处的尺寸为 400×950，柱总高为 10550。柱顶标高为 9.300，牛腿面标高为 6.000，柱顶处的 M—1 表示 1 号预埋件，它准备与屋架焊接。牛腿顶面处的 M—2 和在上柱离牛腿面 830 处的 M—3 的预埋件，将与吊车梁焊接。

2）配筋图

包括立面图、断面图和配筋详图。根据立面图、断面图和钢筋表可以看出，上柱的① 筋是 4 根直径为φ 22mm 的Ⅰ级钢筋，分放在柱的四角，从柱顶一直伸入牛腿内 800mm。下柱的③筋是 4 根直径为φ 18mm 的Ⅰ级钢筋，也是放在柱的四角。下柱左、右两侧中间各安放 2 根φ16 的④筋。下柱中间配的是⑥筋 2φ10。③、④和⑥都从柱底一直伸到牛腿顶部。柱左边的①和③筋在牛腿处搭接成一整体。牛腿处配置⑪和⑫弯筋，都是 4φ12，其弯曲形状与各段长度尺寸详见⑪、⑫筋详图。牛腿的钢筋布置参看图 5.11 立体图。2—2 断面图画出了①、③、④、⑥、⑪、⑫等钢筋的排列情况。

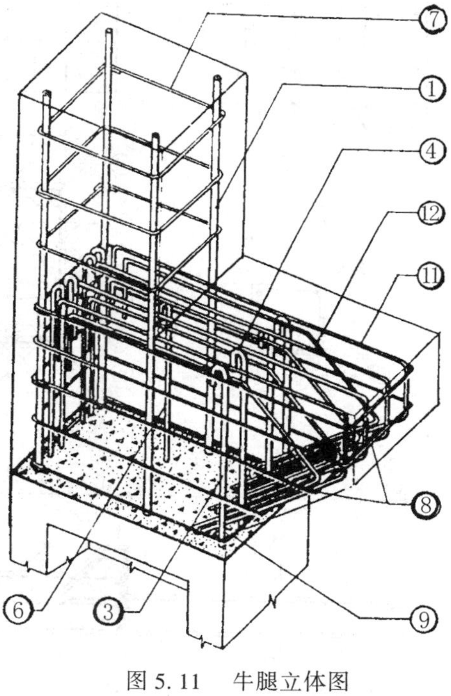

图 5.11　牛腿立体图

3）预埋件详图

M—1、M—2 及 M—3 详图分别表示预埋钢板的形状和尺寸，柱的配筋立面图一般用 1∶50 ～ 1∶20 的比例作出，断面图用 1∶20、1∶10 作出。配筋图的线型与梁的一样。

5.3.4　钢筋混凝土板结构详图

在钢筋混凝土板结构详图中，应注明钢筋规格、直径、数量及分布情况，注写板长、板厚和板底结构标高等尺寸。当现浇钢筋混凝土板的配筋比较简单时，也可以把板内受力筋直接画在结构平面图上，如图 5.13、5.14、5.15 所示。在结构平面图中，一般不画出板内分布筋，可用文字加以说明。

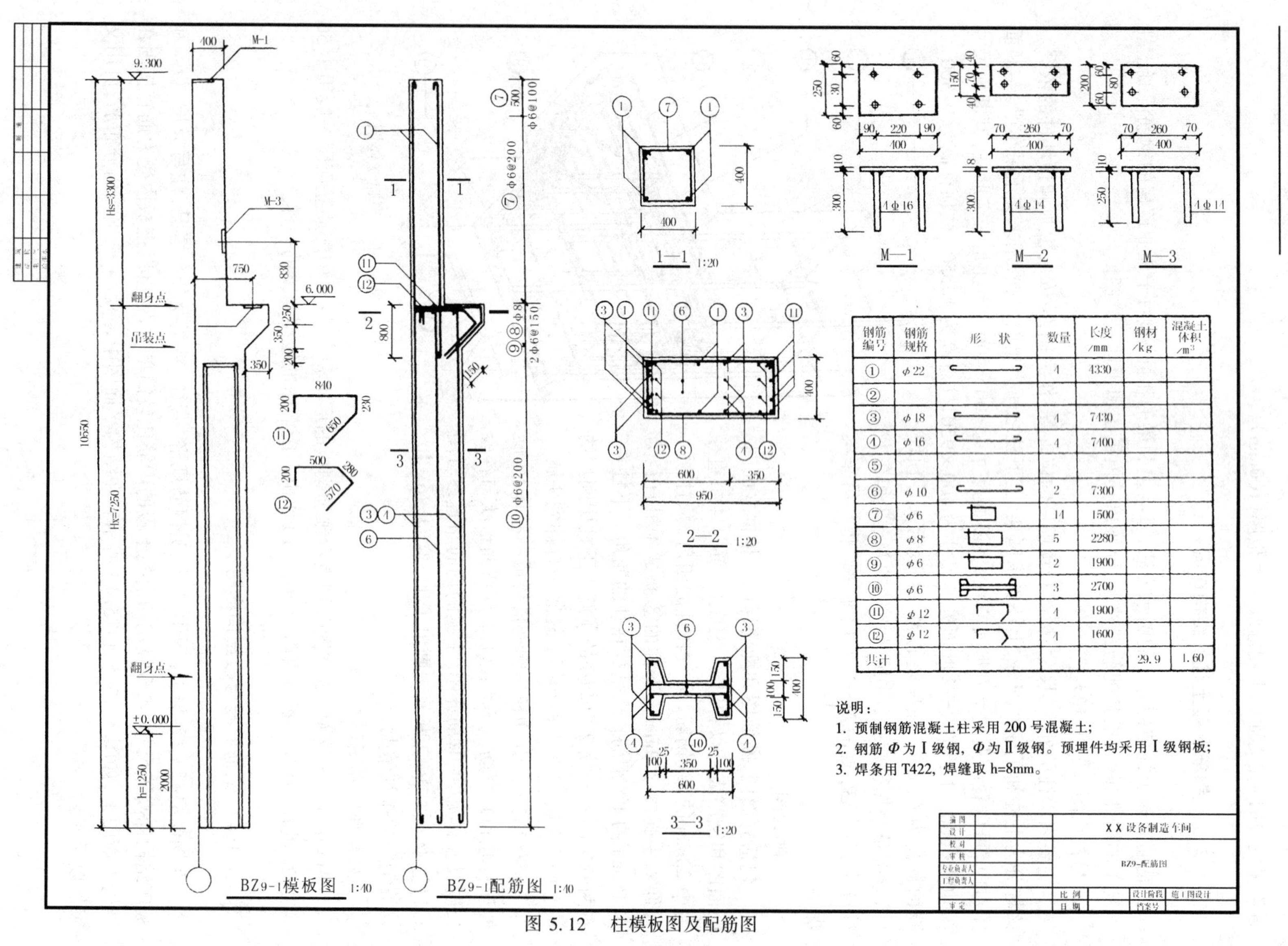

钢筋编号	钢筋规格	形状	数量	长度 /mm	钢材 /kg	混凝土体积 /m³
①	φ22		4	4330		
②						
③	φ18		4	7430		
④	φ16		4	7400		
⑤						
⑥	φ10		2	7300		
⑦	φ6		14	1500		
⑧	φ8		5	2280		
⑨	φ6		2	1900		
⑩	φ6		3	2700		
⑪	φ12		4	1900		
⑫	φ12		4	1600		
共计					29.9	1.60

图 5.12 柱模板图及配筋图

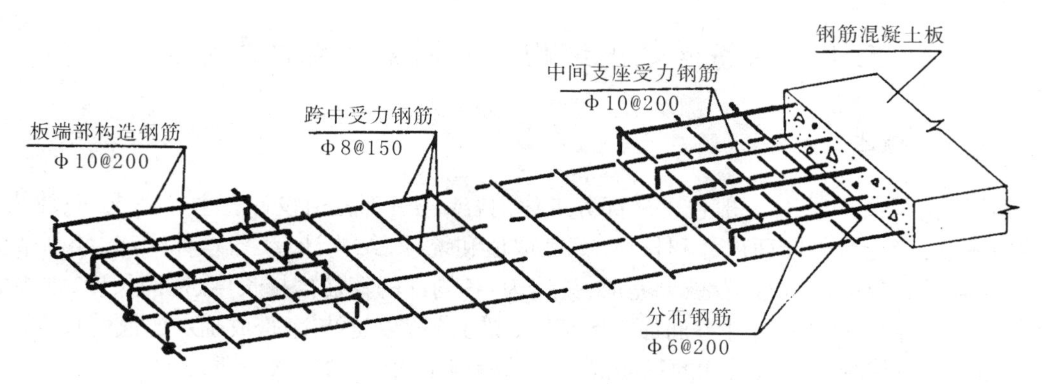

图 5.13　钢筋混凝土板配筋示意图

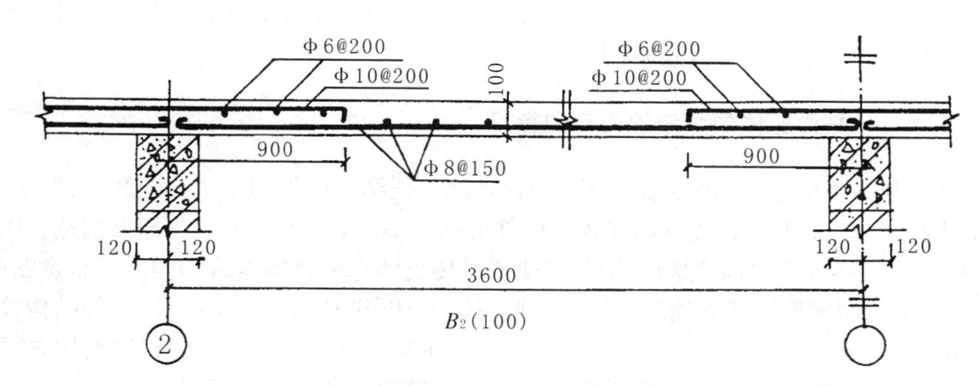

图 5.14　钢筋混凝土板结构详图

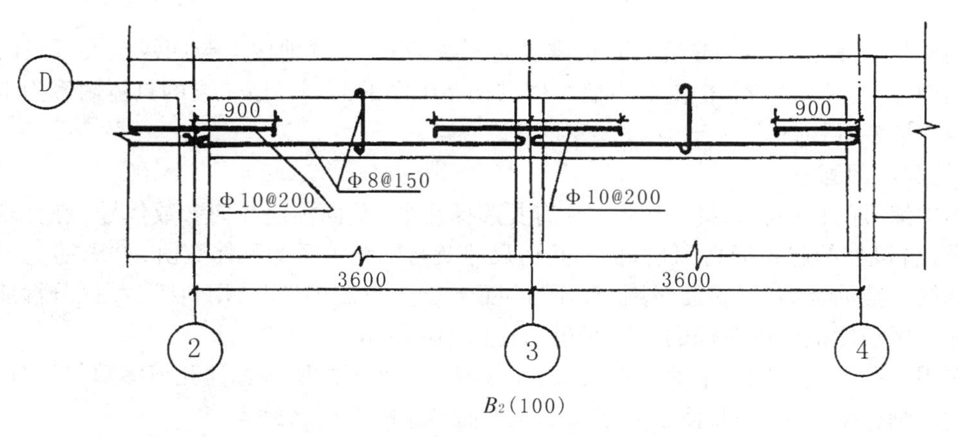

图 5.15　钢筋混凝土板配筋简单表示法

5.4 钢筋混凝土结构施工图平面整体表示法

5.4.1 概述

钢筋混凝土结构设计一般包含两部分工作内容：第一部分由设计者主导完成，具体为：选定结构体系，确定构件断面尺寸和材料，荷载取值和统计，结构计算，对构件配筋，绘制结构施工图，等等。第二部分由设计者被导完成，具体为：各构件的钢筋搭接长度、锚固长度，常规的构造详图，抗震结构的梁柱构件箍筋加密区范围，梁上部受力筋与净跨成确定比值的长度值，等等。因此，在用传统表示法设计的钢筋混凝土结构施工图中，含有大量重复的工作内容。

建筑结构施工图平面整体设计方法产生于1991年，亦简称“平法”。利用“平法”进行结构施工图设计，是对我国传统的钢筋混凝土结构施工图设计表示方法的重大改革。为保证各地按“平法”绘制的施工图标准统一，确保设计、施工质量和设计图纸在全国范围内流通使用，于1996年11月28日，建设部把《混凝土结构施工图平面整体表示方法制图规则和构造详图》标准图集批准为国家建筑标准设计图集。

5.4.2 平面整体表示法的内容和特点

选择与施工顺序完全一致的结构平面布置图，把结构构件的尺寸和配筋等，按照平面整体表示法制图规则，整体直接表达在各类构件的结构平面布置图上，再与标准构造详图相配合，即构成一套新型完整的结构施工图。它改变了传统的那种将构件从结构平面布置图中索引出来，再逐个绘制配筋详图的繁琐方法。因此，按“平法”进行结构施工图设计，使结构设计方便，表达准确、全面、数值惟一，易随机修正，提高设计效率；使施工看图、记忆和查找方便，表达顺序与建筑施工顺序一致，有利于施工、监理人员准确理解和施工质量检查。

5.4.3 平面整体表示法中各构件的画法

平面整体表示法适用于非抗震和抗震设防烈度为6～9度地区一至四级抗震等级的现浇混凝土框架、剪力墙、框剪和框支剪力墙主体结构施工图的绘制。所包含的具体内容为常用的柱、梁、剪力墙三种构件。

(1)柱配筋图画法

在不同编号的柱中各选择一个（有时需要选择几个）截面标注几何参数代号，在柱表中注写柱编号，各段柱的起止标高，柱截面的几何尺寸及与轴线关系的具体数值，柱纵筋（分角筋、截面中部筋），箍筋类型号，箍筋级别、直径与间距。当为抗震设计时，用斜线“/”区分箍筋加密区与非加密区长度范围内箍筋的不同间距，如图5.16所示。

当在用一种比例绘制柱平面布置图，因柱截面太小而不能明确标注几何参数代号时，可采用双比例法画柱平面布置图，使各柱截面在柱平面布置图上适当放大。

截面注写方式：在分标准层绘制的柱平面布置图上，分别在不同编号的柱中各选择一个截面，按另外一种比例放大绘制该柱截面配筋图，再注写截面尺寸和配筋具体数值。

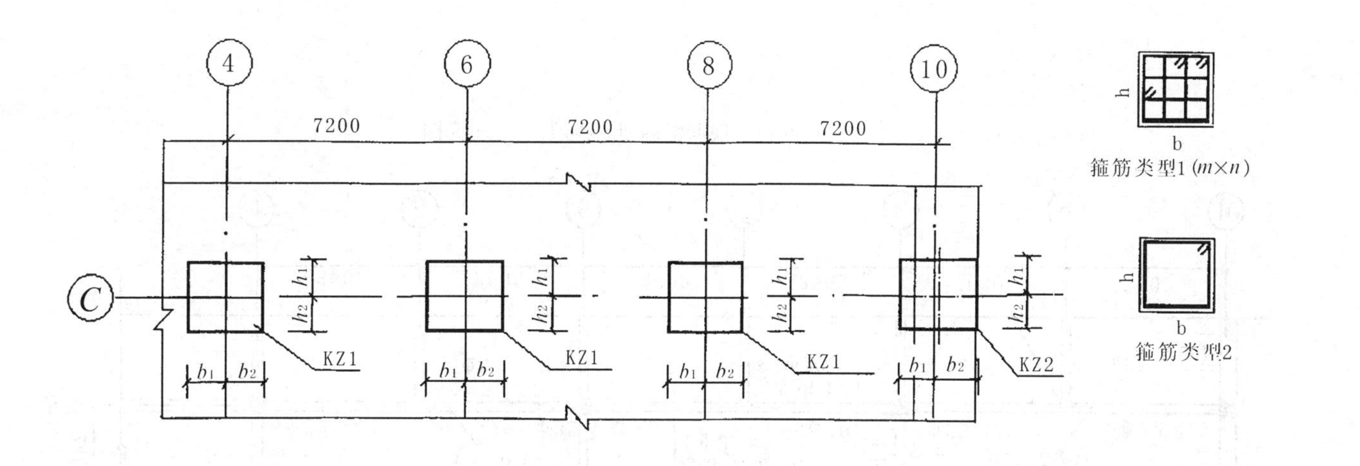

柱号	标高	$b \times h$	b_1	b_2	h_1	h_2	角筋	b 边一侧中部筋	h 边一侧中部筋	箍筋类型号	箍筋	备注
KZ1	-0.70—5.08	400×400	200	200	200	200	4 Φ 22	4 Φ 22	4 Φ 22	1(4×4)	Φ10Φ100/200	标高8.38以下全长加密
	5.08—11.68	400×400	200	200	200	200	4 Φ 22	4 Φ 22	4 Φ 22	1(4×4)	Φ10Φ100/200	
KZ2	-0.7—5.08	400×400	200	250	225	225	4 Φ 25	4 Φ 25	4 Φ 25	1(4×4)	Φ10Φ100/200	
	5.08—11.68	400×400	200	250	225	225	4 Φ 25	4 Φ 25	4 Φ 25	1(4×4)	Φ10Φ100/200	

图5.16 柱平面整体筋图(局部)

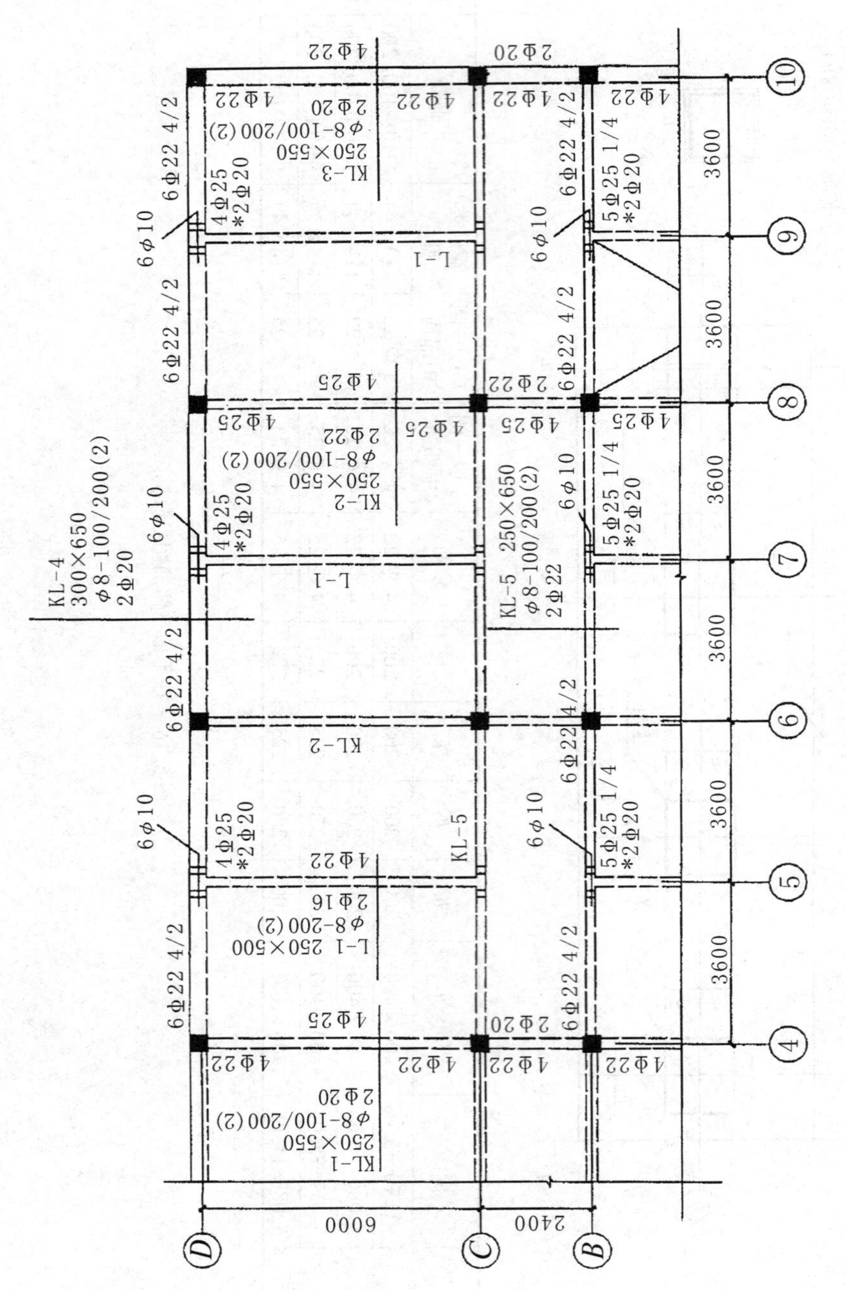

图5.17 二层梁平面整体配筋图(局部)

(2)梁配筋图画法

①平面注写方式：用适当比例绘制一张梁平面布置图，再对梁进行编号，然后分别在不同编号的梁中各选择一根梁，在其上直接注写梁编号、梁截面几何尺寸和配筋具体数值。

平面注写包括集中标注与原位标注，集中标注表达梁的通用数值，原位标注表达梁的特殊数值。集中标注的具体内容为：梁编号，梁截面尺寸，梁箍筋(包括钢筋级别、直径、加密区与非加密区间距及肢数)，梁上部贯通筋或架立筋，梁顶面标高高差。原位标法的具体内容为：梁支座上部纵筋(含贯通筋)，梁下部纵筋，侧面纵向构造钢筋或侧面抗扭纵筋，附加箍筋或吊筋，如图5.17所示。当梁上部或下部纵筋多于一排时，用斜线“/”将各排纵筋自上而下分开，如KL—4中的6ф22 4/2表示上一排纵筋为4ф22，下一排为2ф22；当同排纵筋有两种直径时，用“+”号相连；梁侧面抗扭筋值前加“*”标志，如KL—4中的*2ф20则表示该跨梁两侧各有1ф20的抗扭纵筋。梁箍筋加密区与非加密区的不同间距及肢数需用斜线“/”分隔，例如：ф—100/200(2)表示箍筋ф8加密区间距为100，非加密区间距为200，均为两肢箍。

②截面注写方式：在梁平面布置图上，分别在不同编号的梁中各选择一根梁，在用剖面号引出的截面配筋图上注写截面尺寸与配筋具体数值。当表述异形截面梁的尺寸与配筋时，用截面注写方式相对比较方便。

(3)剪力墙配筋图画法

剪力墙平面整体配筋图系在剪力墙平面布置图上，采用列表注写方式表达，分别在剪力墙柱表、剪力墙身表和剪力墙梁表中，对应于剪力墙平面布置图上的编号，绘制其截面配筋图，再注写截面尺寸与配筋具体数值。

5.5　基础图

基础是建筑物与土层直接接触的部分，是承受建筑物的全部荷载的构件，并把荷载传给地基，是建筑物的一个重要组成部分。地基是基础底下天然的或经过加固处理的土层，承受着由基础传来的整个建筑物的重量。基坑是为基础施工而在地面开挖的土坑，坑底就是基础的底面。基坑边线就是施工时测量放线的灰线。从室外地面到基础底面的深度称为基础的埋置深度(图5.19)。

常见的基础形式有条形基础和单独基础(图5.18)。单独基础又称独立基础，一般用于工业厂房和公共建筑。

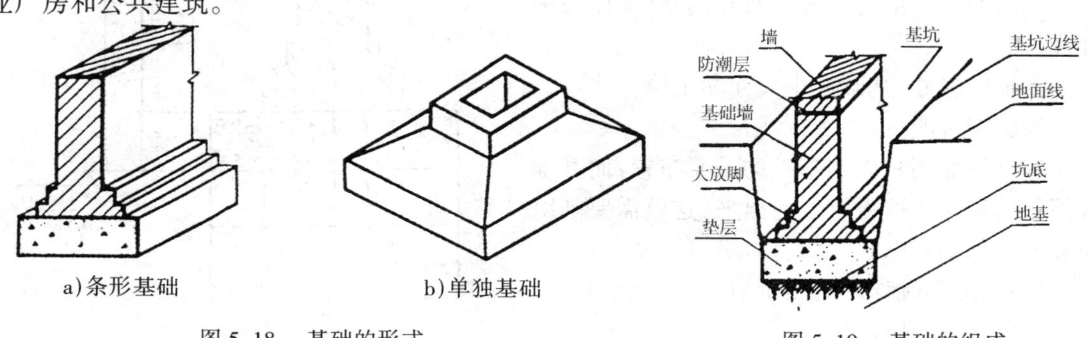

图5.18　基础的形式

图5.19　基础的组成

基础施工图通常包括基础平面图和基础详图。它是基础施工时放灰线、开挖基坑和砌筑基础的依据。基础平面图是假想用一个水平面沿房屋的地面与基础之间把整幢房屋剖开后，移开上层的房屋和泥土所作出的基础水平投影。常用 1:100 比例绘制，在基础平面图上只绘出垫层边线和基础墙、柱的投影线。如图 5. 20 所示，基础详图是基础的某一处沿铅垂剖切所得到的断面图。常用 1:20 比例绘制，它表示了基础的断面形状、大小、材料、构造及埋置深度。而这些内容要根据上部的荷载以及地基承载力而定。如图 5. 19 所示综合办公楼基础平面图中的 2—2 剖面图。

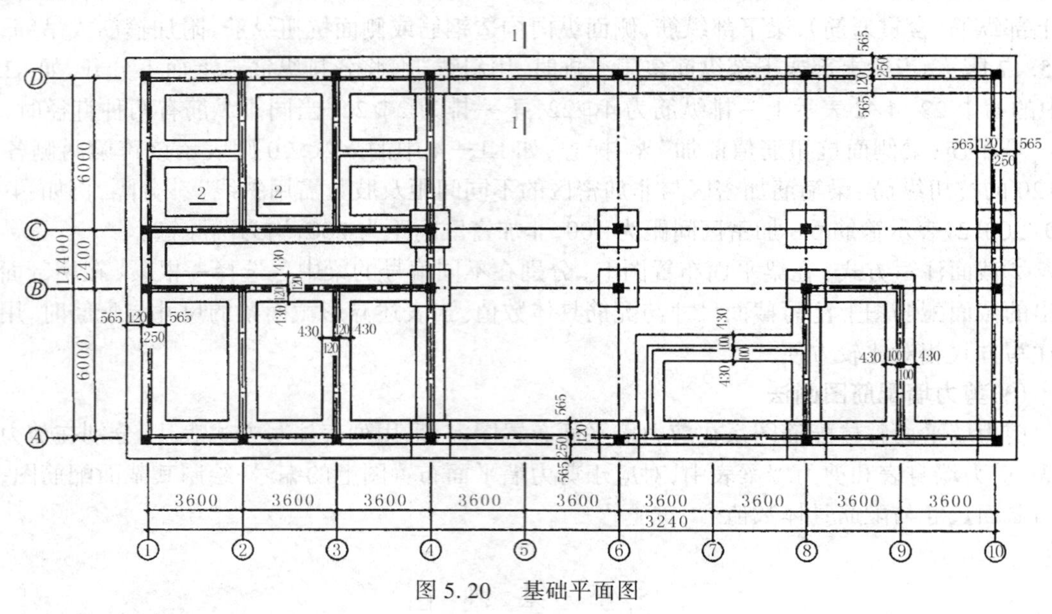

图 5. 20　基础平面图

5. 5. 1　条形基础

(1)基础平面图的图示内容

①图名、比例、纵横向定位轴线及其编号。

②基础的平面布置，即基础墙，柱及基础底面的形状、大小及其与轴线的关系。

③基础梁的位置和代号。

④断面图的剖切位置线及其编号(或注写基础代号)。

⑤轴线尺寸、基础大小尺寸和定位尺寸。

⑥施工说明。

基础平面图只表明基础的平面布置，而基础各部分的具体构造没有表达出来，这就需要画出各部分的基础详图。

(2)条形基础详图的图示内容

①图名(基础代号)，比例。

②基础断面图中轴线及其编号。

③基础断面形状、大小、材料以及配筋。

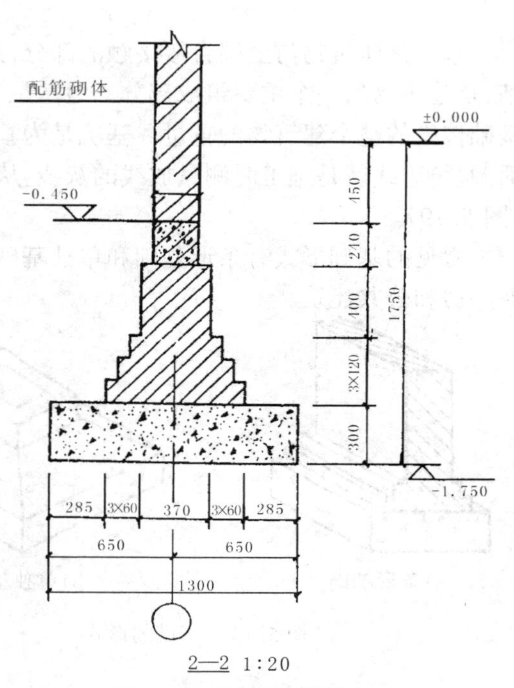

图 5. 21　条形基础详图

④基础梁的高、宽度及配筋。

⑤基础断面的详细尺寸和室内外地面、基础垫层底面的标高。

⑥防潮层的位置和做法。

⑦施工说明等。

如图5.21所示，该图是图5.20条形基础的2—2断面图。

5.5.2　单独基础

(1)单独基础平面图

图5.22所示为某公司设备制造车间的基础平面图。图中的□表示单独基础的外轮廓线，即垫层边线，用细实线绘制，其中I是工字形钢筋混凝土柱的断面，用粗实线绘制。基础沿定位轴线布置。其代号及编号为J—1、J—2。

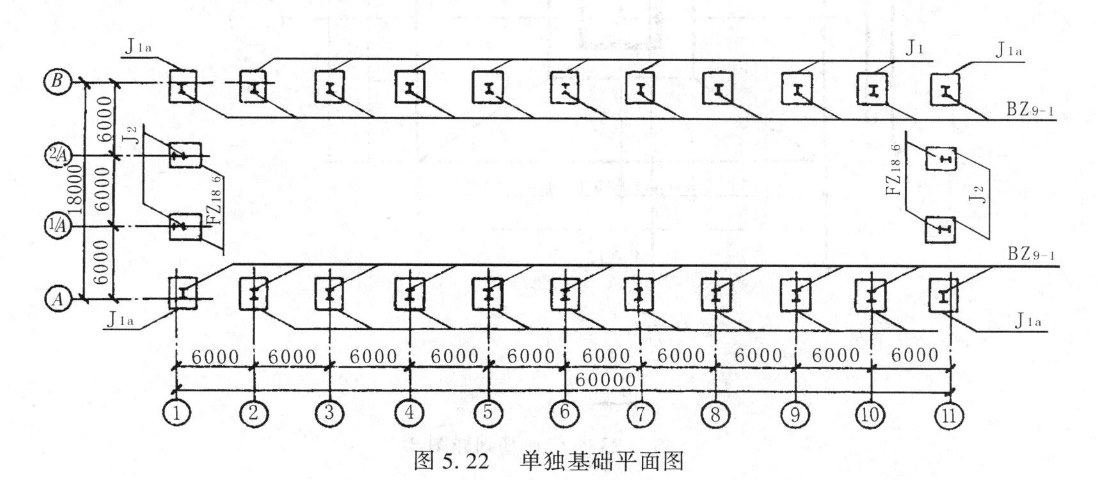

图5.22　单独基础平面图

(2)单独基础详图

图5.23是钢筋混凝土杯形单独基础J—1的详图。立面图画出基础的配筋和杯口的形状。基础内纵横向配有两端带弯钩而直径和间距都相等的直筋。底下有保护层，厚度一般是35mm，但不标出。平面图采用局部剖面方式表示基础的网状配筋。

在基础详图中，要将整个基础外形尺寸，钢筋尺寸和定位轴线到基础边缘尺寸，以及杯口等细部尺寸都标注清楚。对线型、比例的要求与钢筋混凝土梁、柱结构详图相同。

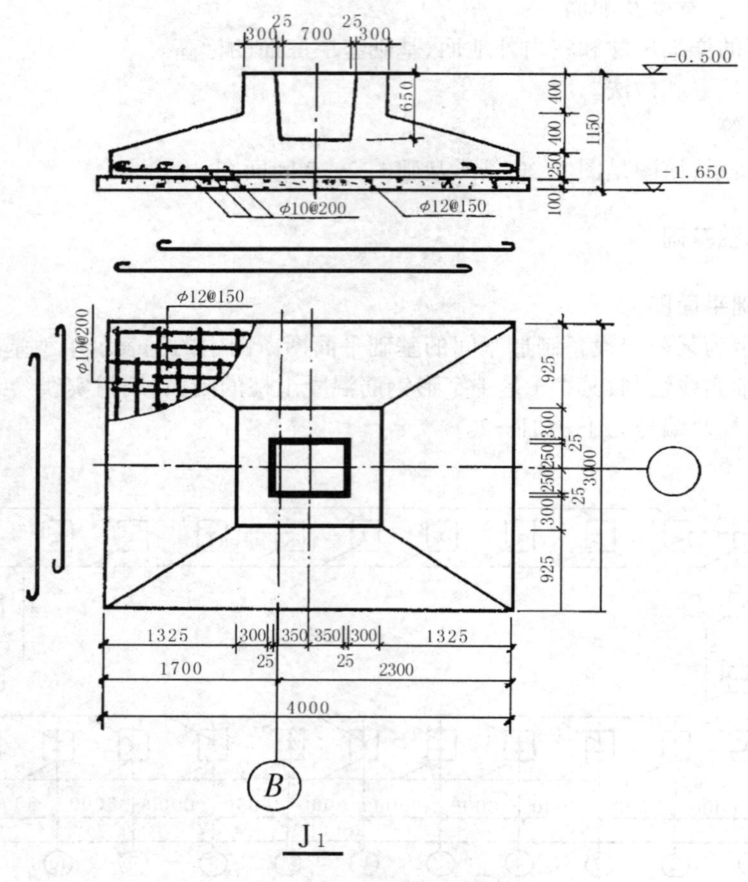
300
25
700
25
300
-0.500
650
400
400
1150
250
-1.650
100
φ10@200
φ12@150
φ12@150
φ10@200
925
300
25
250
250
3000
25
300
925
1325
300
350
350
300
1325
25
25
1700
2300
4000
B
J1

图 5.23　单独基础详图

第6章 给水排水工程图

6.1 概　述

在现代化的城镇及工矿建设中，给水排水工程是主要的基础设施。通过这些设施从江河、湖泊等水源取水后，经自来水厂将水净化处理，再由管道等输配水系统把净水送往各用户和工矿企业。而污水（生产、生活污水）由排泄工具输入室外污水窨井，再由污水管道系统流向污水处理厂，经处理后仍排放至各种水体中去。因此，给水排水工程是由各种用水装置、管道及其配件和水的处理、储存设备等组成。整个工程与房屋建筑、水力机械、水工结构等工程有着密切关系。因此，在学习给水排水工程图之前，对房屋建筑图、钢筋混凝土结构施工图等都应有一定的认识。同时对轴测图的画法也要掌握，因为在给水排水工程图中，经常要用到这几种图。

给水排水工程的设计图，按其工程内容的性质来分，可分为下面3类图样：

1)室内给水排水工程图

这是为表达居住房屋内需要供水的洗漱间、厕所等卫生设备房间，以及工矿企业中的锅炉间、浴室、化验室，车间内的生产设备等用水部门的管道布置。此类设计图一般画有管道平面布置图、管道系统轴测图、卫生设备或用水设备等安装详图。

2)室外管道及附属设备图

这是主要显示敷设在室外地下的各种管道的平面及高程布置，一般有城镇街坊区内的街道干管平面图、工矿企业内的厂区管道平面图，以及相应的管道纵剖面图和横剖面图，此外还有管道上附属设备如消火栓、闸门井、窨井、排放口等施工图。

3)水处理工艺设备图

这类图是指自来水厂和污水处理厂的设计图。如水厂内各个处理构筑物和连接管道的总平面布置图；反映高程布置的流程图；还有取水构筑物、泵房等单项工程平面、剖面等设计图；以及给水及污水的各种处理构筑物（如沉淀池、过滤池、曝气池等）的工艺设计图等。

由于管道的断面尺寸比其长度尺寸小得多，所以在小比例的施工图中以单线条表示管道，用图例表示管道上的配件。这些线型和图例符号，将在以下各节分别予以介绍。绘制和阅读给水排水工程图时，可参阅《给水排水制图标准（GBJ106—87）》和《给水排水设计手册》。

6.2 室内给水排水工程图

6.2.1 室内给水工程图

(1)室内给水系统概述

1)室内给水系统的组成

室内给水系统一般由下列各部分组成(图 6.1)。

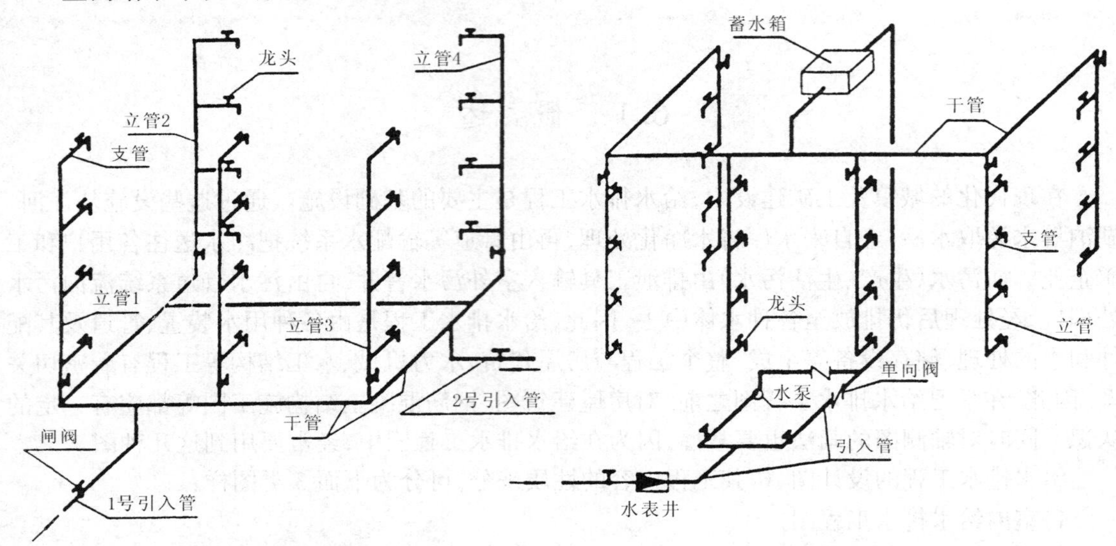

a)直接供水的水平环形下行上给式布置　　b)设水泵水箱供水的树枝形上行下给式布置

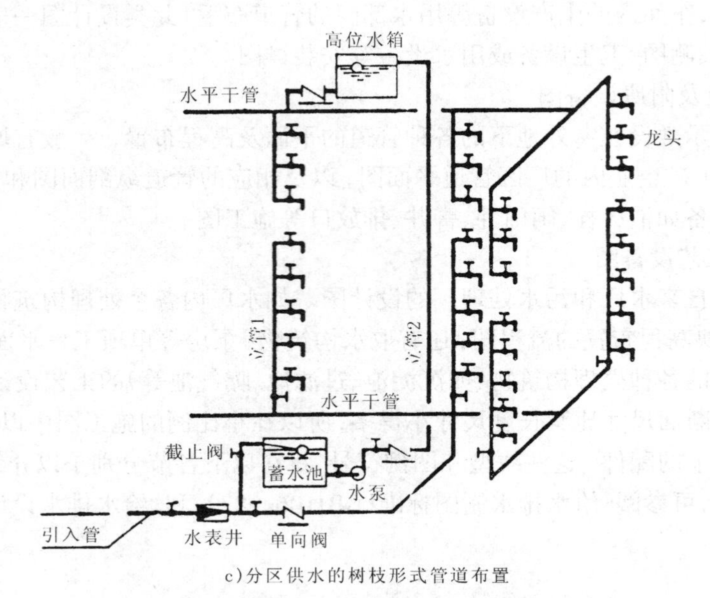

c)分区供水的树枝形式管道布置

图 6.1　室内给水管网的组成及管道布置

①引入管

指室外(厂区、生活区)给水管网与建筑物室内管网之间的联络管段,引入管应有向室外给水管网倾斜的不小于0.003坡度、斜向室外给水管网。每条引入管装有阀门,必要时还要装设泄水装置,以便于管网检修时泄水。

②水表节点

水表节点是指引入管上装设的水表及其前后设置的闸门、泄水装置等总称。水表用以记录用水量;闸门可以关闭管网,以便修理和拆换水表;泄水装置为检修时放空管网、检测水表精度及测定进户点压力值之用。

③室内配水管道

包括干管、立管、支管。

④给水附件及设备

包括闸阀、逆止阀、各种配水龙头及分户水表等。

⑤升压及储水设备

在室外给水管网压力不足或室内对安全供水、水压稳定有要求时,需设置各种附属设备,如水箱、水泵、气压装置、水池等升压和储水设备。

⑥室内消防设备

按照建筑物的防火等级要求,需要设置消防给水时,一般应设消火栓消防设备。有特殊要求时,还应专门装设自动喷洒消防或水幕消防设备。

2)室内给水系统布置方式

室内给水系统与室外给水管网的水压和水量关系密切,室外水压及流量大,则室内无须加压,因此,按照有无加压和流量调节设备来分,有直接供水方式(图6.2a)、设水泵、水箱供水方式(图6.1b)、气压给水装置供水方式等。有时还采用建筑物的下面几层由室外给水管网直接供水,上面几层设水箱供水方式,习惯上称这样的供水方式为"分区供水"(图6.1c)。

若按水平配水干管敷设位置不同,可分为下行上给式和上行下给式两种。下行上给式的干管敷设在地下室或第一层地面下,一般用于住宅、公共建筑以及水压能满足要求无须加压的建筑物。上行下给式的干管敷设在顶层的顶棚上或阁楼中,由于室外管网给水压力不足,建筑物上需设置蓄水箱或高位水箱和水泵,一般用于多层民用建筑、公共建筑(澡堂、洗衣房)或生产流程不允许在底层地面下敷设管道,以及地下水位高,敷设管道有困难的地方。

若按照配水干管或配水立管是否互相连接成环来区分,又分成环形和树枝形。前者配水干管或立管互相连接成环,组成水平干管或立管环状;后者的干管或立管则互相不连接成环,造价较低,但可能间断供水。

由此可见,不同的供水方式和各种配水管网布置形式可以组合多种室内给水系统布置方式。

3)室内管网的布置原则

①管道布置时应力求长度最短,尽可能呈直线走向,并与墙、梁、柱平行敷设。

②给水立管应尽量靠近用水量最大设备处或不允许间断供水的用水处,以保证供水可靠,并减少管道传输流量,使大口径管道长度最短。

③一幢单独建筑物的给水引入管,应从建筑物用水量最大处引入。当建筑物内卫生用具布置比较均匀时,应在建筑物中央部分引入,以缩短管网不利点的输水长度,减少管网的水头损失。

(2)室内给水管网布置图的图示特点

1)平面布置图

在房屋内部,凡需用水的房间,均需配置卫生设备和给水用具。图 6.2 所示是某公司综合办公楼的室内给水管网平面布置图。

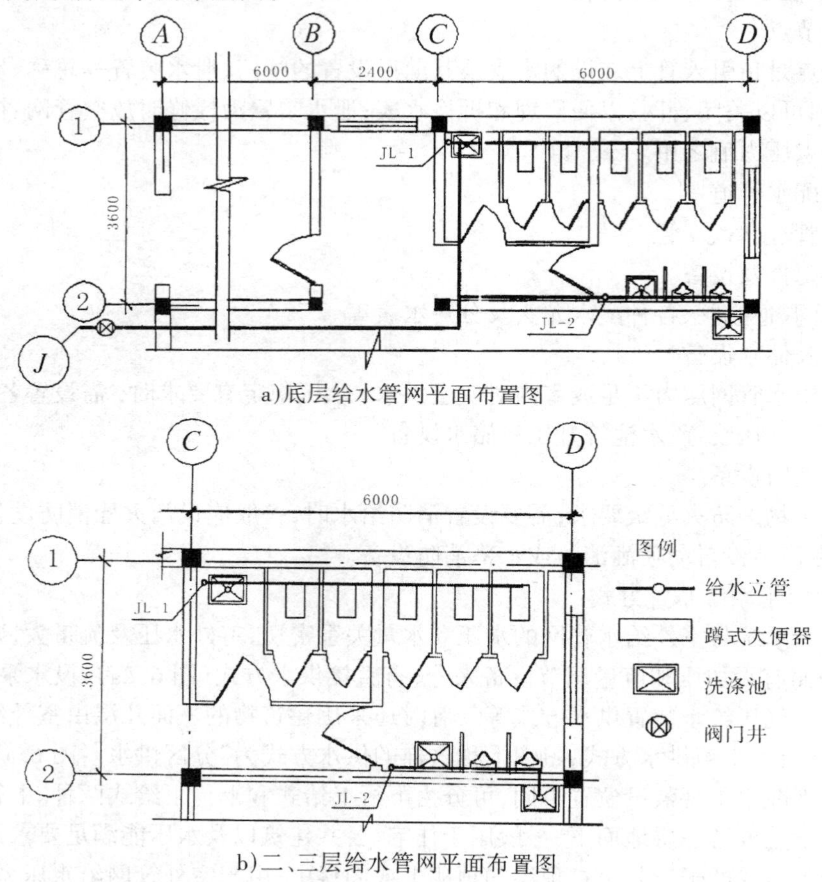

图 6.2　室内给水管网平面布置图

①平面布置图中的房屋只是一个辅助内容,重点应突出管道布置和卫生设备,因此,房屋建筑平面图的墙身和门窗等线型,一律都画成细实线。一般用 1: 50 或 1: 25 局部放大画出用水房间的平面图。

②卫生设备的平面布置。由于大便器、小便斗、水池是定型产品,另有详图。因此平面图用中实线按比例用图例画出卫生设备的位置。

③管道的平面布置。管道是室内管网平面布置图的主要内容,通常用粗实线表示。底层平面布置图应画出引入管、水平干管、立管、支管和配水龙头。

图 6.2 的管道是明装敷设方式。当管道为暗装时,图纸上除有说明外,管道线应绘在墙身截面内。无论是明装或暗装,管道线仅表示其安装位置,并不表示其具体平面位置尺寸,如与墙面的距离等。

管网平面布置图是室内给水排水工程图的重要图样, 是画管网轴测图的重要依据。从图

6.2可知，给水管自房屋轴线②和 A 轴线相交处的墙角进入，通过底层水平干管分两路送到用水处：第一路通过立管1(标记为JL—1送入大便器和洗涤池；第二路通过立管2(标记为JL—2)送入小便斗和②轴线两侧的洗涤池。

2)室内给水管网轴测图

为了清楚地表示给水管网的空间布置情况，室内给水排水工程图，除平面布置图外还应配以立体图，通常画成斜等轴测图。画管网轴测图时应注意以下几点：

①轴向选择，通常把房屋的高度方向作为 *OZ* 轴，*OX* 和 *OY* 轴的选择则以能使图上管道简单清晰，避免管道过多地交错为原则。图6.3是根据图6.2给水管网平面布置图画出来的给水管网正面斜等轴测图。

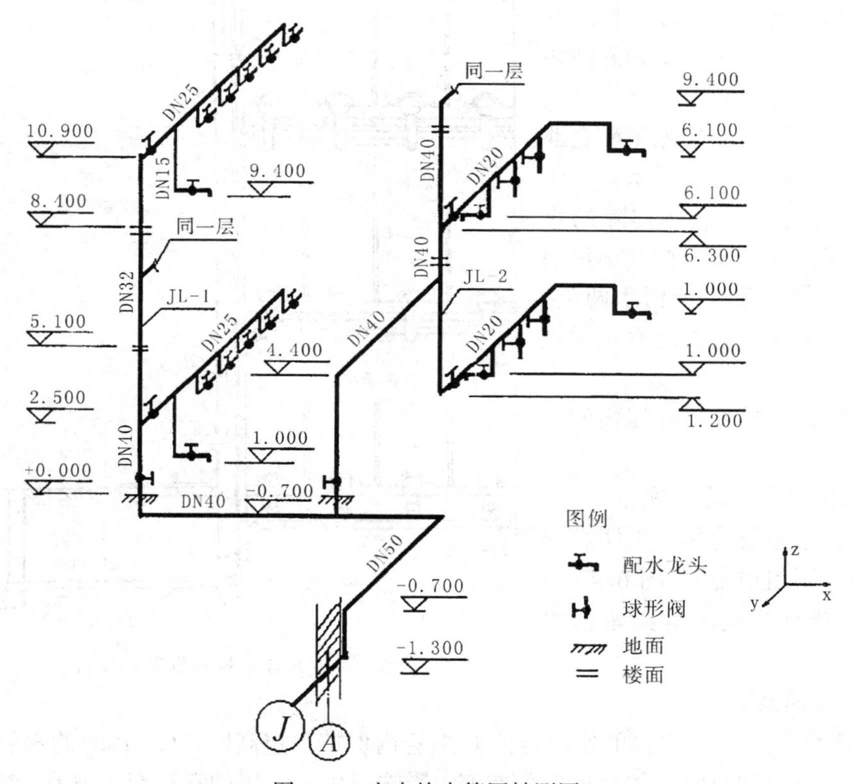

图6.3　室内给水管网轴测图

②轴测图的比例与平面布置图相同，*OX*、*OY* 向的尺寸可直接从平面图上量取，*OZ* 向的尺寸根据房屋的层高和配水龙头的习惯安装高度尺寸决定，洗涤池的水龙头高度，一般采用1.2 m左右。

③轴测图的画图顺序从引入管开始(设引入管标高为 -1.3m)；根据水平干管的标高(-0.7m)画出平行于 *OY* 轴和 *OX* 轴的水平干管；画出立管1和立管2；在两根立管上定出楼地面的标高和各支管的高度；根据各支管的轴向，画出与立管1、2相连接处的支管；画上水龙头等图例符号；注上各管道的直径和标高。为了使轴测图表达清楚，当各层管网布置相同时，轴测图上中间层的管路可以省略不画，在折断的支管处注上“同底层”即可。

6.2.2　室内排水工程图

(1)室内排水系统概述

室内排水工程是指把室内各用水点使用后的污(废)水和屋面雨水排出到建筑物外部的排水管道系统。

1)排水管道分类

按所排除污(废)水性质,建筑物内部装设的排水管道分为3类:

①生活污水管道　排除人们日常生活中盥洗、洗涤生活废水和粪便污水。

②工业废水管道　排除工矿企业生产过程中所排出的污(废)水。由于工业生产门类繁多,故所排除的污(废)水性质也极复杂,但按其玷污的程度可分生产废水和生产污水两类,前者仅受轻度玷污,后者所含化学成分复杂。

③雨水管道　接纳排除屋面的雨雪水。

2)室内排水系统的组成

以生活污水系统为例,说明室内排水系统的主要组成部分(图6.4)。

①卫生器具及地漏等排水泄水口。

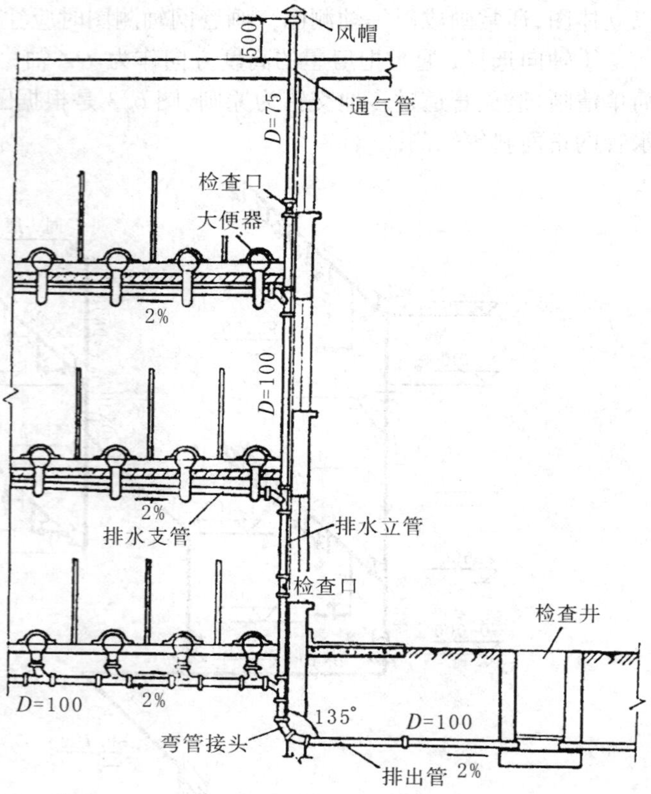

图6.4　排水管网的组成

② 排水管道及附件

(A)存水弯(水封)　水封的作用是使U形管内保持一定高度(50~100)的水层,以阻止下水道中产生的臭气和有害气体污染室内空气,影响卫生。常用的管式存水弯有:N(S)形和P形。

(B)连接管　连接卫生器具和排水横支管之间的短管(除坐式大便器、钟罩式地漏等外,均包括存水弯)。

(C)排水横支管　前述的给水系统的管路因是压力流,所以水平管道一般不需敷设坡度,而排水系统的管路一般都是重力流,所以排水横管都应向立管方向具有一定坡度。若为与大便器连接管相接的排水横支管,其管径应不小于100mm,流向排水立管的标准坡度为2%。当大便器多于1个或卫生器具多于2个时,排水横支管应有清扫口。

(D)排水立管　接纳排水横支管的排水并转送到排水排出管(有时送到排水横干管)的竖直管段,其公称管径一般为DN100、DN150,但不能小于DN50或所连横管管径。立管在底层和顶层应有检查口,多层建筑物中则每隔1层应有1个检查口,检查口距地面高度为1.10m。

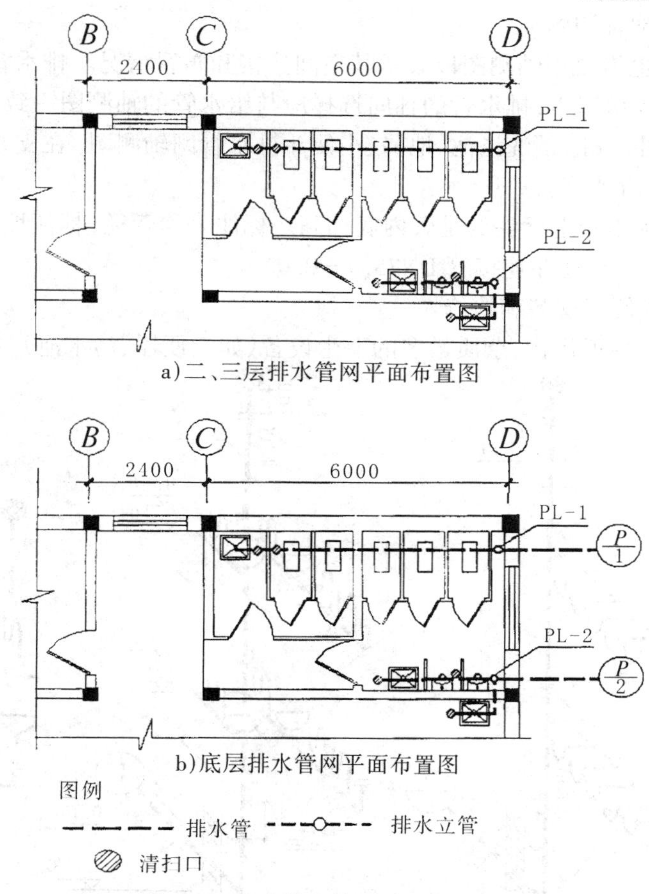

a)二、三层排水管网平面布置图

b)底层排水管网平面布置图

图6.5　室内排水管网平面布置图

(E)排出管　将室内污水排入室外窨井，其排出管管径大于或等于排水立管(或排水横干管)的管径，向窨井方向应有1%～3%的坡度，最大坡度不宜大于15%，条件允许时，尽可能取高限，以利排水。

(F)管道检查、清堵装置　清扫口可单向清通，常用于排水横管上。检查口则为双向清通的管道维修口，常用于排水立管上。

③通气管道　在顶层检查口以上的立管管段称为通气管，用以排除有害气体，并向排水管网补充新鲜空气，利于水流通畅，保护存水弯水封。其管径一般与排水立管相同，通气管高出屋面不小于0.3m(平屋面)至0.7m(坡屋面)，同时必须大于最大积雪厚度。

3)室内排水管网平面布置图的图示特点

①室内排水管网的平面布置图

(A)每条水平的排水管道通常用粗虚线表示。底层平面布置图应画出室外窨井、排出管、横干管、立管、横支管及卫生器具排水泄水口，其中立管用粗点圆表示。

(B)为使平面布置图与管网轴测图相互对照和便于索引起见，各种管道须按系统分别予以标志和编号。图例与说明、室内排水平面图的图示与给水平面图相似。

(C)排出管应选最短长度与外管道连接，连接处设窨井。

②室内排水管网轴测图

(A) 排水管道也需要用轴测图以表示其空间连接和布置情况。排水管网轴测图仍选用斜等轴测图。在同一幢房屋中,排水管的轴向选择应与给水管的轴测图一致。图 6. 6a)是大便器污水管网轴测图。图 6. 6b)是洗涤池、地漏、小便斗排水管网轴测图。在支管上与卫生器具或大便器相接处,应画上存水弯。

(B) 在室内排水横管上标注的是管内底标高。标注公称管径,标注坡度,如每层大便器连接管 DN100, $i=0.02$, 小便斗连接管 DN75, $i=0.02$。

(C)立管布置要便于安装和检修。

(D)立管应尽量靠近污物、杂质最多的卫生设备(如大便器、污水池)。

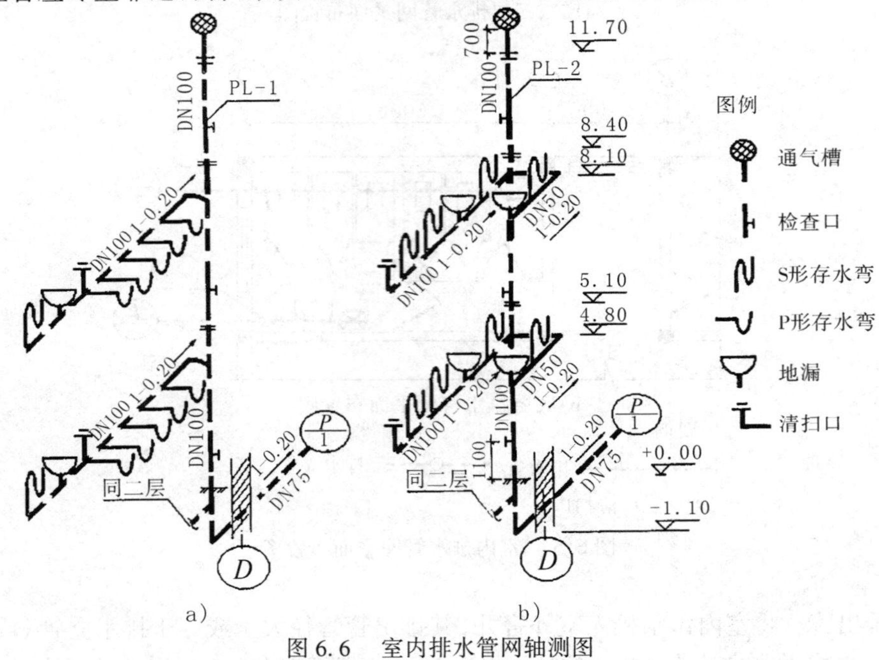

图 6. 6　室内排水管网轴测图

6. 3　室外管网平面布置图

为了说明新建房屋室内给水排水管道与室外管网的连接情况,通常还要用小比例(1: 500, 1: 1 000)画出室外管网的平面布置图。在此图中只画出局部外管网的干管,以能说明与给水引入管和排水排出管的连接情况即可。用中实线画出建筑物外墙轮廓线, 用粗实线表示给水管道,用粗虚线表示排水管道,窨井用直径 2. 3mm 的小圆表示。

(1)小区(或城市)管网总平面布置图

为了说明一个小区(或城市)给水排水管网的布置情况,通常需画出该区的给水排水管网总平面布置图。

建筑总平面图是小区管网总平面布置图的设计依据。但由于作用不同,建筑总平面图重点在于表示建筑群的总体布置、道路交通、环境绿化等,所以用粗实线画出新建筑物的轮廓。而管网总平面布置图则应以管网布置为重点, 所以应用粗线画出管道, 而用中实线画出房屋外轮廓，用细实线画出其余地物、地貌和道路，绿化可略去不画。本例室外管网的部分总平面布置图、给水与排水管网布置图画在同一张图上(也可分别画出)。

(2)排水管网的图示特点

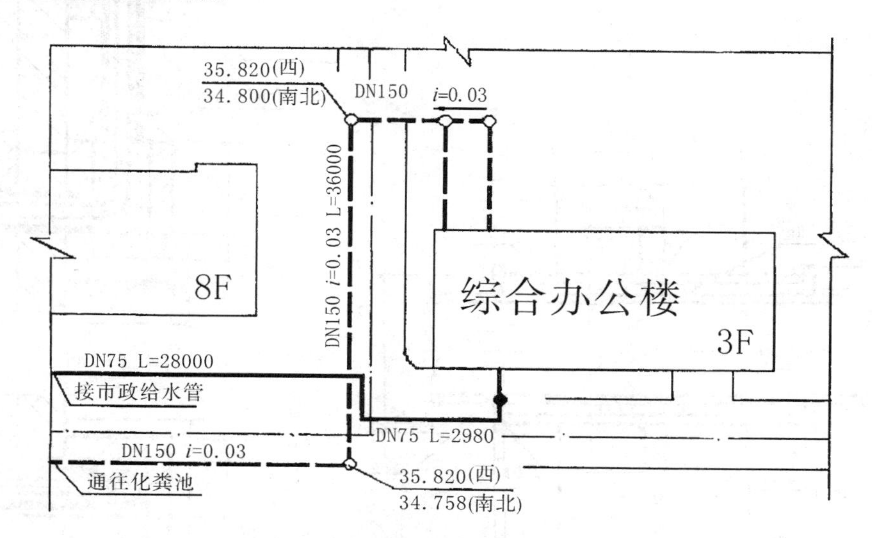

图6.7　室外管网平面布置图

①给水管道用粗实线表示，排水管道用粗虚线表示。房屋引入管处均应画出阀门井。如属城市管网布置图，还应画上水厂、泵站和水塔等的位置。

②由于排水管道经常要疏通，所以在排水管的起端、两管相交点和转折点均要设置窨井，两窨井之间的管道应是直线，不能做成折线或曲线。

③若把废水与污水分别排放，称为分流制。本例是把废水管、污水管合一排放，即通常称为合流制的布置方式，一般用于小地区。

④为了说明管道、窨井的埋设深度，管道坡度、管径大小情况，对较简单的管网布置可直接在布置图中注上管径、坡度、流向及每一管段窨井处的各向管子的管底标高。室外管道宜标注绝对标高。给水管道一般只标注直径和长度。

6.4　管道上的构配件详图

室内给水排水管网平面布置图和管网轴测图，只表示了管道的连接情况，走向和配件的位置。这些图样比例较小，配件的构造和安装情况均用图例表示。为了便于施工，需用较大比例画出配件及其安装详图。

给水排水工程的配件及构筑物种类繁多，现只将其中与房屋建筑有关的配件详图的画法，举例介绍如下。

(1)管道穿墙防漏套管安装详图

图6.8是给水管道穿墙防漏套管安装详图。其中图6.8a)是水平管穿墙安装详图。由于管道都是回转体，可采用一个剖面图表示。图6.8b)是90°弯管穿墙安装详图，两投影都采用全剖面，剖切位置都通过进水管的轴线。

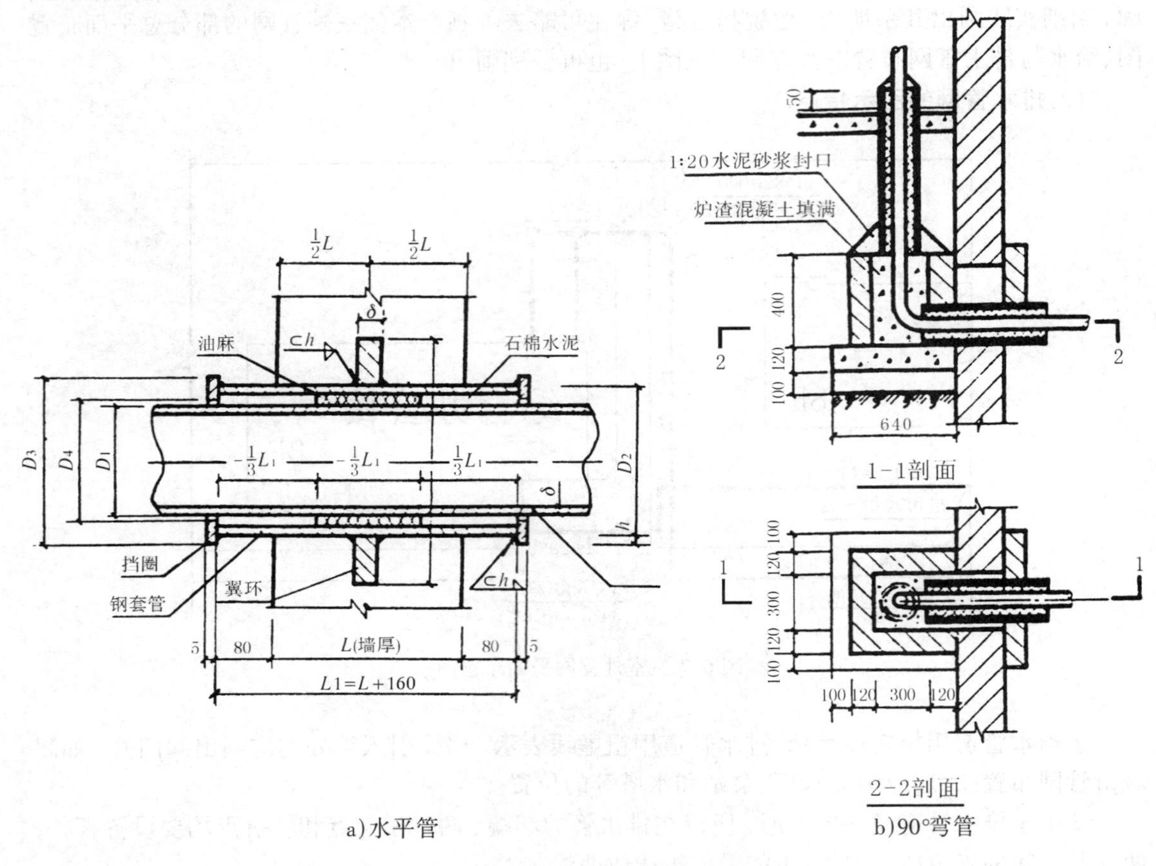

a)水平管　　b)90°弯管

图 6.8　给水管道穿墙防漏套管安装详图

(2)化粪池详图

在没有生活污水处理厂的城市，民用建筑和工业建筑卫生间内所排出的生活粪便污水，必须流经化粪池处理后才能排入下水道或水体中。化粪池是污水处理最初级的方法，污水中所含的大量粪便、纸屑、病原虫（比重较大如蛔虫）等杂质，在池中经过数小时以上的沉淀后去除50%～60%，沉淀下来的污泥在密闭无氧（或缺氧）的条件下腐化进行厌气分解，使有机物转化为稳定状态，污泥经三个月以上时间的酸性发酵后脱水热化便可清掏出来作肥料等用。

图 6.9 为有地下水的砖砌矩形化粪池的详图。平面图主要表达进水管和出水管的方向及位置，未采用剖面图。由于化粪池外形简单，另两投影均采用全剖面，以表达内部管子连接、池壁构造等。立面图是Ⅰ—Ⅰ全剖面图；剖切位置通过管子和化粪池的中心线。侧面图是Ⅱ—Ⅱ全剖面图，剖切位置通过右边一格的中心线。化粪池的材料、构造、尺寸、详细做法如图 6.9 所示。

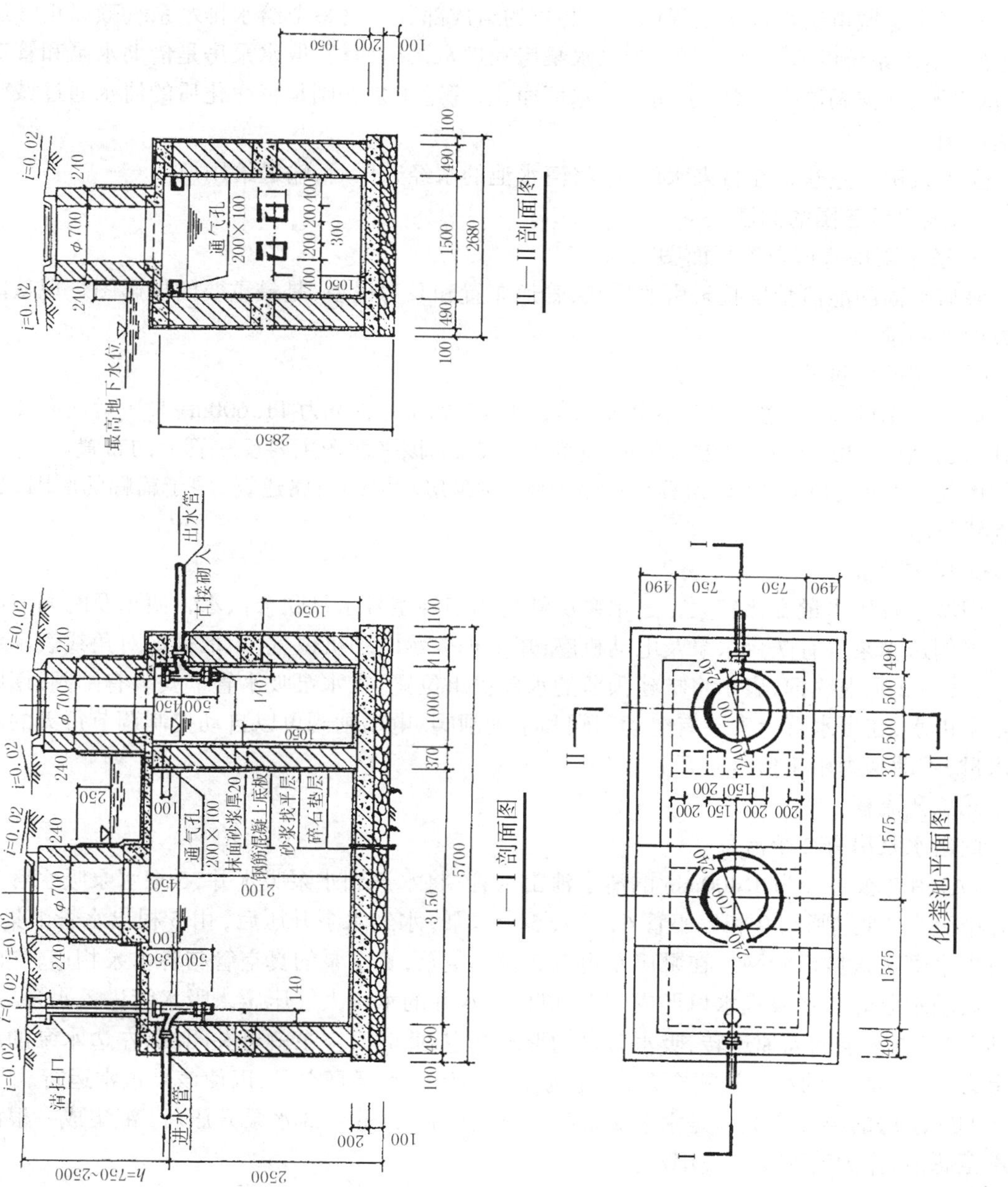

图 6.9　矩形砖砌化粪池详图

6.5 水泵房设备图

水泵房是城市给水排水工程中一个必要的组成部分，是整个给水排水系统赖以正常运转的枢纽。给水系统的水泵房主要分为取水泵房和送水泵房两种。取水泵房是借助水泵和管道设备，从水源（江河湖泊等）将原水输送入水厂净化；而送水泵房则是将净化后的清水通过城市管网送给用户。

送水泵房一般建筑在自来水厂内，将清水池的水经升压后，输送给用户。

(1)泵房设备图的阅读

1)送水泵房管道布置平面图

泵房平面图能清楚反映泵房的形状、管道布置和泵房设备，是最重要的投影图。现从以下几方面来阅读。

①泵房的建筑外形

如图6.10所示的送水泵房为矩形，总长为47.710m，总宽为11.600m。泵房后面有2个吸水井，长分别为20.000m和22.000m，宽为5.800m。该平面图主要反映管道的布置。

因此，对建筑细部如门、窗等均省略未画，对泵房左侧的附属建筑，限于篇幅的原因，也用折断线省略。

②泵房设备

因城市日用水量变化较大，送水泵房常选用多种型号水泵联合供水，便于及时调节出水量。本例送水泵房有7台水泵及电动机座，矩形框表示电动机位置，矩形框加对角线表示水泵位置，其中2个虚线框，表示将扩建预留的水泵机组位置。在水泵吸水管上安装有闸阀，用以控制水泵进水，在出水管上安装有电动闸阀和手动闸阀。电动闸阀可以自动控制调节每天的水泵出水量，手动闸阀用于检修时开关。

③工艺流程

此送水泵房有2个流程：

(A)由2根直径为1 400mm的清水池出水管，将水送到水泵吸水井，5根水泵吸水管从吸水井中吸水，通过闸阀9和偏心管6，送入5台水泵，水经水泵升压后，由5根出水管汇集成2根总出水管送入城市管网。在泵房左边有2台真空泵，真空泵的真空管与各水泵相连，它的作用是启动水泵时使水泵吸水口形成真空，以使吸水井的水由大气压压入吸水管进入水泵。水泵启动后，随着水泵的高速运转，吸水口自动形成真空，此时真空泵就可关闭。最左边水泵的出水管上有一根DN25的小管连真空泵，这是为了送小量的水至真空泵，以使该泵正常运行。

(B)泵房的第二个流程是水泵2根吸水管经两台24sh－28水泵升压后，汇集成一根出水管送至滤池，作为滤池反冲洗用水。

④泵房的排水

在泵房四周设200mm×200mm的排水沟，地面也做成一不定的坡度斜向排水沟，泵房左下角设集水坑（1 500mm×1 000mm×1 300mm）和2台排水泵。当水泵检修时需将管道中的水放空，经排水沟、排水泵排出。

2)送水泵房管道布置剖面图

由于泵房建筑外形简单，而内部管道布置较复杂，因此可以省略立面图和侧面图，而选用

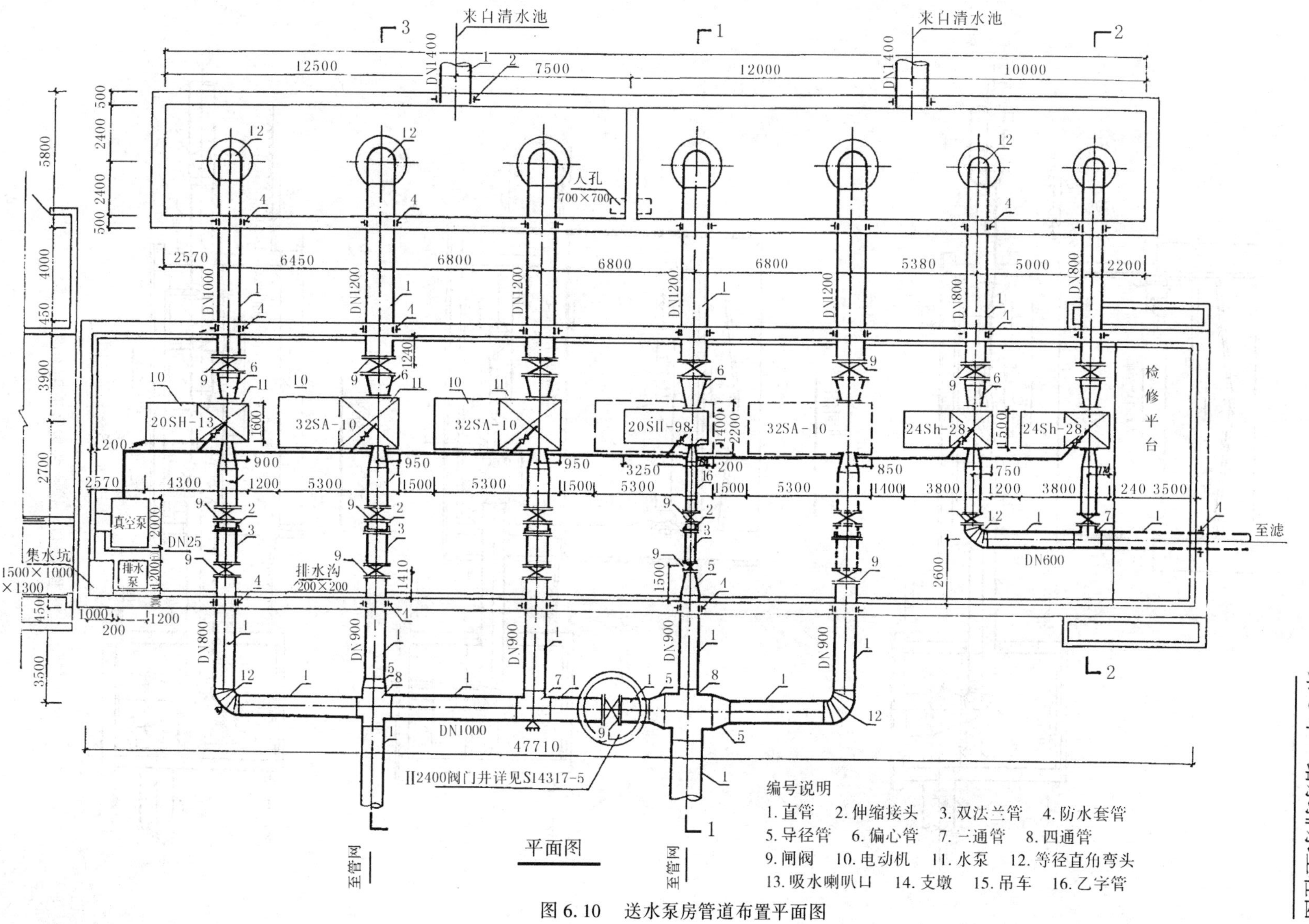

图6.10　送水泵房管道布置平面图

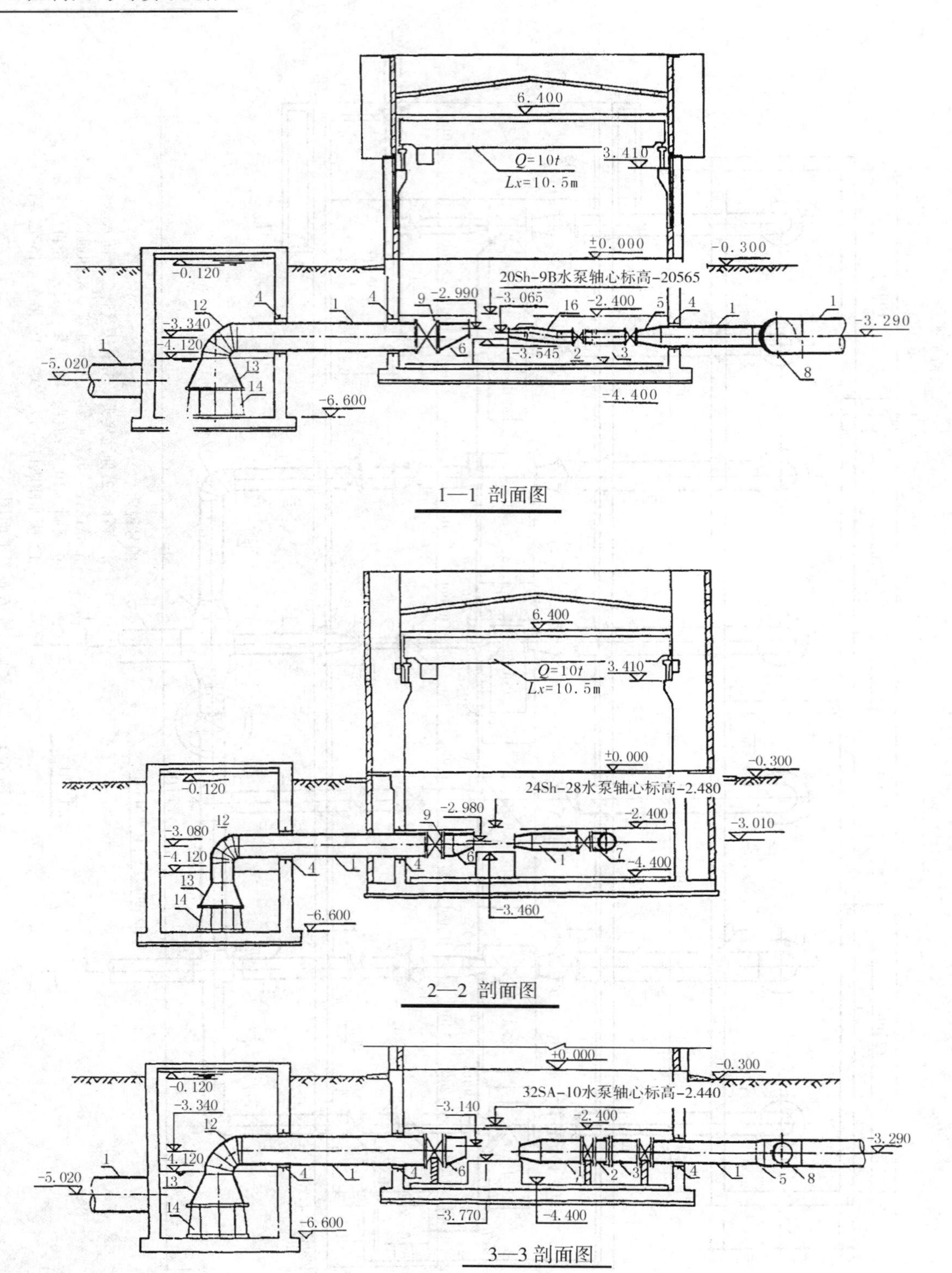

图 6.11　送水泵房客道剖面图

剖面图来表达内部管道布置。从平面图可知，该泵房选用3个全剖面图来反映不同的管道连接情况。

①泵房建筑剖面形状及标高

如图6.11所示，该送水泵房为两坡屋面建筑，屋面四周设女儿墙。泵房内设吊车，由两边牛腿柱及T形吊车梁支承，吊车起重量10t，跨距10.5m，牛腿顶面标高为3.410m。泵房吸水井建在地下，井底标高-6.600m，最高水位-0.120m，最低水位-4.120m。剖面图还标出各管道中心、水泵轴心、水泵支墩等的标高。

②管道布置及连接

图6.11用了剖面图说明管道的布置及连接情况，现以1-1剖面图为例说明。清水池出水管1将清水送入吸水井，吸水井中通过吸水喇叭口13、等径直角弯头12、穿墙套管4经直管1、防水套管4、闸阀9及偏心管6与水泵吸水口相连。为防止水渗漏，水管穿过吸水井壁及泵房外墙时，均装有防水套管。由于吸水直管中心标高为-3.340m，而水泵吸水口中心标高为-2.990m，因此，必须连接一个偏心管6。清水受水泵压送，经过一根异径管5、乙字管16、闸阀、伸缩接头2及双法兰管3、手动闸阀和异径管5连接泵房外的出水管，由四通管8汇集将清水由总出水管1送入城市管网。在水泵出水管上，由于水泵出水口中心标高为-3.065m，而出水管中心标高为-3.290m，故采用乙字管16连接。在出水管两个闸阀之间安装了一个伸缩接头2，其作用是在检修闸阀时，使管道松开才能拆下闸阀。

③泵房设备图的图示特点

双线画的大直径管道、单线画的小直径管道均采用粗实线，管道中心线用细点划线。剖画图及平面图中其余可见轮廓线均用细实线绘制。

对构件和设备以及各管配件进行编号，注写管径、尺寸及标高。

第7章 道路路线工程图

道路是行人步行和车辆行驶用地的统称。道路按照它所处的地区不同，可以分为很多类型,如公路,城市道路,林区道路,厂矿道路及乡村道路等。但根据它们的不同组成和功能特点,则把道路分为两大类:公路与城市道路。联结城市、乡村和工矿基地等,主要供汽车行驶,具备一定技术条件和设施的道路称为公路。在城市范围内,供车辆及行人通行的具备一定技术条件和设施的道路称为城市道路。

道路路线是指道路沿长度方向的行车道中心线。由于地形、地物和地质条件的限制,道路路线的线型在平面上是由直线和曲线段组成,在纵面上是由平坡和上、下坡段及竖曲线组成。因此从整体上来看,道路路线是一条空间曲线。

由于道路建筑在大地表面狭长地带上，道路竖向高差和平面的弯曲变化都与地面起伏形状紧密相关,因此道路路线工程图的图示方法与一般工程图不同,它是以地形图作为平面图,以纵向展开断面图作为立面图,以横断面作为侧面图,利用这三种工程图,来表达道路的空间位置、线型和尺寸。

7.1 公路路线工程图

公路的基本组成部分包括路基、路面、桥梁、涵洞、隧道、防护工程以及排水工程等。因此公路工程图是由表达线路整体状况的路线工程图和表达工程构造物的桥梁、隧道、涵洞等工程图组合而成。

公路路线工程图包括路线平面图、路线纵断面图和路基横断面图。

7.1.1 路线平面图

路线平面图的作用是表达路线的方向、平面线型(直线和曲线)以及沿线两侧一定范围内的地形、地物情况。在路线平面图上一般采用等高线及图例来表示。

图7.1为××高速公路K5+400至K6+000段的路线平面图，其内容包括地形、路线和资料表。

(1)地形部分

路线平面图上地形部分主要表达沿线两侧一定范围内的地形地物，而且还可以在设计路线时,借助它作为纸上定线移线之用。

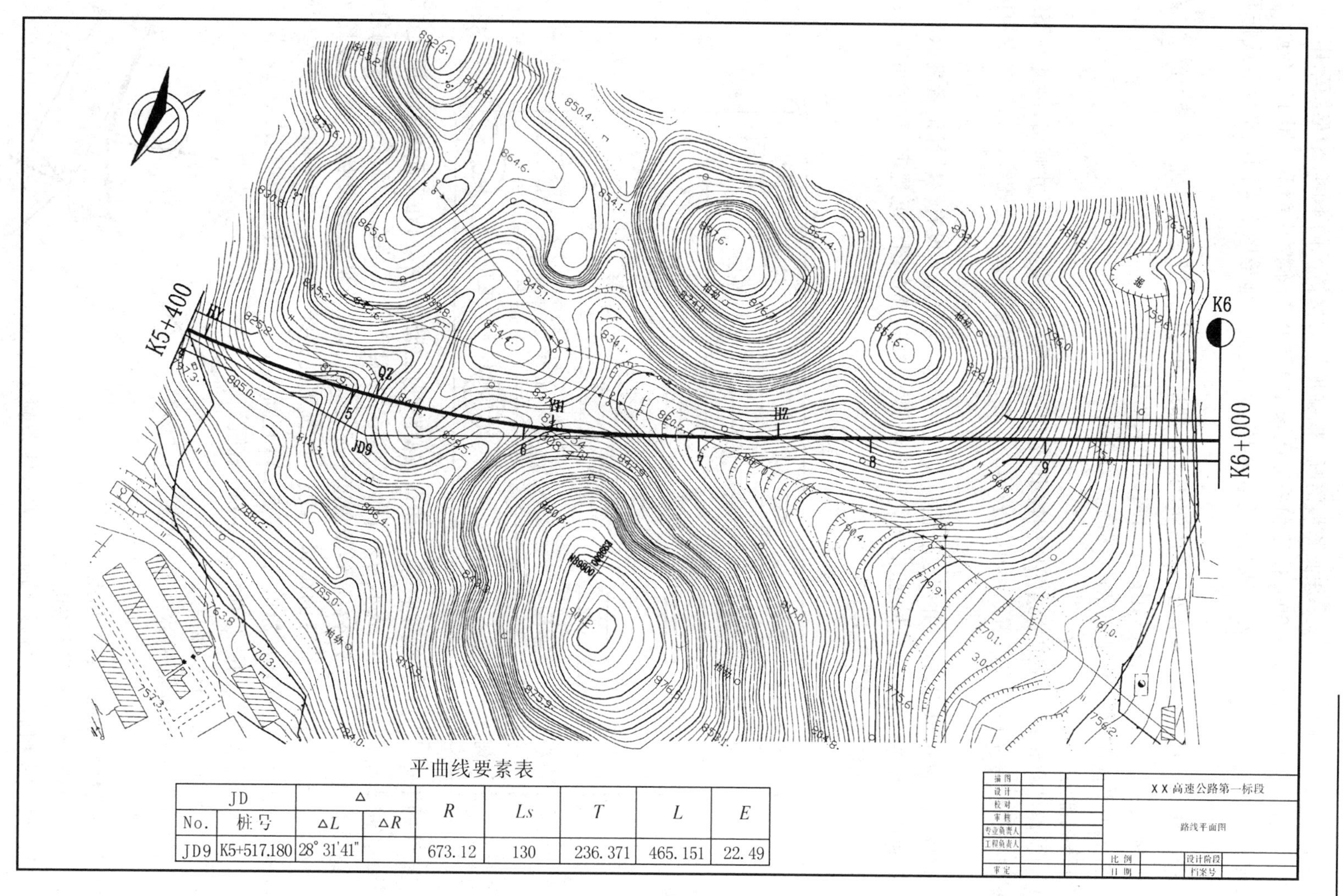

平曲线要素表

JD		Δ		R	Ls	T	L	E
No.	桩号	ΔL	ΔR					
JD9	K5+517.180	28°31'41"		673.12	130	236.371	465.151	22.49

图 7.1　路线平面图

①比例　为了反映路线全貌，并使图形清晰，根据地形起伏情况的不同，地形图采用不同的比例，一般在山岭区采用 1∶2 000，丘陵和平原区采用 1∶5 000，本图比例系采用 1∶2 000。

②坐标网或指北针　为了表示地区的方位和路线的走向，地形图上需画出坐标网或指北针，本图采用指北针。

③地形地物　地形图表达了沿线的地形地物，即地面的起伏情况和河流、房屋、桥梁、铁路、农田、陡坎位置。表示地物常用的平面图例如表 7.1 所示。

由图 7.1 平面图可看出，两等高线的高差为 2m。

(2)**路线部分**

①由于路线平面图所采用的绘图比例较小，公路的宽度无法按实际尺寸画出，因此在路线平面图中，路线是用粗实线沿着路线中心表示的。在设计路线时如有比较线，比较线用粗虚线。

②路线的长度用里程表示，并规定里程由左向右递增。路线左侧设有"⚲"标记者表示为公里桩，公里桩之间路线上设有"┃"标记者表示为百米桩，按道路制图标准规定，数字写在短细线端部，字头朝向上方，如图 7.1 所示。

表 7.1　平面图图例之一

名称	符号	名称	符号	名称	符号
房屋	[符号]	涵洞	[符号]	水稻田	[符号]
大车路	[符号]	桥梁	[符号]	草地	[符号]
小路	[符号]	菜地	[符号]	梨	[符号]
堤坝	[符号]	旱地	[符号]	高压电力线 低压电力线	[符号]
河流	[符号]	沙滩	[符号]	人工开挖	[符号]

③路线的平面线型有直线和曲线。对于曲线型路线的公路转弯处，在平面图中是用交点编号来表示，如图 7.2 所示，JD1 表示为第 1 号交点，△为偏角（△*L* 为左偏角，△*R* 为右偏角），它是沿路线前进方向、向左或向右偏转的角度。还有圆曲线设计半径 *R*、切线长 *T*、曲线长 *L*、外矢距 *E* 以及设有缓和曲线段的缓和曲线长 L_s 都可在路线平面图中的平曲线要素表中查得。路线平面图中对曲线还需标出曲线起点 ZY(直圆)、中点 QZ(曲中)和曲线终点 YZ(圆直)的位置，对带有缓和曲线的路线则需标出 ZH(直缓)、HY(缓圆)和 YH(圆缓)、HZ(缓直)的位置。

④沿线每隔一定距离设有水准点，如图 7.1，"⊗"表示第 9 号水准点，其标高为 743.082。

(3)**画路线平面图应注意的几点**

①先画地形图，然后画路线中心线。

②等高线按先粗后细步骤徒手画出，要求线条顺滑。

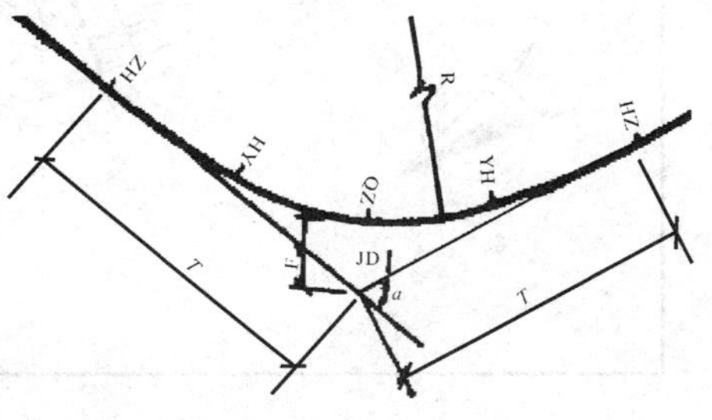

图 7.2　平曲线要素

③路线平面图应从左向右绘制，桩号为左小右大。

④路线中心线用绘图仪器按先曲线后直线的顺序画出。为了使中心线与等高线有显著的区别，一般以两倍左右于曲线(粗等高线)的粗度画出。

⑤平面图的植物图例，应朝上或向北绘制。每张图纸的右上角应有角标，注明图纸序号及总张数。

⑥平面图中字体的方向，应根据图标的位置来定。

7.1.2　路线纵断面图

公路路线是根据地形来设计的，而地形又起伏曲折，变化很大；要画出明晰的路线立面图是不可能的，因此以路线纵断面图来代替一般图示中的立面图。

路线纵断面图是通过公路中心线用假想的铅垂面进行剖切展平后获得的，见图 7.3。由于公路中心线是由直线和曲线所组成，因此剖切的铅垂面既有平面又有柱面。为了清晰地表达路线纵断面情况，特采用展开的方法将断面展平成一平面，然后进行投影，形成了路线纵断面图。

路线纵断面图的作用是表达路线中心纵向线型以及地面起伏、地质和沿线设置构造物的概况。它包括图样和资料表两部分，图样画在图纸的上方，资料表在图纸的下方。

图 7.4 为 × × 高速公路的路线纵断面图。

图 7.3　路线纵断面图形成示意图

(1)图样部分

由于路线纵断面图是用展开剖切方法获得的断面图，因此它的长度就表示了路线的长度。在图样中水平方向表示长度，垂直方向表示高程。而路线和地面的高差比路线的长度小得多，为了清晰显示垂直方向的高差，因此规定垂直方向的比例按水平方向的比例放大十倍。如图 7.4 路线纵断面图中，水平方向采用 1∶2 000，而垂直方向则采用 1∶200。在图纸的右上角注出图纸的总张数和本图纸的序号。

①地面线　图样中不规则的细折线表示设计中心线处的纵向地面线，它是根据一系列中心桩的地面高程连接而成的。具体画法是将水准测量所得各桩的高程按铅垂向 1∶200 的比例，

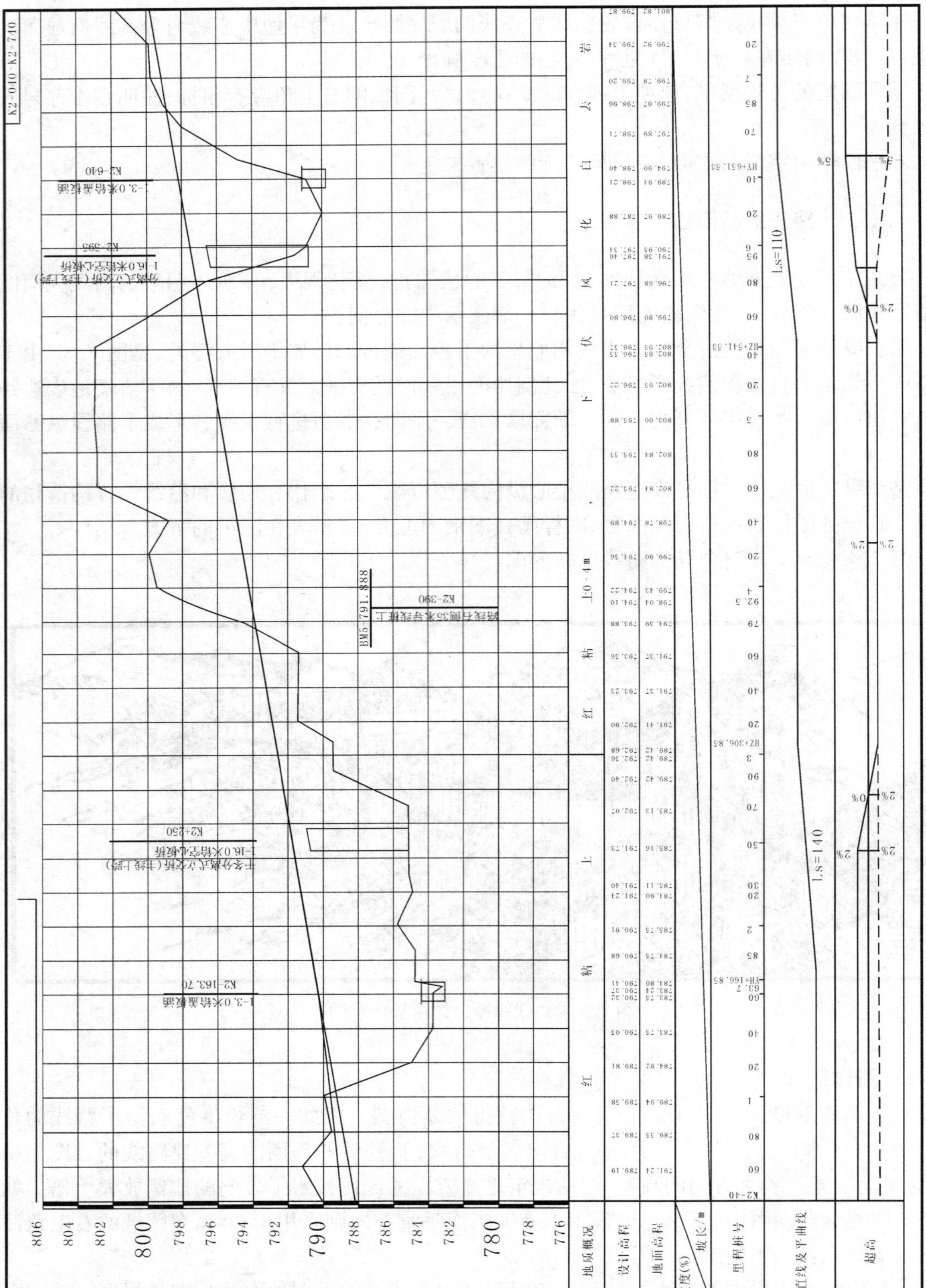

图 7.4 路线纵断面图

点绘在相应的里程桩上。然后顺次把各点用直尺连接起来，即为地面线。表示地面线上各点的标高称为地面标高。

②设计线　图中的粗实线为公路纵向设计线，它表示路基边缘的设计高程。它是根据地形、技术标准等设计出来的。比较设计线与地面线的相对位置，可决定填、挖地段和填、挖高度。

③竖曲线　在设计线纵坡变更处，应按《公路工程技术标准》JTJ0O1—97的规定设置竖曲线，以利于汽车行驶。竖曲线分为凸形和凹形两种，分别用“┌┬┐”和“└┬┘”符号表示，并在其上标注竖曲线的半径 R、切线长 T 和外矢距 E。

④桥涵构造物　图样中还应在所在里程处标出桥梁、涵洞、立体交叉和通道等人工构造物的名称、规格和中心里程。图7.4中，分别标出了钢筋混凝土空心板桥及涵洞的位置和规格，另有“涵洞一览表”可查(从略)。

为了绘图和读图方便，路线纵断面图的图样部分一般绘在透明的方格纸上。

(2)资料表部分

路线纵断面图的资料表是与图样上下对应布置的。资料表一般列有“里程桩号”、“坡度/坡长”、“地质概况”和“直线及平曲线”栏，如图7.4所示。由“坡度/坡长”栏可看出本段为上坡，其坡度为1.66%。

资料表中列有“直线及平曲线”一栏，以表示该路段的平面线形，栏中“┐___┌”表示左偏角的圆曲线，其上标有圆曲线半径 R、切线长 T 和外矢距 E。而“┘‾‾‾└”符号则表示右偏角的圆曲线(图中未设)。这样，结合纵断面情况，可想象出该路段的空间情况。

路线平面图与纵断面图一般安排在两张图纸上，在某种情况下，也可放在同一张图纸上。

(3)画路线纵断面图应注意的几点

①路线纵断面图用透明方格纸画，方格纸上的格子一般纵横方向按1mm为单位分格，每5mm处印成粗线，使之醒目，便于使用。用方格纸画路线纵断面图，既可省用比例尺，加快绘图速度，又便于进行检查。

②图宜画在方格纸的反面，使擦线时不致将方格线擦掉。

③画路线纵断面图与画路线平面图一样，从左至右按里程顺序画出。

④纵断面图的标题栏绘在最后一张图或每张图的右下角，注明路线名称、纵、横比例等。每张图纸右上角应有角标，注明图纸序号及总张数。

7.1.3　路基横断面图

路基横断面图是在路线中心桩处作一垂直于路线中心线的断面图。路基横断面图的作用是表达各中心桩处横向地面起伏以及设计路基横断面情况。工程上要求在每一中心桩处，根据测量资料和设计要求顺次画出每一个路基横断面图，用来计算公路的土石方量和作为路基施工的依据。

路基横断面图的水平和铅垂方向采用同一比例。一般用1:200，也可用1:100和1:50。

(1)路基横断面图的基本形式

①填方路基　即路堤，如图7.5a)所示，在图下注有该断面的里程桩号、中心线处的填方高度 h_t(m)以及该断面的填方面积 A_t(m^2)。

②挖方路基　即路堑，如图 7.5b) 所示，图下注有该断面的里程桩号、中心线处挖方高度 h_w(m)以及该断面的挖方面积 A_w(m^2)。

③半填半挖路基　这种路基是前两种路基的综合，如图 7.5c)所示。在图下仍注有该断面的里程桩号、中心线处的填（或挖）高度 h_t 以及该断面的填方面积 A_t 和挖方面积 A_w。

(2)**画路基横断面图应注意的几点**

①画路基横断面图使用透明方格纸，既便于计算断面的填挖面积，又给施工放样带来方便。

②路基横断面图应顺序沿着桩号从下到上，从左至右画出。

③横断面图的地面线一律画细实线，设计线一律画粗实线。

④在每张路基横断面图的右上角应写明图纸序号及总张数，如图 7.6 所示。

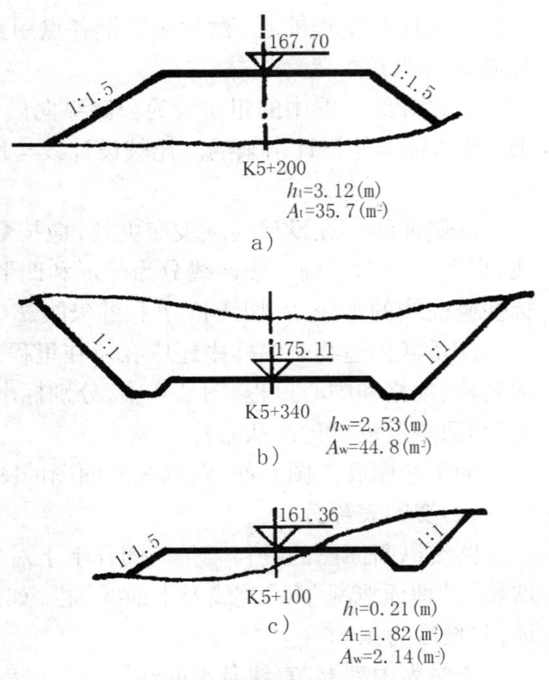

图 7.5　路基横断面的基本形式

a)填方路基；b)挖方路基；c)半填半挖

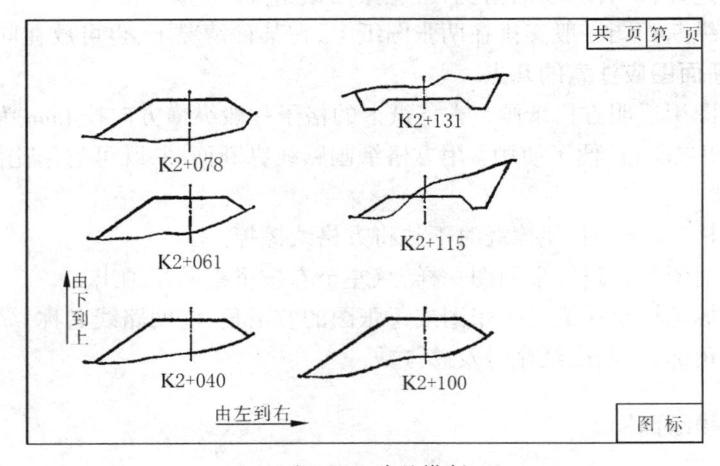

图 7.6　路基横断面

7.2　城市道路路线工程图

在城市里，沿街两侧建筑红线之间的空间范围为城市道路用地。城市道路主要包括：机动车道、非机动车道、人行道、分隔带、绿带、交叉口和交通广场以及各种设施等。在交通高度发达的现代化城市，还建有架空高速道路、人行过街天桥、地下道路、地下人行道等。

城市道路的线型设计，是通过以下三个方面把设计成果反映出来的：①道路的横断面设计。②道路的平面设计。③道路的纵断面设计，即通常简称为道路平、纵、横设计。它们的图示方法与公路路线工程图完全相同。在一般情况下,城市道路的平面定线要受到道路网的布局、道路规划红线宽度和沿街已有建筑物位置等因素的约束。平面线型只能在有限的范围内移动,定线的自由度要比公路小得多。城市道路所处的地形一般都比较平坦,纵坡问题比起山区公路也容易解决得多;但是,由于城市道路的交通性质和组成部分比公路复杂得多,而且都首先需要在横断面的布置设计中综合解决,因此,在城市道路的线型设计中,横断面设计是矛盾的主要方面,所以,一般都是先做横断面设计,然后再做平面和纵断面设计。

7.2.1　横断面图

城市道路横断面图是道路中心线法线方向的断面图。城市道路横断面图由车行道、人行道、绿带和分离带等部分组成。

(1)城市道路横断面布置的基本形式

根据机动车道和非机动车道不同的布置形式,道路横断面的布置有以下4种基本形式:

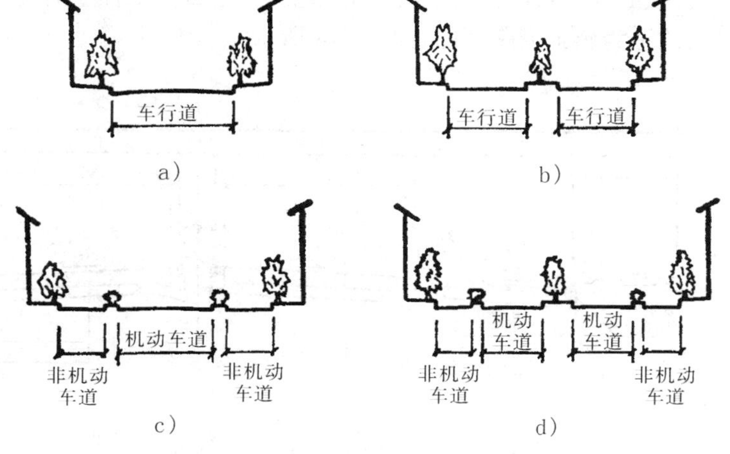

图7.7　城市道路横断面布置的基本形式
a)"一块板"断面；　b)"两块板"断面；
c)"三块板"断面；　d)"四块板"断面

①"一块板"断面　把所有形式车辆都组织在同一车行道上混合行驶,但规定机动车在中间,非机动车在两侧,如图7.7a)所示。

②"两块板"断面　用一条分隔带或分隔墩从道路中央分开,使往返交通分开,但同向交通仍在一起混合行驶,如图7.7b)所示。

③"三块板"断面　用两条分隔带或分隔墩把机动车和非机动车交通分离,把车行道分隔为三块:中间为双向行驶的机动车道,两侧为方向彼此相反的单向行驶非机动车车道,如图7.7c)所示。

④"四块板"断面　在"三块板"断面的基础上增设一条中央分离带,使机动车分向行驶,如图7.7d)所示。

(2)横断面图的绘制

横断面图的绘制,包括三个部分的内容:

①绘制各个路段上的远期规划横断面图和近期设计横断面图,即远期和近期的标准断面图,一般采用1:100或1:200的比例。在图上应绘出红线宽度、车行道、人行道、绿带、照明、新建或改建的地下管道等各组成部分的位置和宽度,以及排水方向、横坡等。

②绘制各个中线桩处的现状横断面图。图中包括横向地形、地物、中心桩地面高程、路基路面、横坡、车行道、人行道、边沟等。一般采用1:100或1:200的比例,直接在厘米方格纸上绘制,横距表示水平距离,纵距表示高程。纵、横坐标通常都采用相同的比例,这对绘制横断面和计算土石方数量都方便。但在某些情况下,例如横断面很宽、地面又较平坦时,如水平距离和高程仍采用相同的比例,则显示不出地形的变化,此时,应根据高程变化的程度,横断面的纵、横

坐标可以选用不同的比例，以能显示地形的起伏变化为原则。先在厘米方格纸上定出中心线的位置，然后将中心桩的地面高程和中心桩左右各地形点的高程点出来，连接各点即得现状横断面的地面线，注写上桩号和高程。在一张厘米纸上可以绘制若干个断面，一般是依桩号为序自下而上和自左而右地布置。

③最后在绘出的各个桩号的现状横断面图上，点出中心线的设计标高，以相同的比例，把设计横断面图（即标准横断面图）画上去。土石方工程量的计算和施工放样，就是以此图作为依据，故称为施工横断面图，如图 7.8 所示。

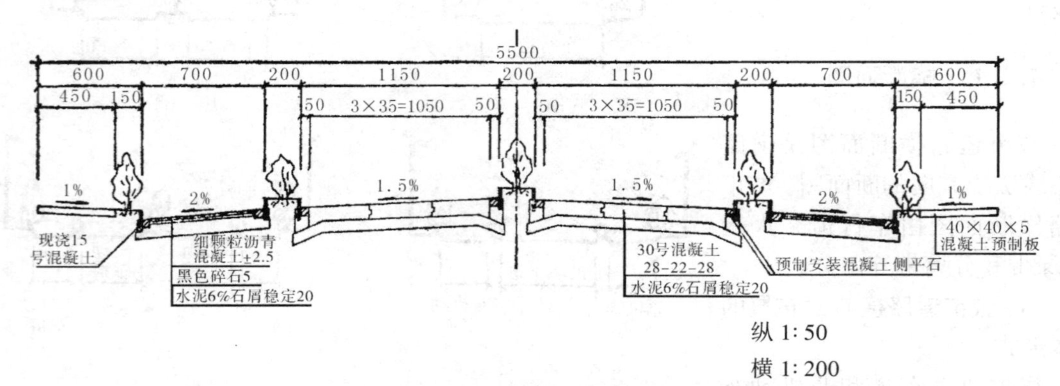

图 7.8　××路横断面设计图

7.2.2　平面图

城市道路平面图与公路路线平面图相似，它是用来表示城市道路的方向、平面线型和车行道布置以及沿路两侧一定范围内的地形和地物情况。

平面图一般采用 1∶500～1∶1 000 的比例绘出。图上应标明路中心线、远、近期的规划红线和辟筑线、车行道线、人行道线、停车场、绿带、分隔带（墩）、行道树、各种交通岛、人行横道线、各种地上地下管线的走向和位置、沿街建筑及出入口的位置、雨水进水口、窨井等，交叉口和沿线的里程桩号也要同时标出。

此外，路线如有弯道和交叉口，也应详细标明平曲线的各项要素（R、T、L、E、α 等）、交叉路的交角以及交叉口侧石转弯半径。

制图的范围，一般视道路的等级而定，道路等级高范围大一些；等级低可小些。通常在道路两侧红线以外各 20～50m 或为中心线两侧各 50～150m，特殊例外。图上应绘出指北针，并附图例和比例。

一张完整的平面设计图，除了清楚而正确地表达上述设计内容外，对于部分细部内容也可增绘大比例的大样图。最后应在图中的适当位置作一些简要的工程说明。如工程范围、起讫点、采用的坐标体系、设计标高和水准点的依据以及某些重要建筑物出入口的处理等情况。

在最后的一张设计图的右下角，绘出图签的格式，注明图的名称、比例、图号、设计和校核等项内容，以供有关人员审阅后签字。

图 7.9 为广州市带有环形平面交叉口的一段城市道路平面图。它主要表示了环形交叉口和北段东莞庄路的平面设计情况。

城市道路平面图的内容可分为道路和地形、地物两部分，如图 7.9 交叉口北段道路所示。

(1)**道路情况**

①道路中心线用点画线表示。为了表示道路的长度,在道路中心线上标有里程。图中可以看出:北段道路是将北段道路中心线与南段道路中心线的交点作为里程起点。

②道路的走向本图是用画有"**十**"符号表示的坐标网来确定的(或画出指北针)。由里程起点处注有"北"、"南"字样可判定,北段道路的走向随里程增加为北偏西方向。

③城市道路平面图所采用的绘图比例较公路路线平面图大(本图采用1∶500),因此车、人行道的分布和宽度可按比例画出。由图可看出:在交叉口北50m长的道路中,机动车道宽度为12m加8m,非机动车道宽度为7m,人行道为5m,中间有两条分隔带,宽度为2m。所以该路段为"三块板"断面布置形式。

④从图中可看出:自机动车道为12m加8m处始向北50m路段,机动车道宽度逐渐变小(最后为16m)。说明此路段为宽度渐变段,道路的平面线型为折线型。

⑤图中还画出了用地线的位置,它是表示施工后的道路占地范围。为了控制道路标高,图中还标出了水准点的位置。

(2)**地形和地物情况**

①城市道路所在的地势一般比较平坦。地形除用等高线表示外,还用大量的地形点表示高程。

②北段道路是新建道路,因此占用了沿路两侧一些工厂用地。该地区的地物和地貌情况可在表7.1和表7.2平面图例中查知。

表7.2　平面图图例之二

名　称	符　号	名　称	符　号	名　称	符　号
只有屋盖的简易房		石棉瓦等简易房	D	储水池	水
砖石或混凝土结构房屋	B	围墙		下水道检查井	
砖瓦房	C	非明确路边线		通讯杆	

7.2.3　纵断面图

城市道路纵断面图也是沿道路中心线的展开断面图。其作用与公路路线纵断面图相同,其内容也是由图样和资料表两部分组成。

道路纵断面设计图,一般包括以下内容:道路中线的地面线,纵坡设计线,施工高度。土壤地质剖面图,沿线桥涵位置,结构类型和孔径,沿线交叉口位置和标高,沿线水准点位置,桩号和标高等,以及在图的下方附以简明的说明表格,如图7.10所示。

1)图样部分

城市道路纵断面图的图样部分完全与公路路线纵断面图的图示方法相同。如绘图比例竖直方向较水平方向放大10倍表示(本图水平方向采用1∶500,则竖直方向采用1∶50)等等。

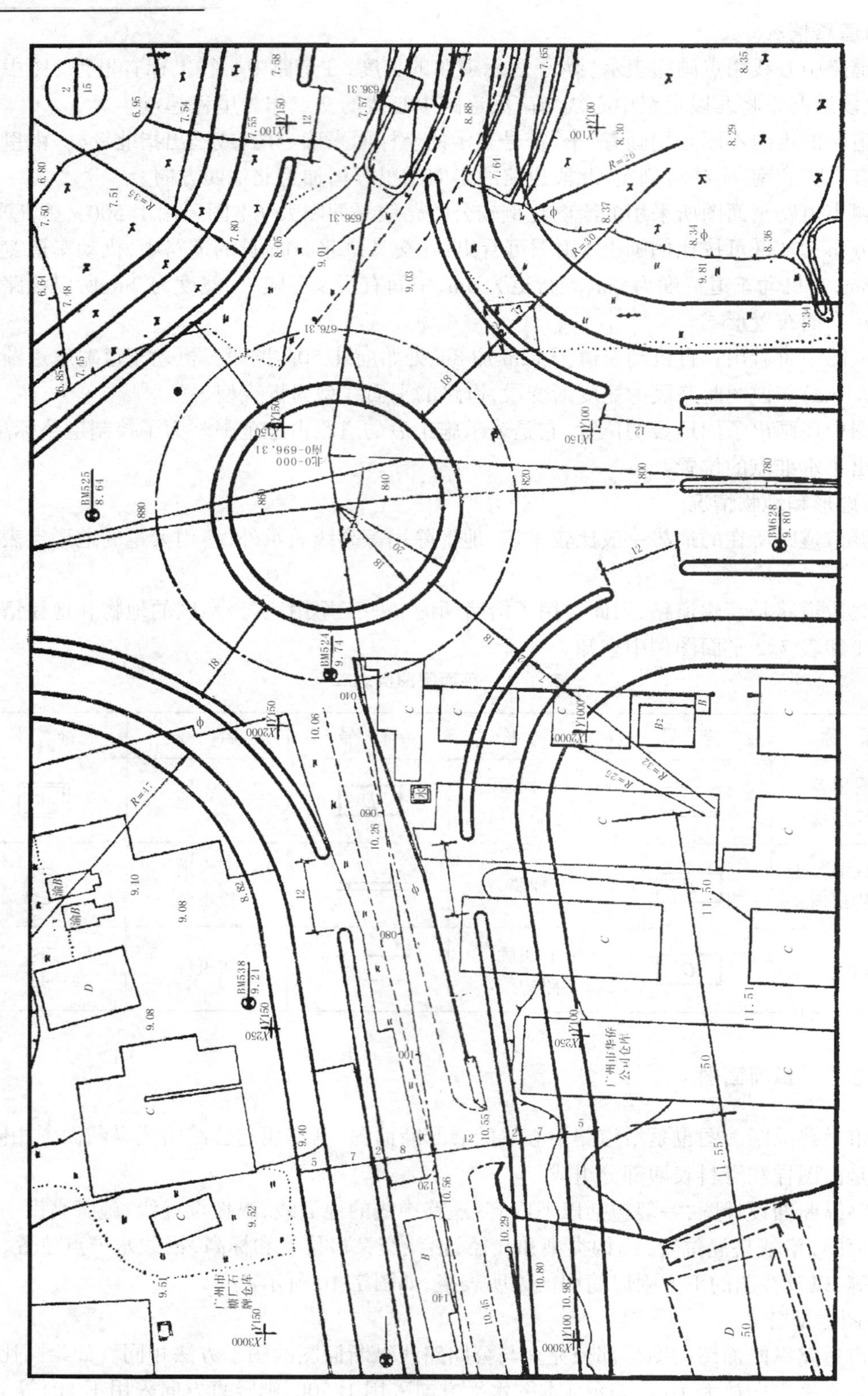

图 7.9 广州市东莞庄路平面图

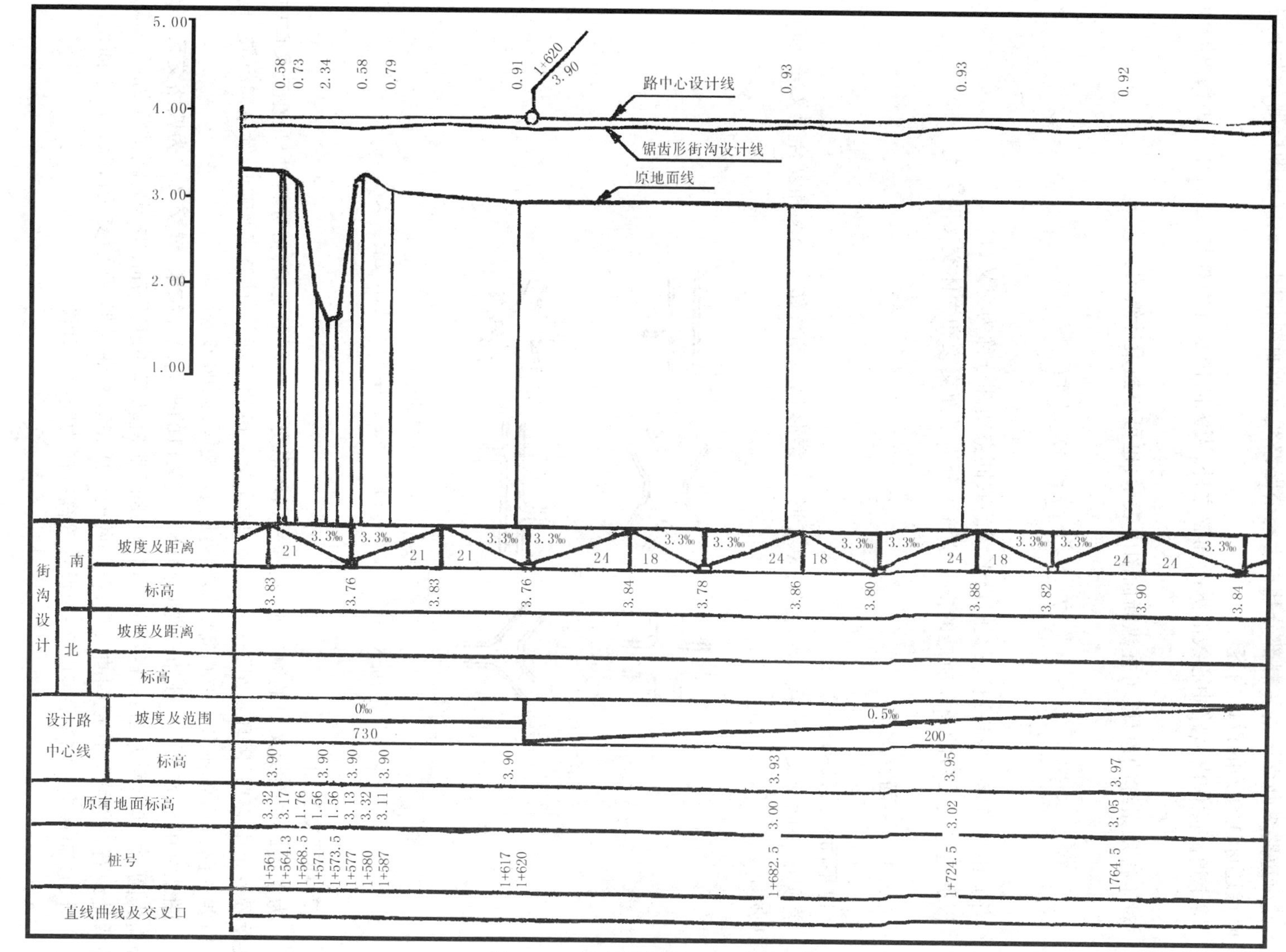

图 7.10　城市道路纵断面设计图

2)资料部分

城市道路纵断面图的资料部分基本上与公路路线纵断面图相同，不仅与图样部分上下对应,而且还标注有关的设计内容。

城市道路除作出道路中心线的纵断面图之外,当纵向排水有困难时,还需作出街沟纵断面图。

对于排水系统的设计,可在纵断面图中表示,也可单独设计绘图。

7.3 道路交叉口

当道路与道路（或铁道)相交时所形成的共同空间部分称为交叉口。

根据通过交叉口的道路所处的空间位置可分为平面交叉和立体交叉两大类。

7.3.1 平面交叉口

(1)平面交叉口的形式

常见的平面交叉口形式有十字形、X 字形、T 字形、Y 字形、错位交叉和复合交叉等，如图 7.11 所示。

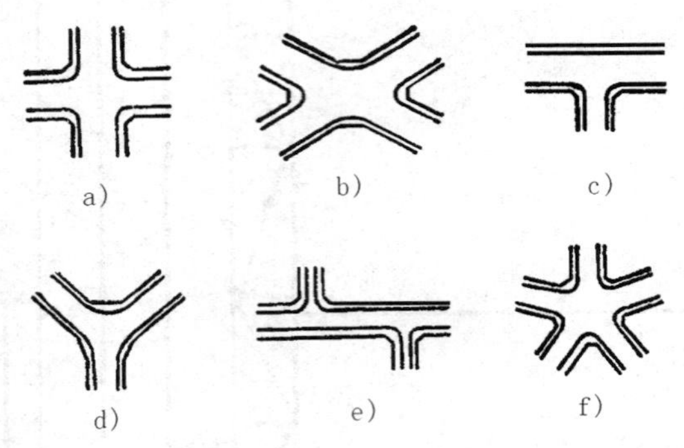

图 7.11 平面交叉口的形式

a)十字形;b)X 字形;c)T 字形;d)Y 字形;e)错位交叉;f)复合交叉

(2)环形交叉口

为了提高平面交叉口的通过能力,常采用环形交叉口。环形交叉(俗称转盘)是在交叉口中央设置一个中心岛,用环道组织渠化交通,驶入交叉口的车辆,一律绕岛作逆时针单向行驶,直至所要去路口离岛驶出。中心岛的形状有圆形、椭圆形、卵形等。

图 7.9 中也表示了广州市东莞庄路环形交叉口的平面设计结果。该交叉口为四路交叉,中心岛为圆形,其半径为 20m,机动车环道宽 18m,非机动车环道宽 7m,中间分隔带宽 2m。车辆转弯处缘石东部两处作成圆曲线形,西部两处作成二心复曲线形。平面交叉口除绘出平面设计图之外,还需在交叉口平面图上绘制设计等高线成为竖向设计图。

7.3.2　立体交叉口

当平面交叉口仅用交通控制手段无法解决交通要求时，可采用立体交叉，以提高交叉口的通过能力和车速。

立体交叉主要有下穿式(隧道式)和上跨式(跨路桥式)两种基本类型，如图 7.12 所示。

在结构形式上按有无匝道立体交叉又分为分离式和互通式两种。互通式立体交叉可利用匝道连接上、下道路，因此在城市道路中多采用互通式立体交叉。

(1)互通式立体交叉口的常见类型

互通式立体交叉口常见类型有，三路相交喇叭型，四路相交二层式苜蓿叶型，四路相交三层式苜蓿叶型和四种相交四层式环型，如图 7.13 所示。

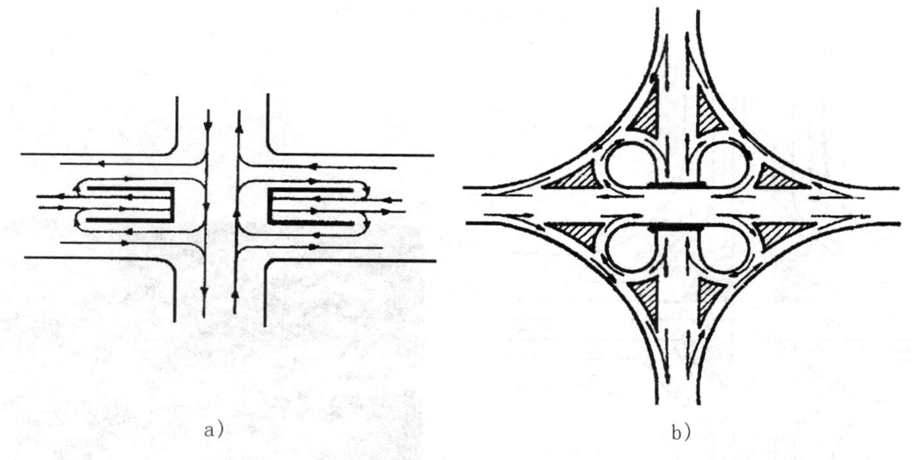

a)　　　　b)

图 7.12　立体交叉的基本类型
a)下穿式立体交叉；　b)上跨式立体交叉

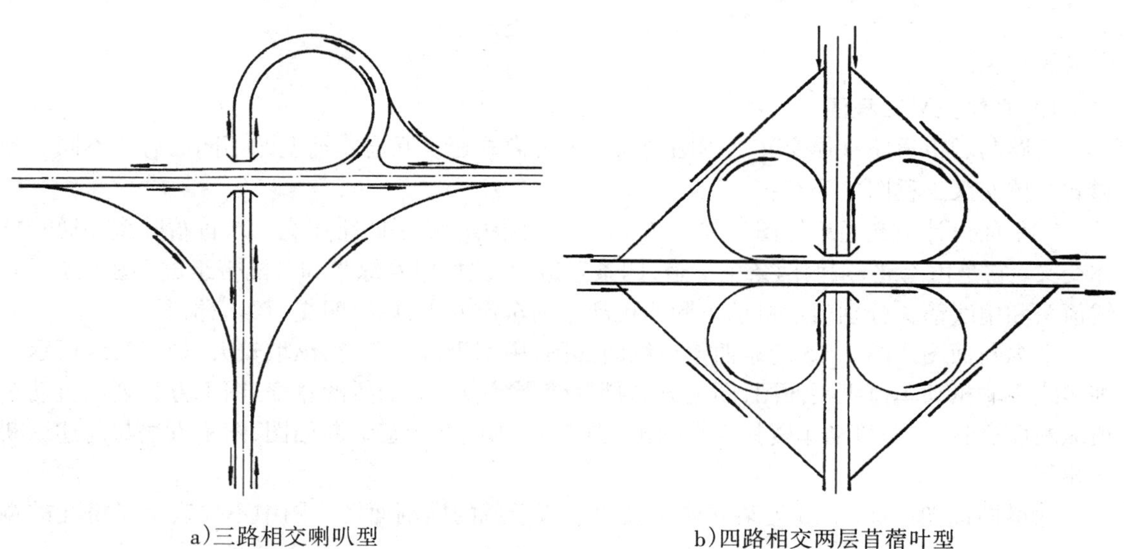

a)三路相交喇叭型　　　　b)四路相交两层苜蓿叶型

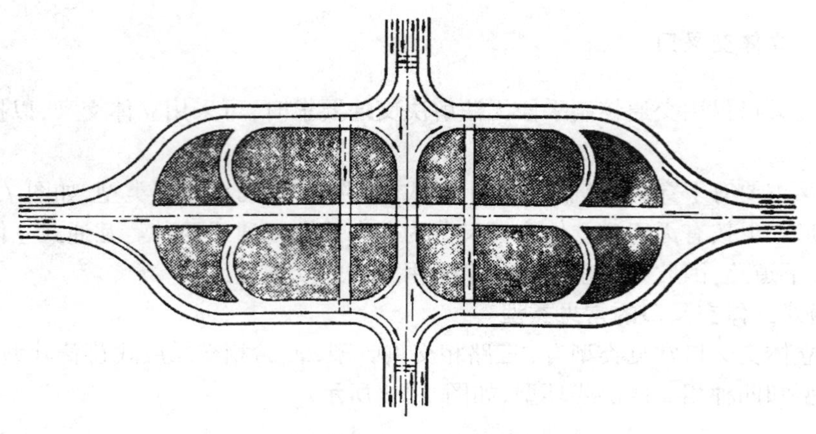

c)四路相交三层苜蓿叶型

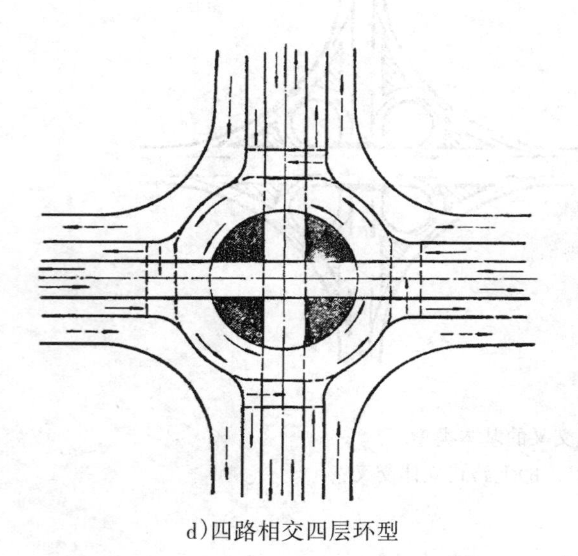

d)四路相交四层环型

e)四路相交四层环型立体图

图 7.13　立体交叉类型

(2)**立体交叉工程图**

公路与城市道路立体交叉工程图的内容视分离式还是互通式类型的不同而有所不同。互通式立体交叉工程图主要有:

①平面设计与交通组织图　如图 7.14 所示。图中表示了四路相交二层苜蓿叶型互通式立体交叉。它是由南北、东西两条主干道,四条匝道,跨路桥以及绿带和分隔带组成。图中还用实线箭头和虚线箭头分别表示机动车和非机动车的车流方向,以说明交通组织情况。

②纵断面图　图 7.15 为东西干道纵断面图,中间为机动车道,纵坡较大,如粗实线所示。细实线为非机动车道纵断面图,图上方的▬▬▬表示立交桥的宽度。图下方只列出机动车道纵断面资料表,非机动车资料表未列出。图 7.16 为南北干道纵断面图,图示方法与前述纵断面相同。

③横断面图　图 7.18 为某立体交叉的东西干道的横剖面图, 图中不仅表示了桥孔的宽

度、路面的横坡,还表示了雨水管、雨水口的位置。

④鸟瞰图　可绘出立体交叉的透视图,供审查设计和方案比较用,如图7.17所示。

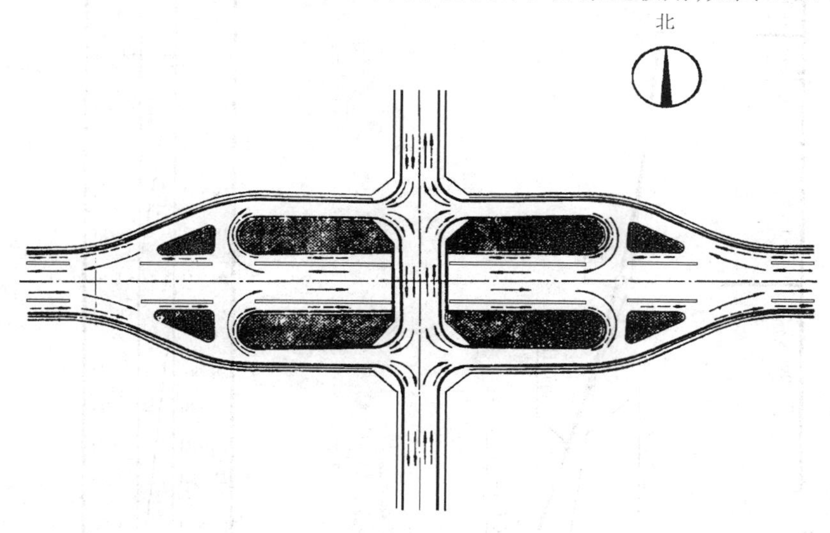

图7.14　某立体交叉平面及交通组织图

⑤竖向设计图　它是在平面图上绘出设计等高线，以表示整个立体交叉的高度变化情况，来决定排水方向及雨水口的设置,如图7.19所示。

互通式立体交叉工程图除上述图纸外,还有跨线桥桥型布置图、路面结构图、管线及附属设施设计图等。

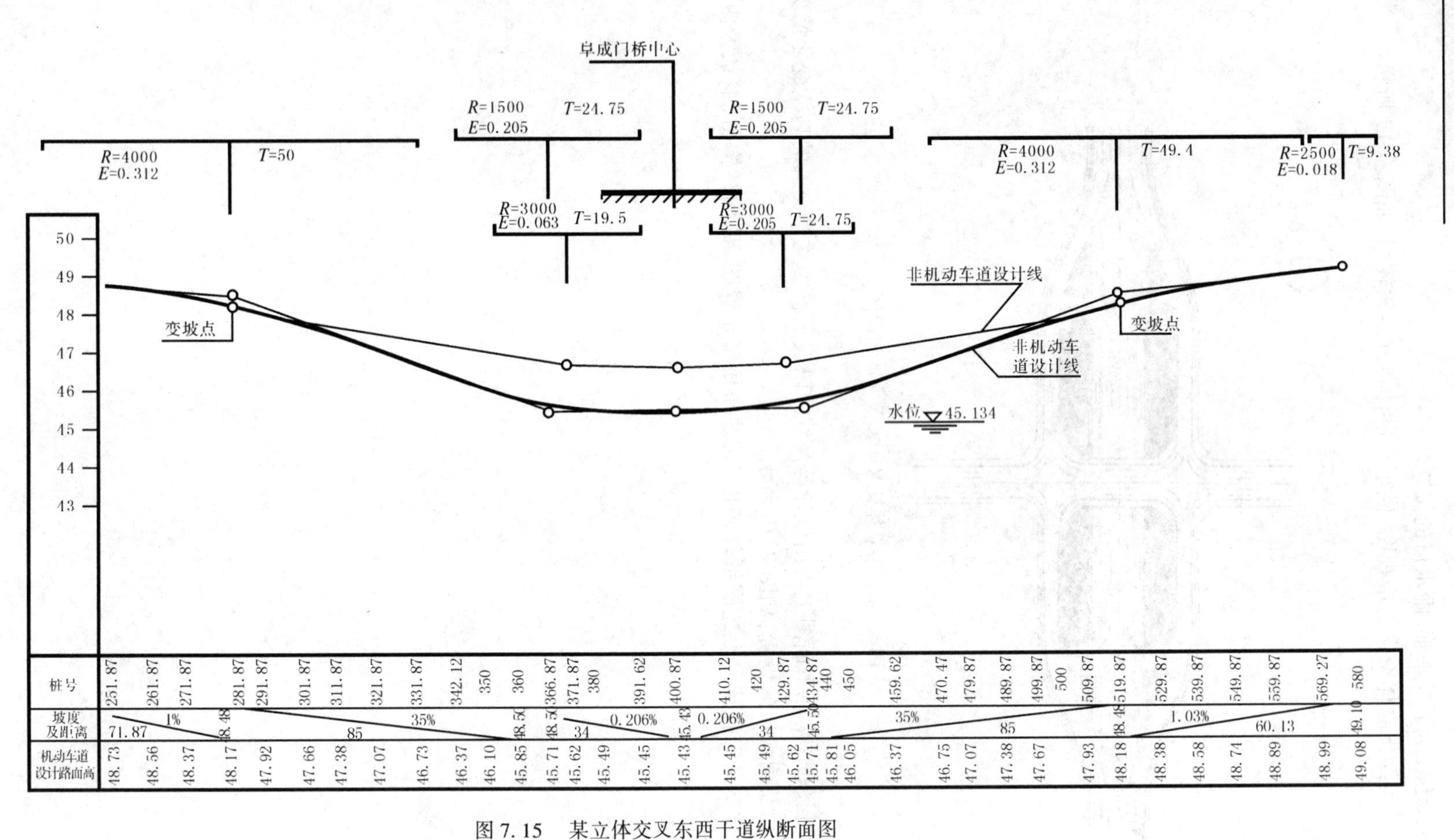

图 7.15　某立体交叉东西干道纵断面图

注：本资料表中只图示了机动车坡度及设计路面高。

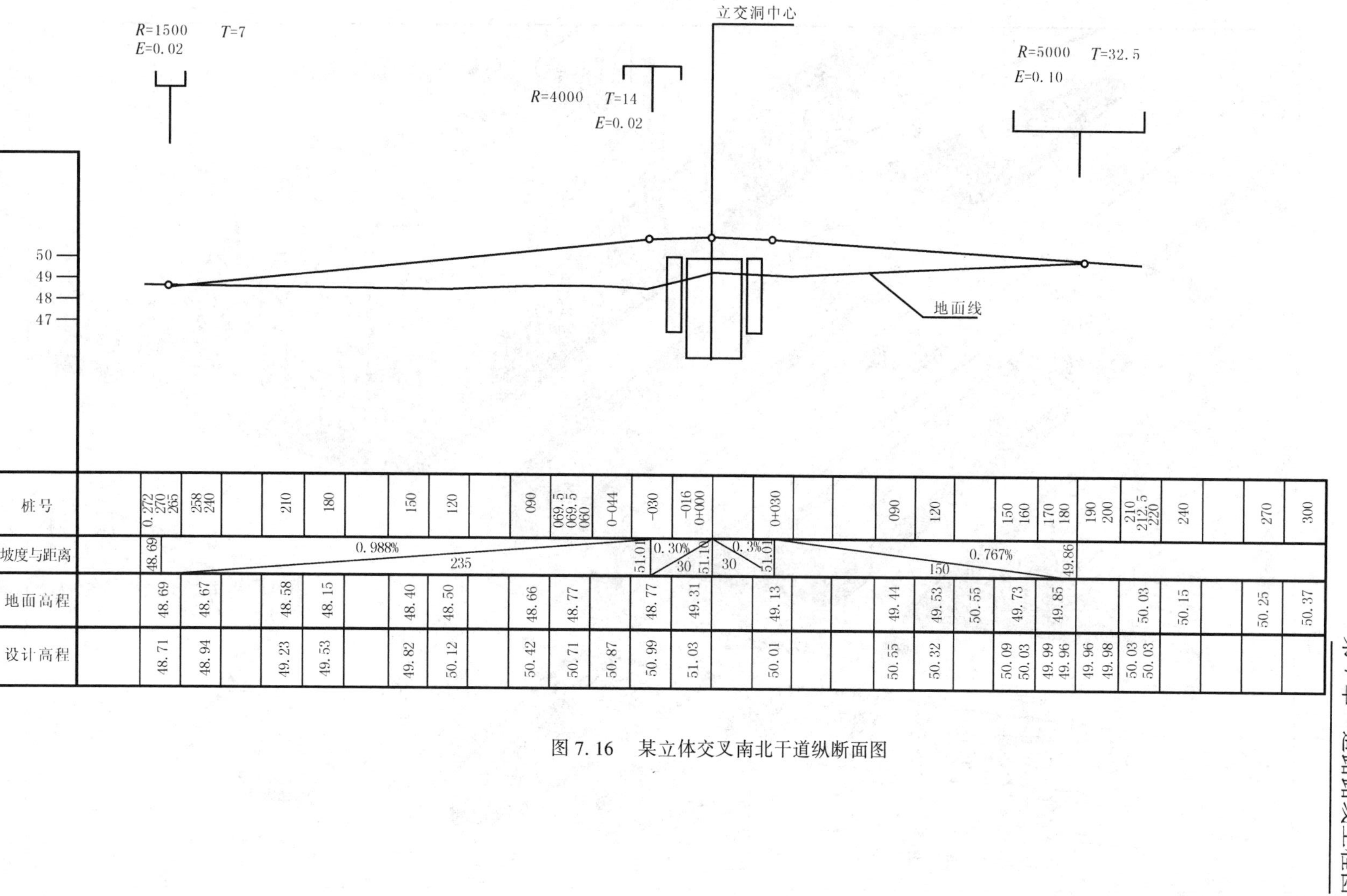

图7.16　某立体交叉南北干道纵断面图

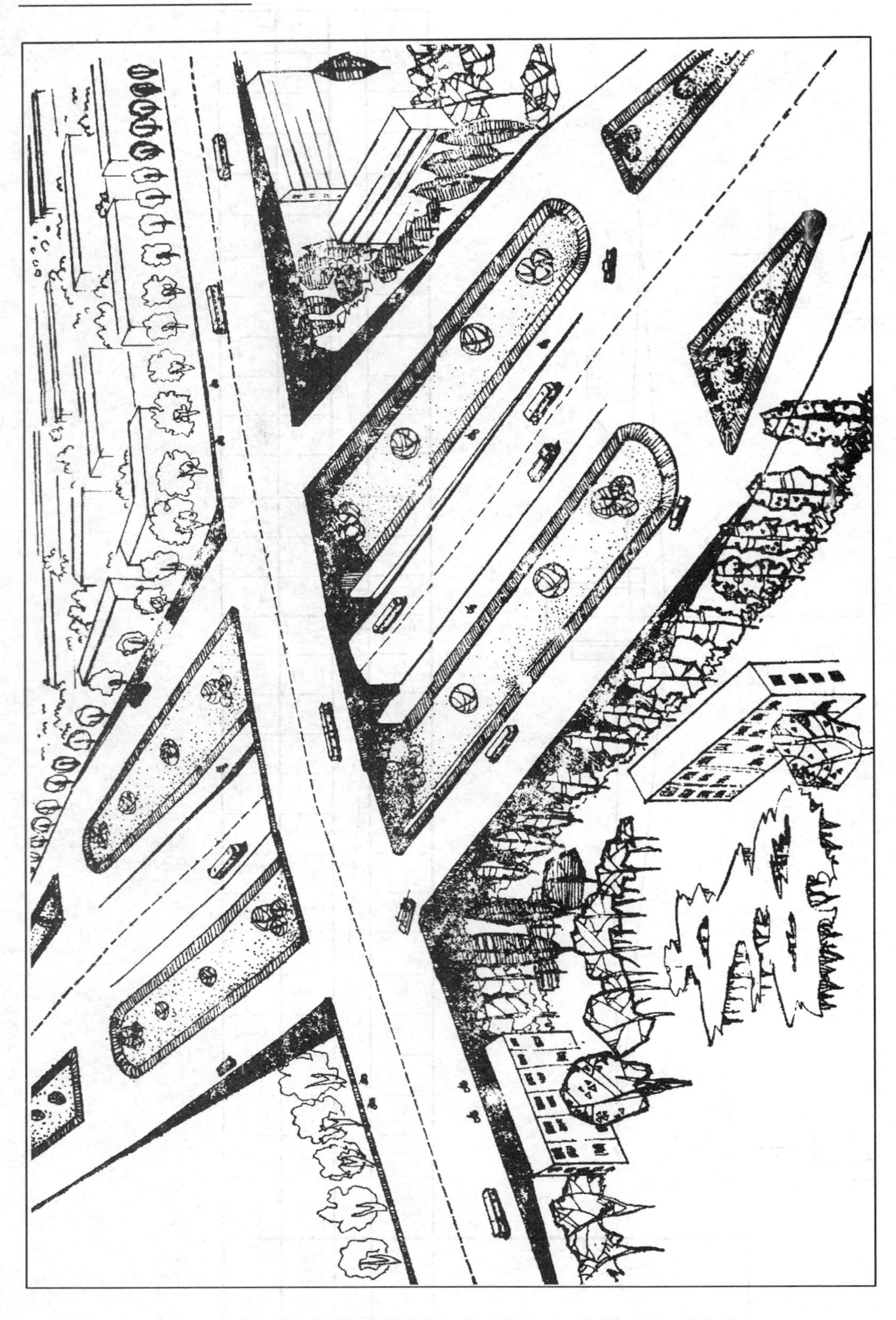

图 7.17　某立体交叉鸟瞰图

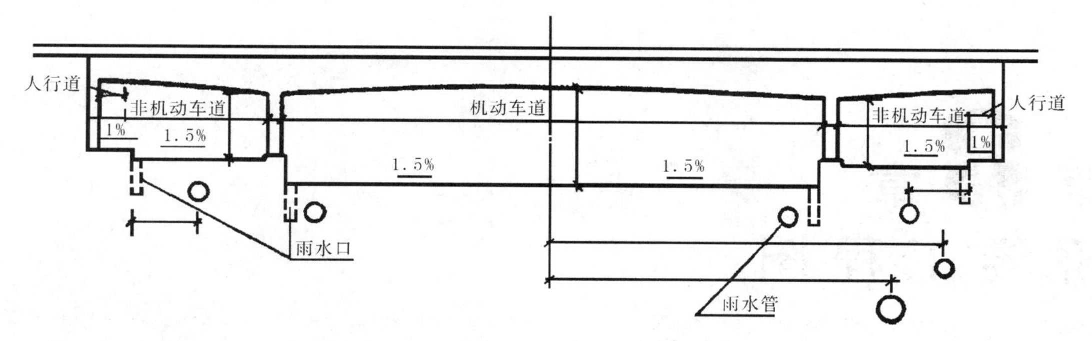

图 7.18　某立体交叉某干道横断面图

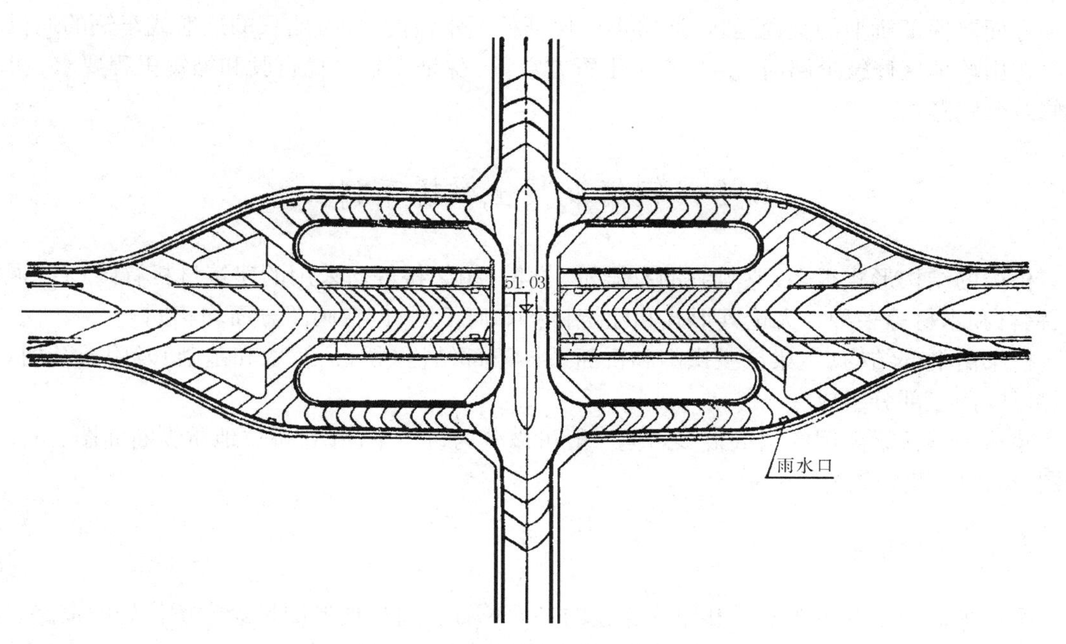

图 7.19　某立体交叉竖向设计图

第8章 桥隧工程图

道路路线遇到江河湖泊、山谷深沟以及其他线路(铁路或公路)等障碍时,为了保持道路的连续性,充分发挥其正常的运输能力,就需要建造专门的人工构造物——桥梁来跨越障碍。桥梁一方面要保证桥上的交通运行,通常也要保证桥下水流的宣泄、船只的通航或车辆的通行。

在山岭地区修筑道路时,为了减少土石方数量,保证车辆平稳行驶和缩短里程要求,可考虑修筑公路隧道。

8.1 钢筋混凝土梁桥工程图

桥梁的结构形式很多,常见到的有梁桥、拱桥、桁架桥等。采用的建筑材料有砖、石、混凝土、钢材和木材等多种。无论其形式和建筑材料如何不同,但在画图方面均相同。

桥梁由上部结构(主梁或主拱圈和桥面系)、下部结构(桥台、桥墩和基础)及附属结构(栏杆、灯柱等)三部分组成。

建造一座桥梁需用的图纸很多。但一般可以分为桥位平面图、桥位地质纵断面图、总体布置图、构件图和大样图等几种。

8.1.1 桥位平面图

桥位平面图主要表明桥梁和路线连接的平面位置,通过地形测量绘出桥位处的道路、河流、水准点、钻孔及附近的地形和地物(如房屋、老桥等),以便作为设计桥梁、施工定位的根据。这种图一般采用较小的比例,如1∶500,1∶1 000,1∶2 000等。

如图8.1所示为××桥的桥位平面图。除了表示路线平面形状、地形和地物外,还表明了钻孔、里程、水准点的位置和数据(BM)。

桥位平面图中的植被、水准符号等均应以正北方向为准,而图中文字方向则可按路线要求及总图标方向来决定。

8.1.2 桥位地质断面图

根据水文调查和钻探所得的地质水文资料,绘制桥位所在河床位置的地质断面图,包括河床断面线、最高水位线、常水位线和最低水位线,以便作为设计桥梁、桥台、桥墩和计算土石方工程数量的根据。地质断面图为了显示地质和河床深度变化情况,特意把地形高度(标高)的比

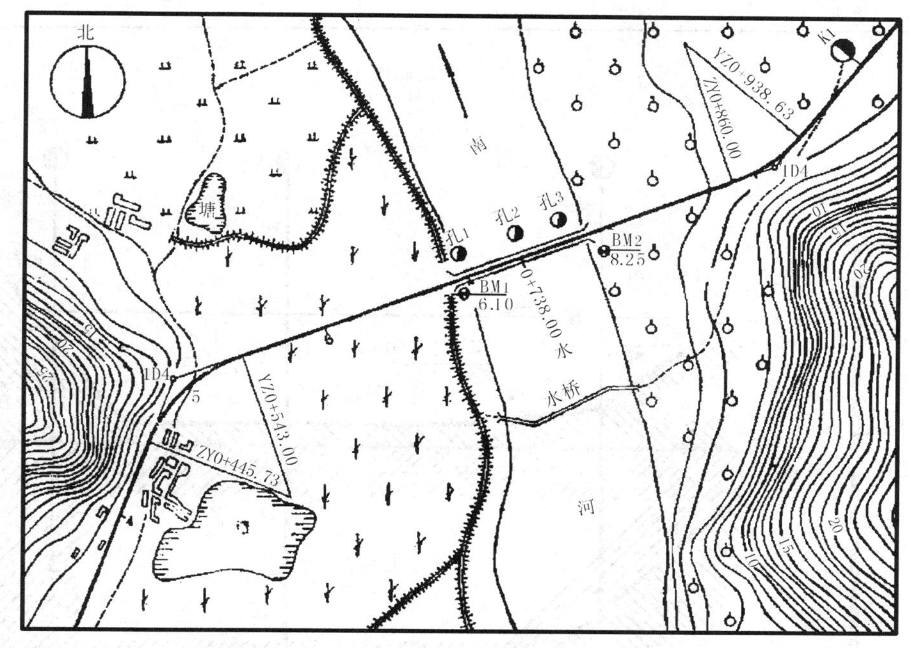

图 8.1　××桥桥位平面图

例较水平方向比例放大数倍画出，如图 8.2 所示。地形高度的比例采用 1∶200，水平方向例采用 1∶500。

8.1.3　桥梁总体布置图

总体布置图主要表明桥梁的形式、跨径、孔数、总体尺寸、各主要构件的相互位置关系、桥梁各部分的标高、材料数量以及总的技术说明等，作为施工时确定墩台位置、安装构件和控制标高的依据。如图 8.3 所示为一总长度为 91m，中心里程桩为 K149 + 320.00 的三孔 I 型桥梁总体布置图。立面图和平面图的比例均采用 1∶500，横剖面图则采用 1∶200。

(1)立面图

桥梁共有三孔，跨径为 20m + 30m + 30m，桥梁总长为 91m。在比例较小时，立面图的人行道和栏杆可不画出。

①下部结构　两端为重力式桥台，河床中间有 2 个双柱式桥墩，它由承台、立柱和基桩共同组成。桥墩承台的上、下盖梁系钢筋混凝土。

②上部结构　为简支梁桥，立面图的左侧设有标尺（以米为单位），以便于绘图时进行参照，也便于对照各部分标高尺寸来进行读图和校核。

总体布置图还反映了河床地质断面及水文情况。根据标高尺寸可以知道桩和桥台基础的埋置深度、梁底、桥台和桥中心的标高尺寸。由于混凝土桩埋置深度较大，为了节省图幅，连同地质资料一起，采用折断画法。图的上方还把桥梁两端和桥墩的工程桩号标注出来，以便读图和施工放样之用。

(2)平面图

从平面图上可以看出，本桥为弯桥。对照横剖面图可以看出桥面净宽为 11m，防撞栏杆两

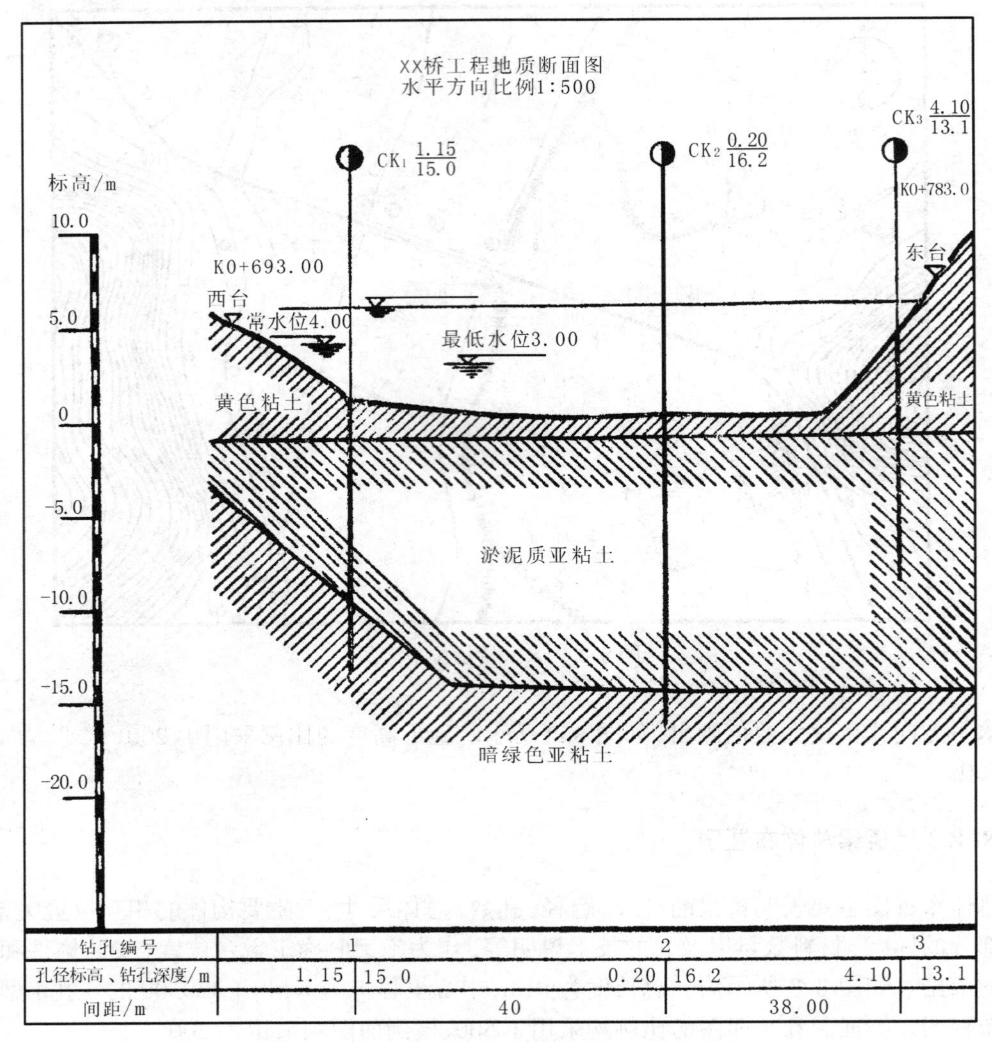

图 8.2　××桥桥位地质断面图

边各为 0.5m。

对照立面图 K149 + 332.80 的桩号上，桥墩经过剖切（立面图上没有画出剖切线），显示出桥墩中部是由 2 根空心圆柱所组成。左端是 U 形桥台的平面图，画图时，通常把桥台背后的回填土揭去，两边的锥形护坡也省略不画，目的使桥台平面图更为清晰。

(3) **横剖面图**

由 I—I 剖面图中可以看出桥梁的上部结构是由五片 I 梁组成，还可以看到桥面宽度和防撞栏杆的尺寸。为了更清楚地表示横剖面图，允许采用比立面图和平面图放大的比例画出。为了使剖面图清楚起见，每次剖切仅画所需要的内容。

8.1.4　构件结构图

在总体布置图中，桥梁的构件都没有详细完整地表达出来，因此单凭总体布置图是不能进

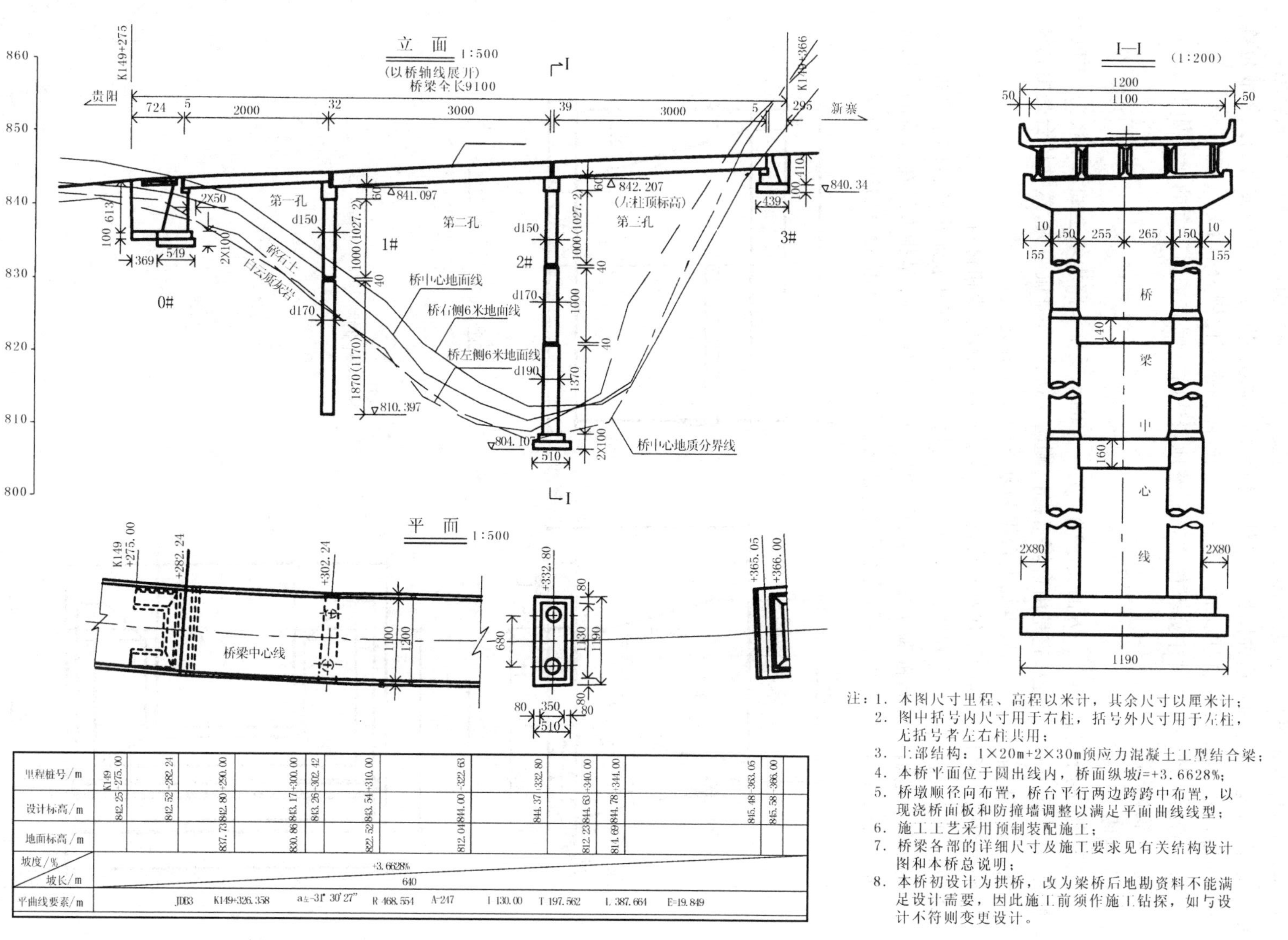

里程桩号/m	K149 +275.00	+282.21	+290.00	+300.00	+302.42	+310.00	+322.63	+332.80	+340.00	+344.00	+363.05	+366.00
设计标高/m	842.25	842.52	842.80	843.17	843.26	843.54	844.00	844.37	844.63	844.78	845.48	845.58
地面标高/m			837.73	830.86		822.52	812.04		812.23	814.69		
坡度/%	+3.6628%											
坡长/m	640											
平曲线要素/m	JD83	K149+326.358	a左=-31°30′27″	R 468.554	A=247	I 130.00	T 197.562	L 387.664	E=19.849			

注：1. 本图尺寸里程、高程以米计，其余尺寸以厘米计；
2. 图中括号内尺寸用于右柱，括号外尺寸用于左柱，无括号者左右柱共用；
3. 上部结构：1×20m+2×30m预应力混凝土工型结合梁；
4. 本桥平面位于圆出线内，桥面纵坡i=+3.6628%；
5. 桥墩顺径向布置，桥台平行两边跨跨中布置，以现浇桥面板和防撞墙调整以满足平面曲线线型；
6. 施工工艺采用预制装配施工；
7. 桥梁各部的详细尺寸及施工要求见有关结构设计图和本桥总说明；
8. 本桥初设计为拱桥，改为梁桥后地勘资料不能满足设计需要，因此施工前须作施工钻探，如与设计不符则变更设计。

图 8.3　××桥桥型布置图

行制作和施工的,为此还必须根据总体布置图采用较大的比例把构件的形状、大小完整地表达出来,才能作为施工的依据,这种图称为构件结构图,简称构件图,由于采用较大的比例故也称为详图,如桥台图、桥墩图、主梁图和栏杆图等。构件图的常用比例为 1∶10～1∶50。

当构件的某一局部在构件中如不能清晰完整地表达时,则应采用更大的比例如 1∶3～1∶10 等来画局部放大图。

(1)桥台图

桥台是桥梁的下部结构,一方面支承梁,另一方面承受桥头路堤填土的水平推力。如图 8.4 所示,为常见的 U 形桥台,它是由台帽、台身、侧墙(翼墙)和基础组成,这种桥台是由胸墙和两道侧墙垂直相连成"U"字形,再加上台帽和基础两部分组成。

①纵剖面图　采用纵剖面图代替立面图,显示了桥台内部构造和材料。

②平面图　设想主梁尚未安装,后台也未填土,这样就能清楚地表示出桥台的水平投影。

③侧面图　是由 1/2 台前和 1/2 台后两个图合成。所谓台前,是指人站在河流的一边顺着路线观看桥台前面所得的投影图;所谓台后,是站在堤岸一边观看桥台背后所得的投影图。

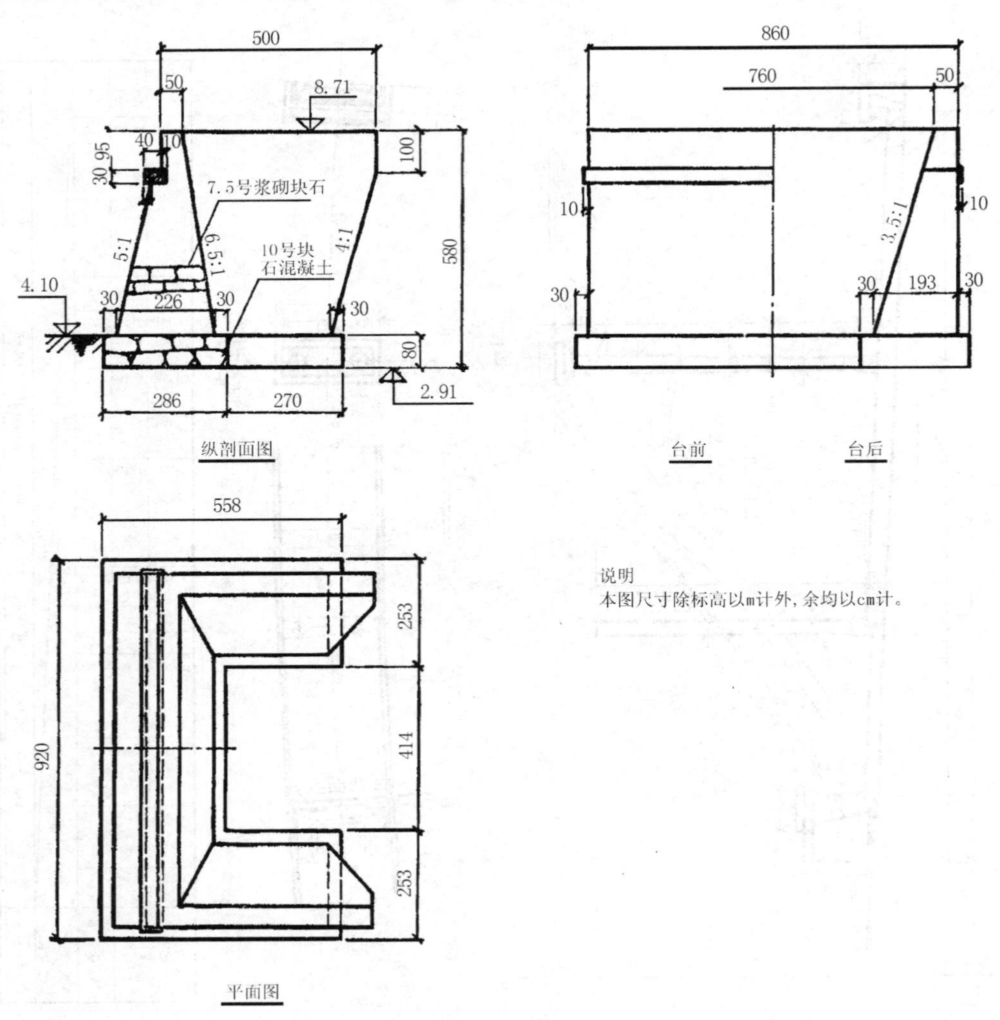

图 8.4　U 形桥台

(2)桥墩图

桥墩和桥台一样同属桥梁的下部结构。图 8.5 所示为××桥桥墩构造图,采用了立面、平面和侧面的三个投影图。

从结构图可以看出，下面是两根直径为 150cm 的钢筋混凝土立柱，柱与柱之间有一根尺寸为 90cm × 110cm 的矩形横系梁,上面是帽梁,帽梁上还标有支座的位置和尺寸。

图 8.6 所示为××桥桥墩的钢筋布置图。从图上可看出,桥墩的纵向受力钢筋 N1,是采用直径为 28cm 的 II 级钢筋，间距为 17.54cm。箍筋采用两种规格，N3 – 1 和 N2，直径分别为 10cm 和 20cm 的 I 级钢筋。

(3)主梁图

图 8.7 所示为××桥混凝土空心板钢筋布置图。

图 8.8 所示为横隔板配筋图。横隔板能保证主梁的整体稳定性,横隔板在接缝处都预埋了钢板,在架好梁后通过预埋钢板焊接成整体,使各梁能共同受力。

(4)人行道及栏杆图

图 8.9 所示为××桥栏杆图。

8.2　斜 拉 桥

斜拉桥是我国新发展的一种桥梁，它和上述钢筋混凝土梁桥外形的不同点是除了钢筋混凝土梁（连续梁)之外,还有主塔和形成扇状的拉索,三者形成一个统一体,并且可选用较大的跨度。

图 8.10 所示为一座双塔单索面钢筋混凝土斜拉桥总体布置图,主跨为 165m,两旁边跨各为 80m,两边引桥部分断开不画。

①立面图　由于采用较小的比例 1: 2 000,故仅画桥梁的外形不画剖面。梁高仍用 2 条粗线表示,最上面加一条细线表示桥面高度,横隔梁、人行道和栏杆均省略不画。

桥墩是由承台和钻孔灌注桩所组成,它和上面的塔柱固结成一整体,使荷载能稳妥地传递到地基上。立面图还反映了河床起伏（地质资料另有图,此处从略)及水文情况。根据标高尺寸可知桩和桥台基础的埋置深度、梁底、桥面中心和通航水位的标高尺寸。

②平面图　以中心线为界,左半画外形,显示了人行道和桥面的宽度,并显示了塔柱断面和拉索。右半是把桥的上部分揭去后,显示桩位的平面布置图。

③横剖面图　采用较大的比例 1: 60 画出，从图中可以看出梁的上部结构，桥面总宽为 29m、两边人行道包括栏杆为 1.75m、车道为 11.25m、中央分隔带为 3m、塔柱高为 58m。同时还显示了拉索在塔柱上的分布尺寸、基础标高和灌注桩的埋置深度等。

对箱梁剖面,另用更大的比例 1: 20 画出,显示单箱三室钢筋混凝土梁的各主要部分尺寸。

图 8.10 为方案比较图，仅把内容和图示特点作简要的介绍，许多细部尺寸和详图均没有画出。

8.3　钢 结 构 图

所谓钢结构,就是通过用铆钉、螺栓或焊接的方法,把各种型钢如角钢、工字钢、槽钢和钢板等连接起来的结构物。钢结构图通常可分为总图、节点图、杆件图及零件图。

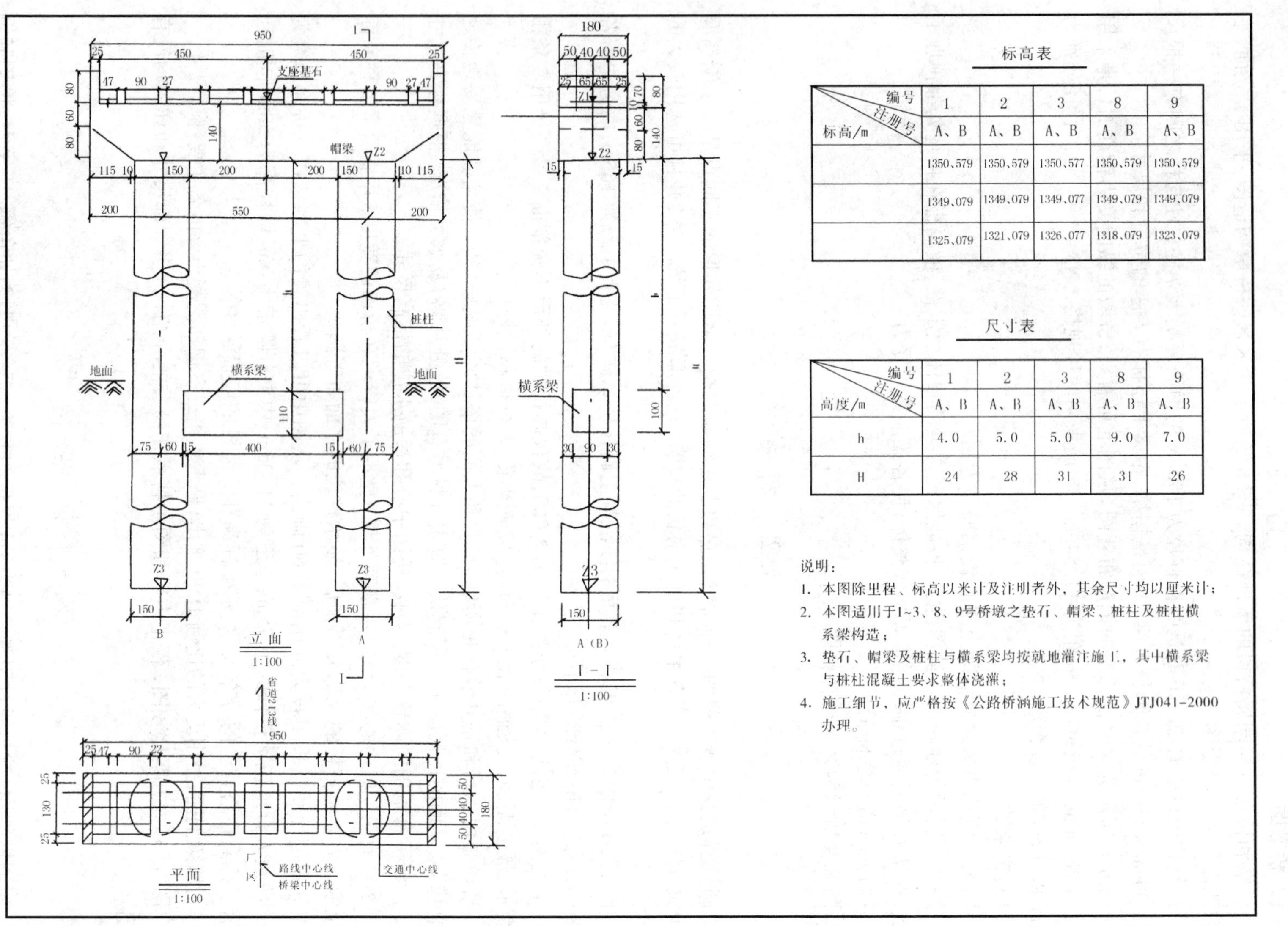

标高表

标高/m ＼ 注册号 ＼ 编号	1	2	3	8	9
	A、B	A、B	A、B	A、B	A、B
	1350,579	1350,579	1350,577	1350,579	1350,579
	1349,079	1349,079	1349,077	1349,079	1349,079
	1325,079	1321,079	1326,077	1318,079	1323,079

尺寸表

高度/m ＼ 注册号 ＼ 编号	1	2	3	8	9
	A、B	A、B	A、B	A、B	A、B
h	4.0	5.0	5.0	9.0	7.0
H	24	28	31	31	26

说明：

1. 本图除里程、标高以米计及注明者外，其余尺寸均以厘米计；
2. 本图适用于1~3、8、9号桥墩之垫石、帽梁、桩柱及桩柱横系梁构造；
3. 垫石、帽梁及桩柱与横系梁均按就地灌注施工，其中横系梁与桩柱混凝土要求整体浇灌；
4. 施工细节，应严格按《公路桥涵施工技术规范》JTJ041-2000办理。

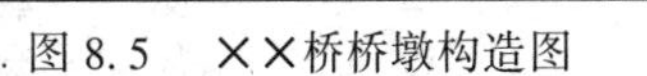
图 8.5　××桥桥墩构造图

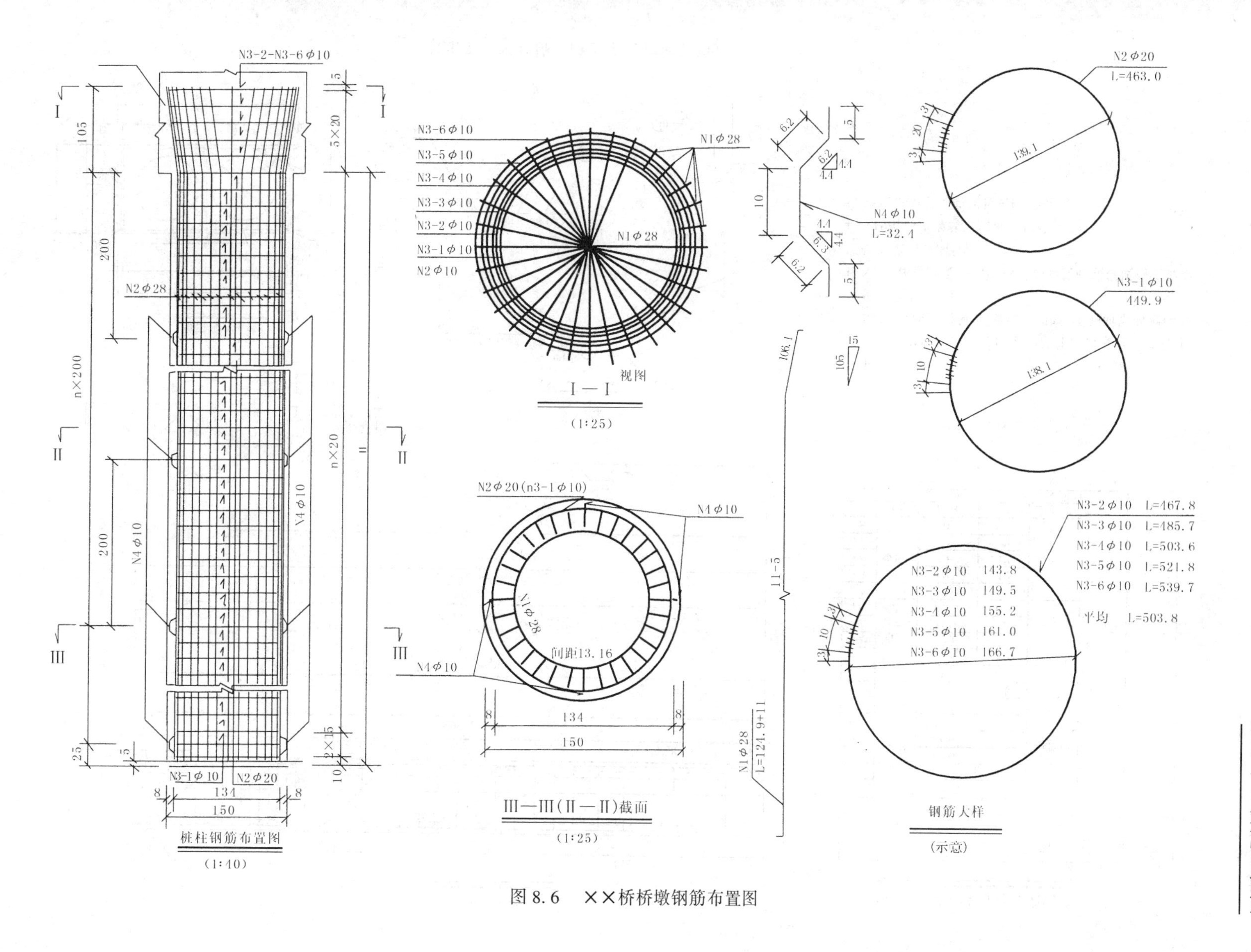

图 8.6　××桥桥墩钢筋布置图

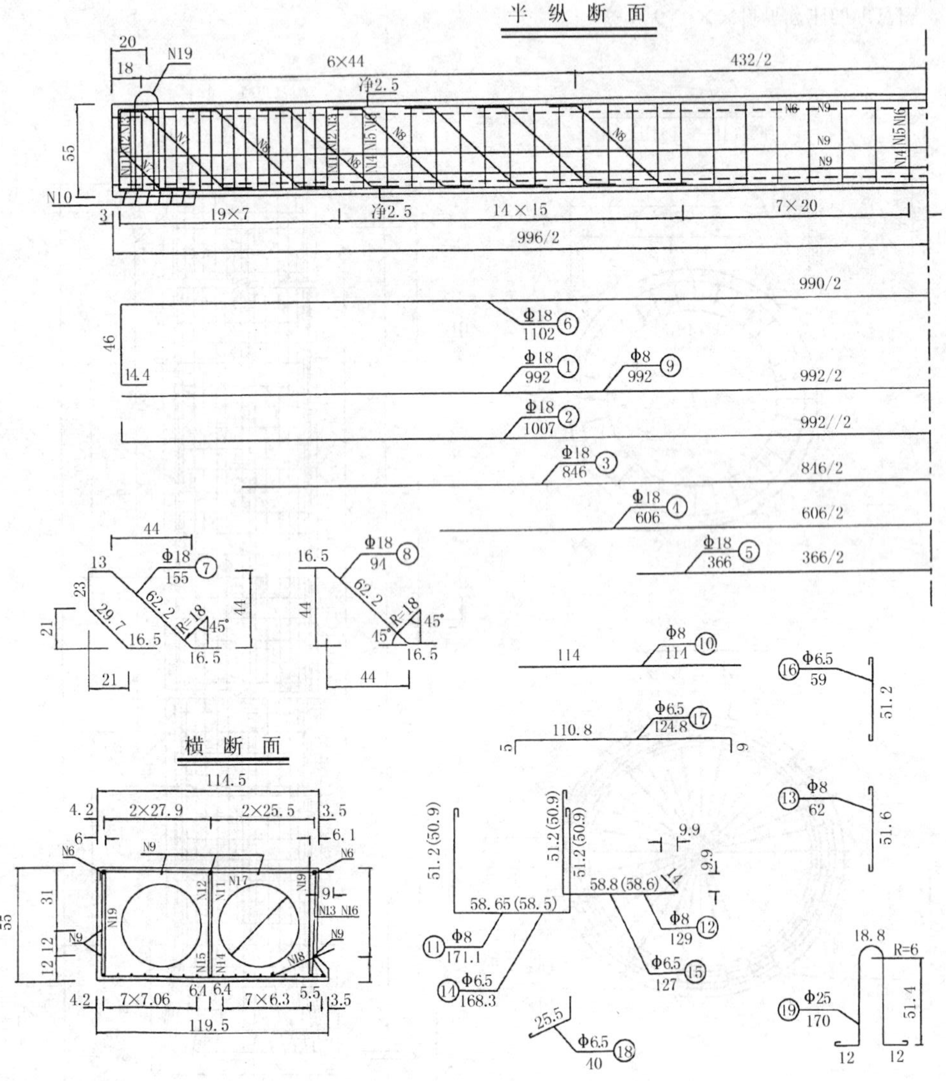

半 纵 断 面

横 断 面

一块板材料数量表

编号	直径 /mm	每根长度 /cm	根数	共重 /kg	25号砼 /m³	安装重量 /t
1	Φ18	992	2	402.12	3.91	10.2
2		1007	6			
3		846	6			
4		606	2			
5		366	2			
6		1102	2			
7		155	4			
8		94	24			
9	Φ8	992	6	84.83		
10		114	14			
11		171.1	40			
12		129	40			
13		62	40			
14	Φ6.5	168.3	42	74.39		
15		127	42			
16		59	42			
17		124.8	82			
18		40	82			
19	Φ25	170	4	26.18		
总计				587.52		

附注：

1. 本图尺寸除钢筋直径以毫米计外，其余均以厘米计；
2. N17，N18筋的预留长度，在块件预制时紧贴侧模弯折，脱模后扳出；
3. N1与N6筋以及N1,N6与N7,N8斜筋必须焊成钢筋骨架，焊缝采用双面焊；
4. N19吊环两脚贴于N1内侧焊接；
5. 砼数量中包括两端封头砼数量。

图 8.7　××桥混凝土空心板钢筋布置图

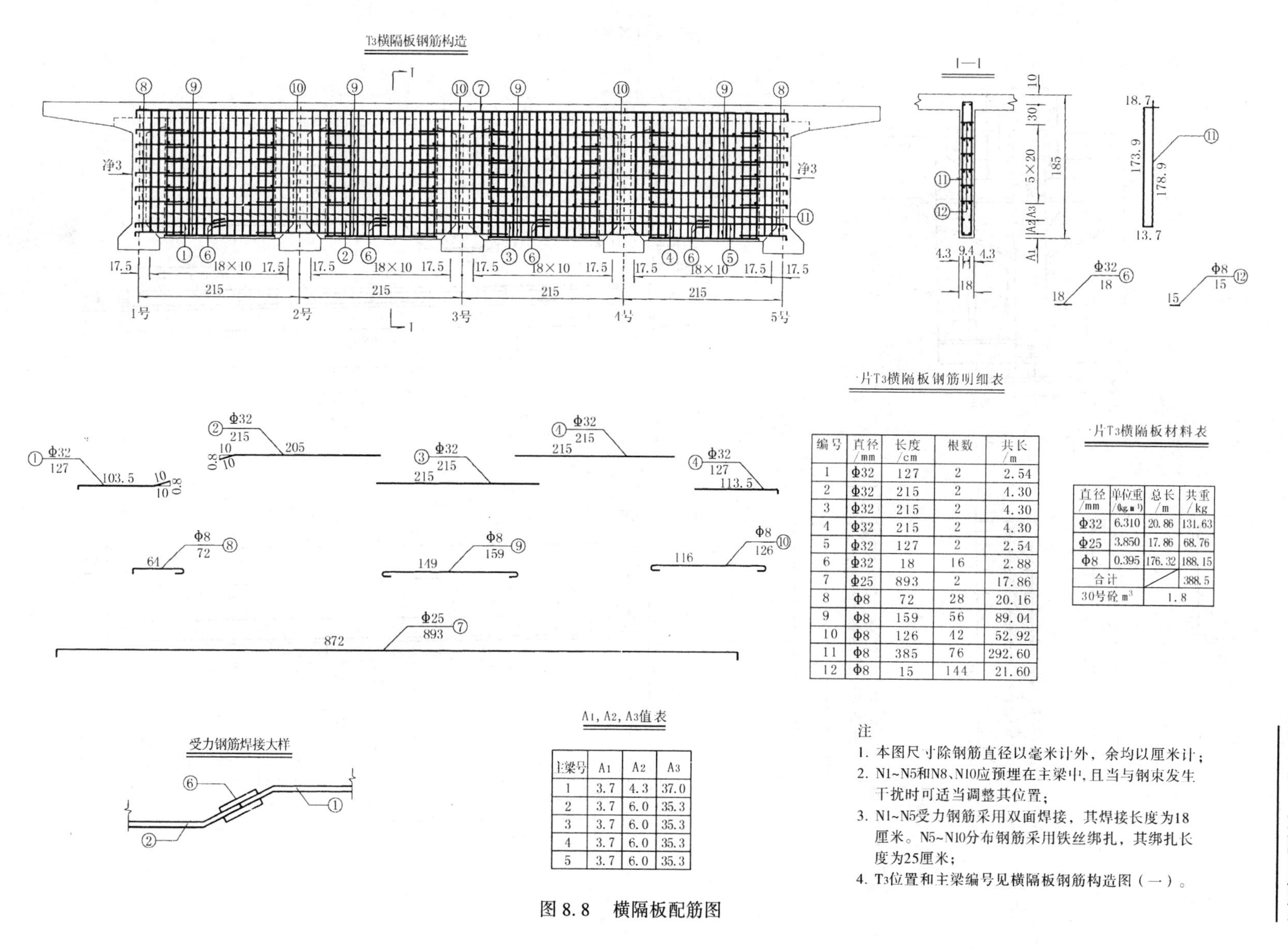

一片T3横隔板钢筋明细表

编号	直径/mm	长度/cm	根数	共长/m
1	Φ32	127	2	2.54
2	Φ32	215	2	4.30
3	Φ32	215	2	4.30
4	Φ32	215	2	4.30
5	Φ32	127	2	2.54
6	Φ32	18	16	2.88
7	Φ25	893	2	17.86
8	Φ8	72	28	20.16
9	Φ8	159	56	89.04
10	Φ8	126	42	52.92
11	Φ8	385	76	292.60
12	Φ8	15	144	21.60

一片T3横隔板材料表

直径/mm	单位重/(kg·m⁻¹)	总长/m	共重/kg
Φ32	6.310	20.86	131.63
Φ25	3.850	17.86	68.76
Φ8	0.395	176.32	188.15
合计			388.5
30号砼 m^3	1.8		

A_1, A_2, A_3值表

主梁号	A_1	A_2	A_3
1	3.7	4.3	37.0
2	3.7	6.0	35.3
3	3.7	6.0	35.3
4	3.7	6.0	35.3
5	3.7	6.0	35.3

注

1. 本图尺寸除钢筋直径以毫米计外，余均以厘米计；
2. N1~N5和N8、N10应预埋在主梁中，且当与钢束发生干扰时可适当调整其位置；
3. N1~N5受力钢筋采用双面焊接，其焊接长度为18厘米。N5~N10分布钢筋采用铁丝绑扎，其绑扎长度为25厘米；
4. T3位置和主梁编号见横隔板钢筋构造图（一）。

图 8.8 横隔板配筋图

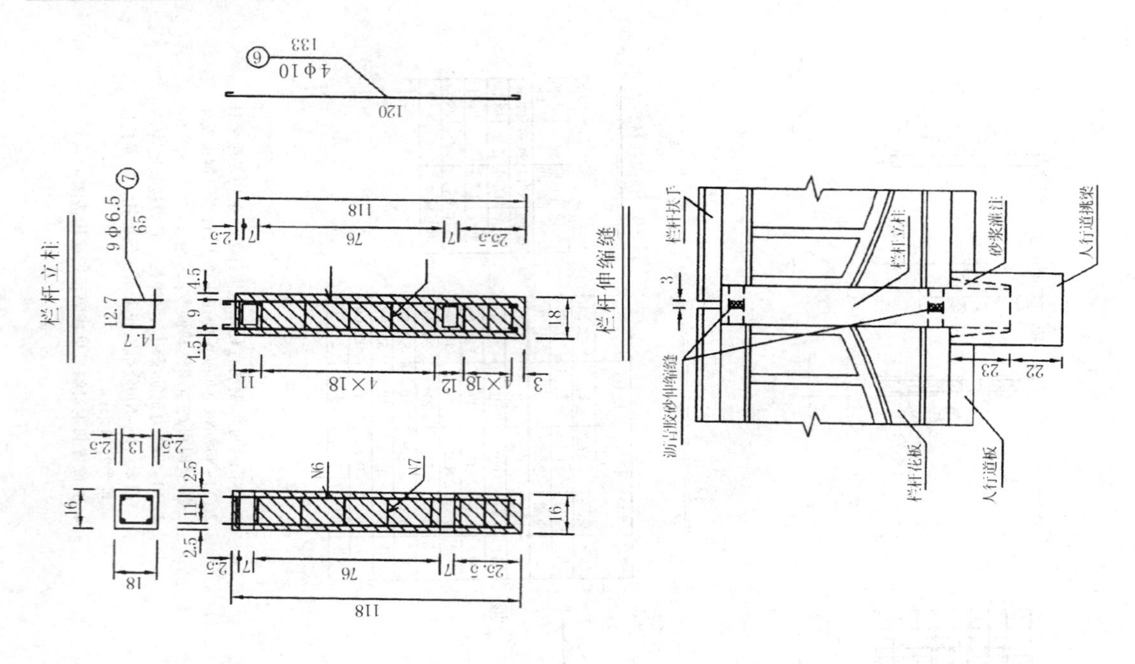
栏杆立柱
9Φ6.5
65
4Φ10
133
120
118
栏杆伸缩缝
栏杆扶手
栏杆立柱
砂浆灌注
人行道挑梁
沥青胶砂伸缩缝
栏杆花板
人行道板

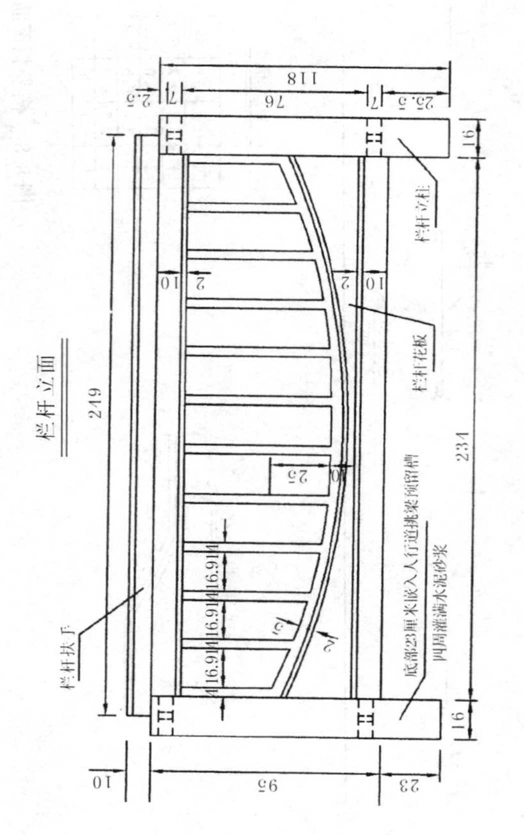
栏杆立面
249
118
栏杆立柱
栏杆花板
栏杆扶手
底部23厘米嵌入人行道挑梁预留槽
四周灌满水泥砂浆
234

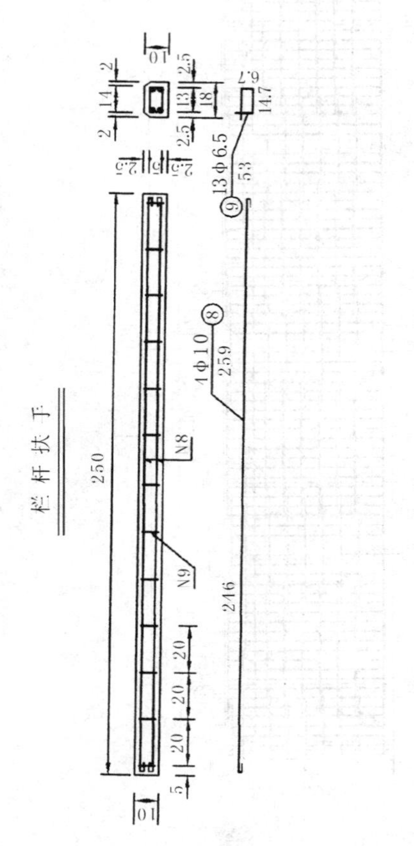
栏杆扶手
250
1Φ10
259
13Φ6.5
53
246

图 8.9　××桥栏杆图

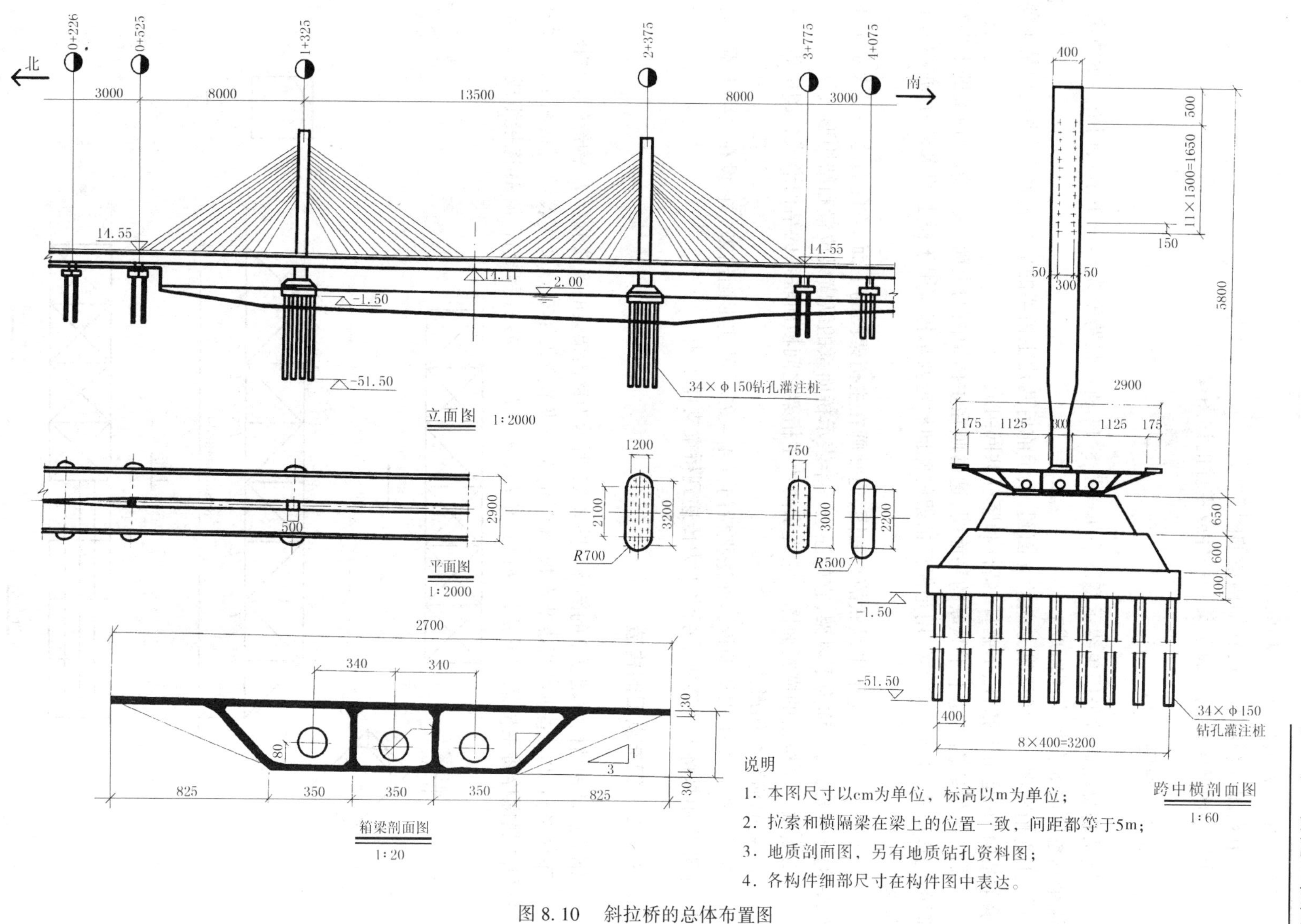

说明

1. 本图尺寸以cm为单位，标高以m为单位；
2. 拉索和横隔梁在梁上的位置一致，间距都等于5m；
3. 地质剖面图，另有地质钻孔资料图；
4. 各构件细部尺寸在构件图中表达。

图 8.10　斜拉桥的总体布置图

①总图　表示整个钢结构的图。

②节点图　表示节点的详细构造的图。

③杆件图及零件图　表示某一杆件或零件的详图。

8.3.1　总图

钢结构总图通常采用单线示意图表示。图 8.11 所示是跨度为 64m 下承式钢桁梁示意图，这个示意图由 5 个投影图组成。

①主桁架图　是桥梁纵方向的立面图，表示前后两片主桁架的形状和大小。主桁架是主要承重结构，它是由上弦杆、下弦杆、斜杆和竖杆共同组成。

②上平纵联图　是上平纵联的平面图，通常画在主桁架图的上面，表示桁梁顶部的上平纵联的结构形式。上平纵联的作用是保证桁架的侧向稳定及承担作用于桥上的水平力，亦称为上风架。

③下平纵联图　是下平纵联的平面图，通常画在主桁架图的下面。它的右边一半表示下平纵联的结构形式，亦称为下风架；它的左边一半表示桥面系的纵横梁位置和结构形式。

④横联　是桥梁的横断面图，它表示两片主桁架之间横向联系的结构形式，图中表示了 A_3-E_3 处的横联结构形式。

⑤桥门架　是采用辅助投影面法把桥门（A_1-E_0）的实形画出来。它设在主梁末端支座上，主要作用是将上风架所承受水平力传递到桥梁支座上去。

8.3.2　钢节点图的构造

钢节点是钢结构中较复杂的部分。图 8.12 所示为钢桁架梁的下弦节点 E_2 构造的立体图。

下弦节点 E_2，是通过两块节点板 (1)（前面一块节点板用双点画线表示）、接板 (2)、填板 (3) 和高强螺栓将主桁架的下弦杆 E_1E_2、E_2E_3、斜杆 E_2A_1、E_2A_3 和竖杆 E_2A_2 连接组成。

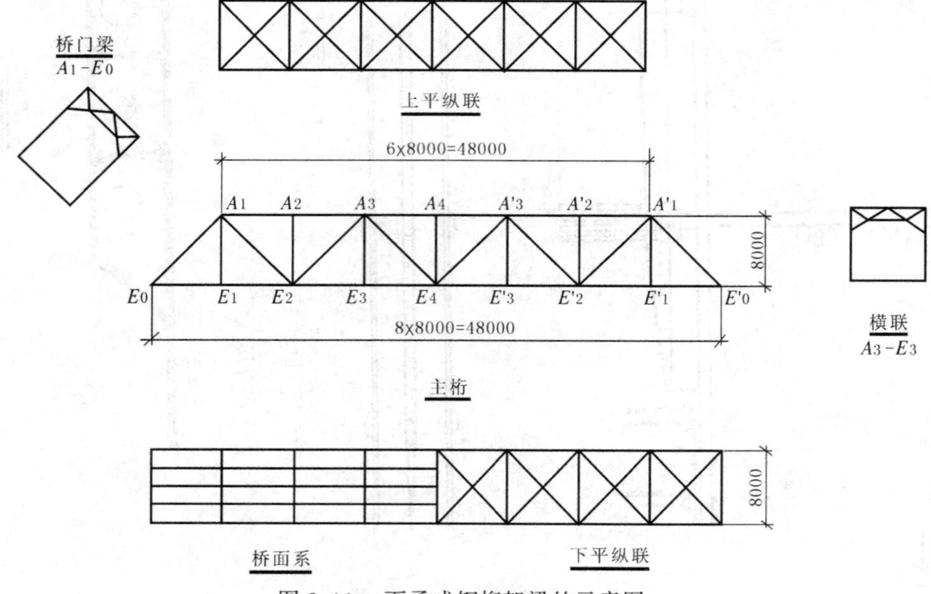

图 8.11　下承式钢桁架梁的示意图

节点 E_2 除了连接主桁架上述的交汇杆件外，还通过接板 (4_a)、(4_b)、填板(5)和角钢(图中没有画出)把横梁 L_2(采用局部断裂画法)和下风架 L_3、L_4 连接起来。

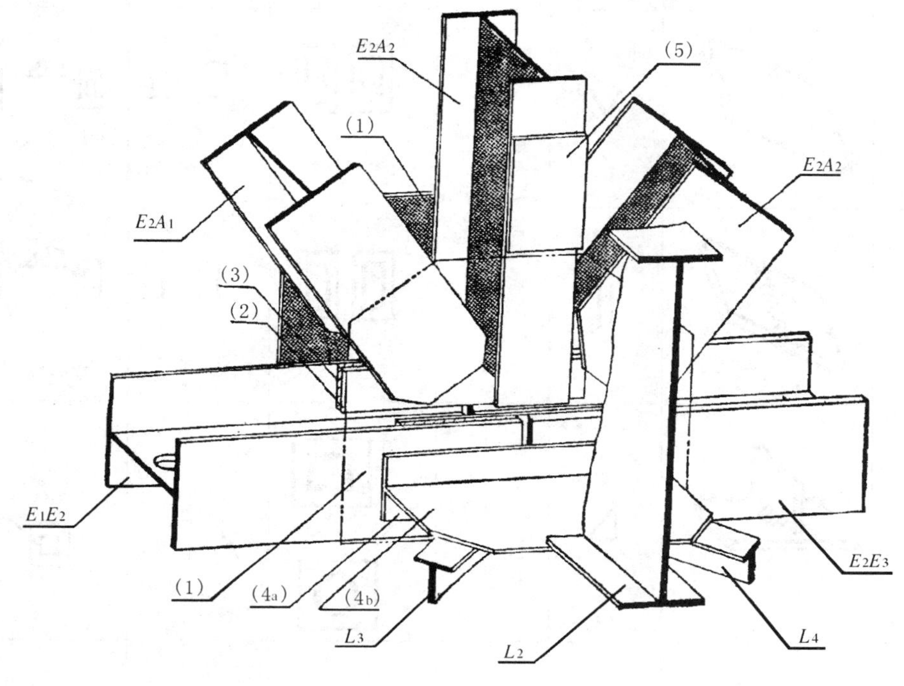

图 8.12　节点 E_2 构造立体图

8.3.3　钢结构的焊接

焊接是目前钢结构中主要的连接方法。表示钢结构的焊缝，一般都采用标注法，它是采用箭头引出线的形式，如图 8.13 所示，将焊缝符号标注在指引线的横线上，必要时可在横线末端加一尾部作其他说明之用，如焊接方法等。图形符号表示焊缝断面的基本形式。如 V 形、I 形、角焊和塞焊等，常用的图形符号和辅助符号如表 8.1 所示。

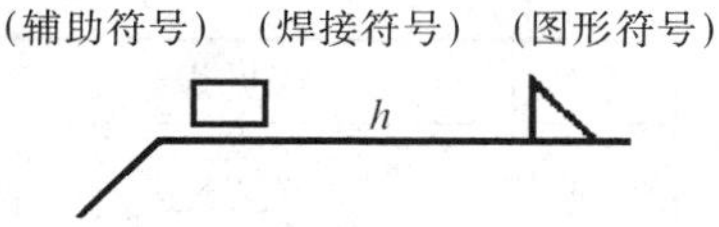

(辅助符号)　(焊接符号)　(图形符号)

h

图 8.13　焊缝代号标注

当比例较大时，还可加上图示法来表示，它是把可见焊缝用带弧形细实线的栅线来标注，而把不可见焊缝用实线表示，如表 8.2 所示。

8.3.4　钢节点图

钢结构节点图除采用常用的投影图外，还配合用剖、断面和斜视图(投影在和倾斜表面平行的辅助投影面上画出的视图)等方法来表示，钢结构图的尺寸单位一概采用毫米，常用比例为 1∶10～1∶20。

图 8.14 所示为钢结构节点 E_2 详图，通常是画出后片主桁架的节点图。

①立面图　是节点图主要投影图，它没有把横梁和下风架等杆件画出来，而只画出它们的接板 (4_a)，这样可以更清楚地显示各杆件和接点板连接的构造。螺孔用小黑圆点表示，还要注出螺孔的定位尺寸和杆件的装配尺寸，如 E_2A_3 杆件中的 3×80、50 和 521。

表 8.1　焊缝的图形符号和辅助符号

焊缝名称	焊缝形式	图形符号	符号名称	焊缝形式	辅助符号	标注方式
V 形		V	三面焊缝符　号		[ ]	h h
I 形		‖			⊓ ⊔	h h
角焊		◺	周围焊缝符　号			h
塞焊		⊓	现场安装焊缝符号			h

表 8.2　加注图示法表示焊缝

名称	可见焊缝	不可见焊缝	可见与不可见焊缝重缝
图例	h	h	h

在立面图的周围（包括平面图和侧面图），还画出了各杆件的斜视图来表示各杆件断面的形状及构造尺寸。在 E_2A_3 中的 2 口 460 × 16 × 12660，1 口 426 × 12 × 12660，表示该杆件是由两块尺寸为 460 × 16 × 12660 和一块尺寸为 426 × 12 × 12660 的钢板，通过焊接组成工字梁形式。

②平面图　采用拆卸画法把竖杆和斜杆移去画出下弦杆和节点板、接板、填板的连接构造，在图中一般均不画剖面线，而对于填板，不论剖切与否，习惯上均画上剖面线。

③侧面图　采用 I－I 剖面和拆卸画法把斜杆移去，把竖杆和节点板的连接、竖杆和横梁的连接画出来。

在施工图中，对于非标准构件还必须单独画出并注明详细尺寸及连接方法，这种图称为杆件图或零件图。

8.4　桥梁图读图和画图步骤

8.4.1　读图

(1)方法

桥梁虽然是庞大而又复杂的建筑物,但它总是由许多构件所组成,只要了解了每一个构件的形状和大小,再通过总体布置图把它们联系起来,弄清彼此之间的关系,就不难了解整个桥梁的形状和大小了。因此必须把整个桥梁图由大化小、由繁化简,各个击破,解决整体。也就是先由整体到局部,再由局部到整体的反复过程。看图的时候,决不能单看一个投影图,而是要同其他有关投影图联系起来,包括总图或详图、钢筋明细表、说明等。

(2)看图步骤

① 先看图纸右下角的标题栏和附注,了解桥梁名称、种类、主要技术指标、施工措施、比例、尺寸单位等。

② 看总体图,弄清各投影图的关系,如有剖、断面,则要找出剖切线位置和观察方向。看图时,应先看立面图(包括纵剖面图),了解桥型、孔数、跨径大小、墩台数目、总长、总高,了解河床断面及地质情况,再对照看平面图和侧面、横剖面等投影图,了解桥的宽度、人行道的尺寸和主梁的断面形式等。这样,对桥梁的全貌便有一个初步的了解。

③ 分别阅读构件图和大样图,搞清构件的全部构造。

④ 了解桥梁各部分所使用的建筑材料,并阅读工程数量表、钢筋明细表及说明等。

⑤ 看懂桥梁图后,再看尺寸,进行复核,检查有无错误或遗漏。

⑥ 各构件图看懂之后,再回过头来阅读总体图,了解各构件的相互配置及装置尺寸,直到全部看懂为止。

8.4.2　画图

绘制桥梁工程图,基本上和其他工程图一样,有着共同的规律。现以图 8.15 为例说明画图的方法和步骤,首先是确定投影图数目(包括剖面、断面)、比例和图纸尺寸。

图 8.15d)为一桥梁总体布置图,按规定画立面、平面和横剖面三个投影图。立面图和平面图一半画外形,另一半画剖面;横剖面图则由二个半剖面图合并而成。

各类图样由于要求不一样,采用的比例也不相同。表 8.3 为桥梁图常用比例参考表。

图 8.15 所示为桥梁布置图的画图步骤,按表选用 1:100 比例,横剖面图采用 1:50 比例。当投影图数目、比例和图纸尺寸决定之后便可以进行画图了。

画图的步骤:

①布置和画出各投影图的基线　根据所选定的比例及各投影图的相对位置把它们均匀地分布在图框内,布置时要注意空出图标、说明、投影图名称和标注尺寸的地方。当投影图位置确定之后便可以画出各投影图的基线,一般选取各投影图的中心线作为基线,图 8.15a)中的立面图是以梁底标高线作为水平基线,其余则以对称轴线作为基线。立面图和平面图对应的铅直中心线要对齐。

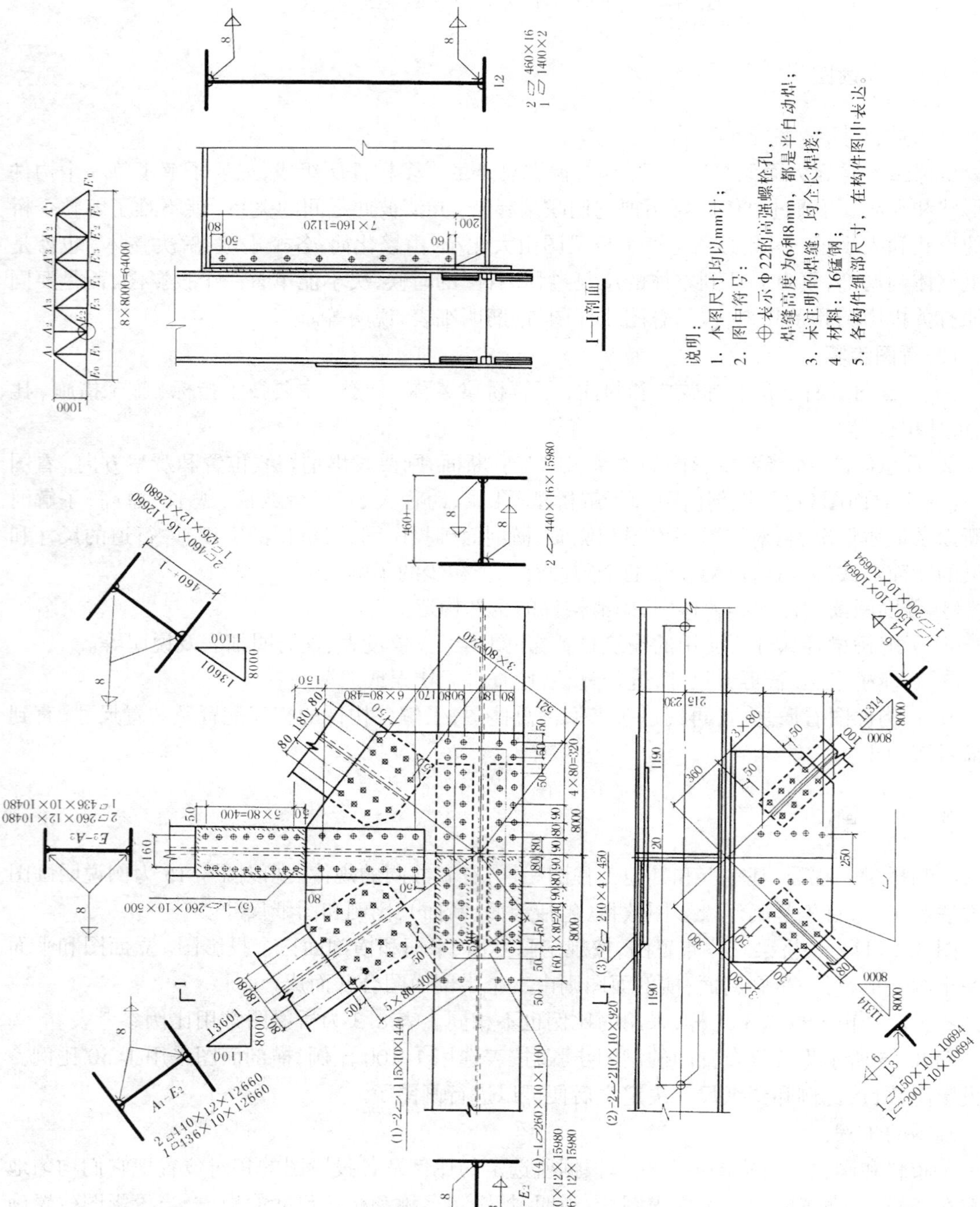

I—I剖面

说明：

1. 本图尺寸均以mm计；
2. 图中符号：

   ⊕表示Φ22的高强螺栓孔，

   焊缝高度为6和8mm，都是半自动焊；
3. 未注明的焊缝，均全长焊接；
4. 材料：16锰钢；
5. 各构件细部尺寸，在构件图中表达。

图 8.14　钢结构节点E详图

表 8.3　桥梁图常用比例参考表

项目	图名	说　明	比　例
1	桥位图	表示桥位及路线的位置及附近的地形、地物情况。对于桥梁、房屋及农作物等只画出示意性符号	1:500 ~ 1:2 000
2	桥位地质断面图	表示桥位处的河床、地质断面及水文情况，为了突出河床的起伏情况，高度比例较水平方向比例放大数倍画出	1:100 ~ 1:500 高度方向比例 1:500 ~ 1:2 000 水平方向比例
3	桥梁总体布置图	表示桥梁的全貌、长度、高度尺寸、通航及桥梁各构件的相互位置。 横剖面图可较立面图放大 1 ~ 2 倍画出	1:50 ~ 1:500
4	构件构造图	表示梁、桥台、人行道和栏杆等杆件的构造	1:10 ~ 1:50
5	大样图（详图）	钢筋的弯曲和焊接、栏杆的雕刻花纹、细部等	1:3 ~ 1:10

②画各构件的主要轮廓线　如图 8.15b) 所示，以基线作为量度的起点，根据标高及各构件的尺寸画构件的主要轮廓线。

③画各构件的细部　根据主要轮廓线从大到小画全各构件的投影，画的时候注意各投影图的对应线条要对齐，并把剖面（1 - 1 剖面图中按习惯画法，后面的部分没有画出）、栏杆、坡度符号线的位置、标高符号及尺寸线等画出来，如图 8.15c)所示。

④加深或上墨，并把断面符号、尺寸注解等一并画全，如图 8.15d)所示。

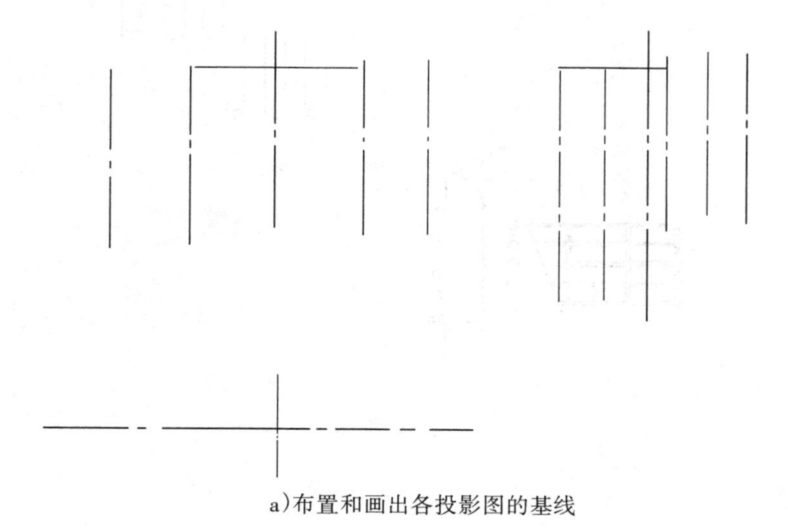

a)布置和画出各投影图的基线

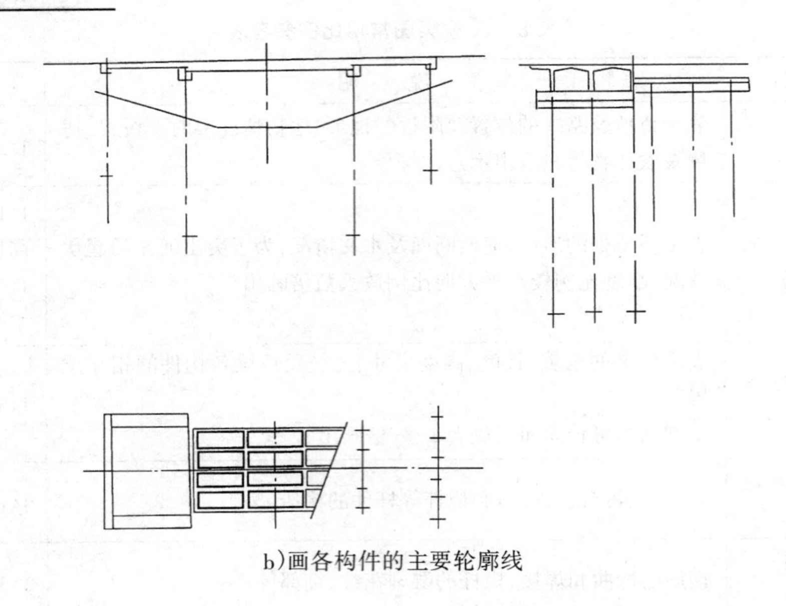

b)画各构件的主要轮廓线

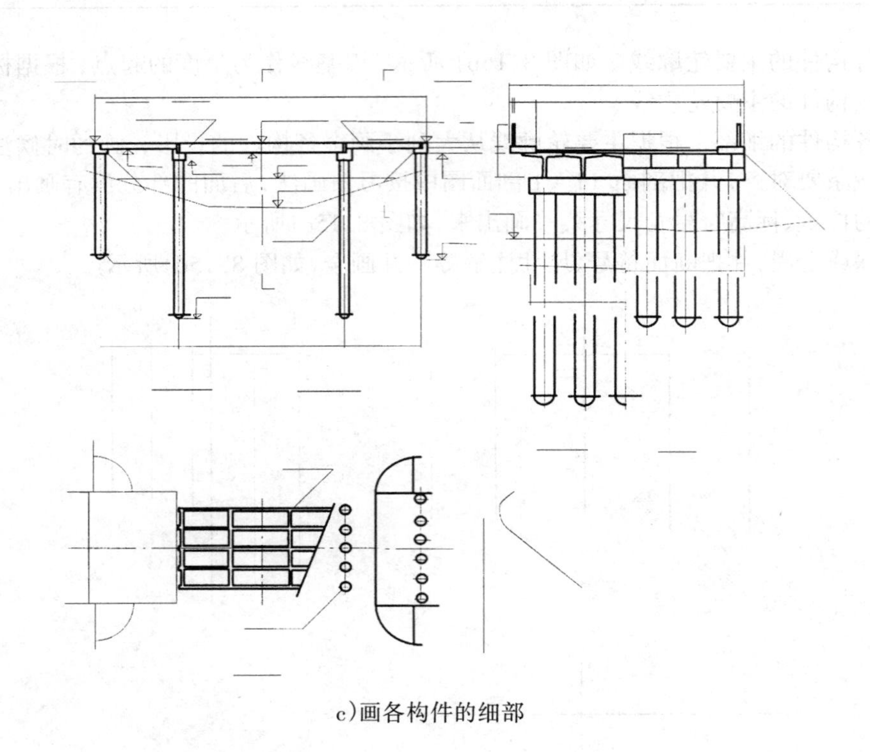

c)画各构件的细部

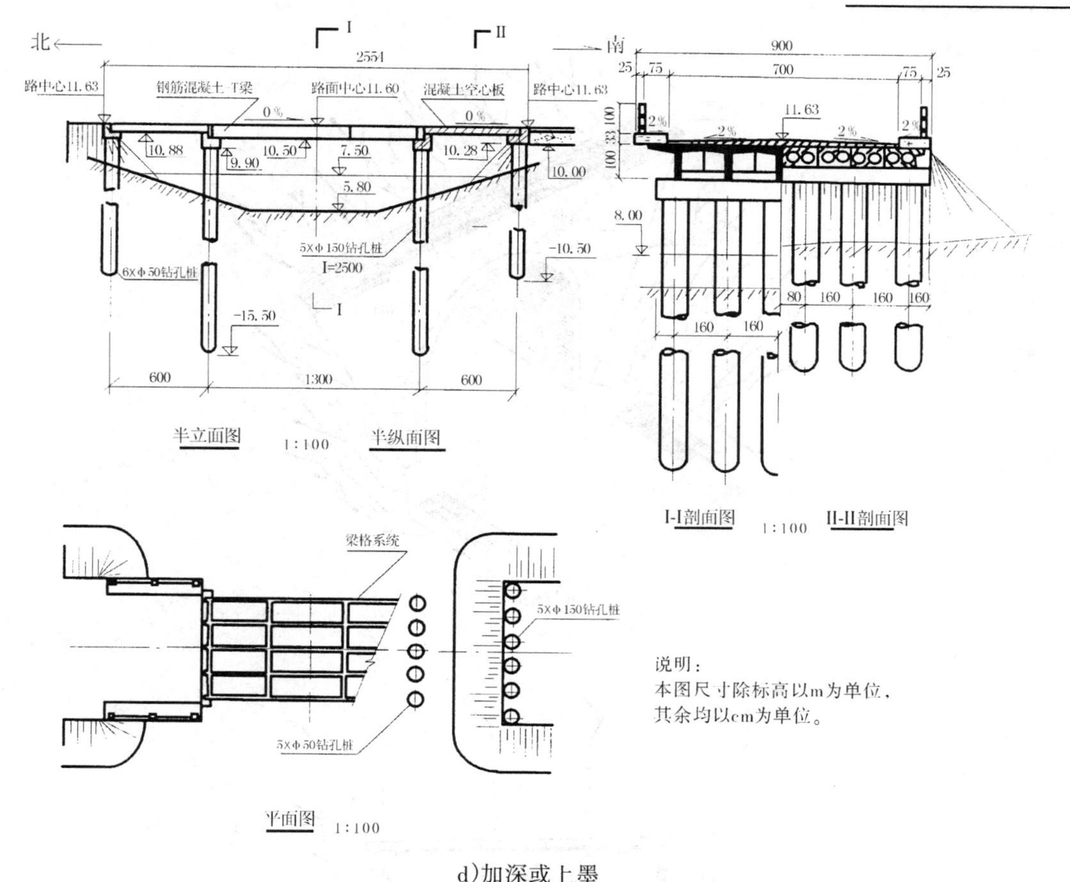

d)加深或上墨

图 8.15　桥梁总体布置图的画图步骤

8.5　隧道工程图

隧道是道路穿越山岭的建筑物，它虽然形体很长，但中间断面形状很少变化，所以隧道工程图除了用平面图表示它的位置外，它的构造图主要用隧道洞门图、横断面图（表示洞身形状和衬砌）及避车洞图等来表达。

8.5.1　隧道洞门图

隧道洞门大体上可分为端墙式和翼墙式两种。图 8.16a）所示为端墙式洞门立体图，图 8.16b)为翼墙式洞门立体图。

图 8.17 所示为端墙式隧道洞门三投影图。

①正立面图（即立面图）　是洞门的正立面投影，不论洞门是否左右对称均应画全。正立面图反映出洞门墙的式样，洞门墙上面高出的部分为顶帽，同时也表示出洞口衬砌断面类型。它是由两个不同的半径（$R=385$cm 和 $R=585$cm)的三段圆弧和两直边墙所组成，拱圈厚度为 45cm。洞口净空尺寸高为 740cm，宽为 790cm。洞门墙的上面有一条从左往右方向倾斜的虚线，并注有 $i=0.02$ 箭头，这表明洞门顶部有坡度为 2% 的排水沟，箭头表示流水方向。其他虚线

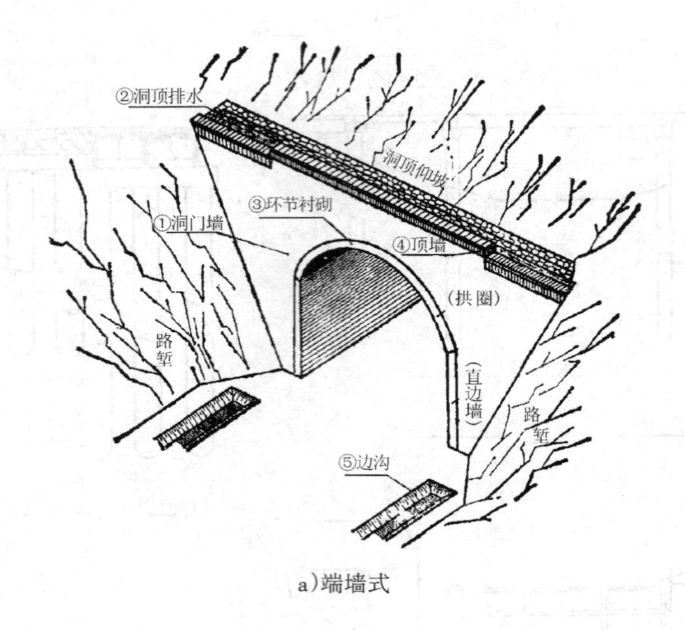

a)端墙式

b)翼墙式

图 8.16　隧道洞门立体图

反映了洞门墙和隧道底面的不可见轮廓线。它们被洞门前面两侧路堑边坡和公路路面遮住,所以用虚线表示。

②平面图　仅画出洞门外露部分的投影,平面图表示了洞门墙顶帽的宽度,洞顶排水沟的构造及洞门口外两边沟的位置(边沟断面未示出)。

③ I－I 剖面图　仅画靠近洞口的一小段,图中可以看到洞门墙倾斜坡度为 10∶1,洞门墙厚度为 60cm,还可以看到排水沟的断面形状、拱圈厚度及材料断面符号等。

为了读图方便,图 8.17 还在三个投影图上对不同的构件分别用数字注出。如洞门墙①′、①、①″,洞顶排水沟②′、②、②″,拱圈③′、③、③″,顶帽④′、④、④″等。

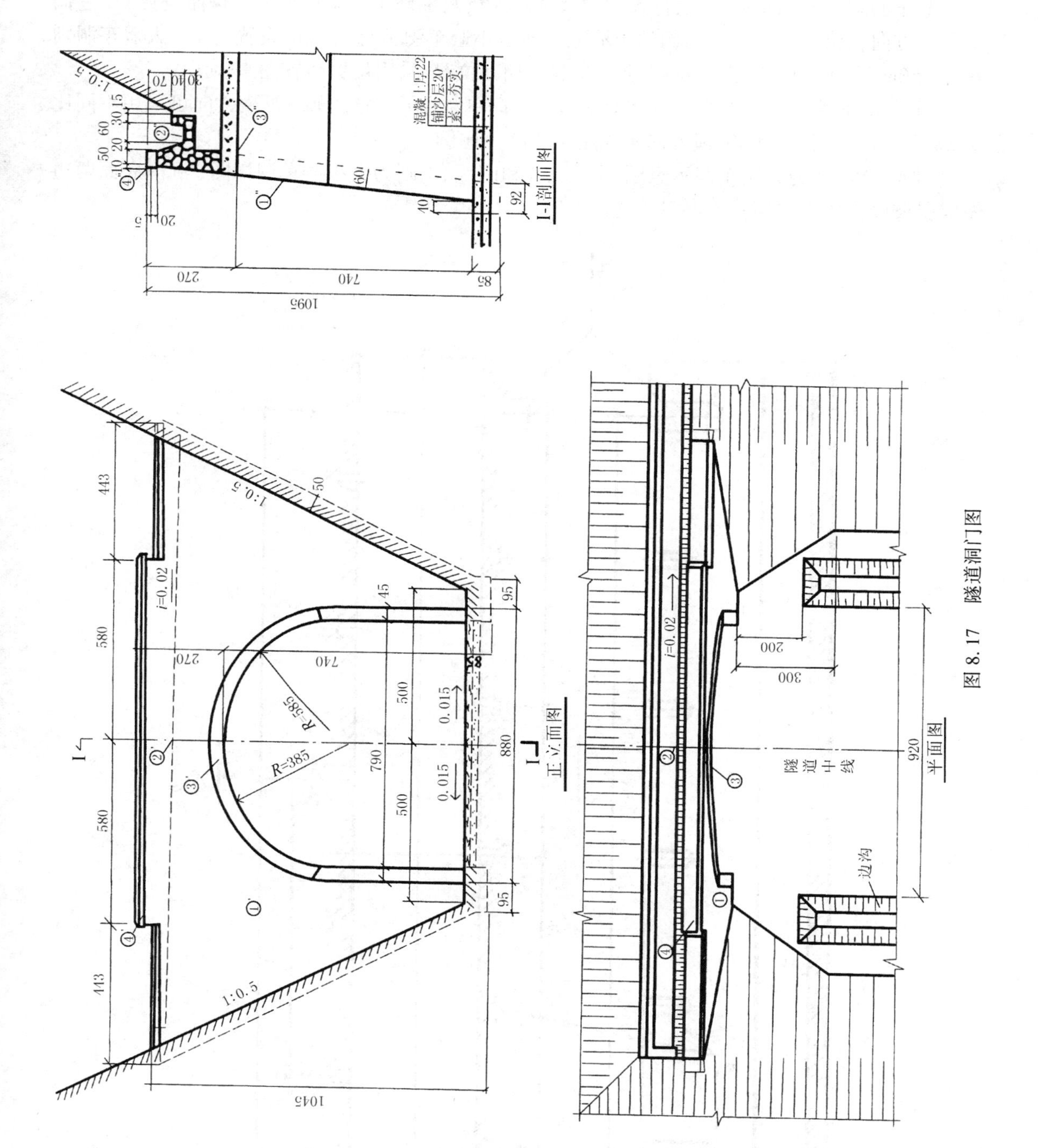
I-I剖面图
混凝土厚22
铺沙层20
素土夯实
1:0.5
1095
270
740
85
92
正立面图
R=385
R=585
i=0.02
0.015
1:0.5
443
580
580
443
790
500
500
880
1045
45
95
平面图
隧道中线
边沟
i=0.02
200
300
920

图 8.17　隧道洞门图

8.5.2 避车洞图

避车洞有大、小两种，是供行人和隧道维修人员及维修小车避让来往车辆而设置的，它们沿路线方向交错设置在隧道两侧的边墙上。通常小避车洞常每隔 30m 设置一个，大避车洞则每隔 150m 设置一个，为了表示大、小避车洞的相互位置，采用位置布置图来表示。

如图 8.18 所示，由于这种布置图图形比较简单，为了节省图幅，纵横方向可采用不同比例，纵方向常采用 1∶2 000，横方向常采用 1∶200 等比例。

图 8.19 所示为大避车洞示意图，图 8.20 和图 8.21 则为大小避车洞详图，洞内底面两边做成斜坡以供排水之用。

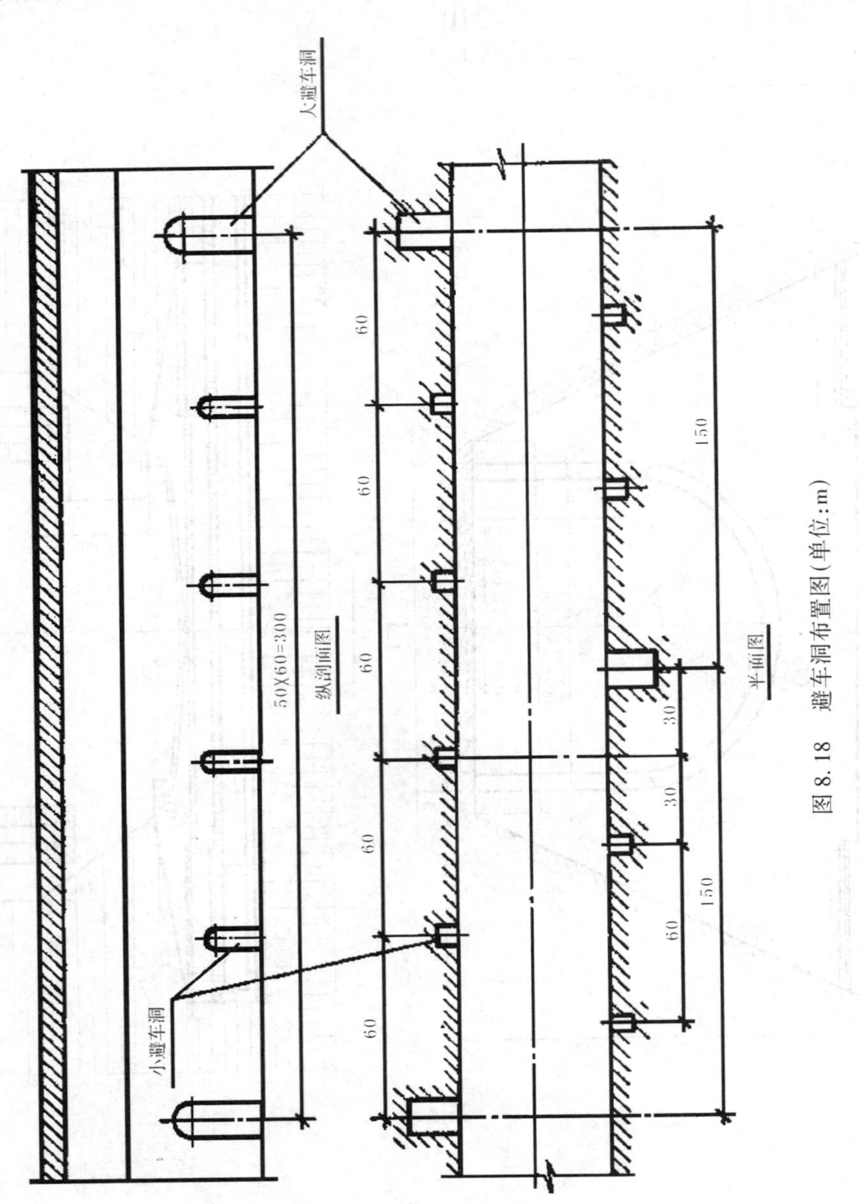

图 8.18 避车洞布置图(单位:m)

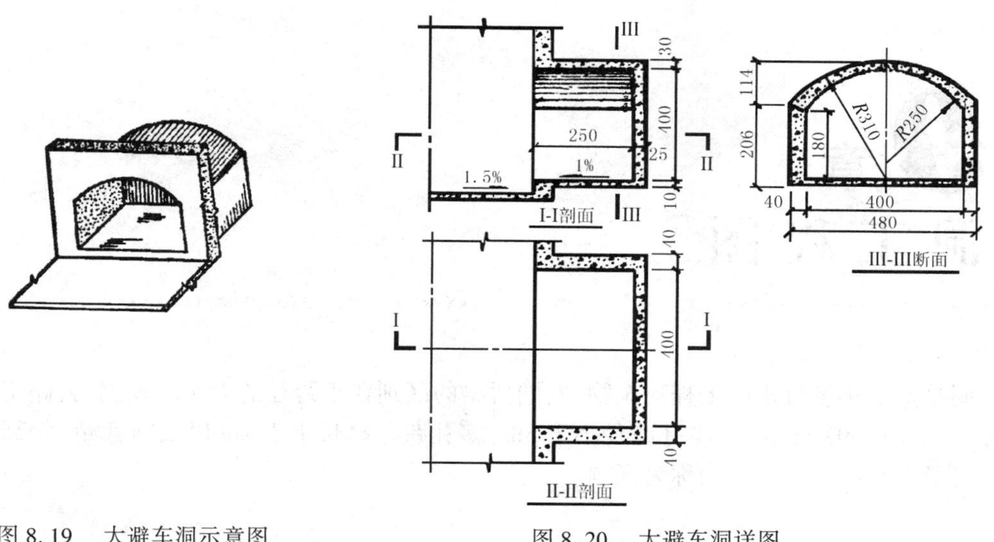

图 8.19　大避车洞示意图

图 8.20　大避车洞详图

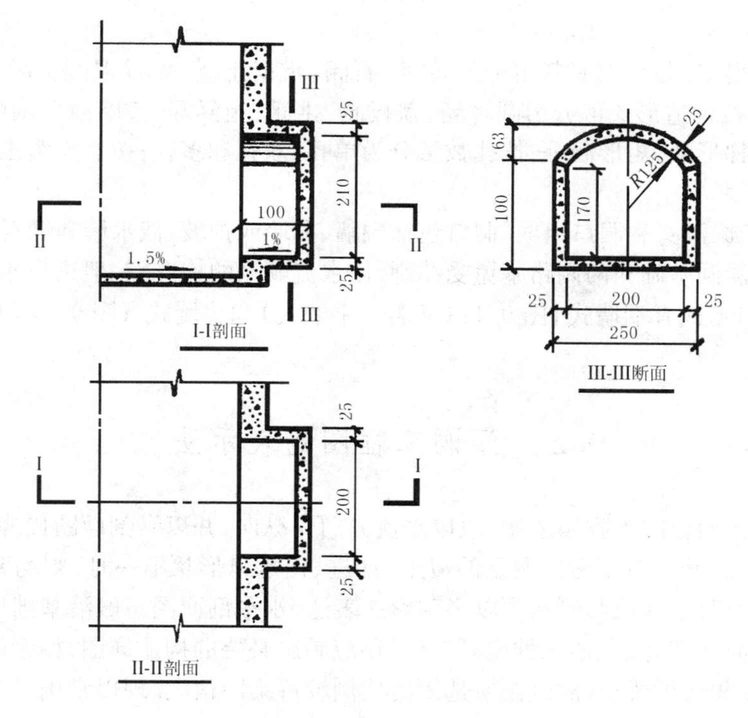

图 8.21　小避车洞详图

第9章 涵洞工程图

涵洞是宣泄小量流水的工程建筑物,它同桥梁的区别在于跨径的大小。根据《公路工程技术标准》JTJ001—97规定,凡单孔跨径小于5m、多孔跨径总长小于8m以及圆管涵、箱涵不论管径或跨径大小,孔径多少,均称为涵洞。

9.1 涵洞的分类

涵洞的种类很多,按建筑材料可分为砖涵、石涵、混凝土涵、钢筋混凝土涵、木涵、陶瓷管涵、缸瓦管涵等;按构造形式可分为圆管涵、盖板涵、拱涵、箱涵等;按断面形状可分为圆形涵、卵形涵、拱形涵、梯形涵、矩形涵等;按孔数可分为单孔、双孔和多孔;按有无覆土可分为明涵和暗涵。

涵洞是由基础、洞身和洞口组成,洞口包括端墙、翼墙或护坡、截水墙和缘石等部分。

洞口是保证涵洞基础和两侧路基免受冲刷,使水流顺畅的构造。一般进出水口均采用同一形式,常用的洞口形式有端墙式(图9.1)(又名一字墙式)和翼墙式(图9.2)(又名八字墙式)两种。

9.2 涵洞工程图的表示法

由于涵洞是狭而长的工程构造物,故以水流方向为纵向,并以纵剖面图代替立面图。为了使平面图表达清楚,画图时不考虑洞顶的覆土,如进、出水口形状不一时,则均要把进、出水口的侧面图画出。有时平面图与侧面图以半剖形式表达,水平剖面图一般沿基础顶面剖切,横剖面图则垂直于纵向剖切。除上述三种投影图外,还应画出必要的构造详图,如钢筋布置图、翼墙断面图等。涵洞体积较桥梁小,故画图所选用的比例较桥梁图稍大。现以常用的圆管涵、盖板涵和拱涵三种涵洞为例,说明涵洞工程图的表示方法。

9.2.1 圆管涵

图9.3所示为钢筋混凝土圆管涵构造图,比例为1:50,洞口为端墙式,端墙前洞口两侧有20cm厚干砌片石铺面的锥形护坡。涵管内径为75cm,涵管长为1 060cm,再加上两边洞口铺砌长度得出涵洞的总长为1 335cm。由于其构造对称,故采用半纵剖面图、半平面图和侧面图来

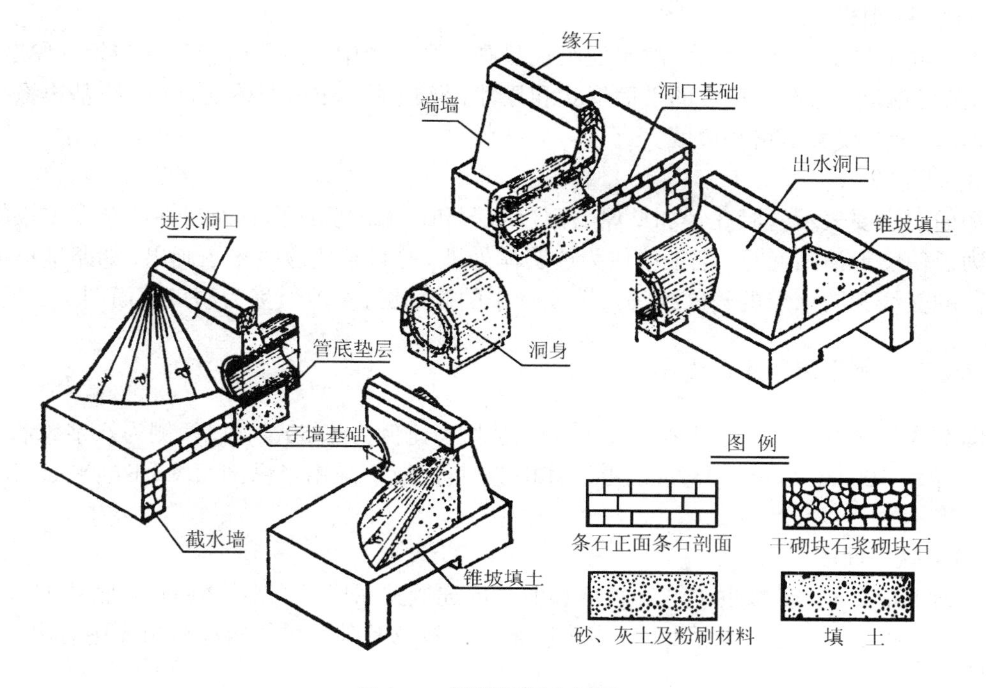

图9.1 圆管涵洞分解图

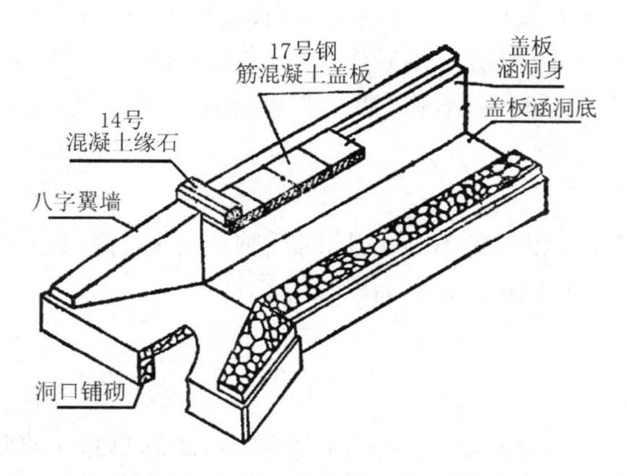

图9.2 钢筋混凝土盖板涵立体图

表示。

1)半纵剖面图

由于涵洞进出洞口一样,左右基本对称,所以只画半纵剖面图,以对称中心线为分界线。纵剖面图中表示出涵洞各部分的相对位置和构造形状,如管壁厚10cm、防水层厚15cm、设计流水坡度1%、涵身长1 060cm、洞底铺砌厚20cm和基础、截水墙的断面形式等,路基覆土厚度>50cm、路基宽度800cm、锥形护坡顺水方向的坡度与路基边坡一致,均为1:1.5。各部分所用材料均于图中表达出来,但未示出洞身的分段。

2)半平面图

为了同半纵剖面图相配合,故平面图也只画一半。图中表达了管径尺寸与管壁厚度,以及洞口基础、端墙、缘石和护坡的平面形状和尺寸,涵顶覆土作透明体处理,但路基边缘线应予画出,并以示坡线表示路基边坡。

3)侧面图

侧面图主要表示管涵孔径和壁厚、洞口缘石和端墙的侧面形状及尺寸、锥形护坡的坡度等。为了使图形清晰起见,把土壤作为透明体处理,并且某些虚线未予画出,如路基边坡与缘石背面的交线和防水层的轮廓线等。图 9.3 中的侧面图,按习惯称为洞口正面图。

9.2.2 钢筋混凝土盖板涵

图 9.4 所示为单孔钢筋混凝土盖板涵构造图,比例为 1:50,洞口两侧为八字翼墙,洞高 120cm,净跨 100cm,总长 1 482cm。由于其构造对称,故仍采用半纵剖面图、半剖平面图和侧面图等来表示。

1)半纵剖面图

本图把带有 1:1.5 坡度的八字翼墙和洞身的连接关系以及洞高 120cm、洞底铺砌 20cm、基础纵断面形状、设计流水坡度 1% 等表示出来。盖板及基础所用材料亦可由图中看出,但未画出沉降缝位置。

2)半平面图及半剖面图

用半平面图和半剖面图能把涵洞的墙身宽度、八字翼墙的位置表示得更加清楚,涵身长度、洞口的平面形状和尺寸以及墙身和翼墙的材料均在图上可以看出。为了便于施工,在八字翼墙的 Ⅰ-Ⅰ和Ⅱ-Ⅱ位置进行剖切,并另作 Ⅰ-Ⅰ和Ⅱ-Ⅱ断面图来表示该位置翼墙墙身和基础的详细尺寸、墙背坡度以及材料情况。Ⅳ-Ⅳ断面图和Ⅱ-Ⅱ断面图类似,但有些尺寸要变动。

3)侧面图

本图反映出洞高 120cm 和净跨 100cm,同时反映出缘石、盖板、八字翼墙、基础等的相对位置和它们的侧面形状。图 9.4 按习惯称为洞口立面图。

9.2.3 石拱涵

图 9.5 所示为单孔石拱涵构造图。洞身长 900cm,涵洞总长 1 700cm,净跨 $L_0 = 300$cm,拱矢高 $f_0 = 150$cm,矢跨比 $f_0 / L_0 = 150/300 = 1/2$,路基宽度为 700cm。比例选用 1:100。该图主要由下列图样组成:

1)纵剖面图

本图是沿涵洞纵向轴线进行全剖,表达了洞身的内部结构、洞高、洞长、翼墙坡度、基础纵向形状和洞底流水坡度。为了显示拱底为圆柱面,故每层拱圈石投影的厚度不一,下疏而上密。在路基顶部示出了路面断面形状,但未注出尺寸。

2)平面图

本图的特点在于拱顶与拱顶上的两端侧墙的交线均为椭圆弧。画椭圆时,应按第 1 章所述

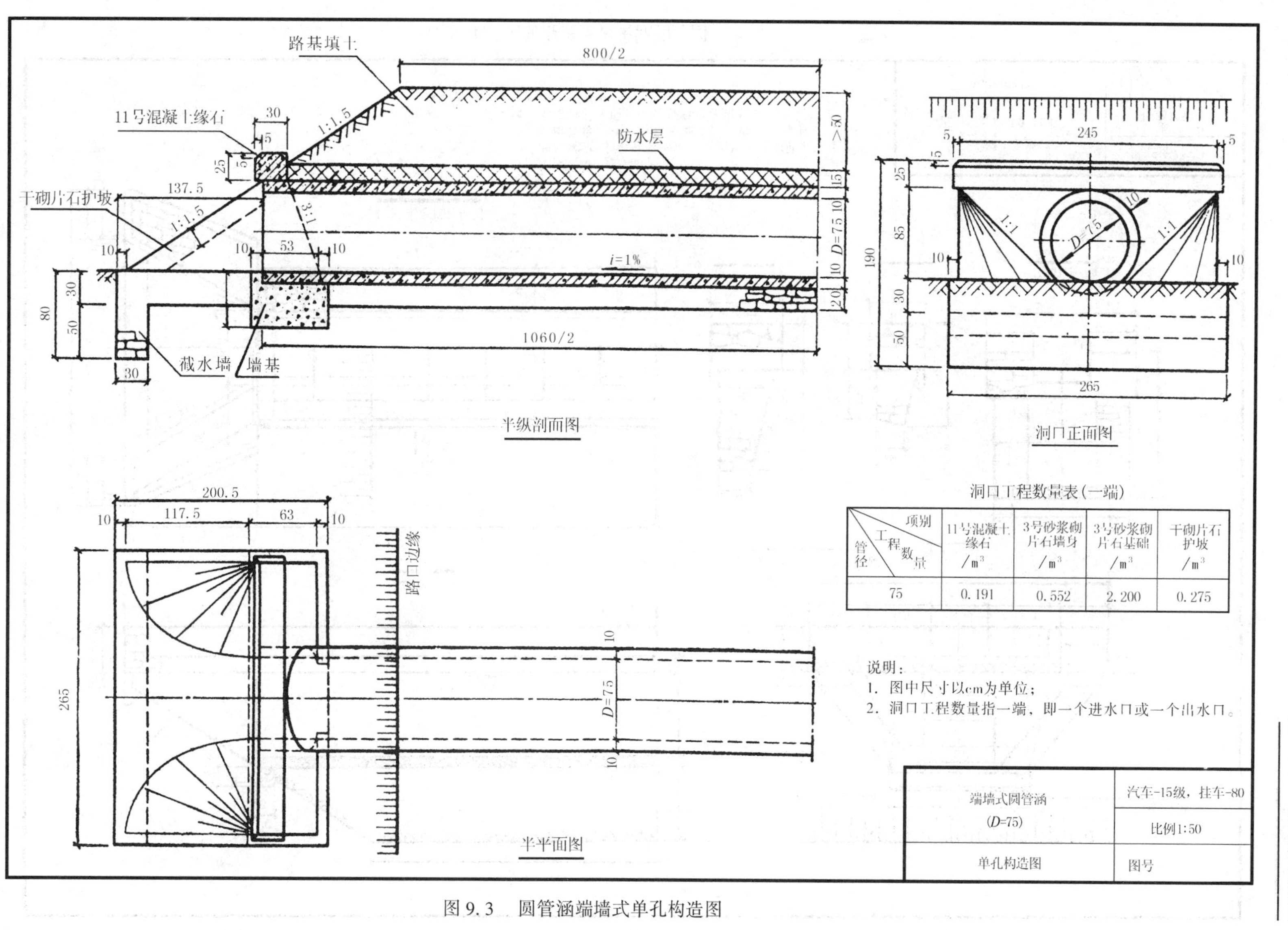

洞口工程数量表（一端）

项别 工程数量 管径	11号混凝土缘石 /m³	3号砂浆砌片石端墙 /m³	3号砂浆砌片石基础 /m³	干砌片石护坡 /m³
75	0.191	0.552	2.200	0.275

图 9.3　圆管涵端墙式单孔构造图

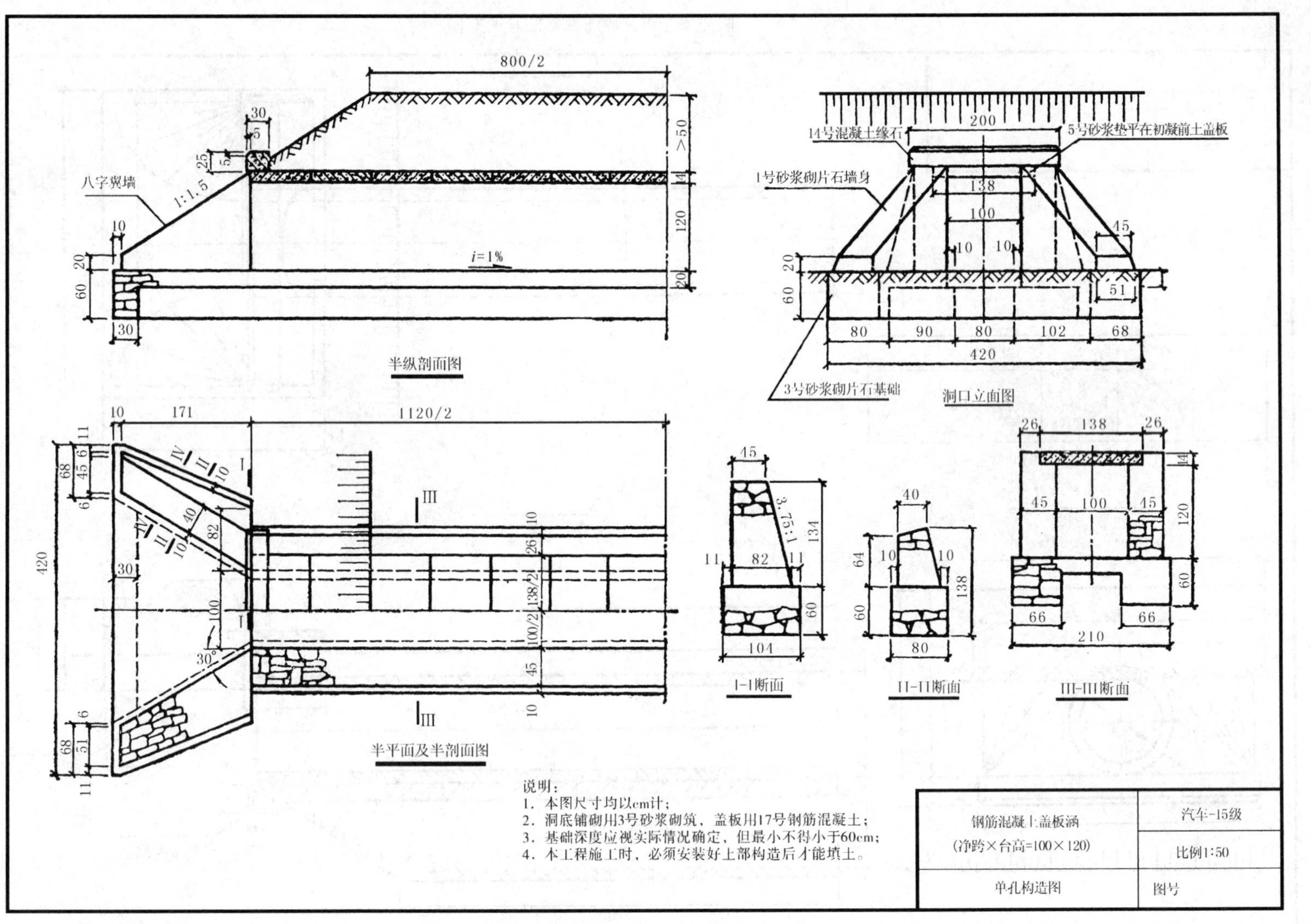

图 9.4　钢筋混泥土盖板涵构造图

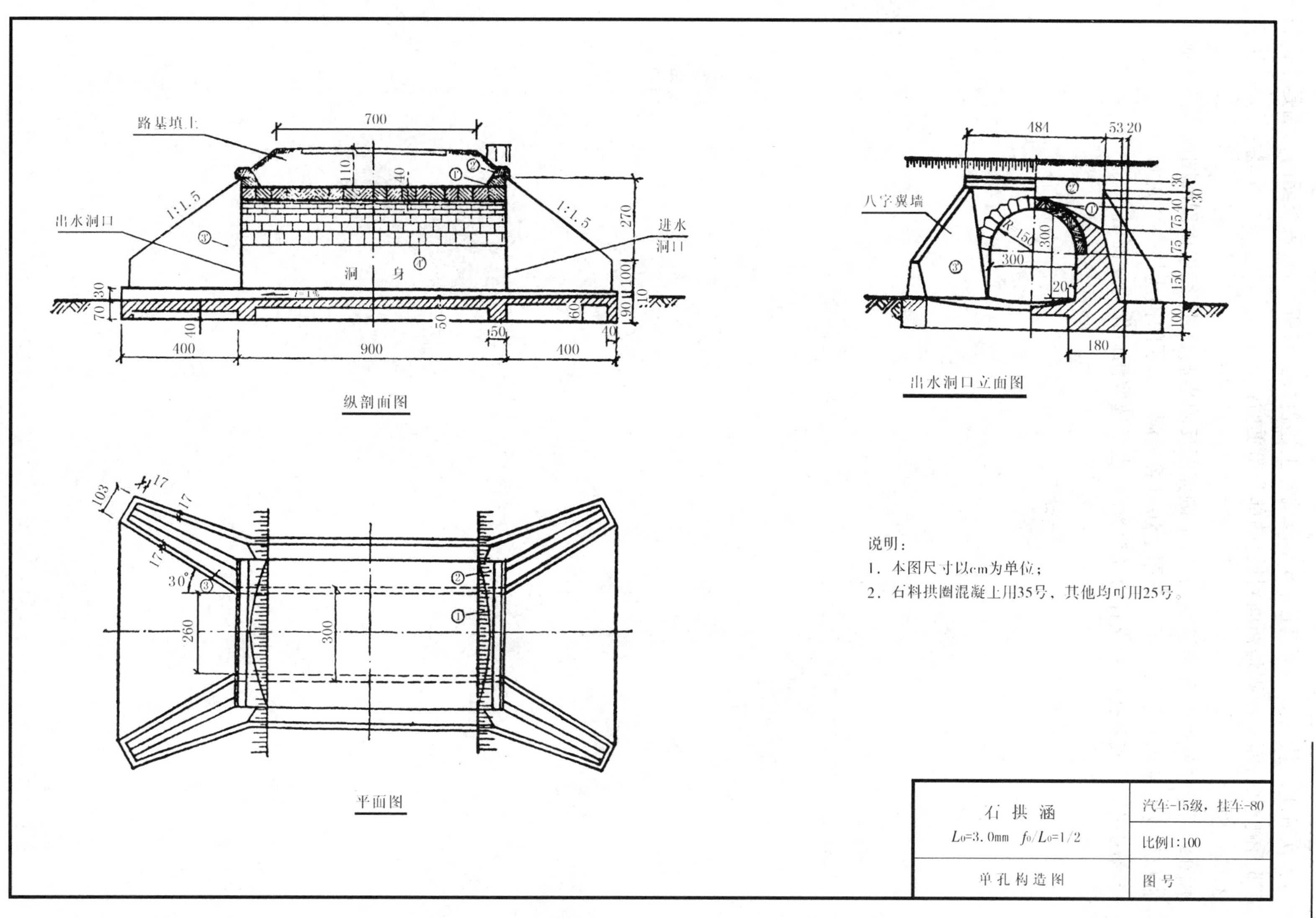
路基填土
出水洞口
进水洞口
洞身
纵剖面图
八字翼墙
出水洞口立面图
平面图
说明：
1．本图尺寸以cm为单位；
2．石料拱圈混凝土用35号，其他均可用25号。
石拱涵
L0=3.0mm f0/L0=1/2
单孔构造图
汽车-15级，挂车-80
比例1:100
图号

图 9.5　石拱涵构造图

原理与方法画出。从图上还可看出，八字翼墙与上述盖板涵有所不同，盖板涵的翼墙是单面斜坡，端部为侧平面，而本图则是两面斜坡，端部为铅垂面。

3)侧面图

本图采用了半侧面图和半横剖面图，半侧面图反映出洞口外形，半横剖面图则表达了洞口的特征和洞身与基础的连接关系。从图上还可看出洞口基顶的构造是一个曲面。

当涵洞在两孔或两孔以上或者跨径较大时，也可选取洞口作为立面图。

第10章 机械图

10.1 概 述

随着土木建筑工程机械化的发展，在施工和养护过程中，将更加广泛地采用各类机械设备。因此,有必要了解机械图的基本知识。

机械图和土木建筑工程图的基本原理是一样的,但由于使用范围不同,两者在制图规则方面有区别。绘制机械图时必须严格遵循《机械制图》国家标准。

10.2 几种常用零件的画法

在机器或部件的装配、安装中,广泛使用螺纹紧固件或其他连接件;在机械的传动、支承、减震等方面,也广泛使用齿轮、轴承、弹簧等机件。这些被大量使用的机件,有的在结构、尺寸等各个方面都已标准化,称为标准件;有的已将部分重要参数标准化、系列化,称为常用件。

对标准件和常用件,国家标准规定采用规定画法、符号和代号来表达,并根据给出的规格代号查阅有关标准,便可得到全部尺寸。

10.2.1 螺纹及螺纹连接件

(1)螺纹及螺纹连接

1)螺纹的基本知识

① 螺纹的形成

螺纹是零件上常见的一种结构,用于连接或传动。螺栓、螺钉、螺母上都有螺纹。在圆柱(或圆锥)外表面上形成的螺纹,称为外螺纹;在圆柱(或圆锥)孔内表面上形成的螺纹,称为内螺纹。

机械零件上的螺纹可以采用不同的加工方法制成。图 10.1a) 表示在车床上加工外螺纹;图 10.1b)表示利用丝锥加工内螺纹,先用钻头钻出深孔,再用丝锥在孔壁上攻出内螺纹。

②螺纹的要素

螺纹的结构和尺寸是由牙型、大径和小径、螺距和导程、线数、旋向等要素确定的。当内外螺纹相互联结时,其要素必须相同,如图 10.2 所示。

牙型　螺纹的牙型是指通过螺纹轴线的剖面上,螺纹的轮廓形状,如三角形、梯形、锯齿形

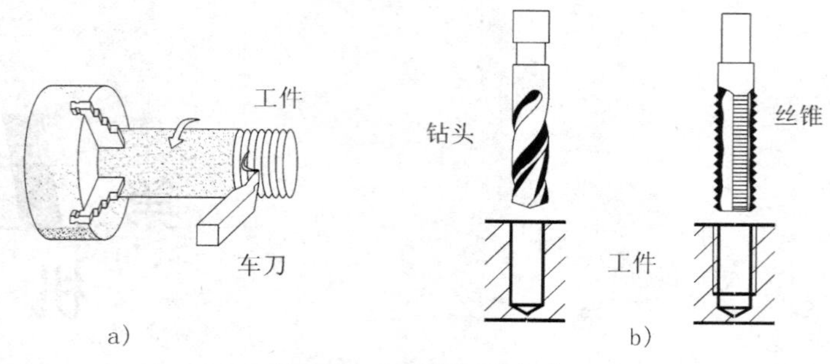

图 10.1　螺纹加工方法

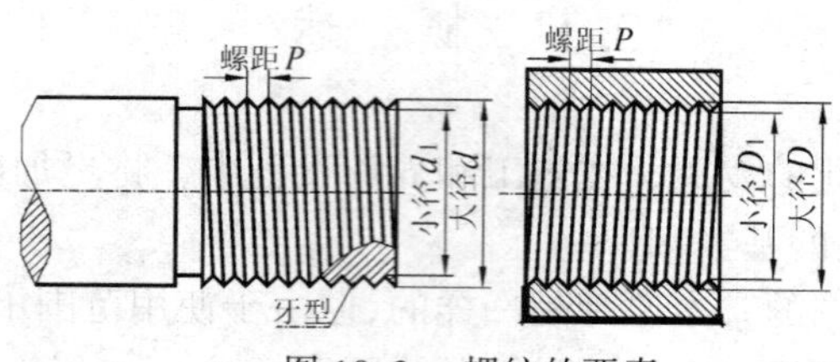

图 10.2　螺纹的要素

等。牙型不同的螺纹,其用途也各不相同,见表 10.1 所示。

大径和小径　螺纹的大径是指螺纹的最大直径,对于公制螺纹来说也称公称直径;螺纹的小径是指螺纹的最小直径。外螺纹的大径、小径分别用符号 d 和 d_1 表示,内螺纹的大径、小径分别用符号 D 和 D_1 表示,如图 10.2 所示。

线数 n　螺纹有单线和多线之分。仅有一条螺旋线所形成的螺纹,称为单线螺纹,如图 10.3a)所示;沿轴向等距分布的 n 条螺旋线所形成的螺纹,称为 n 线螺纹。当 $n \geqslant 2$ 时,称为多线螺纹。双线螺纹由轴向分布的两条螺纹组成,如图 10.3b)所示。

螺距 P 和导程 S　螺纹相邻两牙在中径上对应两点间的轴向距离,称为螺距 P。在同一条螺纹上,相邻两牙在中径上对应两点间的轴向距离,称为导程 S。单线螺纹,导程等于螺距(图 10.3a);双线螺纹,导程等于螺距的 2 倍(图 10.3b);n 线螺纹,导程等于螺距的 n 倍,即 $S = nP$。

旋向　螺纹的旋向与螺旋线相同,也分右旋和左旋两种。在工程上,右旋螺纹用得最多,如图 10.3 所示。

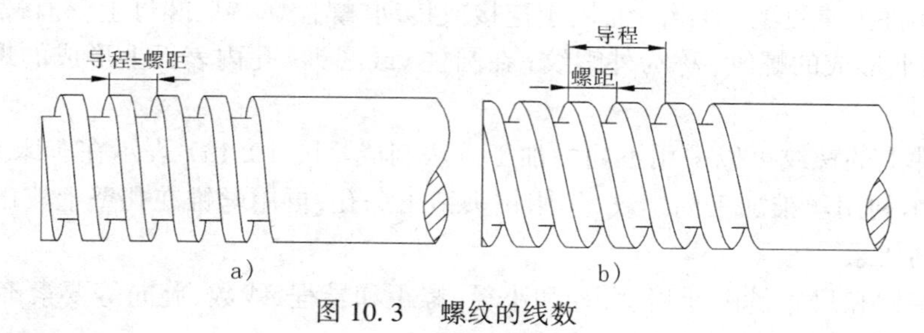

图 10.3　螺纹的线数

国家标准对上述五项要素中的牙型、直径和螺距作了一系列规定。凡是牙型、直径和螺距符合标准的螺纹,称为标准螺纹。牙型符合标准,而直径或螺距不符合标准的,称为特殊螺纹。牙型不符合标准的,称为非标准螺纹。

2)螺纹的规定画法

① 外螺纹的画法

如图 10.4 所示,螺纹的牙顶(即大径 d)用粗实线表示,牙底(即小径 d_1)用细实线表示(画图时一般可近似地取 $d_1 \approx 0.85d$)。螺纹终止线在不剖的外形图中画成粗实线,在剖视图中则按图 10.4b) 中的画法绘制。在垂直于螺纹轴线的投影面的视图中,表示牙底的细实线圆只画约 3/4 圈,此时轴上的倒角圆省略不画。

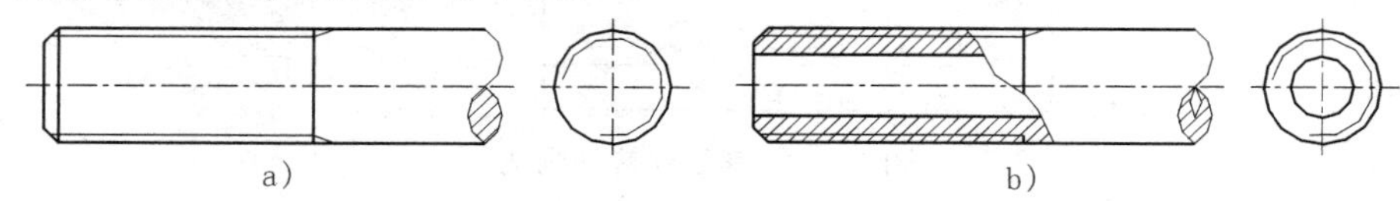

图 10.4　外螺纹的画法

② 内螺纹的画法

剖视图中,螺纹的牙顶(即小径 D_1)用粗实线表示,牙底(即大径 D)用细实线表示,螺纹的终止线用粗实线表示,剖面线应画到表示小径的粗实线为止。在垂直于螺纹轴线的投影面的视图中,表示大径的细实线圆只画约 3/4 圈,表示倒角的圆省略不画;当螺纹为不可见时,大径、小径和螺纹终止线都画成虚线,如图 10.5 所示。

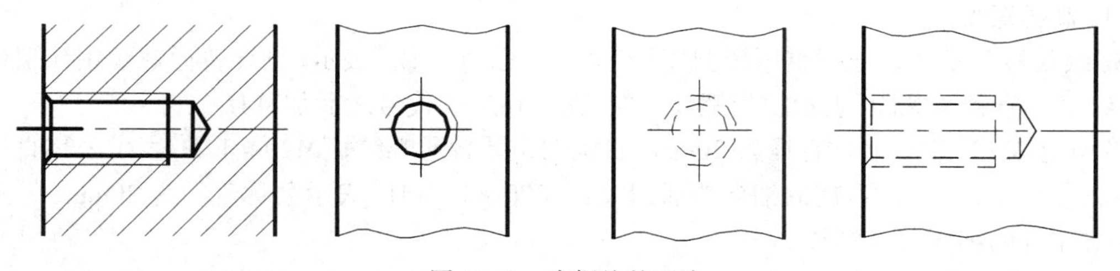

图 10.5　内螺纹的画法

对于不穿通的螺纹孔,应先画出钻孔深度和钻孔底部的 120°锥顶角,再画出螺纹孔深度。注意钻孔的孔径应与螺纹孔小径对齐,如图 10.6 所示。

③ 螺纹连接的画法

在剖视图中,内外螺纹旋合的部分应按外螺纹的画法绘制,未旋合的部分仍按内、外螺纹各自的画法表示,如图 10.7 所示。必须注意,表示内、外螺纹大径的细实线和粗实线,以及表示内、外螺纹小径的粗实线和细实线都应分别对齐。

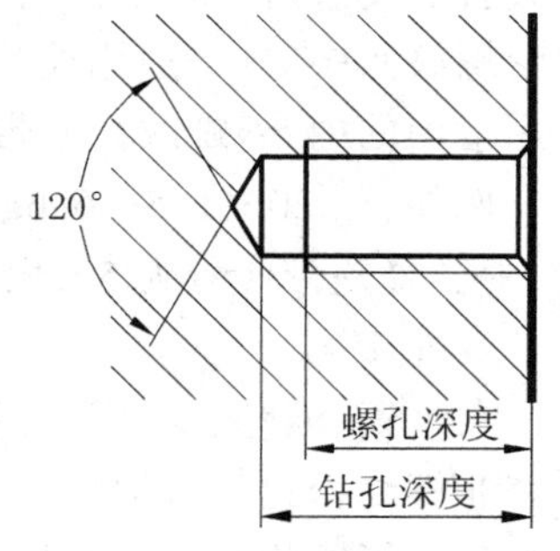

图 10.6　不穿通螺纹孔画法

3)螺纹的标注

螺纹按用途分为连接螺纹和传动螺纹两类,前者起连接作用,后者用于传递动力和运动。常用螺纹如下:

常用螺纹的标记方式及示例见表 10.1。常用标准螺纹的尺寸见附表 10.1 至附表 10.3。

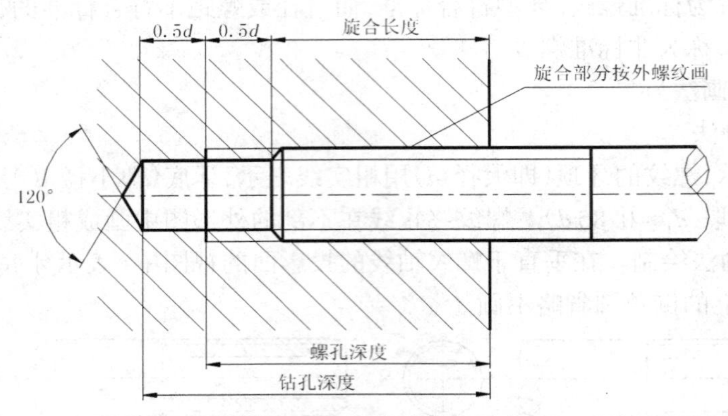

图 10.7　螺纹连接的画法

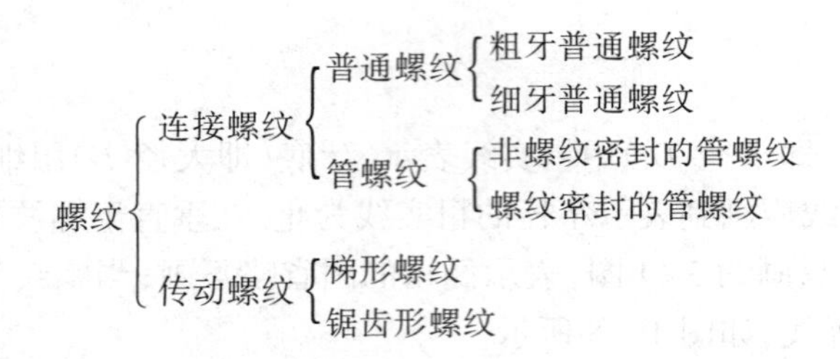

① 普通螺纹

螺纹代号　粗牙普通螺纹用牙型代号“M”及“公称直径”表示；细牙普通螺纹用牙型代号“M”及“公称直径×螺距”表示。当螺纹为左旋时，在螺纹代号之后加“LH”。

例如：“M20”表示公称直径为 20mm，右旋的粗牙普通螺纹；“M20×1.5”表示公称直径为 20mm，螺距为 1.5mm，右旋的细牙普通螺纹；“M20×1.5LH”表示公称直径为 20mm，螺距为 1.5mm，左旋的细牙普通螺纹。

螺纹标记　普通螺纹的完整标记由螺纹代号、公差带代号、旋合长度三部分组成。螺纹公差带代号包括中径公差带代号和顶径（外螺纹大径和内螺纹小径）公差带代号，小写字母指外螺纹，大写字母指内螺纹。如果中径公差带代号和顶径公差带代号相同，则只标注一个代号；螺纹旋合长度有短、中、长三种旋合长度，分别用 S、N、L 表示，按三种旋合长度给出了精密（用于精密螺纹）、中等（一般用途）、粗糙（精度要求不高或制造比较困难时用）三种精度，并按 S、N、L 选用常用的内、外螺纹公差带。

例如：“M20×1.5—5g6g—S”表示公称直径为 20mm，螺距为 1.5mm，右旋的细牙普通外螺纹，中径公差带代号为 5g，大径公差带代号为 6g，短旋合长度。

② 管螺纹

在水管、油管、煤气管等管道连接中常用管螺纹，它们是英寸制的。

非螺纹密封的管螺纹　由螺纹特征代号（G）、尺寸代号（表示公称直径，近似等于管子孔径）、公差等级代号、旋向组成。外螺纹的公差等级有 A、B 两级，内螺纹不标注公差等级。左旋标注“LH”。如：G1/2 表示非螺纹密封的管螺纹。

用螺纹密封的圆柱（锥）管螺纹　用螺纹密封的管螺纹有：圆锥内螺纹（R_c）、圆锥外螺纹（R）、圆柱内螺纹（R_p）三种。例如：圆锥内螺纹 $R_c1/2$，圆柱内螺纹 $R_p1/2$，圆锥外螺纹 R1/2。

表 10.1　常用螺纹的种类和标注示例

螺纹种类		牙型放大图	特征代号	代号或标记示例		说明
连接螺纹	普通螺纹	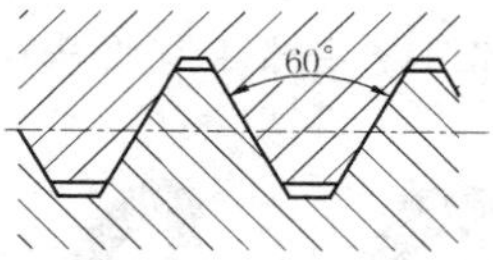 60°	M	粗牙	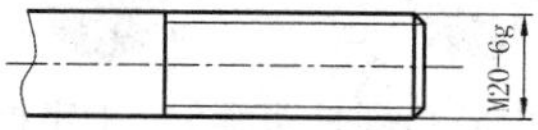 M20-6g	粗牙普通螺纹，公称直径 20mm，右旋。螺纹公差带：中径，大径均为 6g，旋合长度中等
				细牙	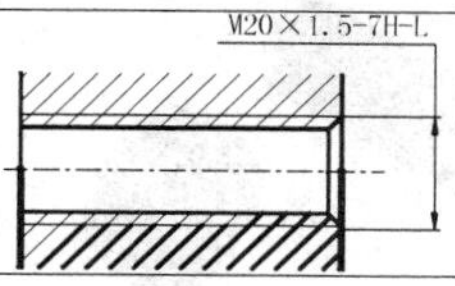 M20×1.5-7H-L	细牙普通螺纹，公称直径 20mm，右旋。螺纹公差带：中径、大径均为 7H。旋合长度中等
	管螺纹	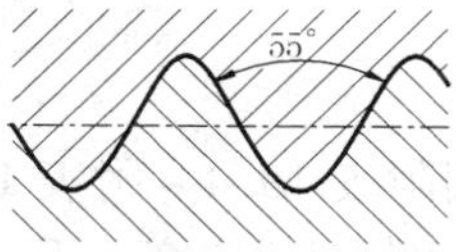 55°	G	非螺纹密封的管螺纹	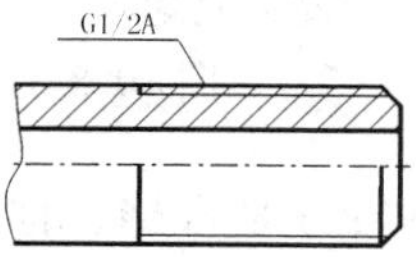 G1/2A	非螺纹密封的外管螺纹，尺寸代号 1/2 英寸，公差等级为 A 级，右旋。用引出标注
		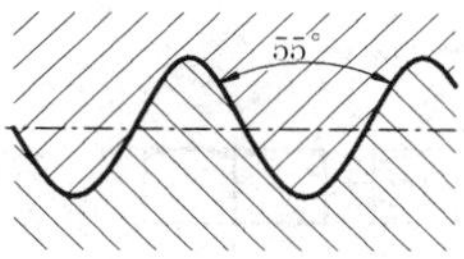 55°	R_c R_p R	用螺纹密封的管螺纹	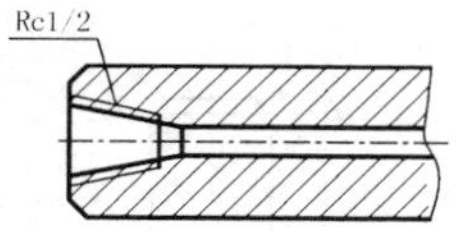 Rc1/2	用螺纹密封的圆锥内管螺纹，尺寸代号 1/2 英寸，右旋。用引出标注。 R_p，R 分别是用螺纹密封的圆柱内管螺纹、圆锥外管螺纹的牙型代号
传动螺纹	梯形螺纹	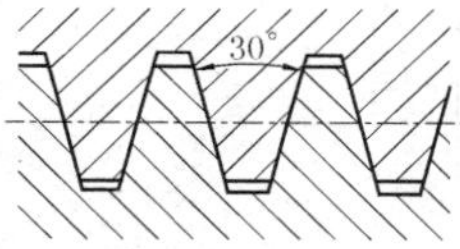 30°	Tr		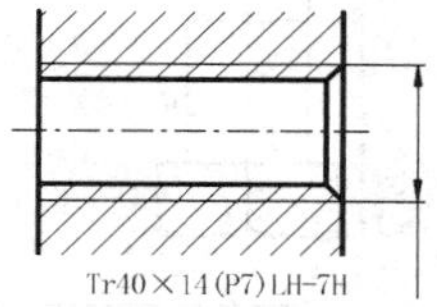 Tr40×14(P7)LH-7H	梯形螺纹，公称直径 40mm，双线螺纹，导程 14mm，螺距 7mm，左旋（代号为 LH）。螺纹公差带：中径为 7H。旋合长度中等
	锯齿形螺纹	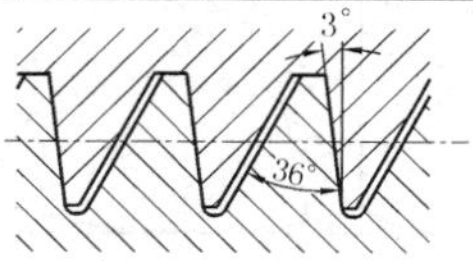 3°　36°	S		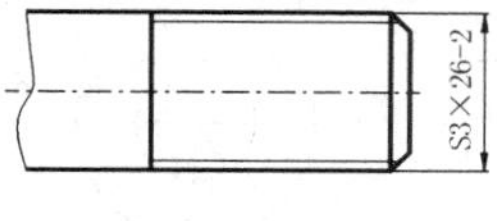 S3×26-2	锯齿形螺纹，公称直径 32mm，单线螺纹，螺距 6mm，2 级精度，右旋

(2)**螺纹连接件**

1)螺纹连接件的画法

常用的螺纹连接件有螺栓、螺柱、螺母、垫圈和螺钉等，如图 10.8 所示。螺纹连接件一般都是标准零件，因此它们的结构形式和尺寸可按其规定标记查国家标准（附表 10.4～附表 10.10）。

开槽盘头螺钉　内六角圆柱头螺钉　十字槽沉头螺钉　开槽锥端紧定螺钉　六角头螺栓

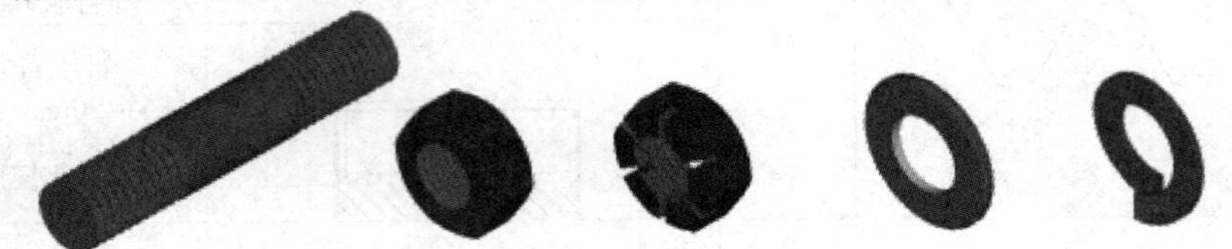

双头螺柱　1 型六角螺母　1 型六角开槽螺母　平垫圈　弹簧垫圈

图 10.8　常见的螺纹连接件

螺纹连接件画法有两种：一是根据公称直径 d 或 D，查阅附表 10.4 ~ 附表 10.10，得出各部分尺寸后按图例进行绘图；另一种方法是根据公称直径按比例计算各部分尺寸后按近似画法绘制，如图 10.9 所示。

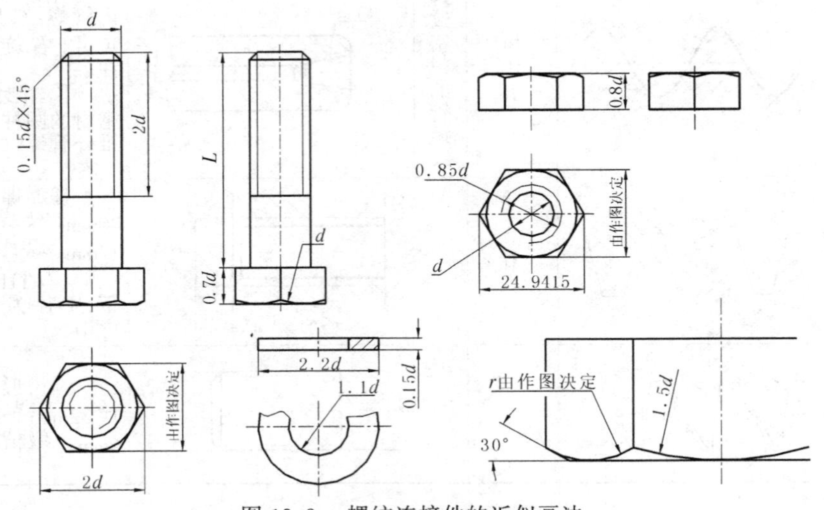

图 10.9　螺纹连接件的近似画法

标准的螺纹连接件，都有规定的标记，标记的一般格式为：

名称—国家标准号—形式及规格尺寸

例如：螺栓 GB5782—86—M12 × 80 表示螺纹规格 $d = 12$mm，公称长度 $l = 80$mm，性能等级 8.8 级，表面氧化，A 级六角头螺栓。常用螺纹连接件标记示例见附表 10.4 ~ 附表 10.10。

2）螺纹连接件连接的画法

常用螺纹连接件连接的形式有：螺栓连接、双头螺柱连接、螺钉连接等。

螺纹连接的装配画法规定如下：

两零件接触表面画一条粗实线，不接触表面画两条线。

相邻两零件被剖切时，剖面线方向相反，或方向一致、间隔不等。同一零件在各剖视图中的剖面线方向均一致，且间隔相等。

对紧固件和实心零件(如螺栓、螺柱、螺母、垫圈、键、销等),若剖切平面通过其轴线时,这些零件均按不剖绘制,即只画外形。必要时可采用局部剖视。

① 螺栓连接

螺栓连接由螺栓、螺母、垫圈组成。螺栓连接用于连接厚度不大、并能钻成通孔的零件。

螺栓连接的画图步骤如下:

首先依螺栓的螺纹公称直径 d,查表确定有关尺寸;或按比例计算螺栓、螺母、垫圈的其他有关尺寸。

确定螺栓公称长度 l　l = 被连接零件的总厚度($\delta_1+\delta_2$)+垫圈厚度(h)+螺母厚度(m)+螺栓伸出螺母的长度($0.3\sim0.4d$)。根据计算得出的 l 值,再从相应的螺栓标准所规定的长度系列中,选取合适的 l 值。

按国标查出的数据或按比例画法绘制螺栓连接。螺栓连接的比例画法如图10.10所示。

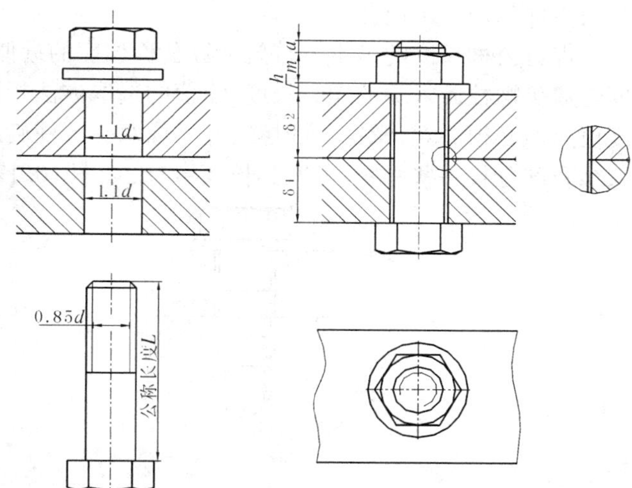

图10.10　螺栓连接

②螺柱连接

螺柱连接由双头螺柱、螺母、垫圈组成。螺柱连接用于被连接的两个零件中,有一个较厚或不宜用螺栓连接的场合。在较薄的零件上钻通孔(孔径≈$1.1d$),在较厚的零件上制出螺孔。双头螺柱的两端都加工成螺纹,一端穿过较薄零件(厚度为δ)与较厚零件上的不通螺纹孔完全旋合,称为旋入端(长度为 b_m);另一端套上垫圈与螺母旋合,称为紧固端。螺柱总长与螺柱旋入端长度 b_m 的差值部分为螺柱公称长度 l,见图10.11a)。

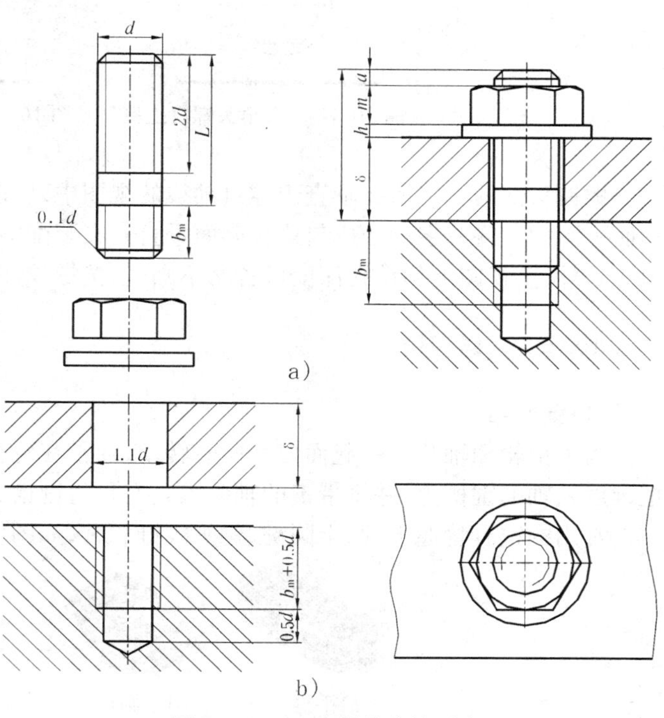

图10.11　双头螺柱连接画法

螺柱旋入端长度 b_m 的确定

螺柱国标代号和旋入端长度 b_m 值的确定与较厚的被连接件(即带有螺孔的零件)的材料有关:

钢、青铜、硬铝　$b_m=d$(GB897—88)

铸铁　$b_m=1.25d$(GB898—88)、$b_m=1.5d$(GB899—88)

铝或其他较软材料　$b_m=2d$

(GB900—88)

螺柱公称长度 l 的确定　螺柱公称长度 l 的计算和确定方法与螺栓公称长度的确定方法基本相同,见图 10.11b)。

螺孔深度和钻孔深度确定　螺孔深度 $\approx b_m + 0.5d$;钻孔深度 $\approx b_m + d$。

③螺钉连接

连接螺钉用于连接不经常拆卸、并且受力不大的零件。被连接零件中较厚者加工出螺孔,其余零件都加工出通孔。

螺钉公称长度的确定　首先计算公称长度的近似值:$l \approx \delta + b_m$。其中螺钉旋入螺孔的深度与双头螺柱旋入端的螺纹长度 b_m 值的选取方法相同。计算出 l 值后,再查标准选定公称长度值。但必须注意,螺钉上的螺纹并不像双头螺柱旋入端那样全部旋入到螺孔中,它应当比旋入螺孔部分长一些,一般可取其长度 $\approx 2d$,如图 10.12、图 10.13 所示。

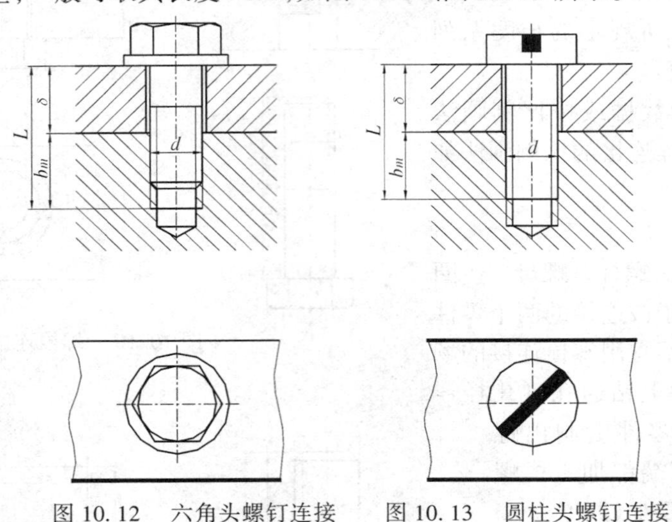

图 10.12　六角头螺钉连接　　图 10.13　圆柱头螺钉连接

螺钉头部的一字槽在垂直于螺钉轴线的视图中,应向右成 45°绘制。在平行螺钉轴线的投影面视图中,将一字槽画成与该投影面垂直;在装配图中,螺钉头部一字槽用涂黑示意地表示。另外,主视图上的钻孔深度可省略不画,仅按螺纹深度画出螺孔,如图 10.13 所示。

10.2.2　键和销

(1)键联结

为了把轮和轴装在一起而使其同时转动,通常在轮孔和轴的表面上分别加工出键槽,然后把键放入轴的键槽内,并将带键的轴装入具有贯通键槽的轮孔中,这种联结称为键联结。

常用的键有普通平键、半圆键、钩头楔键三种,如图 10.14 所示。

a)平键　　b)半圆键　　c)钩头锲键

图 10.14　常用的键

键是标准件，常用的普通平键的尺寸和键槽的剖面尺寸，可按轴径查阅附表 10.11。

普通平键有 A、B、C 三种形式，A 型也称为圆头平键，B 型称为平头平键，C 型称为单圆头平键，其形状和尺寸见图 10.15 所示。在标记时，A 型平键省略 A 字，而 B 或 C 型应写出 B 或 C 字。

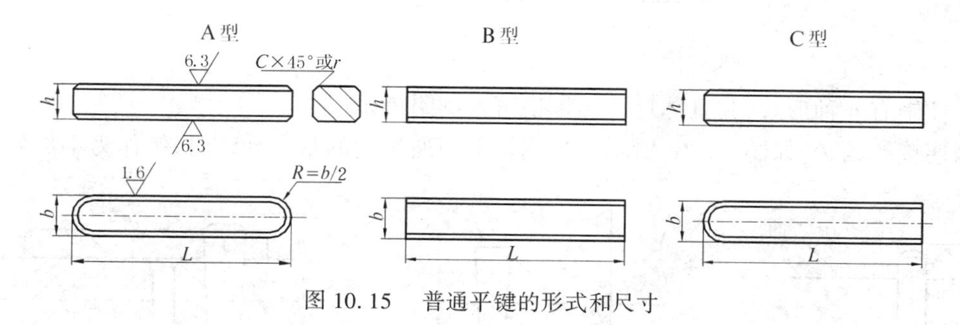

图 10.15　普通平键的形式和尺寸

例如：$b=16\text{mm}$、$h=10\text{mm}$、$L=90\text{mm}$ 的圆头普通平键，其标记为：

键　16×90　GB1096—79

若上例为平头普通平键，则应标记为：

键　B16×90　GB1096—79

普通平键的两个侧面是工作面，上下两底面是非工作面。联结时，平键的两侧面与轴和轮毂的键槽侧面相接触，上底面与轮毂键槽的顶面之间则留有一定间隙，如图 10.16 所示。

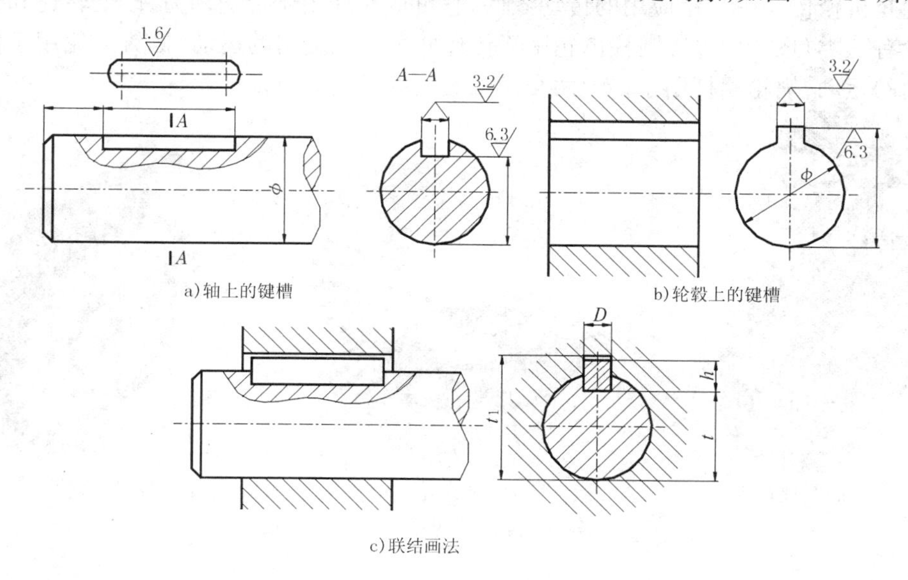

图 10.16　平键联结画法

(2)**销连接**

销是标准件，常用于机器零件之间的连接或定位。常见的有圆柱销、圆锥销和开口销等，如图 10.17 所示。

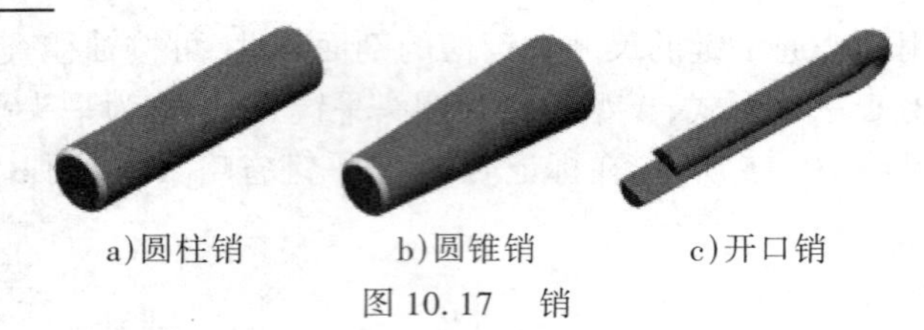

图 10.17　销

圆柱销有 4 种形式,其具体尺寸和标记可查阅附表 10.12。

销连接的画法,如图 10.18 所示。当剖切平面通过销的基本轴线时,销作为不剖处理。

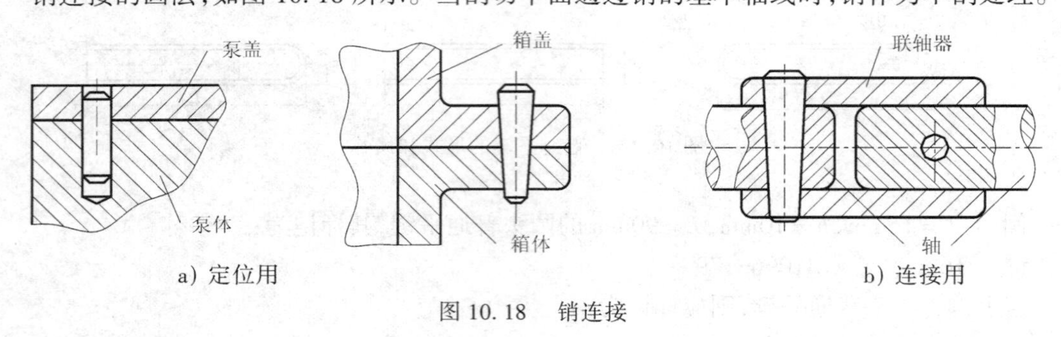

图 10.18　销连接

10.2.3　齿轮

齿轮是机械传动中广泛应用的传动零件,它可成对地用于传送动力、改变转速和转向。常用的齿轮有三类(图 10.19):圆柱齿轮用于传递两平行轴之间的运动,圆锥齿轮用于传递两相交轴之间的运动,蜗轮蜗杆用于传递两交叉轴之间的运动。

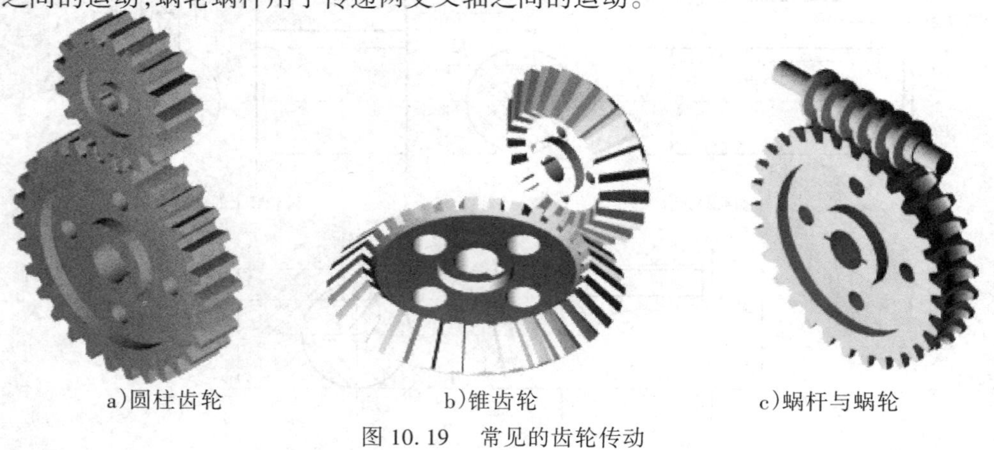

图 10.19　常见的齿轮传动

轮齿是齿轮的主要结构,有直齿、斜齿、人字齿等。齿轮分为标准齿轮和非标准齿轮,凡是轮齿符合标准规定的为标准齿轮。

(1)直齿圆柱齿轮各部分名称和尺寸计算

齿顶圆　通过轮齿顶部的圆,直径用 d_a 表示。

齿根圆　通过轮齿根部的圆,直径用 d_f 表示。

分度圆　对单个标准齿轮而言,轮齿齿厚等于槽宽处的圆称为分度圆,直径用 d 表示。分度圆是设计、制造齿轮时,进行各部分尺寸计算的基准圆,也是加工时分齿的圆。

模数 m　是设计、制造齿轮的重要参数。

分度圆上相邻两齿对应点间的弧长称为齿距,用 p 表示。若齿数为 Z,由齿轮分度圆的圆周长 $\pi d = Zp$,得 $d = Zp/\pi$。

设 $p/\pi = m$,则 $d = mZ$。式中 m 即为模数。显然,m 值愈大,则齿轮轮齿就愈大,齿轮的承载能力也大。不同模数的齿轮要用不同模数的刀具来制造。为了便于设计和制造,模数已标准化,其值如表 10.2 所示。

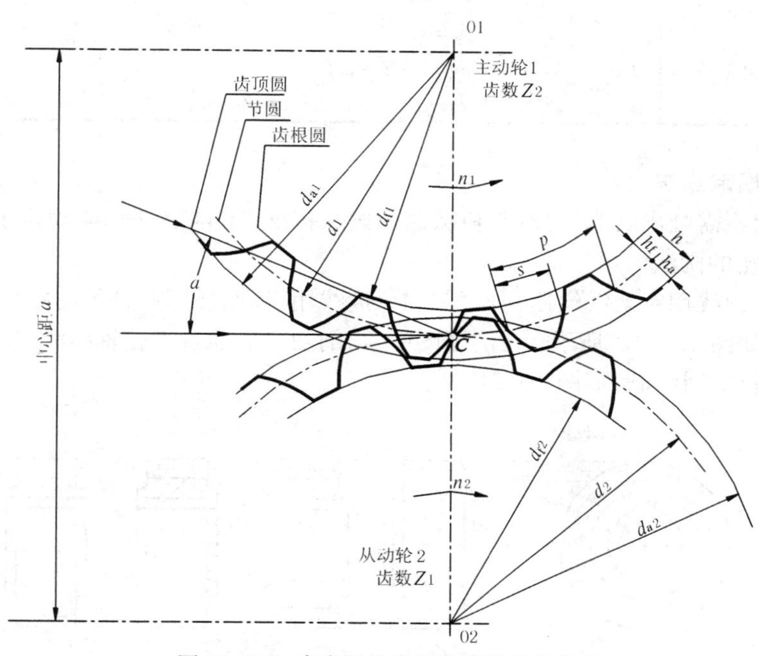

图 10.20　直齿圆柱齿轮各部分名称代号

表 10.2　标准模数系列

第一系列	1.25　1.5　2　2.5　3　4　5　6　8　10　12　16　20　25　32　40　50
第二系列	1.75　2.25　2.75　(3.25)　3.5　(3.75)　4.5　5.5　(6.5)　7　9　(11)　14　18　22　28　36　45

注: 应优先选用第一系列,括号内的数值尽可能不用。

一对齿轮啮合,其模数、压力角必须相等,齿轮各部分尺寸与模数 m 有一定比例关系。标准直齿圆柱齿轮的计算公式见表 10.3。

表 10.3 标准直齿圆柱齿轮的计算公式

基本参数:模数 m、齿数 Z		
名称	代 号	公式
齿 距	P	$p=\pi m$
齿顶高	h_a	$h_a=m$
齿根高	h_f	$h_f=1.25m$
齿 高	h	$h=h_a+h_f=2.25m$
分度圆直径	d	$d=mZ$
齿顶圆直径	d_a	$d_a=m(Z+2)$
齿根圆直径	d_f	$d_f=m(Z-2.5)$
中心距	a	$a=(d_1+d_2)/2=m(Z_1+Z_2)/2$

(2)齿轮的规定画法

齿轮的轮齿不需画出其真实投影,机械制图国家标准 GB4459.2—84 规定了它的画法。

1)单个齿轮的画法

齿顶圆和齿顶线用粗实线绘制;分度圆和分度线用点画线绘制;外形图中齿根圆和齿根线用细实线绘制,如图 10.21a)所示。在剖视图中,当剖切平面通过齿轮轴线时,轮齿一律按不剖处理,齿根线用粗实线绘制,如图 10.21b)所示。

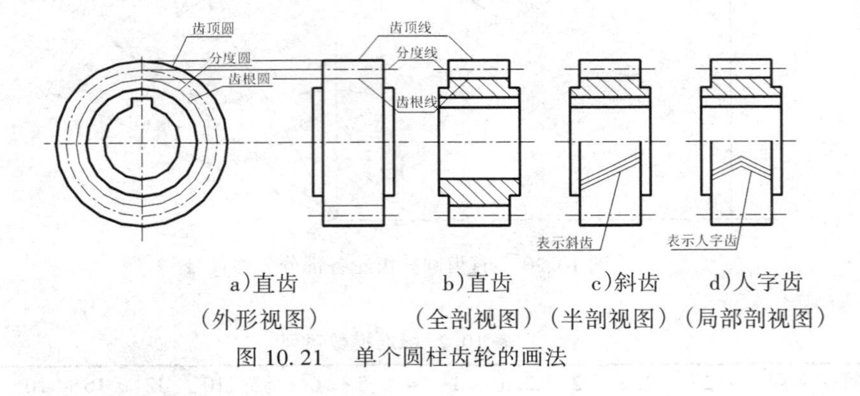

a)直齿（外形视图） b)直齿（全剖视图） c)斜齿（半剖视图） d)人字齿（局部剖视图）

图 10.21 单个圆柱齿轮的画法

图 10.22 是一张直齿圆柱齿轮的零件图,可从中了解此类图样的基本格式及内容。

2)啮合画法

在投影为圆的视图中，两齿轮的节圆应相切，啮合区内的齿顶圆用粗实线绘制，如图 10.23a)所示,或省略不画,如图 10.23b)所示。

在非圆的外形视图中,啮合区的齿顶线不画,节线用粗实线绘制,其他处的节线用点画线绘制,如图 10.23b)所示。

在剖视图中,当剖切平面通过两啮合齿轮的轴线时,两齿轮的节线重合,用点画线绘制。其中一个齿轮的轮齿用粗实线绘制,另一个齿轮的轮齿被遮挡的部分用虚线绘制,如图 10.23a)所示。注意一个齿轮的齿顶到另一个齿轮的齿根之间应有 0.25mm 的间隙。

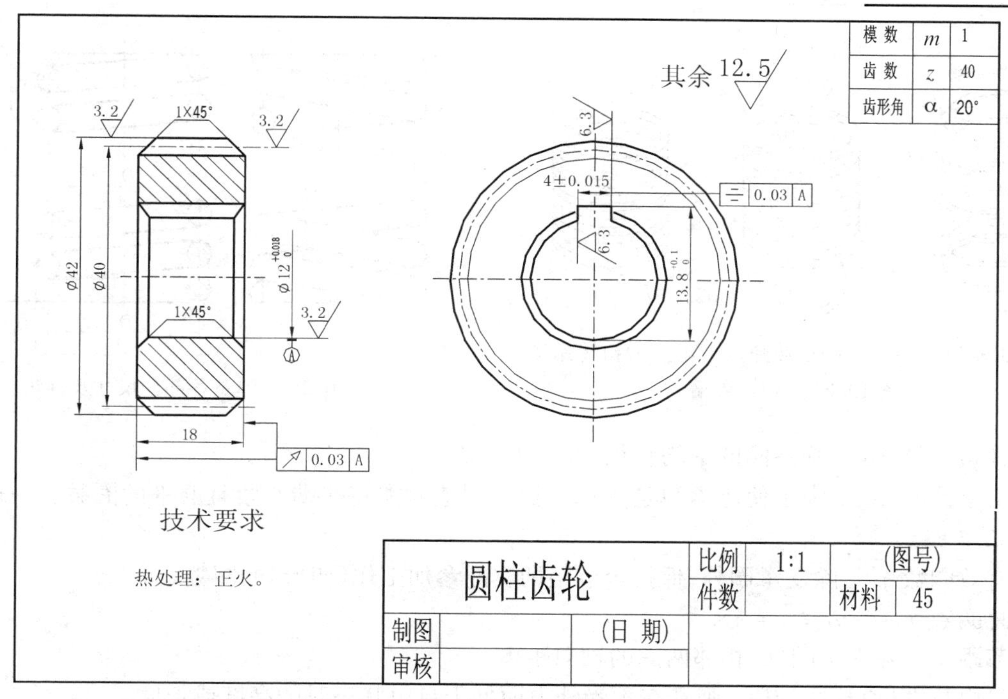

图 10.22 直齿圆柱齿轮零件图

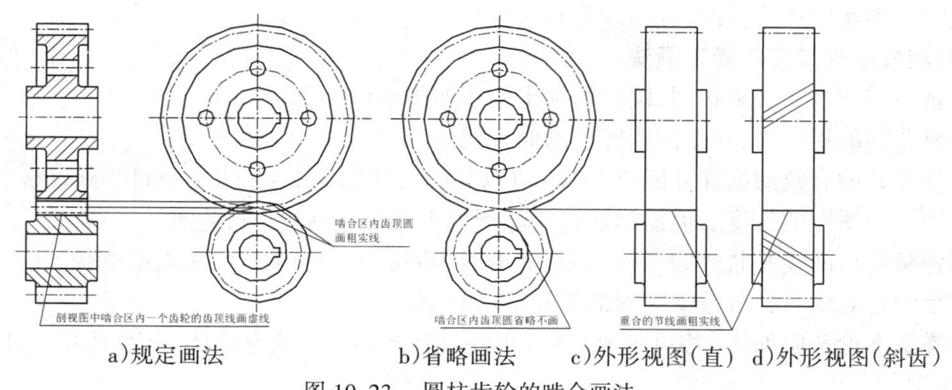

a)规定画法 b)省略画法 c)外形视图(直) d)外形视图(斜齿)

图 10.23 圆柱齿轮的啮合画法

10.2.4 弹簧

弹簧是一种储存能量的零件,主要用于减震、夹紧和测力等。

弹簧的种类很多,有螺旋弹簧、蜗卷弹簧和板弹簧等。其中常用的螺旋弹簧按其工作时受力情况不同又可分为拉伸弹簧、压缩弹簧和扭转弹簧等,如图 10.24 所示。

下面主要介绍圆柱螺旋压缩弹簧的画法,其余各类弹簧的画法可查阅 GB4459.4—84。

(1)圆柱螺旋压缩弹簧各部分名称和尺寸关系

簧丝直径 d 绕制弹簧的钢丝直径,如图 10.25 所示,下同。

弹簧外径 D 弹簧圈的最大直径。

弹簧内径 D_1 弹簧圈的最小直径, $D_1 = D - 2d$。

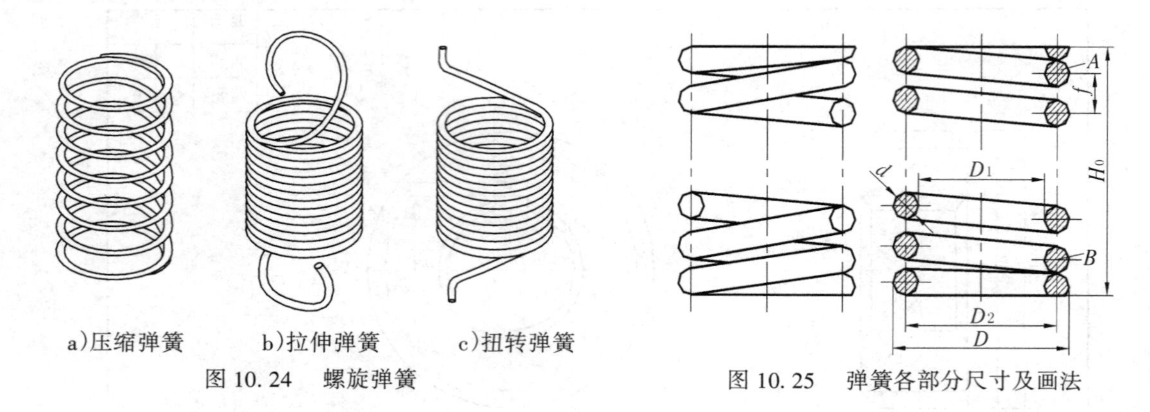

a)压缩弹簧　　b)拉伸弹簧　　c)扭转弹簧

图 10.24　螺旋弹簧

图 10.25　弹簧各部分尺寸及画法

弹簧中径 D_2　弹簧圈的平均直径，$D_2 = D - d$。

支承圈数 n_2　为了使压缩弹簧支承平稳，制造时需将两端并紧且磨平的圈数，一般为 1.5～2.5 圈。

有效圈数 n　除支承圈外，保持等节距即实际参加工作（变形）的圈数。

总圈数 n_1　$n_1 = n + n_2$。

节距 t　除支承圈外，相邻两圈的轴向距离。

自由高度（或长度）H_0　弹簧在不受外力而处于自由状态时的高度或长度。

$$H_0 = nt + (n_2 - 0.5)d$$

旋向　弹簧的螺旋方向，分为左旋和右旋。

（2）圆柱螺旋弹簧的规定画法

弹簧不需按真实投影作图，国标的规定画法如图 10.25 所示。

①在非圆的视图中，各圈的轮廓线画成直线。

②当弹簧的有效圈数在 4 圈以上时，可以只画出两端各 1～2 圈而中间部分省略不画，且允许适当缩短图形的长度。但需用通过簧丝剖面中心的点画线连接起来。

③弹簧要求两端并紧且磨平时，不论支承圈的圈数多少和末端贴紧情况如何，均可按图示的形式绘制。必要时也可按支承圈的实际结构绘制。

④弹簧不论旋向如何，均可画成右旋，但左旋弹簧不论画成左旋或右旋，图中一律要注明旋向“左旋”。

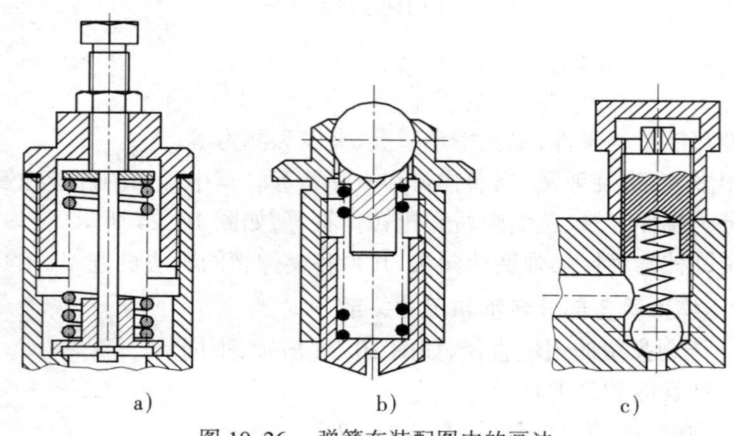

a)　　b)　　c)

图 10.26　弹簧在装配图中的画法

⑤在装配图中，被弹簧挡住的结构一般不画出。可见部分应从弹簧的外轮廓线或弹簧钢丝剖面的中心线画起，如图 10.26a)所示。若簧丝直径在图形上等于或小于 2mm 时，剖面可用涂黑表示，如图 10.26b)所示；也可用示意图表示，如图 10.26c)所示。

10.2.5 滚动轴承

滚动轴承是一种支承轴的组件，因其具有结构紧凑、摩擦阻力小等优点，成为被广泛使用的标准部件。

(1)滚动轴承的结构和种类

滚动轴承的种类很多，但其结构大体相同。一般由外圈、内圈、滚动体、隔离圈(保持架)四个元件组成(图 10.27)。

滚动轴承按内部结构和受力情况可分为三类：

①向心轴承——主要承受径向载荷；

②推力轴承——用于承受轴向载荷；

③向心推力轴承——能同时承受径向载荷和轴向载荷。

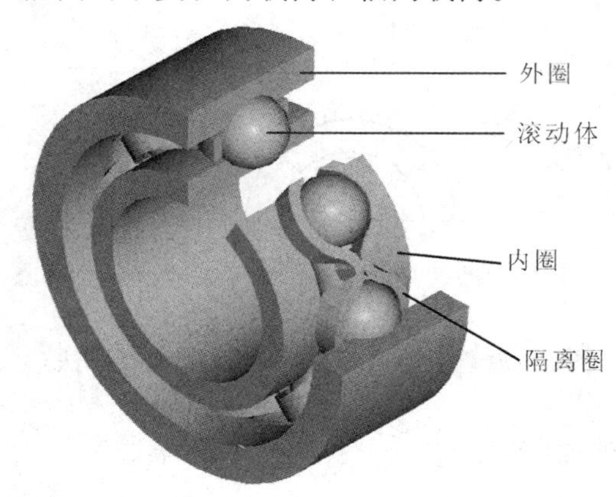

图 10.27 滚动轴承的结构

(2)滚动轴承的画法

滚动轴承是标准部件，其结构形式、尺寸等都已经标准化，由轴承厂专门生产，因此一般不需要画零件图。需要时，根据要求确定轴承的型号，选购使用。

当需较详细地表达滚动轴承的主要结构时，可采用规定画法；若只需较简单地表达滚动轴承的主要结构时，可采用特征画法，如图 10.28 所示。

画图时，先根据轴承代号由国家标准中查出滚动轴承的外径 d、内径 d 和宽度 b 等几个主要尺寸，再按规定的画图比例按规定画法或特征画法画出。在垂直于轴线的投影面的视图中，无论滚动体的形状(球、滚子等)及尺寸如何，均按图 10.29 所示的方法绘制。同一图样中应采用同一种画法。

常用的几种滚动轴承的结构形式及其在装配图中的画法见表 10.4，其外径、内径和宽度等可从附表 10.13 ~ 附表 10.15 中查得。

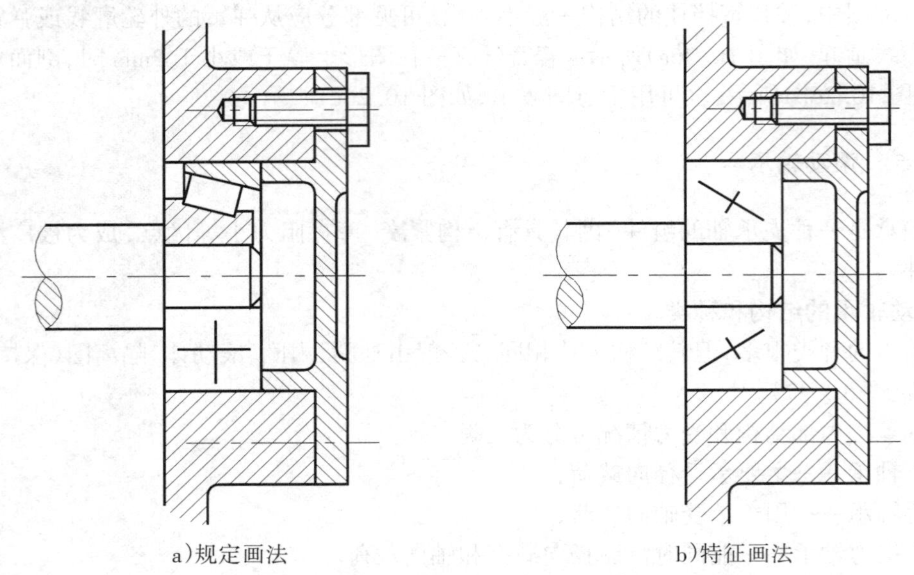

图 10.28　滚动轴承的画法

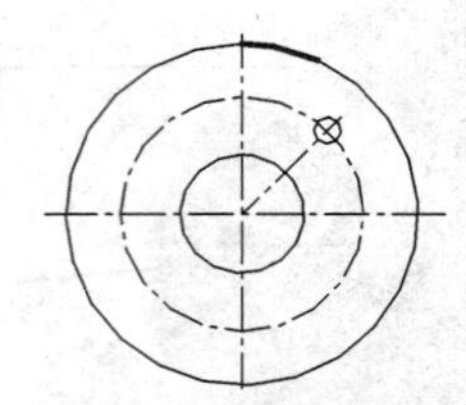

图 10.29　滚动轴承的轴向视图的特征画法

(3)滚动轴承的代号和标记

1)滚动轴承的代号

滚动轴承代号是用字母加数字来表示轴承的类型、结构、尺寸、公差等级、技术性能等特征的产品符号。国家标准 GB/T 272—93 规定的轴承代号由三部分组成:前置代号、基本代号、后置代号。基本代号是轴承代号的核心。前置代号和后置代号都是轴承代号的补充,只有在遇到对轴承结构、形状、公差等级、技术要求等有特殊要求时才使用,一般情况可省略。

轴承的基本代号包括三项内容:类型代号、尺寸系列代号和内径代号。

类型代号	尺寸系列代号	内径代号

类型代号:用数字或字母表示不同类型的轴承,如表 10.5 所示。

尺寸系列代号:由两位数字组成,如表 10.5 所示。前一位数字代表宽度系列(向心轴承)或高度系列(推力轴承),后一位数字代表直径系列。尺寸系列表示内径相同的轴承可具有不同外径,而同样外径又有不同宽度(或高度),由此用以满足各种不同要求的承载能力。

内径代号:表示轴承公称内径的大小,用两位数字表示。其中 00、01、02、03 分别表示轴承内径 d 为 10、12、15、17;04 以上表示轴承内径为 $d=$数字$\times 5$,如 09 表示轴承内径 $d=9\times 5=45$。

表 10.4　常用滚动中央政治局承的画法

名　称 结构形式及代号	标准代号	特征画法	规定画法	装配形式
深沟球轴承 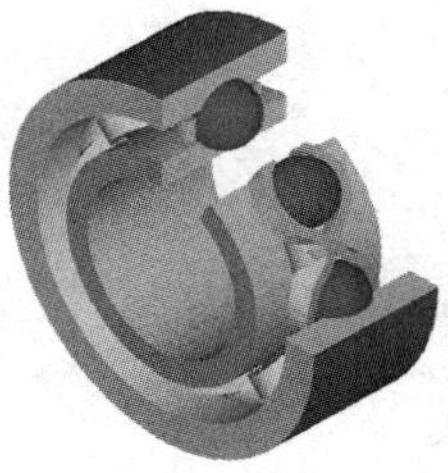 60000 型	GB/T 276—94	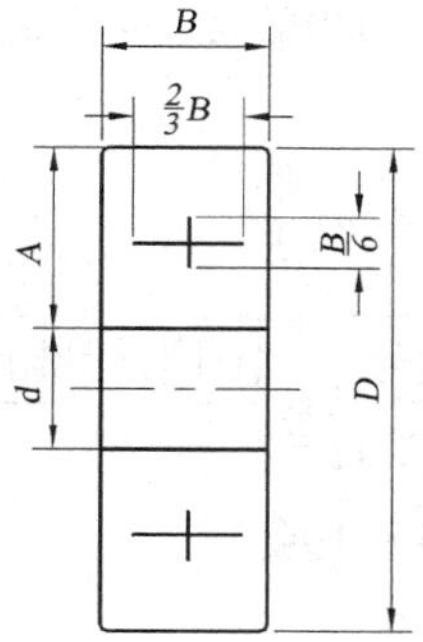 B, $\frac{2}{3}B$, A, d, D, $\frac{B}{6}$	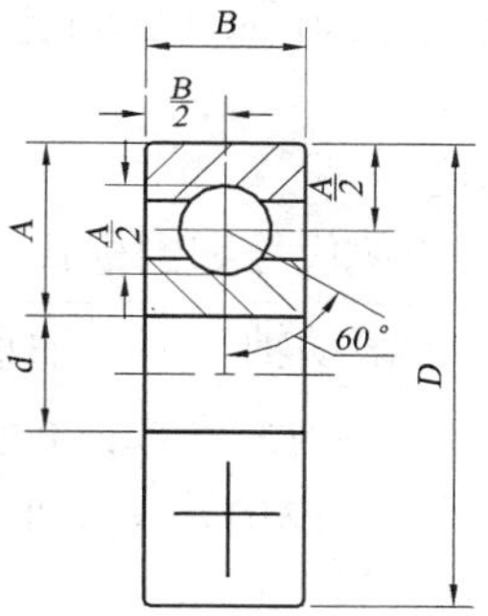 B, $\frac{B}{2}$, A, $\frac{A}{2}$, d, D, 60°	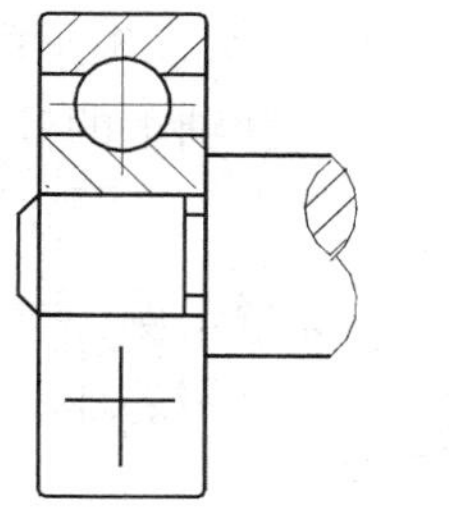
圆锥滚子轴承 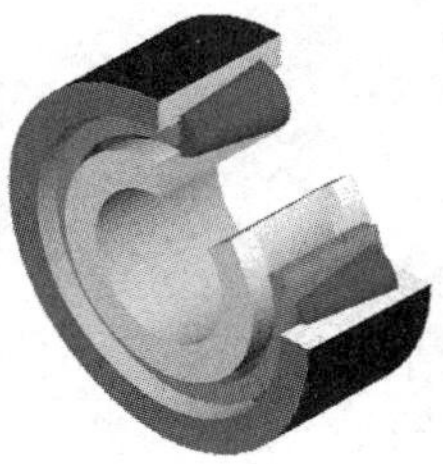 30000 型	GB/T 297—94	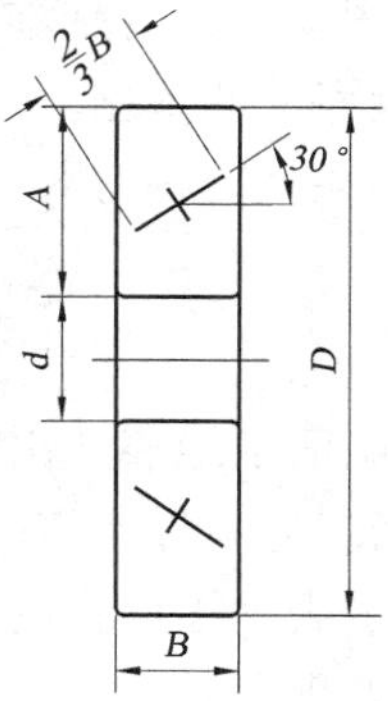 $\frac{2}{3}B$, 30°, A, d, D, B	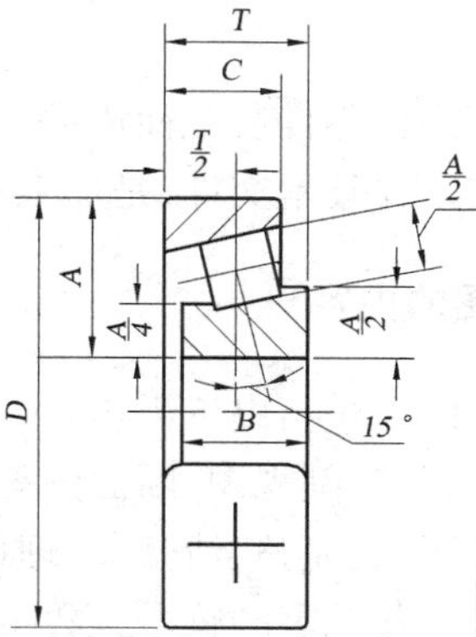 T, C, $\frac{T}{2}$, $\frac{A}{2}$, A, $\frac{A}{4}$, D, B, 15°	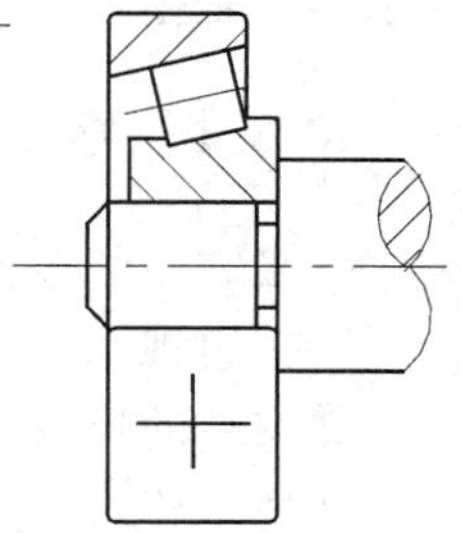
推力球轴承  51000 型	GB/T 301—1995	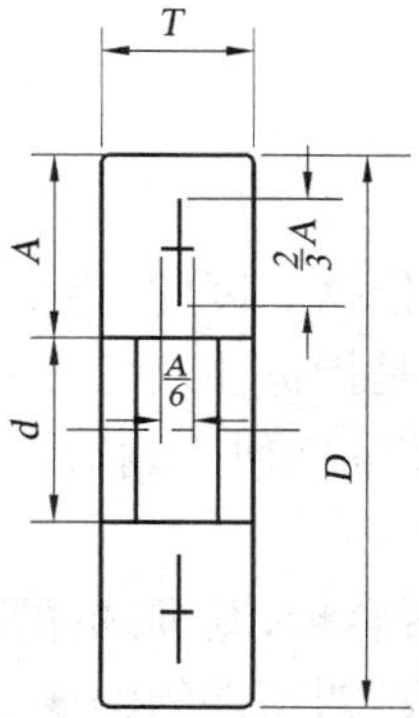 T, A, $\frac{2}{3}A$, $\frac{A}{6}$, d, D	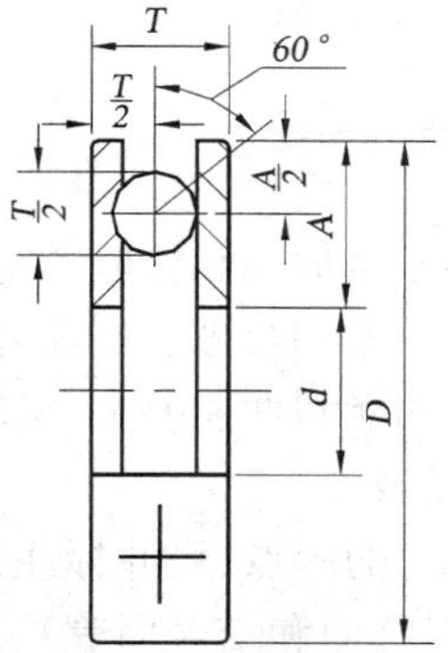 T, $\frac{T}{2}$, 60°, $\frac{A}{2}$, A, d, D	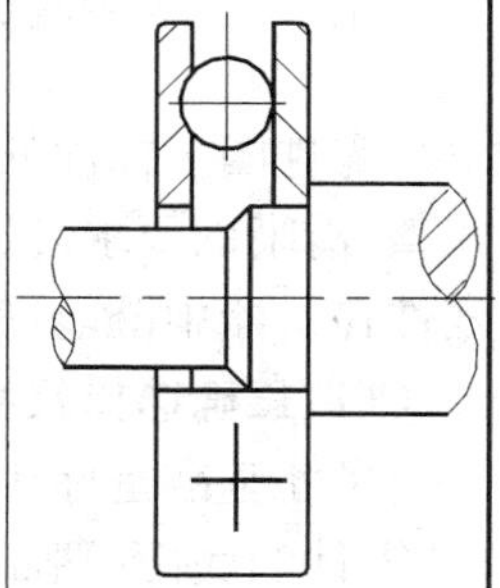

表 10.5　常用滚动轴承的类型、名称及代号

轴承名称	标准代号	类型代号	尺寸系列代号
圆锥滚子轴承	GB297	3	02、03、13、20、22、23、29、30、31、32
推力球轴承	GB301	5	11、12、13、14
深沟球轴承	GB276	6	(0)0、(1)0、(0)2、(0)3、(0)4、17、37、18、19

说明:在写基本代号时,尺寸系列代号中括号内的数字可省略。

2)滚动轴承的标记

滚动轴承的标记由轴承代号和国标代号组成。

滚动轴承	轴承代号	国家标准代号

标记示例:滚动轴承　6012　GB/T 276－94

滚动轴承　51210　GB/T 301—1995

10.3　零　件　图

任何机械产品都是由零件装配而成的。零件图要表达清楚零件的结构、形状、大小及技术要求。它是生产中的重要技术文件,是加工和检验零件的依据。

10.3.1　零件图的内容

一张完整的零件图应包括以下内容:

①一组视图　用视图、剖视图、断面图等,正确、清晰地表达出零件的结构和形状。

②完整的尺寸　正确、完整、清晰、合理地注出制造零件所需的全部尺寸。

③技术要求　用一些规定的符号、数字或文字表示零件在制造和检验时应达到的技术要求,如表面粗糙度,尺寸公差,材料的热处理,表面处理等。

④标题栏　用规定的格式表达零件的名称、材料、数量及绘图比例、图号、制图和审核人的签名及日期等,如图 10.30 所示。

10.3.2　零件图的尺寸标注

零件图上标注的尺寸是加工和检验的重要依据。因此,零件图上标注尺寸除应满足正确、完整、清晰的要求外,还应做到合理。所谓合理是指标注尺寸应满足设计要求、工艺要求,即使零件在机器中既能满足功能和性能要求,又能使零件便于制造、测量和检验。

(1)正确选择尺寸基准

尺寸基准是标注尺寸的起点,尺寸标注是否合理,基准选择很重要。尺寸基准可以是平面(如零件的底面、端面、对称面和结合面等)、直线(如零件的轴线、中心线等)和点(如圆心,坐标原点等)。每个零件都有长、宽、高三个方向的尺寸,因此在每个方向上都应有一个主要基准。如图 10.30 所示阀体中,长度方向的主要基准为阀体的竖直方向的中心线,宽度方向的基准为阀体的前后对称面,高度方向的主要基准是阀体的水平中心线。

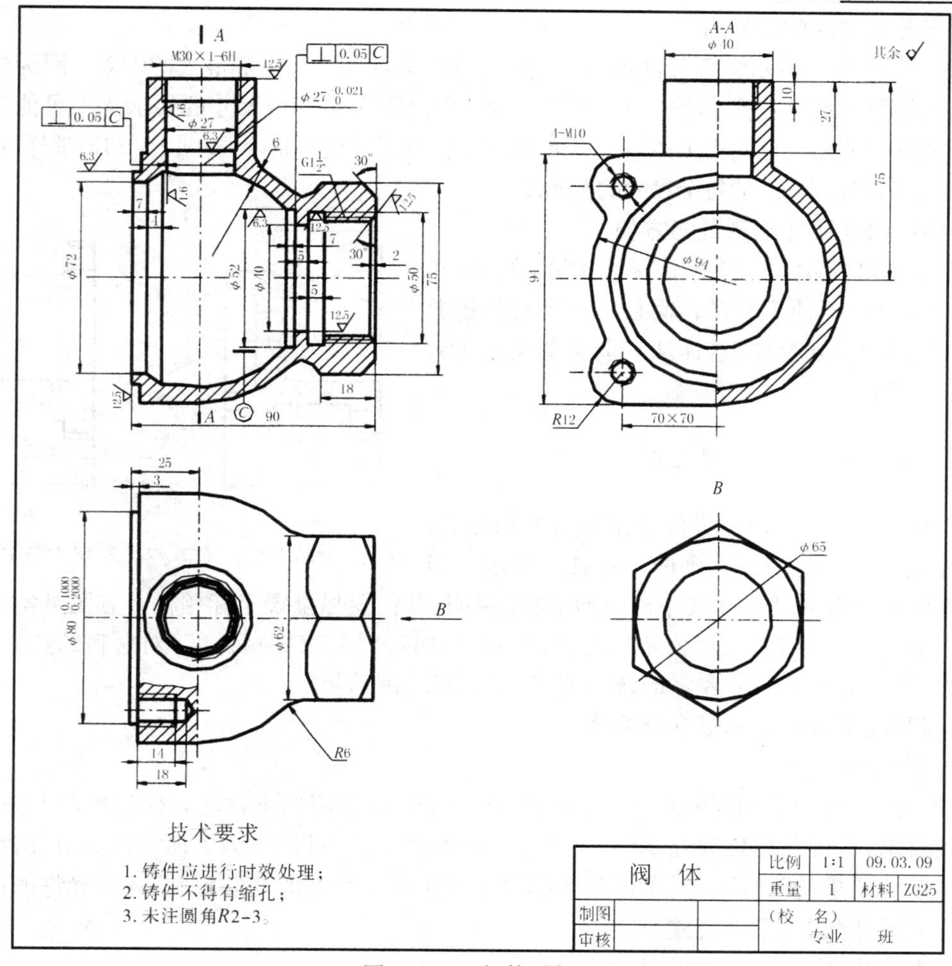

图 10.30 阀体零件图

(2)**重要尺寸必须直接注出**

影响产品性能、精度和互换性的尺寸称为重要尺寸，如配合尺寸、确定零件在部件中准确位置的定位尺寸、相邻零件之间的联系尺寸等。为了保证产品的质量，零件的重要尺寸应直接标注。图 10.31a) 表示 1、2 两零件装配在一起的情况。设计时要求左右不能松动、右端面齐平。图 10.31b)中尺寸 B 为两零件的配合尺寸应直接注出。为保证右端齐平，应从同一基准标注尺寸 C。图 10.31c)、d)的注法不能满足设计要求。

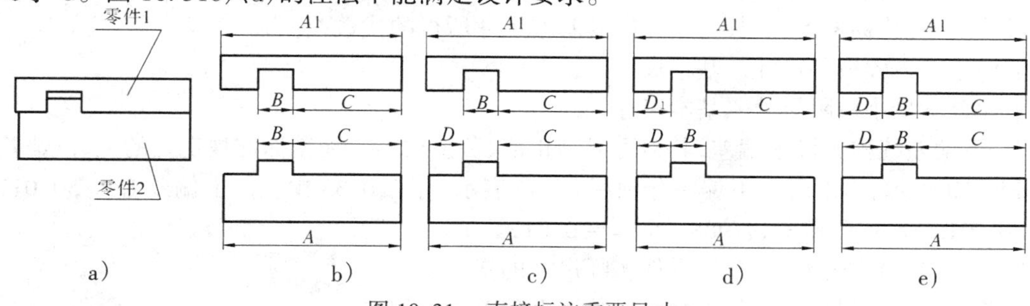

图 10.31 直接标注重要尺寸

(3)不要注成封闭尺寸链

如按图 10.31e)所示将零件注成封闭的尺寸链,就会给加工带来很大的困难。因为这种注法,零件上的每个尺寸都受其他三个尺寸的影响,要全部满足四个尺寸的要求是不可能的。解决的办法就是在封闭尺寸链中去掉一个不重要的尺寸,使尺寸链不封闭,如图 10.31b)那样。不封闭的尺寸链可以保证所标注的每个尺寸的精确度。

(4)标注尺寸要考虑测量的方便

如图 10.32 所示,若按图 a)标注尺寸,则 L_2 和 L_3 这两个尺寸就不便于测量,而且也不容易测量准确。若按图 b)的方式标注,这样从右端测量尺寸 L'_2、L'_3 就方便多了。

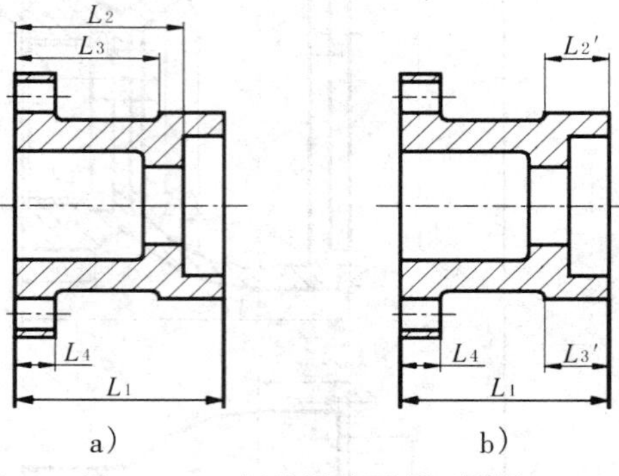

图 10.32　标注尺寸要便于测量

10.3.3　零件图的技术要求

在零件图上,为了保证零件的制造精度和性能,必须标注制造零件时应该达到的一些技术要求。当不能在视图上充分表达技术要求时,应用文字说明,其位置尽量置于标题栏上方图纸空白处。

技术要求的内容有:尺寸公差与配合,形状与位置公差,表面粗糙度,对材料的热处理、表面处理等要求,对有关尺寸要素的统一要求(如:圆角、倒角等)。

(1)极限与配合的基本概念及标注

1)公差的基本概念

在同一批规格大小相同的零件中,任取其中一件,而不需加工就能装配到机器上去,并能保证使用要求,这种性质称为互换性。每个零件制造都会产生误差,为了使零件具有互换性,在满足零件使用要求的条件下,对零件的实际尺寸规定一个允许的变动范围,这个允许的尺寸变动量就称为尺寸公差,简称公差。

①基本尺寸、实际尺寸和极限尺寸

基本尺寸　设计给定的尺寸。图 10.33 中 $\phi 50$ 是根据计算和结构上需要,选用标准尺寸定出的。

实际尺寸　零件加工完毕后,通过测量所得的尺寸。

极限尺寸　允许零件实际尺寸变化的两个界限值,它以基本尺寸为基数来确定。其中较大的一个尺寸称为最大极限尺寸 $\phi 50.012$;较小的一个尺寸称为最小极限尺寸 $\phi 49.988$。零件的实际尺寸只要在这两个尺寸之间就算合格。

②尺寸偏差和尺寸公差

尺寸偏差(简称偏差)　某一尺寸减其基本尺寸所得的代数差。

上偏差 = 最大极限尺寸 − 基本尺寸

下偏差 = 最小极限尺寸 − 基本尺寸

上、下偏差统称为极限偏差,其值可以为正值、负值或零。国家标准规定孔的上、下偏差分别用 ES、EI 表示,轴的上、下偏差分别用 es、ei 表示。图 10.33 中孔的上偏差 $ES = 50.012 - 50 = +0.012$,下偏差 $EI = 49.988 - 50 = -0.012$。

尺寸公差(简称公差)　允许零件实际尺寸的变动量。

公差 = 最大极限尺寸 − 最小极限尺寸 = 上偏差 − 下偏差

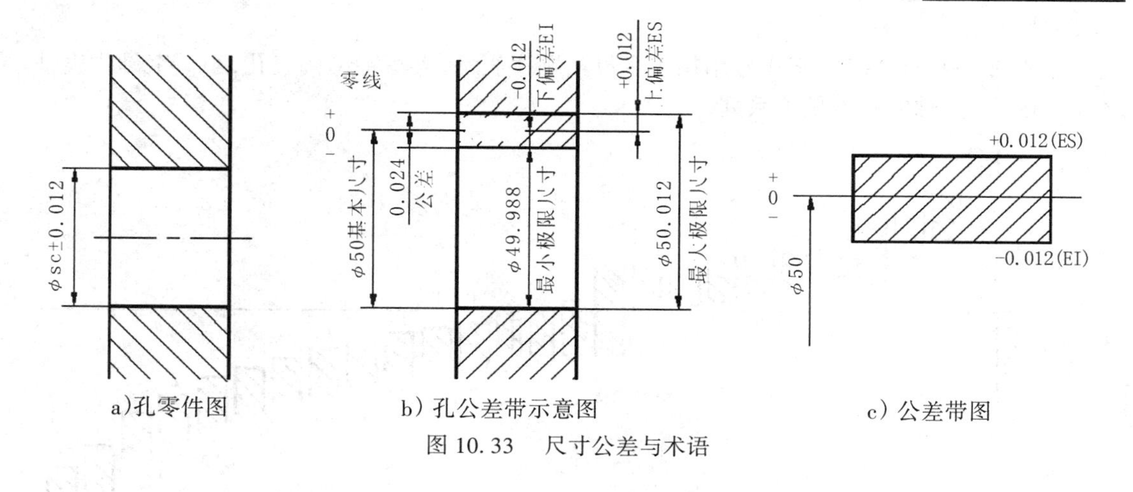

图 10.33　尺寸公差与术语

图 10.33 中孔的公差 = 50.012 - 49.988 = 0.012 - (-0.012) = 0.024。

公差是绝对值,没有正、负号,也不能为零。

③标准公差与基本偏差

国家标准规定公差带由标准公差和基本偏差组成。标准公差确定公差带大小,基本偏差确定公差带位置,如图 10.34 所示。

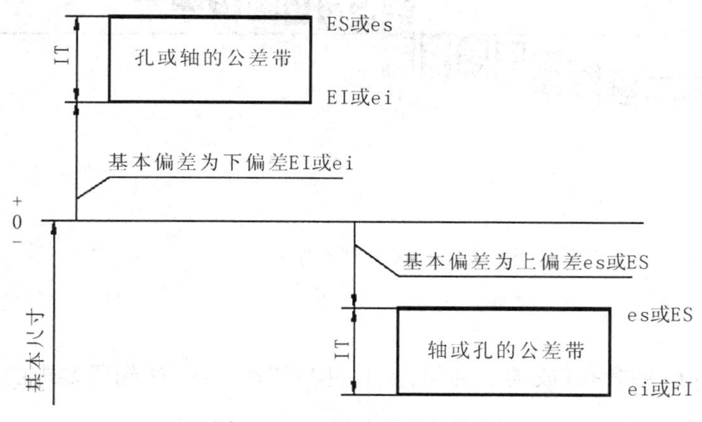

图 10.34　尺寸公差与偏差

标准公差　由国家标准规定的、用以确定公差带大小的一系列公差值。标准公差数值与基本尺寸和公差等级有关,其值可查阅国家标准。

标准公差分为 20 个等级,即 IT01、IT0、IT1、IT2…IT18。IT 为标准公差代号,阿拉伯数字表示公差等级,它是确定尺寸精确程度的等级。从 IT01 至 IT18,公差等级依次降低,相应的公差值则依次增大,尺寸的精确程度越低。对同一公差等级的公差,随着基本尺寸增大,其公差数值也增大。

例如:轴　φ50　　IT7 = 25μm　　IT9 = 62μm

　　　孔　φ100　　IT7 = 35μm　　IT9 = 87μm

基本偏差　由国家标准规定的、用以确定公差带相对零线位置的上偏差或下偏差,一般为靠近零线的那个偏差。当公差带在零线的上方时,基本偏差为下偏差;反之,则为上偏差,如图

10.34 所示。

基本偏差共有 28 个，其代号用拉丁字母按顺序表示，大写字母代表孔，小写字母代表轴。图 10.35 为孔、轴的基本偏差系列。

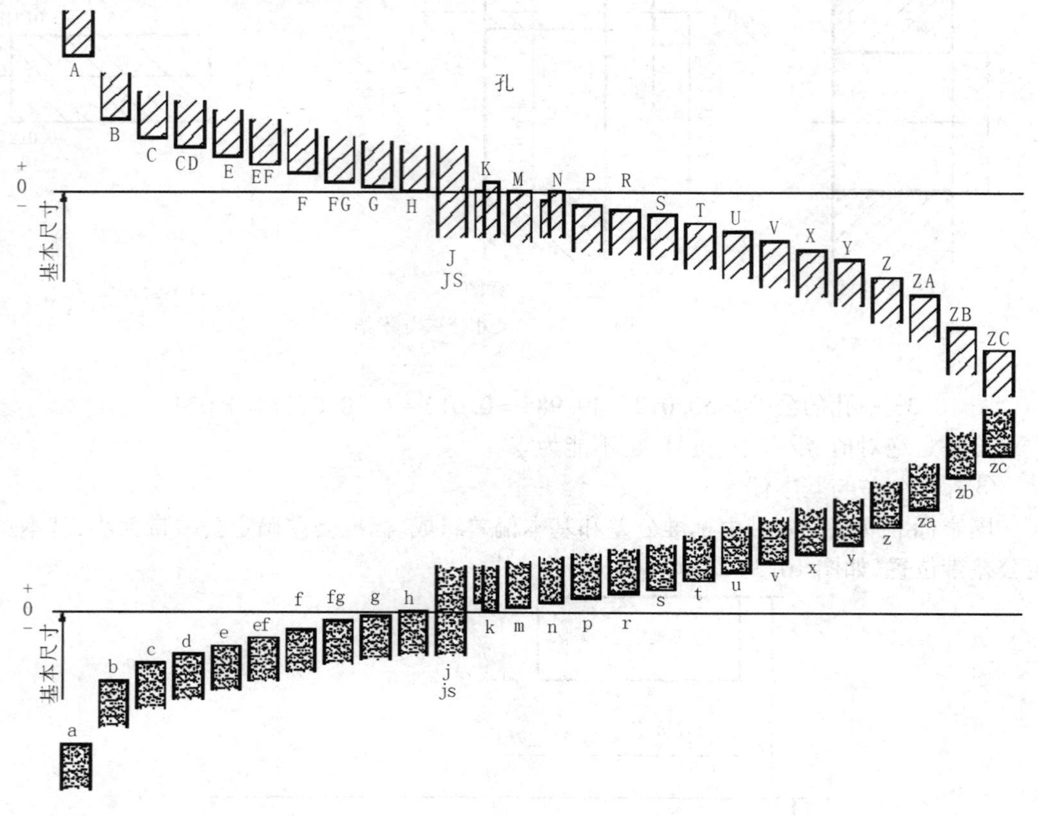

图 10.35　基本偏差系列

2）配合

基本尺寸相同的轴和孔（或类似轴与孔的结构）装在一起，达到所要求的松紧程度，这种情况称为配合。

①配合的种类

根据使用的要求不同，零件间的配合分为三类：

间隙配合　具有间隙（包括最小间隙等于零）的配合。此时孔的最小极限尺寸≥轴的最大极限尺寸。间隙配合属可动联接。若工作时两零件之间有相对运动，则必须用间隙配合。即使工作时无相对运动，为了装拆方便，配合处也允许用间隙配合。

过盈配合　具有过盈（包括最小过盈等于零）的配合。此时孔的最大极限尺寸≤轴的最小极限尺寸。过盈配合属刚性联接，工作时两零件之间不能有相对运动。若无外加紧固件（键、销或螺钉），而要靠配合面的过盈来传动时，应选过盈配合。

过渡配合　可能具有间隙或过盈的配合。过渡配合具有的间隙或过盈量都很小，因此相互结合的孔与轴同轴度较好。若工作时无相对运动，又不靠配合传力，但要求同轴度较高时，一般选择过渡配合。

②配合制度

国家标准规定了配合的两种基准制度,即基孔制和基轴制。

基孔制　基本偏差为一定的孔，与不同基本偏差的轴形成各种配合的一种制度，如图 10. 36a)所示。基孔制配合中的孔为基准孔,其代号为 H,下偏差为零。

基轴制　基本偏差为一定的轴，与不同基本偏差的孔形成各种配合的一种制度，如图 10. 36b)所示。基轴制配合中的轴为基准轴,其代号为 h,上偏差为零。

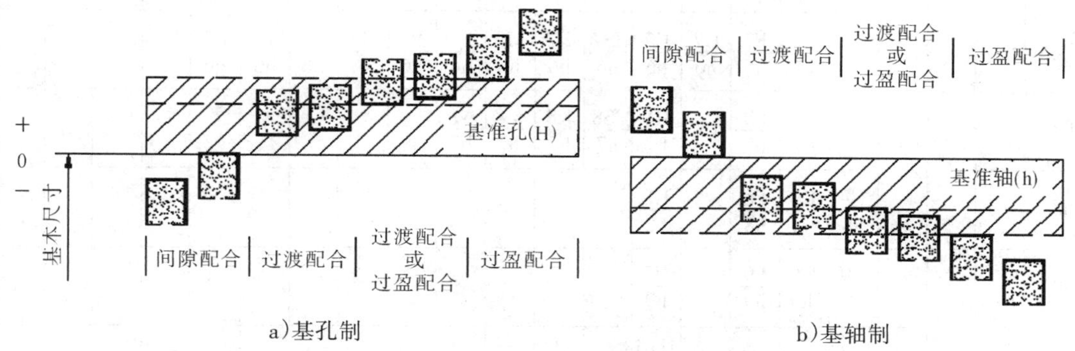

图 10. 36　配合制度

④优先、常用配合

国家标准根据机械工业产品生产使用的需要,考虑到各类产品的不同特点,制订了优先及常用配合。使用时应尽量选用优先配合和常用配合。基孔制和基轴制优先、常用配合见表 10. 5 和表 10. 6。

表 10. 5　基孔制优先、常用配合

基准孔	轴																				
	a	b	c	d	e	f	g	H	js	k	m	n	p	r	s	t	u	v	x	y	z
	间隙配合								过渡配合			过盈配合									
H6						$\frac{H6}{f5}$	$\frac{H6}{g5}$	$\frac{H6}{h5}$	$\frac{H6}{js5}$	$\frac{H6}{k5}$	$\frac{H6}{m5}$	$\frac{H6}{n5}$	$\frac{H6}{p5}$	$\frac{H6}{r5}$	$\frac{H6}{s5}$	$\frac{H6}{t5}$					
H7						$\frac{H7}{f6}$	$\frac{H7}{g6}$	$\frac{H7}{h6}$	$\frac{H7}{js6}$	$\frac{H7}{k6}$	$\frac{H7}{m6}$	$\frac{H7}{n6}$	$\frac{H7}{p6}$	$\frac{H7}{r6}$	$\frac{H7}{s6}$	$\frac{H7}{t6}$	$\frac{H7}{u6}$	$\frac{H7}{v6}$	$\frac{H7}{x6}$	$\frac{H7}{y6}$	$\frac{H7}{z6}$
H8					$\frac{H8}{e7}$	$\frac{H8}{f7}$	$\frac{H8}{g7}$	$\frac{H8}{h7}$	$\frac{H8}{js7}$	$\frac{H8}{k7}$	$\frac{H8}{m7}$	$\frac{H8}{n7}$	$\frac{H8}{p7}$	$\frac{H8}{r7}$	$\frac{H8}{s7}$	$\frac{H8}{t7}$	$\frac{H8}{u7}$				
				$\frac{H8}{d8}$	$\frac{H8}{e8}$	$\frac{H8}{f8}$		$\frac{H8}{h8}$													
H9			$\frac{H9}{c9}$	$\frac{H9}{d9}$	$\frac{H9}{e9}$	$\frac{H9}{f9}$		$\frac{H9}{h9}$													
H10			$\frac{H10}{c10}$	$\frac{H10}{d10}$				$\frac{H10}{h10}$													
H11	$\frac{H11}{a11}$	$\frac{H11}{b11}$	$\frac{H11}{c11}$	$\frac{H11}{d11}$				$\frac{H11}{h11}$													
H12		$\frac{H12}{b12}$						$\frac{H12}{h12}$													

表 10.6 基轴制优先、常用配合

基准孔	孔																				
	A	B	C	D	E	F	G	H	JS	K	M	N	P	R	S	T	U	V	X	Y	Z
	间隙配合								过渡配合				过盈配合								
h5						F6/h5	G6/h5	H6/h5	JS6/h5	K6/h5	M6/h5	N6/h5	P6/h5	R6/h5	S6/h5	T6/h5					
h6						F7/h6	G7/h6	H7/h6	JS7/h6	K7/h6	M7/h6	N7/h6	P7/h6	R7/h6	S7/h6	T7/h6	U7/h6				
h7					E8/h7	F8/h7		H8/h7	JS8/h7	K8/h7	M8/h7	N8/h7									
h8				D8/h8	E8/h8	F8/h8		H8/h8													
h9				D9/h9	E9/h9	F9/h9		H9/h9													
h10				D10/h10				H10/h10													
h11	A11/h11	B11/h11	C11/h11	D11/h11				H11/h11													
h12		B12/h12						H12/h12													

3)尺寸公差与配合的标注

①在装配图上的标注

配合代号是由孔和轴的公差带代号组成,用分数形式表示,分子为孔的公差带代号,分母为轴的公差带代号。在装配图中标注配合时,是在基本尺寸后面标注配合代号,如图 10.37a)所示。必要时也允许按图 10.37b)、c)的形式标注。

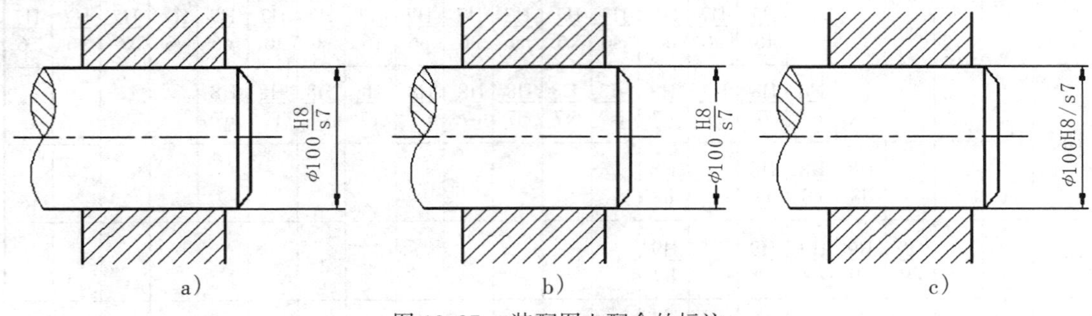

图 10.37 装配图上配合的标注

②在零件图上的标注

在零件图上标注尺寸公差有三种形式:

在基本尺寸后面注公差带代号,如图 10.38a)所示。

在基本尺寸后面注极限偏差数值,如图 10.38b)所示。

在基本尺寸后面同时注公差带代号和极限偏差数值,这时极限偏差数值必须加括号,如图10.38c)所示。

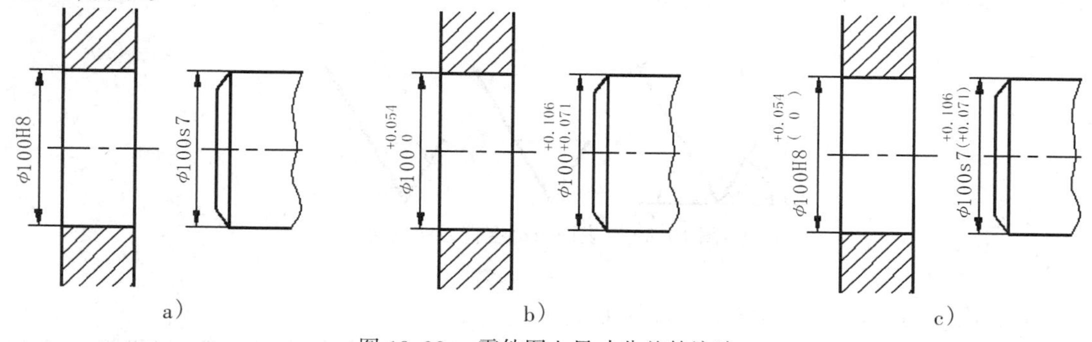

图 10.38　零件图上尺寸公差的注法

(2)**表面粗糙度**

表面粗糙度表示零件表面的光滑程度，是指零件加工表面上所具有的较小间距和峰谷的微观几何形状特征。表面粗糙度是评定零件表面质量的重要指标之一,它影响零件间的配合、零件的使用寿命及外观质量等。表面粗糙度一般是由不同的加工方法及其他因素所形成的。

1)表面粗糙度的参数

评定表面粗糙度的参数有轮廓算术平均偏差 R_a、微观不平度 + 点高度 R_z、轮廓最大高度 R_y。生产中常采用 R_a 作为评定零件表面质量的主要参数,其值见表 10.7。

表 10.7　R_a 选用值

R_a(系列)(μm)										
	0.008	0.01	**0.012**	0.016	0.020	**0.025**	0.032	0.04	**0.050**	0.063
	0.080	**0.100**	0.125	0.160	**0.20**	0.25	0.32	**0.40**	0.50	0.63	**0.80**
	1.00	1.25	**1.60**	2.0	2.5	**3.2**	4.0	5.0	**6.3**	8.0	10.0	**12.5**	16.0
	20	**25**	32	40	**50**	63	80	**100**		

注:R_a 数值中黑体字为第一系列,应优先采用。

2)表面粗糙度代号、符号及其标注

GB/T131—93 规定了表面粗糙度代号、符号及其注法。图样上所标注的表面粗糙度代号,是对该表面完工后的要求,表面粗糙度代号包括表面粗糙度符号、表面粗糙度参数值及其他有关规定。表面粗糙度的符号及意义见表 10.8。

表 10.8　表面粗糙度的符号

符号	意义及说明
	基本符号,表示表面可用任何方法获得。当不加注粗糙度参数值或有关说明(例如:表面处理、局部热处理状况等)时,仅适用于简化代号标注
	基本符号加一短划,表示表面是用去除材料的方法获得。如车、铣、钻、磨、剪切、抛光、腐蚀、电火花加工、气割等
	基本符号加一小圆,表示表面是用不去除材料的方法获得。如铸、锻、冲压变形、热轧、冷轧、粉末冶金等,或者是用于保持原供应状况的表面(包括保持上道工序的状况)
	在上述三个符号的长边上均可加一横线,用于标注有关参数的说明

表面粗糙度符号的画法见图 10.39。其中 $H_1 = 1.4h$（h 为字体高度），$H_2 \approx 2H_1$，小圆直径均为字体高 h，符号的线宽 $d' = h/10$。

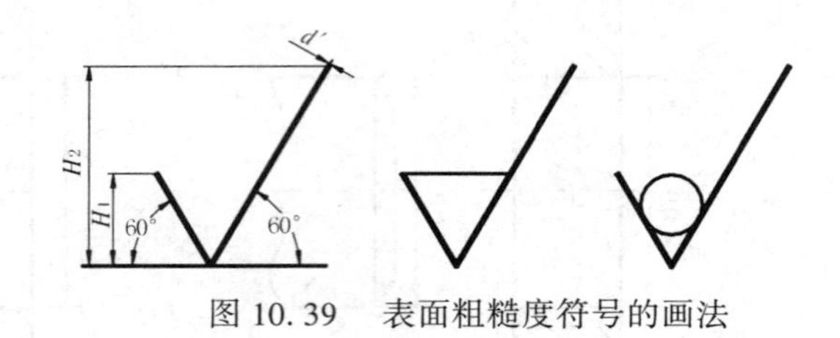

图 10.39　表面粗糙度符号的画法

3）表面粗糙度代号在图样上的标注方法

在图样上每一表面一般只标注一次；符号的尖端必须从材料外指向表面，其位置一般注在可见轮廓线、尺寸界线、引出线或它们的延长线上；代号中数字方向应与国标规定的尺寸数字方向相同。当位置狭小或不便标注时，代号可以引出标注。表面粗糙度的标注示例见表 10.9。

10.3.4　零件的常见结构及其标注

零件上常有各种形状的局部结构，如倒角、孔、凹坑、凸台等，其作用和加工方法也各不相同。下面介绍几种常用的零件结构的表示方法。

（1）倒角和倒圆

轴和孔的端部，为了便于装配和使用安全，一般都加工成倒角。为了避免因应力集中而产生裂纹，在轴肩处常加工成圆角过渡，称为倒圆。倒角、倒圆的标注如图 10.40 所示，其中只有 45°倒角才允许按图 10.40a）、b）标注。

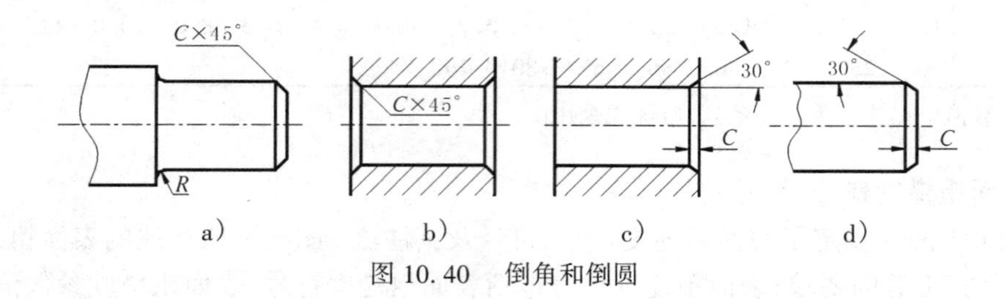

图 10.40　倒角和倒圆

（2）凸台和凹坑

零件与零件接触的表面，一般都要加工。为了减少加工面积、保证零件表面之间有良好的接触，常常在零件上制成凸台或凹坑，如图 10.41 所示。

（3）钻孔结构

用钻孔钻出的盲孔，其末端应画成 120°的锥角，孔深尺寸不包括锥坑，如图 10.42a）所示。用不同直径钻头钻出的阶梯孔，也存在锥角 120°的圆台，如图 10.42b）所示。

为保证钻孔准确、避免钻头折断，要求钻头尽量垂直于被钻孔的端面，如图 10.43 所示。

表 10.9　表面粗糙度标注

图例	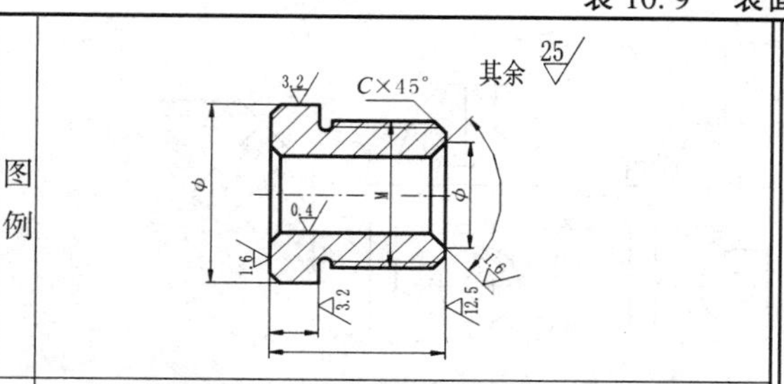
说明	代号和参数的注写方向如图所示。当零件大部分表面具有相同的表面粗糙度时，对其中使用最多的一种符号、代号可统一标注在图样的右上角，并加注“其余”两字。统一标注的代号及文字的高度，应是图形上其他表面所注代号和文字的 1.4 倍
图例	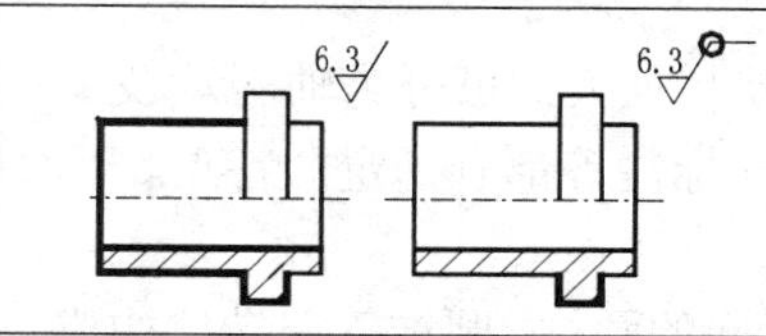
说明	当零件所有表面具有相同的表面粗糙度要求时，其代（符）号可在图样的右上角统一标注，代号及文字应为图形上原应标注的代号及文字的大小的 1.4 倍，用左图或右图都可以
图例	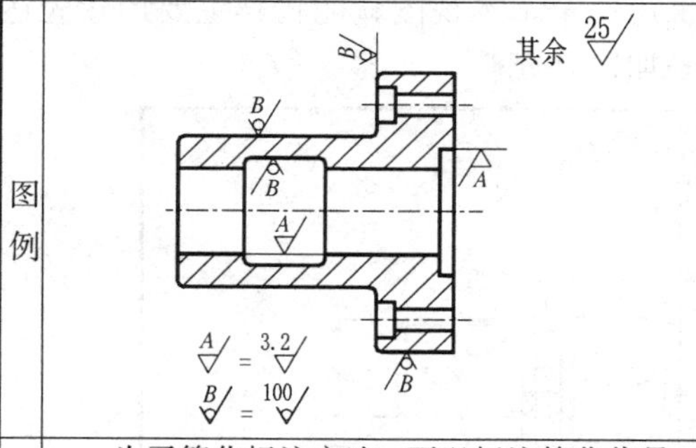
说明	为了简化标注方法，可以标注简化代号，但必须在标题栏附近说明这些代号的意义，即图形下所写的等式。也可采用省略的注法，例如在上图的图形和说明中省略字母“*A*”和“*B*”
图例	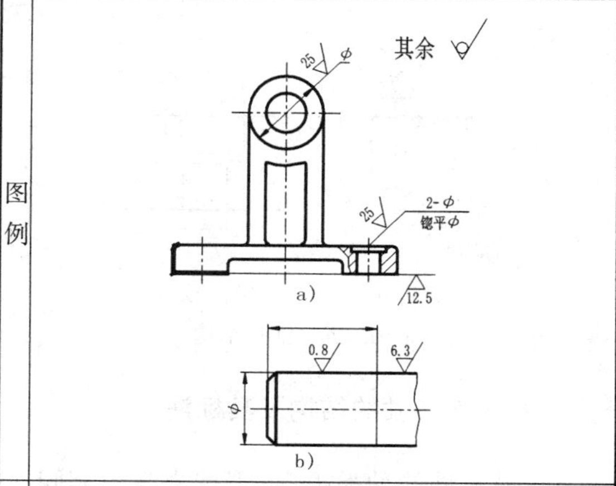
说明	对不连续的同一表面，可用细线相连，其表面粗糙度符号、代号可只标注一次，如图 a）所示。 同一表面粗糙度要求不一致时，应该用细实线分界，并注上尺寸与表面粗糙度代号，如图 b）所示
图例	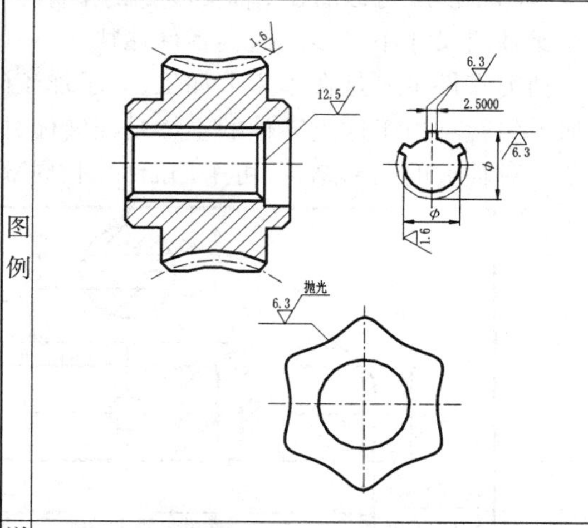
说明	零件上连续表面及重复要素（孔、槽、齿……）的表面粗糙度代（符）号只标注一次

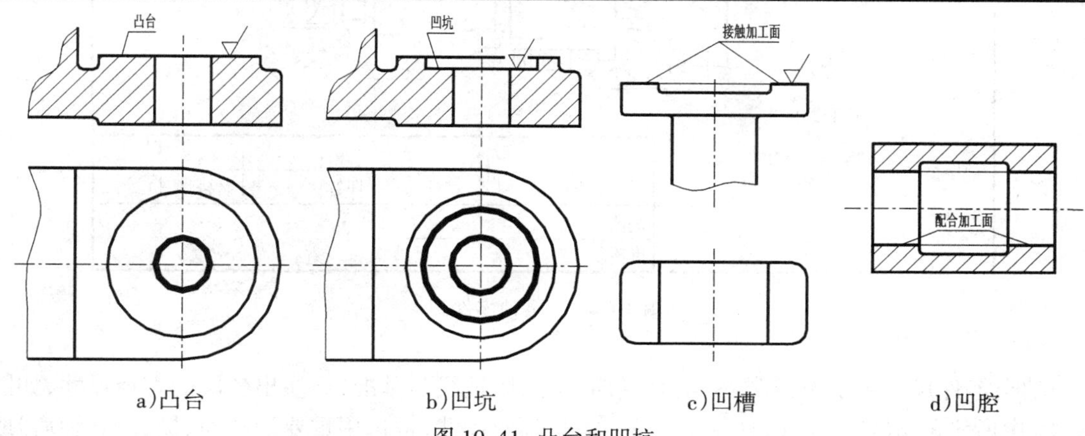

a)凸台　b)凹坑　c)凹槽　d)凹腔

图 10.41　凸台和凹坑

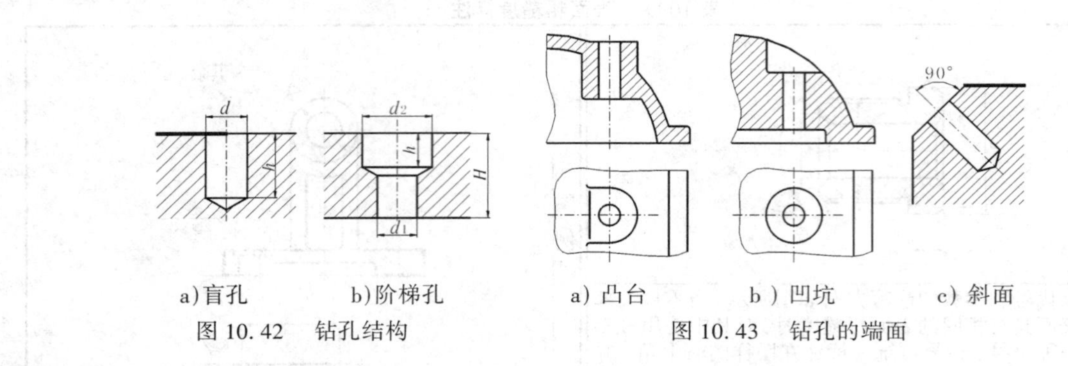

a)盲孔　　b)阶梯孔

图 10.42　钻孔结构

a) 凸台　　b) 凹坑　　c) 斜面

图 10.43　钻孔的端面

10.3.5　轴的结构及其标注

机械零件的种类很多,形状也各不相同,按照其形状特征大致可分为轴、盘、支架、箱体四类零件。每类零件的结构形式、加工方法、视图表达、尺寸标注等都有一定的特点。下面通过对轴类零件的分析,进一步了解零件图的表达。

从图 10.44 可以看出,轴类零件的主体是由大小不同的圆柱、圆锥等回转体构成,其径向尺寸比轴向尺寸小得多。这类零件往往还有一些局部结构如倒角、圆角、键槽、退刀槽等。

轴类零件主要是在车床上加工,为了加工时看图方便,一般把主视图的轴线水平放置以符合加工位置。由于这类零件的主体是回转体,因此,采用一个基本视图就能将其主要形状表达清楚。对轴上的局部结构,可采用断面图、局部视图等加以补充。

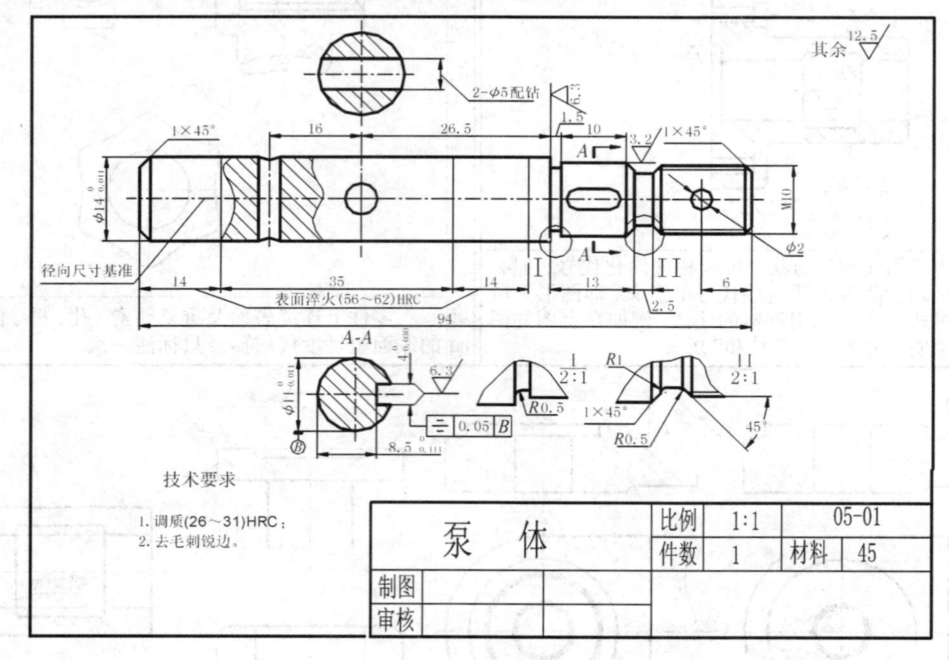

图 10.44　泵轴零件图

轴类零件尺寸主要有两类:一类是径向尺寸,以轴线为基准,标注出各段的直径尺寸,如图 10.44 中所示的 $\phi14^{0}_{-0.011}$、$\phi11^{0}_{-0.011}$。另一类是轴向尺寸,常选用重要的端面、接触面(轴肩)或加工面等作为基准,标注各段的长度。如图10.44中所示的表面粗糙度为 $R_a6.3$ 的右轴肩(这里紧靠传动齿轮),被选为长度方向的尺寸基准,由此注出13、28、1.5和26.5等尺寸;再以右轴段为长度方向的辅助基准,标注出轴的总长94。

10.4 装配图

10.4.1 装配图的内容和作用

表达机器或部件的图样,称为装配图。它表示机器或部件的结构形状、装配关系、工作原理和技术要求,是指导装配、安装、使用和维修机器或部件重要的技术文件。

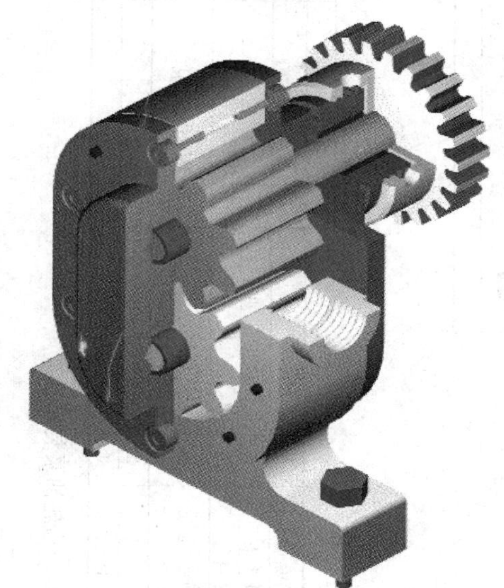

图10.45 齿轮油泵装配轴测图

图10.45是一台齿轮油泵的轴测装配图,图10.46是齿轮油泵的装配图。根据装配图的作用,一张完整的装配图应具有下列内容:

①一组视图 用来表达机器或部件的主要结构、工作原理、各零件的相互位置和装配关系。

②必要的尺寸 标注出机器或部件的大小、性能以及装配安装时所需要的尺寸。

③技术要求 说明有关机器或部件的性能、装配、安装、检验和调试等方面的要求。

④零部件序号、明细栏和标题栏 装配图应对每个不同的零部件编写序号,并在明细栏中依次填写序号、名称、数量、材料等。标题栏包含机器或部件的名称、规格、比例、图号等。

10.4.2 装配图的表达方法

从图10.46可以看出,装配图与零件图的表达方法基本相同,都是通过各种视图、剖视图和断面图等来表示的。此外,为表达部件(或机器)的工作原理和装配、连接关系,在装配图中还有一些特殊的表达方法。

(1)装配图的视图选择

画装配图之前,必须对所画的对象有全面的认识,即了解部件的工作原理、传动路线、结构特点和各零件间的装配关系等,弄清各零件的结构形状和相关零件间的装配要求。

装配图视图应正确、清晰地表达出部件的工作原理、各零件间的相对位置及其装配关系以及零件的主要结构形状。首先要选好主视图,然后配合主视图选择其他视图。

(2)特殊表示法

1)沿结合面剖切或拆卸画法

在装配图中,可假想沿某些零件的结合面剖切。如图10.46中的左视图(*B*—*B* 剖视图),即是沿泵体和垫片的结合面剖切而得到的。图10.46的左视图也可采用拆卸画法,假想将左端盖、垫片拆去后画出。需要说明时,可加注"拆去左端盖和垫片等"。

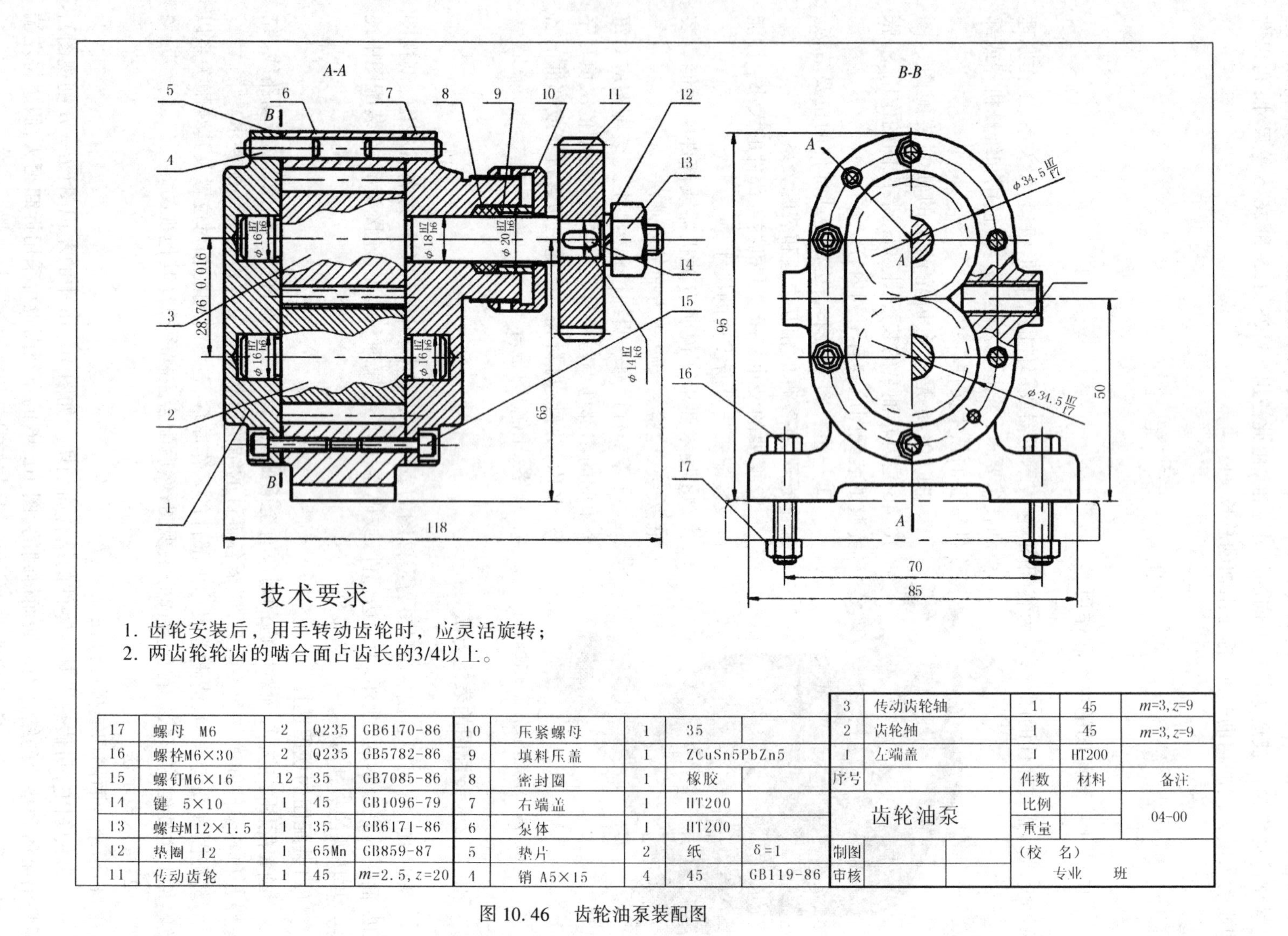

技术要求

1. 齿轮安装后，用手转动齿轮时，应灵活旋转；
2. 两齿轮轮齿的啮合面占齿长的3/4以上。

序号	名称	件数	材料	备注
17	螺母 M6	2	Q235	GB6170-86
16	螺栓M6×30	2	Q235	GB5782-86
15	螺钉M6×16	12	35	GB7085-86
14	键 5×10	1	45	GB1096-79
13	螺母M12×1.5	1	35	GB6171-86
12	垫圈 12	1	65Mn	GB859-87
11	传动齿轮	1	45	m=2.5, z=20
10	压紧螺母	1	35	
9	填料压盖	1	ZCuSn5PbZn5	
8	密封圈	1	橡胶	
7	右端盖	1	HT200	
6	泵体	1	HT200	
5	垫片	2	纸	δ=1
4	销 A5×15	4	45	GB119-86
3	传动齿轮轴	1	45	m=3, z=9
2	齿轮轴	1	45	m=3, z=9
1	左端盖	1	HT200	

齿轮油泵	比例		04-00
	重量		
制图		（校　名）	
审核		专业　班	

图 10.46　齿轮油泵装配图

2)假想画法

为了表示与本部件有装配关系但又不属于本部件的其他相邻零部件时，可用细双点画线画出相邻零、部件的部分轮廓。如图 10.46 的左视图中,在下方用细双点画线画出了安装齿轮油泵的安装板。部件上某个零件的运动范围或运动极限位置,也可用细双点画线来表示。

3)夸大画法

对薄片零件、细丝弹簧、微小间隔、较小的斜度和锥度等结构，可不按比例而采用夸大画出,如图 10.46 中的垫片 5 的画法。

4)简化画法

装配图中若干相同的零件组与螺栓连接等,可仅详细地画出一组或几组,其余只需用细点画线表示其装配位置,如图 10.47 所示。装配图中零件的工艺结构,如圆角、倒角、退刀槽等可不画出,螺栓头部、螺母等也可采用简化画法,如图 10.47 所示。在装配图中,当剖切平面通过某些标准产品的组合件或该组合件已由其他图形表示清楚时，则可只画出其外形，如图 10.47a)中的滚动轴承和图 10.47b)中的油杯画法。

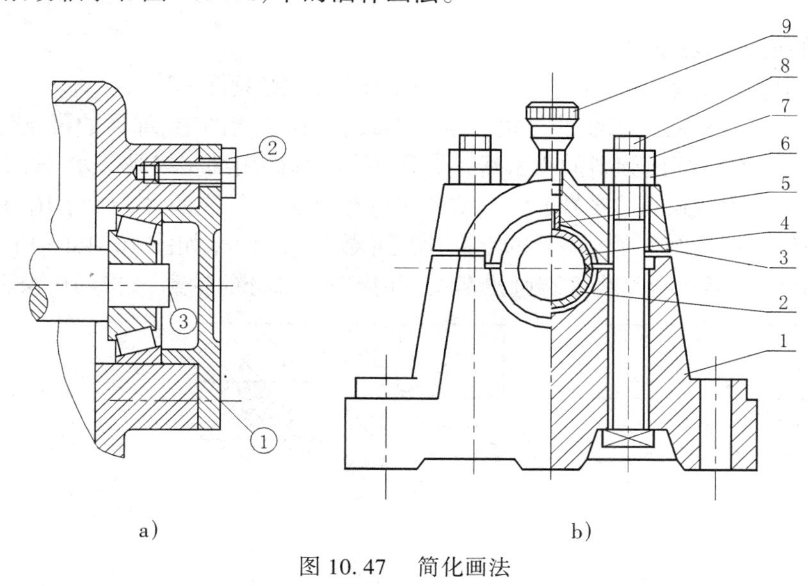

图 10.47　简化画法

(3)装配图上的规定画法

为了表达几个零件及其装配关系,必须遵守装配图画法的三条基本规定。具体内容与螺纹连接件连接装配画法的三条基本规定相同。

10.4.3　装配图上的尺寸

根据装配图的作用,在图上需要标注与机器或部件的性能、规格、装配、安装等有关的几类尺寸。

①性能尺寸　表示机器或部件性能(规格)的尺寸。如图 10.46 中吸、压油口尺寸 G3/8,它确定齿轮油泵的供油量。

②装配尺寸　表示零件间的相对位置、配合关系的尺寸。如图 10.46 中齿轮与泵体、齿轮

轴与左、右端盖的配合尺寸 ø34.5H8/f7、ø16H7/h6，两啮合齿轮的中心距 28.76 ± 0.016 等。

③安装尺寸　机器或部件安装时所需的尺寸。如图 10.46 中与安装有关的尺寸：70、65 等。

④外形尺寸　表示机器或部件的总长、总宽和总高的尺寸。如图 10.46 中齿轮油泵的总长、总宽和总高尺寸为 118、85、95。

⑤其他尺寸

除上述 4 种尺寸外，在设计或装配时需要保证的其他重要尺寸。如运动零件的极限尺寸、主体零件的重要尺寸等。

10.4.4　装配图的零部件序号和明细栏

为了便于看图、组织生产及图纸管理，装配图中所有零、部件都必须编写序号，并在标题栏上方编制相应的明细栏。

(1)序号的编排和注法

①装配图中相同的零件(或部件)只编写一个序号，一般只标一次。

②序号应注写在视图轮廓线的外边。常见形式有：在所指的零、部件的可见轮廓内画一圆点，并自圆点用细实线画出倾斜的指引线，在指引线的端部用细实线画一水平线或圆，然后将序号注写在水平线上或圆内，序号的字高应比尺寸数字大一号或两号，如图 10.48a) 所示；也可直接在指引线附近注写序号，序号的字高比尺寸数字大两号，如图 10.48b) 所示；对较薄的零件或涂黑的剖面，可在指引线末端画出箭头，并指向该部分的轮廓，如图 10.48c) 所示。

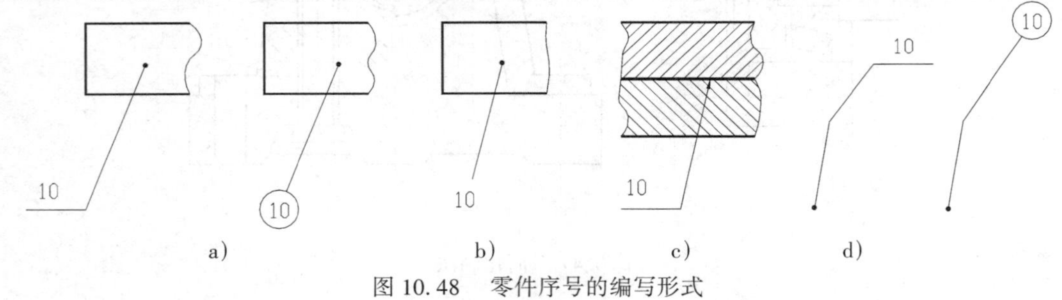

图 10.48　零件序号的编写形式

③对装配关系清楚的零件组(如紧固件组)，可采用公共指引线，如图 10.49 所示。标准化的组件(如油杯、滚动轴承、电动机等)看成一个整体，在装配图上只编写一个序号。

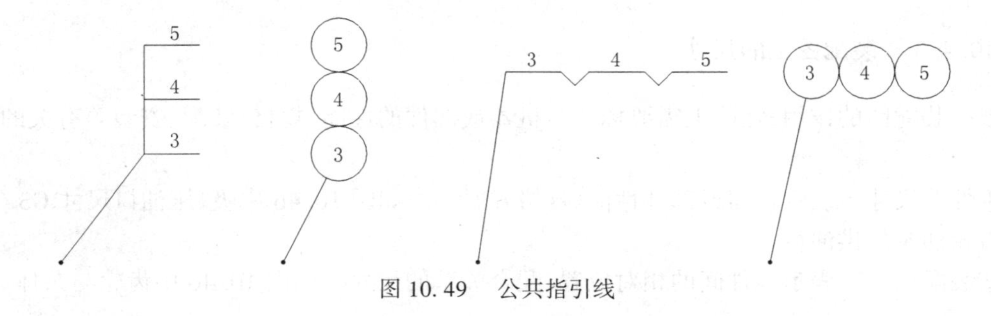

图 10.49　公共指引线

④同一装配图中编注序号的形式应一致，且序号应沿水平或垂直方向按顺时针（或逆时针）方向顺次排列整齐，并尽可能均匀分布，如图 10.46 所示。

(2)明细栏

明细栏是机器或部件中全部零、部件的详细目录，其内容与格式见图 10.46。明细栏应画在标题栏的上方，并顺序地自下而上填写。如位置不够，可将明细栏分段画在标题栏的左方。在特殊情况下，装配图中也可以不画明细栏，而单独编写在另一张纸上。

明细栏的格式或编制，国家标准没有统一规定，应按各单位的具体规定进行。制图作业中建议采用如图 10.46 所示的格式。

10.4.5　装配图的阅读

阅读装配图，主要是了解机器或部件的用途、工作原理、各零件间的关系和装拆顺序，以便正确地进行装配、使用和维修。

装配图比较复杂，因而读懂装配图需要一个由浅入深、逐步分析的过程。现以图 10.50 所示的球阀装配图为例，介绍读装配图的一般方法和步骤。

(1)概括了解

通过标题栏、明细栏及有关技术资料，了解该部件的名称、用途、零件种类及大致组成情况。

图 10.50 所示的球阀，是管路中用来启闭及调节流体流量的一种部件。从图中可以看出，球阀由 12 种零件（9 种非标准件和 3 种标准件）组成，主要零件的材料是 ZG25(铸钢)、Q235(碳素结构钢)等。

(2)分析视图

根据视图的布置，弄清各图形的相互关系和作用，分析装配关系、工作原理、各零件间的定位连接方式等。

由图 10.50 看出，球阀装配图由两个视图表达。主视图用全剖视图反映球阀的装配关系和工作原理、传动方式等；左视图采用 *A—A* 半剖视图，用以补充表达阀体、阀芯和阀杆的结构形状。*B—B* 局部剖视图表达了螺柱紧固件与阀体和阀盖的连接关系。

球阀的主视图完整地表达了它的装配关系。从图中可以看出，阀体 12 内装有阀芯 11，阀芯 11 上的凹槽与阀杆 9 的扁头榫接。阀体 12 和阀盖 4 均带有方形凸缘，它们用四组双头螺柱(1、2、3)连接，并用适当厚度的垫圈 6 调节阀芯 11 与密封圈 5 之间的松紧程度。当用扳手旋转阀杆 9 并带动阀芯 11 转动时，即可改变阀体通孔与阀芯通孔的相对位置，从而达到启闭及调节管路内流体流量的作用。为防止泄漏，由环 10、填料 7、压盖 8 和密封圈 5、垫圈 6 分别在两个部位组成密封装置。

(3)分析零件

从主要零件开始，弄清各零件的结构形状。首先由零件的序号找出它的名称、件数及其在各视图上的反映，再根据剖面线和投影关系，分析该零件的形状。如零件 4(阀盖)，根据序号和剖面线的方向，可确定它在主视图的范围，再根据投影关系找出它在左视图中的投影，最后经过分析，想象阀盖 4 的结构形状。根据需要，画出零件图，图 10.51 为阀盖 4 的零件图，图 10.30 为阀体 12 的零件图。

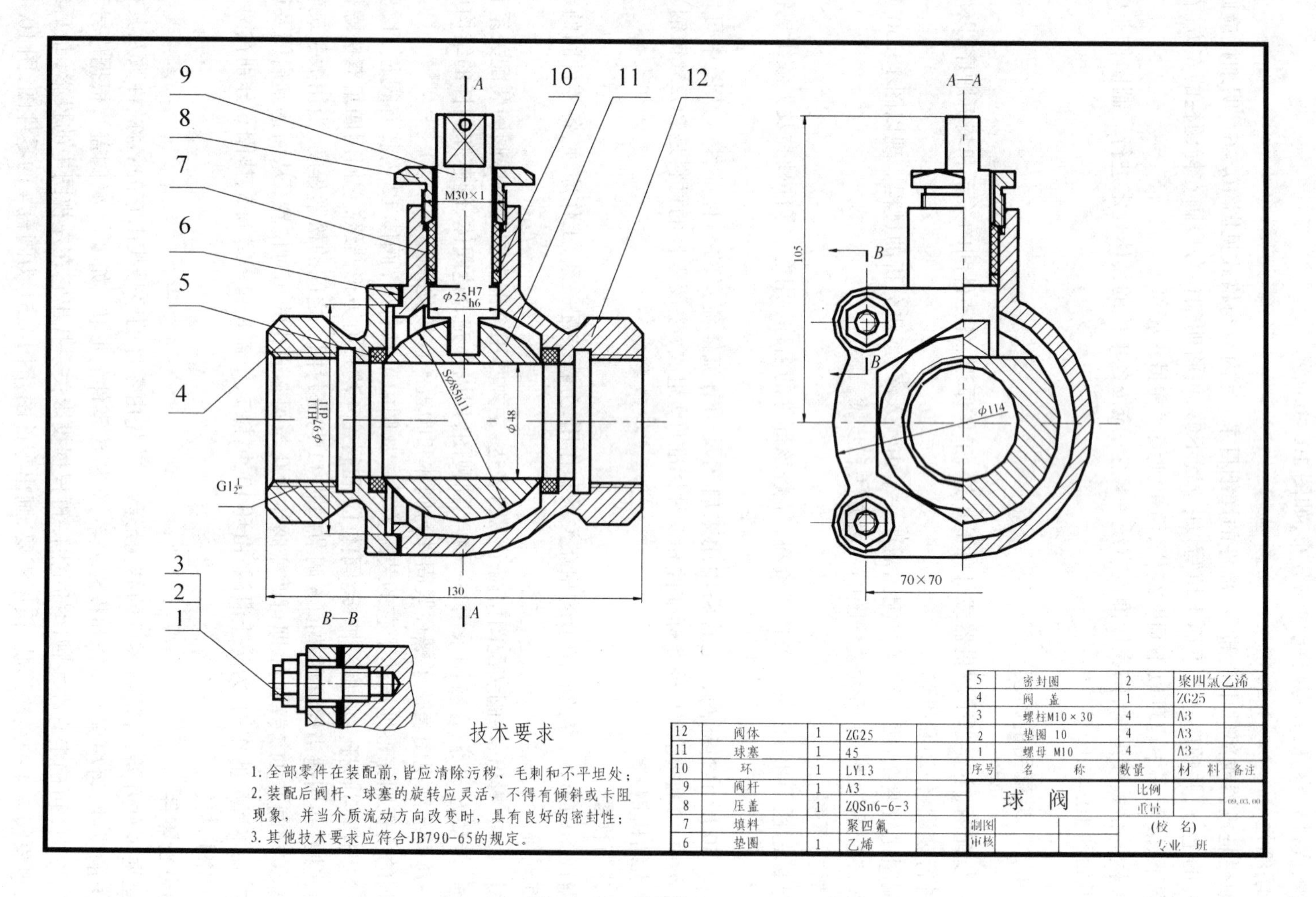
9
8
7
6
5
4
3
2
1
10
11
12
A
A—A
B
B—B
M30×1
φ25H7/h6
Sφ85h11
φ48
φ97H11/d11
G1½
130
105
φ114
70×70
技术要求
1. 全部零件在装配前，皆应清除污秽、毛刺和不平坦处；
2. 装配后阀杆、球塞的旋转应灵活，不得有倾斜或卡阻现象，并当介质流动方向改变时，具有良好的密封性；
3. 其他技术要求应符合JB790-65的规定。
12 阀体 1 ZG25
11 球塞 1 45
10 环 1 LY13
9 阀杆 1 A3
8 压盖 1 ZQSn6-6-3
7 填料 聚四氟
6 垫圈 1 乙烯
5 密封圈 2 聚四氟乙浠
4 阀盖 1 ZG25
3 螺柱M10×30 4 A3
2 垫圈 10 4 A3
1 螺母 M10 4 A3
序号 名称 数量 材料 备注
球阀
比例
重量
制图
审核
(校名)
专业 班

图 10.50 球阀装配

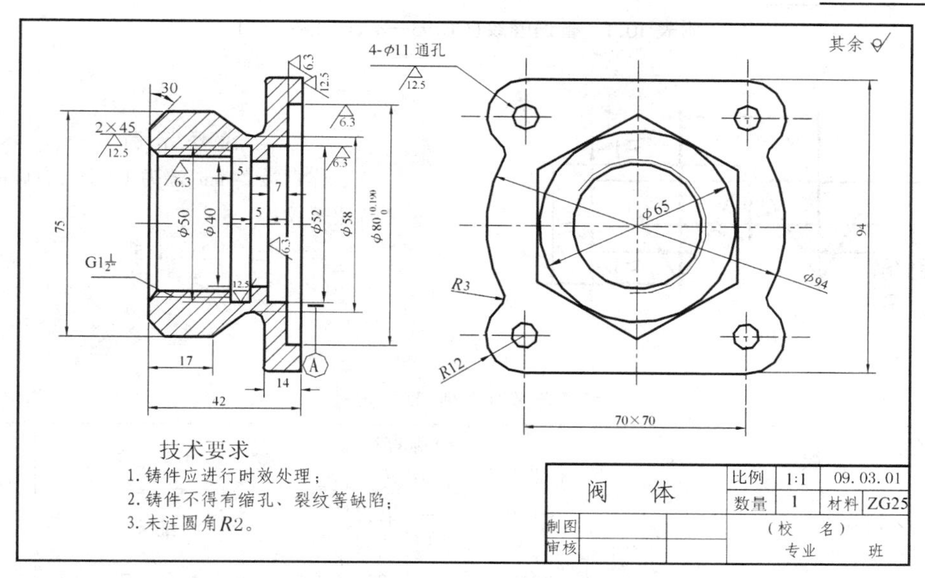

图 10.51 阀盖零件图

(4)归纳总结

在上面分析的基础上，对部件的工作原理、装配关系和装拆顺序、表达方案、尺寸标注和技术要求等方面进行归纳总结，从而加深对部件的全面认识，获得对部件的完整概念。图 10.52 为球阀的轴测图。

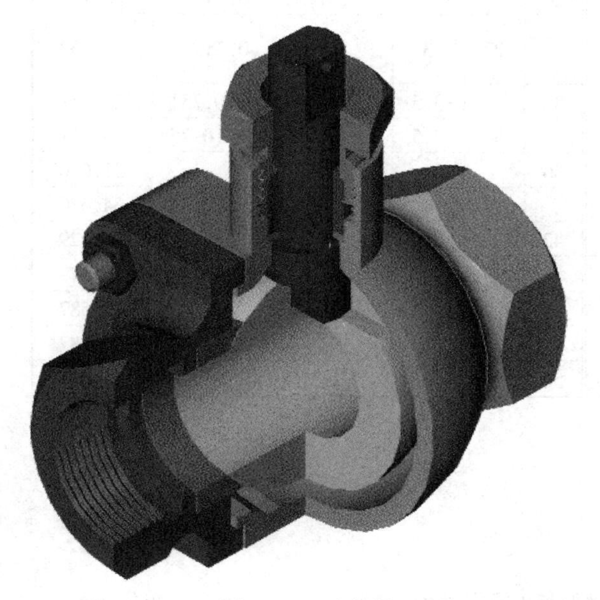

图 10.52 球阀轴测图

附表 10.1 普通螺纹(GB193—81、GB196—81)

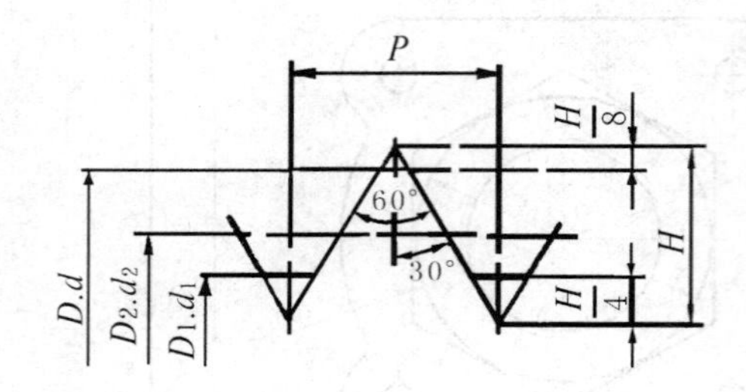

代号示例

公称直径 24mm,螺为 1.5mm,右旋的细牙普通螺纹:

M24×1.5

直径与螺距系列、基本尺寸

单位:mm

公称直径 D、d 第一系列	公称直径 D、d 第二系列	螺距 P 粗牙	螺距 P 细牙	粗牙小径 D_1、d_1
3		0.5	0.85	3.459
	3.5	(0.6)		3.850
4		0.7	0.5	3.242
	4.5	(0.75)		3.688
5		0.8		4.134
6		1	0.75,(0.5)	4.917
8		1.25	1,0.75,(0.9)	6.647
10		1.5	1.25,1,0.75,(0.5)	8.376
12		1.75	1.5,1.25,1,(0.75),(0.5)	10.106
	14	2	1.5,(1.25)*,1,(0.75),(0.5)	11.835
16		2	1.5,1,(0.75),(0.5)	13.835
	18	2.5	2,1.5,1,(0.75),(0.5)	15.294
20		2.5		17.294

公称直径 D、d 第一系列	公称直径 D、d 第二系列	螺距 P 粗牙	螺距 P 细牙	粗牙小径 D_1、d_1
	22	2.5	2.1,5.1,(0.75),(0.5)	19.294
24			2.1,5.1,(0.75)	20.752
	27	3	2.1,5.1,(0.75)	23.752
30		3.5	(3),2,1.5,1,(0.75)	26.211
	33	3.5	(3),2,1.5,(1),(0.75)	29.211
36		4	3,2,1.5,(1)	31.670
	39	4		34.670
42		4.5	(4),3,2,1.5,(1)	37.129
	45	4.5		40.129
48		5		42.587
	52	5		46.587
56		5.5	4,3,2,1.5,(1)	50.046

注:1. 优先选用第一系列,括号内尺寸尽可能不用;
2. 公称直径 D、d 第三系列未列入;
3. * M14×1.25 仅用于火花塞;
4. 中径 D_2、d_2 未列入。

细牙普通螺纹螺距与小径的关系

单位:mm

螺距 P	小径 D_1、d_1	螺距 P	小径 D_1、d_1	螺距 P	小径 D_1、d_1
0.35	$d-1+0.621$	1	$d-2+0.917$	2	$d-3+0.835$
0.5	$d-1+0.459$	1.25	$d-2+0.647$	3	$d-4+0.752$
0.75	$d-1+0.188$	1.5	$d-2+0.376$	4	$d-5+0.670$

注:表中的小径按 $D_1=d_1=d-2\times\frac{5}{8}H$、$H=\frac{\sqrt{3}}{2}p$ 计算得到。

附表10.2　梯形螺纹(GB5796.2—86、GB5796.3—86)

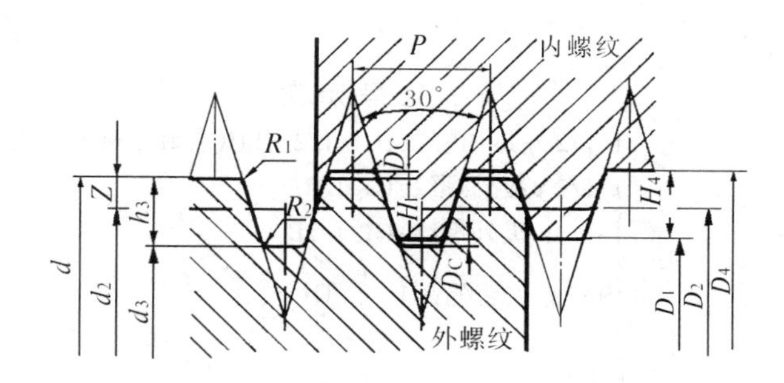

代号示例

公称直径40mm,导程14mm,螺距为7mm的双线左旋梯形螺纹:

Tr40×14(P7)LH

直径与螺距系列、基本尺寸　　　　单位:mm

公称直径 d 第一系列	公称直径 d 第二系列	螺距 P	中径 $d_2=D_2$	大径 D_4	小径 d_3	小径 D_1
8		1.5	7.25	8.30	6.20	6.50
	9	1.5	8.25	9.30	7.20	7.50
		2	8.00	9.50	6.50	7.00
10		1.5	9.25	10.30	8.20	8.50
		2	9.00	10.50	7.50	8.00
	11	2	10.00	11.50	8.50	9.00
		3	9.50	11.50	7.50	8.00
12		2	11.00	12.50	9.50	10.00
		3	10.50	12.50	8.50	9.00
	14	2	13.00	14.50	11.50	12.00
		3	12.50	14.50	10.50	11.00
16		2	15.00	16.50	13.50	14.00
		4	14.00	16.50	11.50	12.00
	18	2	17.00	18.50	15.50	16.00
		4	16.00	18.50	13.50	14.00
20		2	19.00	20.50	17.50	18.00
		4	18.00	20.50	15.50	16.00
	23	3	20.50	22.50	18.50	19.00
		5	19.50	22.50	16.50	17.00
		8	18.00	23.00	13.00	14.00
	18	3	22.50	24.50	20.50	21.00
		5	21.50	24.50	18.50	19.00
		8	20.00	25.00	15.00	16.00

公称直径 d 第一系列	公称直径 d 第二系列	螺距 P	中径 $d_2=D_2$	大径 D_4	小径 d_3	小径 D_1
	26	3	24.50	26.50	22.50	23.00
		5	23.50	26.50	20.50	21.00
		8	22.00	27.00	17.00	18.00
28		3	26.50	28.50	24.50	25.00
		5	25.50	28.50	22.50	23.00
		8	24.00	29.00	19.00	20.00
	30	3	28.50	30.50	26.50	29.00
		6	27.00	31.00	23.00	24.00
		10	25.00	31.00	19.00	20.50
32		3	30.50	32.50	28.50	29.00
		6	29.00	33.00	25.00	26.00
		10	27.00	33.00	21.00	22.00
	34	3	32.50	34.50	30.50	31.00
		6	31.00	35.00	27.00	28.00
		10	29.00	35.00	23.00	24.00
36		3	34.50	36.50	32.50	32.00
		6	33.00	37.00	29.00	30.00
		10	31.00	37.00	25.00	26.00
	38	3	36.50	38.50	34.50	35.00
		7	34.50	39.00	30.00	31.00
		10	33.00	39.00	27.00	28.00
40		3	38.50	40.50	36.50	37.00
		7	36.50	41.00	32.00	33.00
		10	35.00	41.00	29.00	30.00

附表 10.3　非螺纹密封的管螺纹(GB7307—87)

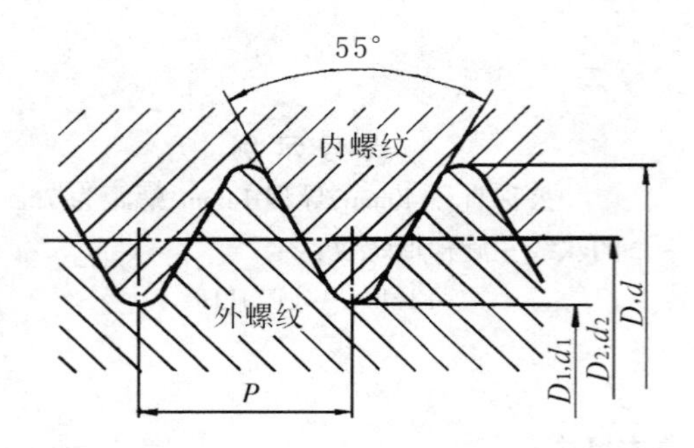

代 号 示 例

1 1/2 左旋内螺纹:G1 1/2 - LH(右旋不标)

1 1/2A 级外螺纹:G1 1/2A

1 1/2B 级外螺纹:G1 1/2B

内外螺纹装配:G1 $\frac{1}{2}$/G1 $\frac{1}{2}$A

非螺纹密封的管螺纹的基本尺寸　　单位:mm

尺寸代号	每 25.4mm 内的牙数 n	螺距 P	牙高 h	圆弧半径 $r\approx$	基本直径 大径 $d=D$	基本直径 中径 $d_2=D_2$	基本直径 小径 $d_1=D_1$
1/16	28	0.907	0.581	0.125	7.723	7.112	6.561
1/8	28	0.907	0.581	0.125	9.728	9.117	8.566
1/4	19	1.337	0.856	0.184	13.157	12.301	11.445
3/8	19	1.337	0.856	0.184	16.662	15.806	14.950
1/2	14	1.814	1.162	0.249	20.955	19.793	18.631
5/8	14	1.814	1.162	0.249	22.911	21.749	20.587
3/4	14	1.814	1.162	0.249	26.441	25.279	24.117
7/8	14	1.814	1.162	0.249	30.201	29.039	27.877
1	11	2.309	1.479	0.317	33.249	31.770	30.291
1 1/3	11	2.309	1.479	0.317	37.897	36.418	34.939
1 1/2	11	2.309	1.479	0.317	41.910	40.431	38.952
1 2/3	11	2.309	1.479	0.317	47.803	46.324	44.845
1 3/4	11	2.309	1.479	0.317	53.746	52.267	50.788
2	11	2.309	1.479	0.317	59.614	58.135	56.656
2 1/4	11	2.309	1.479	0.317	65.710	64.231	62.752
2 1/2	11	2.309	1.479	0.317	75.184	73.705	72.226
2 3/4	11	2.309	1.479	0.317	81.534	80.055	78.576
3	11	2.309	1.479	0.317	87.884	86.405	84.926
3 1/2	11	2.309	1.479	0.317	100.330	98.851	97.372
4	11	2.309	1.479	0.317	113.030	111.551	110.072
4 1/2	11	2.309	1.479	0.317	125.730	124.251	122.772
5	11	2.309	1.479	0.317	138.130	166.951	135.472
5 1/2	11	2.309	1.479	0.317	151.130	119.651	148.172
6	11	2.309	1.479	0.317	163.830	162.351	160.872

注:本标准适应用于管接头、旋塞、阀门及其附件。

附表 10.4　螺栓

六角头螺栓—A 和 B 级(GB5782—86)

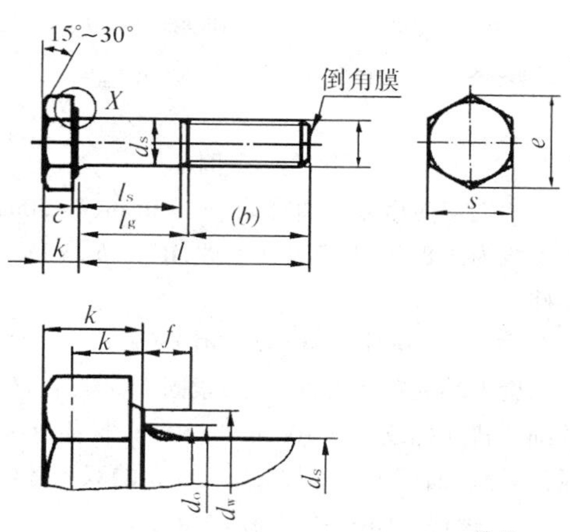

代 号 示 例

螺纹规格 d = M12,公称长度 l = 80mm,性能等级为 8.8 级,表面氧化,A 级的六角头螺栓:

螺栓　GB5782—86　M12 × 80

单位:mm

螺纹规格 d	M3	M4	M5	M6	M8	M10	M12	M16	M20	M24	M30	M36	M42	M48	M56	M64
b 参考 $l \leqslant 125$	12	14	16	18	22	26	30	38	46	54	66	78	–	–	–	–
b 参考 $125 < l \leqslant 200$	–	–	–	–	28	32	36	44	52	60	72	84	96	108	124	140
b 参考 $l > 200$	–	–	–	–	–	–	–	57	65	73	85	97	109	121	137	153
c min	0.15	0.15	0.15	0.15	0.15	0.15	0.15	0.2	0.2	0.2	0.2	0.2	0.3	0.3	0.3	0.3
c max	0.4	0.4	0.5	0.5	0.6	0.6	0.6	0.8	0.8	0.8	0.8	0.8	1	1	1	1
d_a max	3.6	4.7	5.7	6.8	9.2	11.2	13.7	17.7	22.4	26.4	33.4	39.4	45.6	52.6	63	71
d_s max	3	4	5	6	8	10	12	16	20	24	30	36	42	48	56	64
d_s min 产品等级 A	2.86	3.82	4.82	5.82	7.78	9.78	11.73	15.73	19.67	23.67	–	–	–	–	–	–
d_s min 产品等级 B	–	–	4.70	5.70	7.64	9.64	11.57	15.57	19.48	23.48	29.48	35.38	41.38	47.38	55.26	63.26
d_w min 产品等级 A	4.6	5.9	6.9	8.9	11.6	14.6	16.6	22.5	28.2	33.6	–	–	–	–	–	–
d_w min 产品等级 B	–	–	6.7	8.7	11.4	14.4	16.4	22	27.7	33.2	42.7	51.1	60.6	69.4	78.7	88.2
e min 产品等级 A	6.07	7.66	8.79	11.05	14.38	17.77	20.03	26.75	33.53	39.98	–	–	–	–	–	–
e min 产品等级 B	–	–	8.63	10.89	14.20	17.59	19.85	26.17	32.95	39.55	50.85	60.79	72.02	82.6	93.56	104.86
f max	1	1.2	1.2	1.4	2	2	3	3	4	4	6	6	8	10	12	13
k 公称	2	2.8	3.5	4	5.3	6.4	7.5	10	12.5	15	18.7	22.5	26	30	35	40
k 产品等级 A min	1.88	2.68	3.35	3.85	5.15	6.22	7.32	9.82	12.28	14.78	–	–	–	–	–	–
k 产品等级 A max	2.12	2.92	3.65	4.15	5.45	6.58	7.68	10.18	12.72	15.22	–	–	–	–	–	–
k 产品等级 B min	–	–	3.26	3.76	5.06	6.11	7.21	9.71	12.15	14.65	18.28	22.08	25.58	29.58	34.5	39.5
k 产品等级 B max	–	–	3.74	4.24	5.54	6.69	7.79	10.29	12.85	15.35	19.12	22.92	26.42	30.42	35.5	40.5
k' min 产品等级 A	1.3	1.9	2.3	2.7	3.6	4.4	5.1	6.9	8.6	10.3	–	–	–	–	–	–
k' min 产品等级 B	–	–	2.3	2.6	3.5	4.3	5	6.8	8.5	10.2	12.8	15.5	17.9	20.9	24.2	27.6
r min	0.1	0.2	0.2	0.25	0.4	0.4	0.6	0.6	0.8	0.8	1	1	1.2	1.6	2	2
s max = 公称	5.5	7	8	10	13	16	18	24	30	36	46	55	65	75	85	95
s min 产品等级 A	5.32	6.78	7.78	9.78	12.73	15.73	17.73	23.67	29.67	35.38	–	–	–	–	–	–
s min 产品等级 B	–	–	7.64	9.64	12.57	15.57	17.57	23.16	29.16	35	45	53.8	63.8	73.1	82.8	92.8
l(商品规格范围及通用规格)	20 ~ 30	25 ~ 40	25 ~ 50	30 ~ 60	35 ~ 80	40 ~ 100	45 ~ 120	55 ~ 160	65 ~ 200	80 ~ 240	90 ~ 300	110 ~ 360	130 ~ 400	140 ~ 400	160 ~ 400	200 ~ 400
l 系　列	20,25,30,35,40,45,50,(55),60,(65),70,80,90,100,110,120,130,140,150,160,180,200,220,240,260,280,300,320,340,360,380,400															

注:A 和 B 为产品等级,A 级用于 $d \leqslant 24$ 和 $l \leqslant 10d$ 或 $\leqslant 150$mm(按较小值)的螺栓,B 级用于 $d > 24$ 或 $l > 10d$ 或 > 150mm(按较小值)的螺栓。尽可能不采用括号内的规格。

附表 10.5　双头螺柱

GB897—88（$b_m=1d$）　GB898—88（$b_m=1.25d$）

GB899—88（$b_m=1.5d$）　GB900—88（$b_m=2d$）

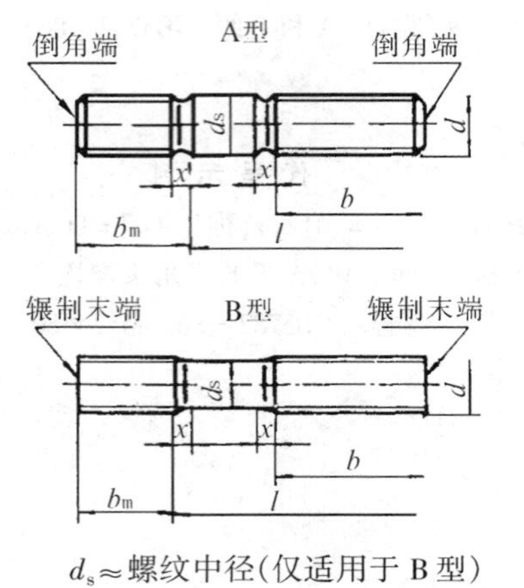

$d_s\approx$螺纹中径（仅适用于 B 型）

代号示例

两端均为粗牙普通螺纹，$d=10$mm，$l=50$mm，性能等级为 4.8 级，不经表面处理，B 型，$b_m=1d$ 的双头螺柱：

螺柱　GB897　M10×50

旋入端为粗牙普通螺纹，紧固端为螺距 $P=1$mm 的细牙普通螺纹，$d=10$mm，$l=50$mm，性能等级为 4.8 级，不经表面处理，A 型，$b_m=1.25d$ 的双头螺柱：

螺柱　GB898　AM10—M01×1×50

单位：mm

螺纹规格 d	b_m 公称 GB897—88	b_m 公称 GB898—88	d_s max	d_s min	x max	b	l 公称
M5	5	6	5	4.7	2.5P	10	16～(22)
						16	25～50
M6	6	8	6	5.7		10	20,(22)
						14	25,(28)、30
						18	(32)～(75)
M8	8	10	8	7.64		12	20、(22)
						16	25、(28)、30
						22	(32)～90
M10	10	12	10	9.64		14	25,(28)
						16	30,(38)
						26	40～120
						32	130
M12	12	15	12	11.57		16	25～30
						20	(32)～40
						30	45～120
						36	130～180
M16	16	20	16	15.57		20	30～(38)
						30	40～50
						38	60～120
						44	130～200
M20	20	25	20	19.48		25	35～40
						35	45～60
						46	(65)～120
						52	130～200

注：1. 本表未列入 BG899—88、GB900—88 两种规格。
2. P 表示螺距。
3. l 的长度系列：16，(18)，20，(22)，25，(28)，30，(32)，35，(38)，40，45，50，(55)，60，(65)，70，(75)，80，90，(95)，100～200（十进位）。括号内数值尽可能不采用。

附表10.6　螺　　钉

开槽圆柱头螺钉(GB65—85)

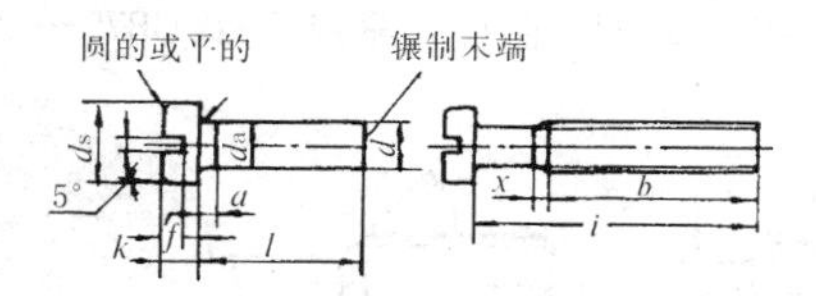

开槽盘头螺钉(GB67—85)

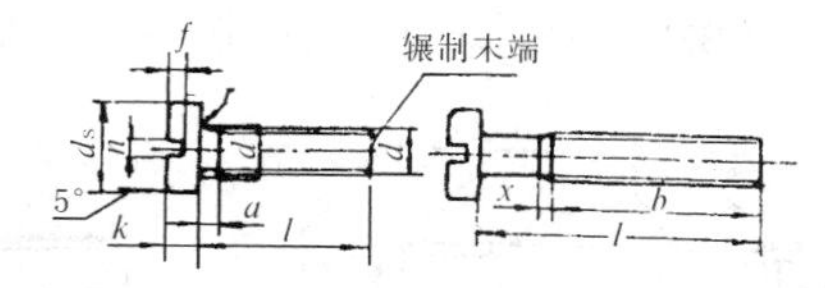

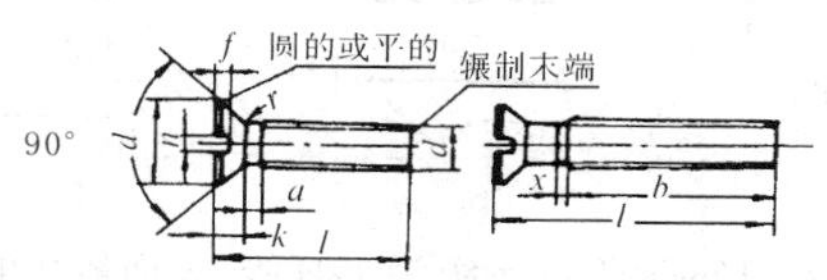

标记示例: 螺纹规格 d = M5,公称长度 l = 20mm,性能等级为4.8级,不经表面处理的开槽圆柱头螺钉:

螺钉　GB65—85—M5×20

单位:mm

螺纹规格 d			M3	M4	M5	M6	M8	M10
a_{max}			1	1.4	1.6	2	2.5	3
b_{min}			25	38	38	38	38	38
x_{max}			1.25	1.75	2	2.5	3.2	3.8
n			0.8	1.2	1.2	1.6	2	2.5
GB65—85	d_k	max	–	7	8.5	10	13	16
		min	–	6.78	8.28	9.78	12.73	15.73
	k	max	–	2.6	3.3	3.9	5	6
		min	–	2.45	3.1	3.6	4.7	5.7
	t_{min}		–	1.1	1.3	1.6	2	2.4
GB67—85	d_k	max	5.6	8	9.5	12	16	20
		min	5.3	7.64	9.14	11.57	15.57	19.48
	k	max	1.8	2.4	3	3.6	4.8	6
		min	1.6	2.2	2.8	3.3	4.5	5.7
	t_{min}		0.7	1	1.2	1.4	1.9	2.4
GB65—85 GB67—85	r_{min}		0.1	0.2	0.2	0.25	0.4	0.4
	d_{max}		3.6	4.7	5.7	6.8	9.2	11.2
	$\frac{l}{b}$		$\frac{4\sim30}{l-a}$	$\frac{5\sim40}{l-a}$	$\frac{6\sim40}{l-a}$, $\frac{45\sim50}{b}$	$\frac{8\sim40}{l-a}$, $\frac{45\sim60}{b}$	$\frac{10\sim40}{l-a}$, $\frac{45\sim80}{b}$	$\frac{12\sim40}{l-a}$, $\frac{45\sim80}{b}$
GB68—85	d_k	理论值 max	6.3	9.4	10.4	12.6	17.3	20
		实际值 max	5.5	8.4	9.3	11.3	15.8	18.3
		实际值 min	5.2	8	8.9	10.9	15.4	17.8
	k_{max}		1.65	2.7	2.7	3.3	4.65	5
	r_{max}		0.8	1	1.3	1.5	2	2.5
	t	min	0.6	1	1.1	1.2	1.8	2
		max	0.85	1.3	1.4	1.6	2.3	2.6
	$\frac{l}{b}$		$\frac{5\sim30}{l-(k+a)}$	$\frac{6\sim40}{l-(k+a)}$	$\frac{8\sim45}{l-(k+a)}$, $\frac{50}{b}$	$\frac{8\sim45}{l-(k+a)}$, $\frac{50\sim60}{b}$	$\frac{10\sim45}{l-(k+a)}$, $\frac{50\sim80}{b}$	$\frac{12\sim45}{l-(k+a)}$, $\frac{50\sim80}{b}$

注:①表中型式$(4\sim30)/(l-a)$表示全螺纹,其余同。

②d_a表示过渡圆直径。

附表 10.7　紧定螺钉

开槽锥端紧定螺钉(GB71—85)　开槽平端紧定螺钉(GB73—85)　开槽长圆柱端紧定螺钉(GB75—85)

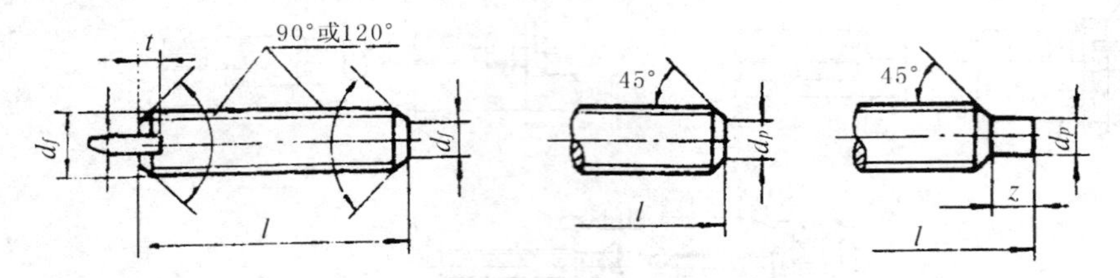

标记示例： 螺纹规格 d = M5,公称长度 l = 12mm,性能等级为 12H 级,表面氧化的开槽锥端紧定螺钉：

螺钉　GB65—85—M5 × 12

mm

螺纹规格 d			M2	M2.5	M3	M4	M5	M6	M8	M10	M12
d_f≈或 d_{fmax}			螺纹小径								
n			0.25	0.4	0.4	0.6	0.8	1	1.2	1.6	2
t		min	0.64	0.72	0.8	1.12	1.28	1.6	2	2.4	2.8
		max	0.84	0.95	1.05	1.42	1.63	2	2.5	3.	3.6
GB71—85	d_t	min	–	–	–	–	–	–	–	–	–
		max	0.2	0.25	0.3	0.4	0.5	1.5	2	2.5	3
	l		3 ~ 10	·3 ~ 12	4 ~ 16	6 ~ 20	8 ~ 25	8 ~ 30	10 ~ 40	12 ~ 50	(14) ~ 60
GB73—85 GB73—85	d_p	min	0.75	1.25	1.75	2.25	3.2	3.7	5.2	6.64	8.14
		max	1	1.5	2	2.5	3.5	4	5.5	7	8.5
GB73—85	l	120°	2 ~ 2.5	2.5 ~ 3	3	4	5	6	–	–	–
		90°	3 ~ 10	4 ~ 12	4 ~ 16	5 ~ 20	6 ~ 25	8 ~ 30	8 ~ 40	10 ~ 50	12 ~ 60
GB75—85	z	min	1	1.25	1.5	2	2.5	3	4	5	6
		max	1.25	1.5	1.75	2.25	2.75	3.25	4.3	5.3	6.3
	l	120°	3	4	5	6	8	8 ~ 10	10 ~ (14)	12 ~ 16	(14) ~ 20
		90°	4 ~ 10	5 ~ 12	6 ~ 16	8 ~ 20	10 ~ 25	12 ~ 30	16 ~ 40	20 ~ 50	25 ~ 60

①在 GB71—85 中,当 d = M2.5, l = 3mm 时,螺钉两端的倒角均为 120°。

② u(不完整螺纹的长度)⩽ $2P$(螺距)。

③尽呆能不采用括号的规格。

附表10.8　螺　　母

Ⅰ型六角螺母—A级和B级
GB6170—86

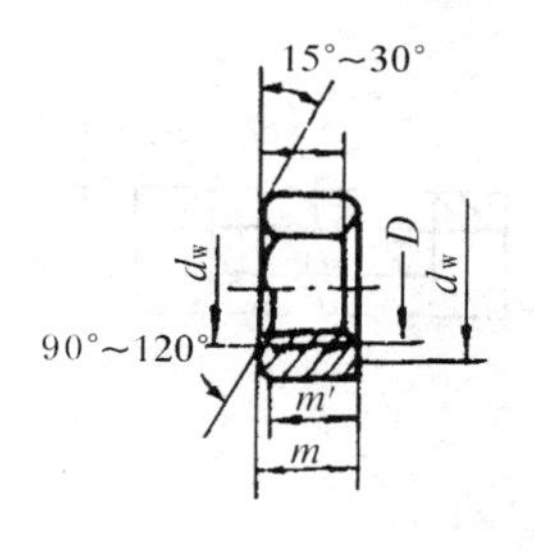

Ⅱ型六角螺母—A级和B级
GB6175—86

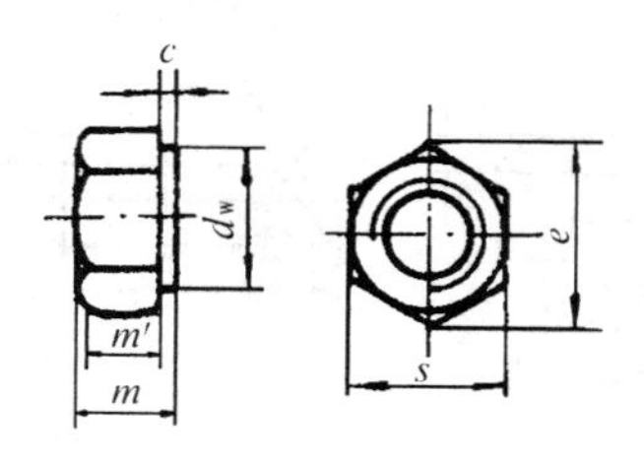

Ⅲ型六角薄螺母—A级和B级倒角
GB6172—86

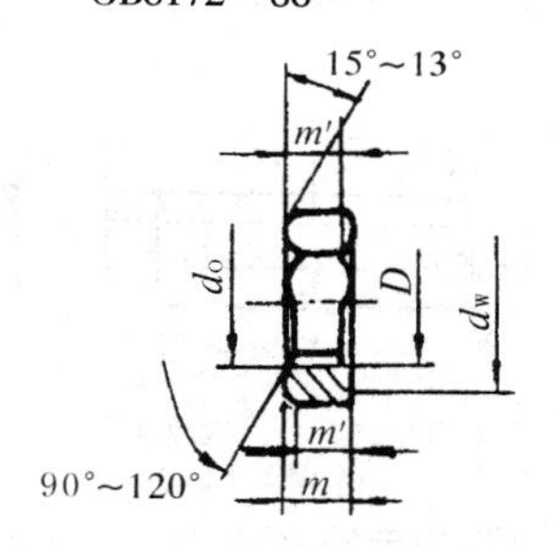

标记示例：螺纹规格 D = M12，性能等级为10级，不经表面处理，A级的六角螺母

Ⅰ型　螺母　GB6170—86—M12

Ⅱ型　螺母 GB6175—86—M12

Ⅲ六角薄螺母　螺母 GB6172—86—M12

单位：mm

螺纹规格 D		M3	M4	M5	M6	M8	M10	M12	M16	M20	M24	M30	M36
e_{min}		6.01	7.66	8.79	11.05	14.38*	17.77	20.03	26.75	32.95	39.55	50.85	60.79
s	max	5.5	7	8	10	13	16	18	24	30	36	46	55
	min	5.32	6.78	7.78	9.78	12.73	15.73	17.73	23.67	29.16	35	45	53.8
c_{max}		0.4	0.4	0.5	0.5	0.6	0.6	0.6	0.8	0.8	0.8	0.8	0.8
d_{min}		4.6	5.9	6.9	8.9	11.6	14.6	16.6	22.5	27.7	33.2	42.7	51.1
d_{amax}		3.45	4.6	5.75	6.75	8.75	10.8	13	17.3	21.6	25.9	32.4	38.9
GB6170—86 m	max	2.4	3.2	4.7	5.2	6.8	8.4	10.8	14.8	18	21.5	25.6	31
	min	2.15	2.9	4.4	4.9	6.44	8.04	10.37	14.1	16.9	20.2	24.3	29.4
GB6172—86 m	max	1.8	2.2	2.7	3.2	4	5	6	8	10	12	15	18
	min	1.55	1.95	2.45	2.9	3.7	4.7	5.7	7.42	9.10	10.9	13.9	16.9
GB6175—86 m	max	–	–	5.1	5.7	7.5	9.3	12	16.4	20.3	23.9	28.6	34.7
	min	–	–	4.8	5.4	7.14	8.94	11.57	15.7	19	22.6	27.3	33.1

* 14.38在GB6172—86中为14.28。

附表 10.9 垫 圈

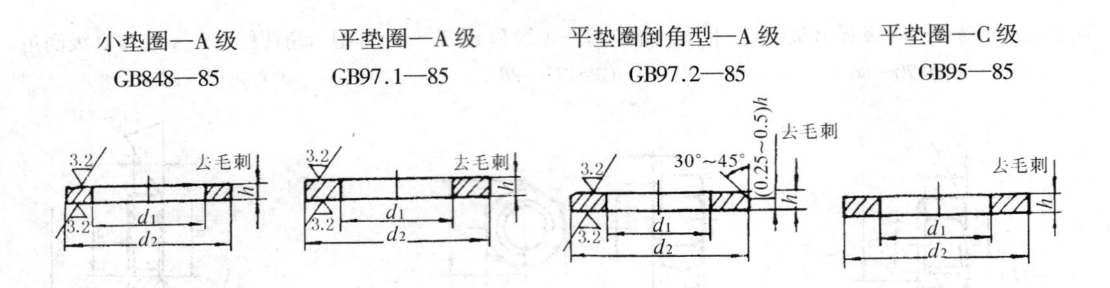

标记示例：公称尺寸 $d = 8$mm，性能等级为 140HV 级，倒角型，不经表面处理的平垫圈：

垫圈 GB97.2—85—8—140HV

其余标记相仿。

单位：mm

公称尺寸（螺纹规格 d）			3	4	5	6	8	10	12	14	16	20	24	30	36
内径 d_1	产品等级	A	3.2	4.3	5.3	6.4	8.4	10.5	13	15	17	21	25	31	37
		C			5.5	6.6	9	11	13.5	15.5	17.5	22	26	33	39
GB848—85	外径 d_2		6	8	9	11	15	18	20	24	28	34	39	50	60
	厚度 h		0.5	0.5	1	1.6	1.6	1.6	2	2.5	2.5	3	4	4	5
GB97.1—85 GB97.2—85 * GB95—85 *	外径 d_2		7	9	10	12	16	20	24	28	30	37	44	56	66
	厚度 h		0.5	0.8	1	1.6	1.6	2	2.5	2.5	3	3	4	4	5

注：① * 主要用于规格为 M5 ~ M36 的标准六角螺栓、螺钉和螺母。

②性能等级 140HV 表示材料钢的硬度，HV 表示维氏硬度，140 为硬度值。有 140HV、200HV 和 300HV 三种。

附表10.10 标准型弹簧垫圈(GB93—87)

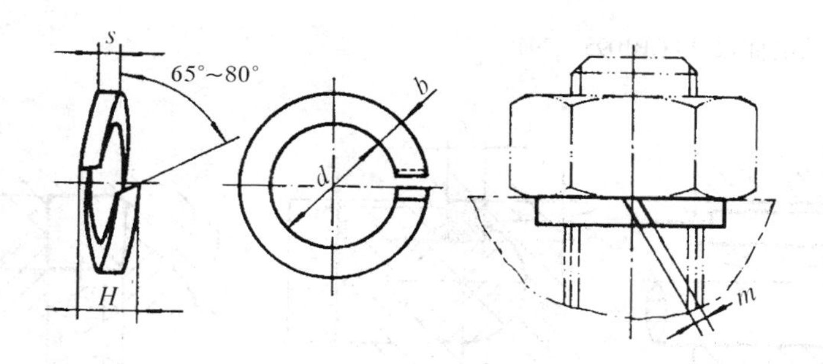

标 记 示 例

规格16mm,材料为65Mn,表面氧化的标准型弹簧垫圈:

垫圈 GB93—87 16

单位:mm

规格(螺纹大径)		4	5	6	8	10	12	16	20	24	30
d	min	4.1	5.1	6.1	8.1	10.2	12.2	16.2	20.2	24.5	30.5
	max	4.4	5.4	6.68	8.68	10.9	12.9	16.9	21.04	25.5	31.5
S(*b*)	公称	1.1	1.3	1.6	2.1	2.6	3.1	4.1	5	6	7.5
	min	1	1.2	1.5	2	2.45	2.95	3.9	4.8	5.8	7.2
	max	1.2	1.4	1.7	2.2	2.75	3.25	4.3	5.2	6.2	7.8
H	min	2.2	2.6	3.2	4.2	5.2	6.2	8.2	10	12	15
	max	2.75	3.25	4	5.25	6.5	7.75	10.25	12.5	15	18.75
$m\leqslant$		0.55	0.65	0.8	1.05	1.3	1.55	2.05	2.5	3	3.75

附表 10.11 键

平键 键和键槽的剖面尺寸(GB1095—79)

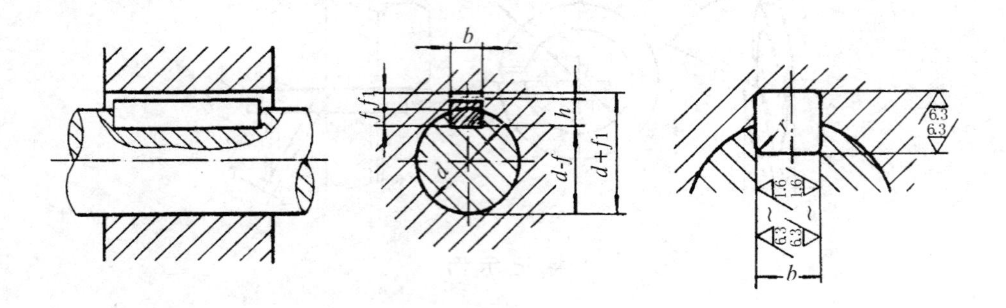

单位:mm

轴	键	键槽											
公称直径 d	公称尺寸 $b\times h$	宽度 b						深度				半径 r	
		公称尺寸 b	偏差					轴 t		毂 t_1			
			较松键联结		一般键联结		较紧键联结						
			轴 H9	毂 D10	轴 N9	毂 Js9	轴和毂 P9	公称	偏差	公称	偏差	最小	最大
自 6~8	2×2	2	+0.025	+0.060	-0.004	±0.0125	-0.006	1.2	+0.1 0	1	+0.1 0	0.08	0.16
>8~10	3×3	3	0	+0.020	-0.029		-0.031	1.8		1.4			
>10~12	4×4	4	+0.030 0	+0.078 +0.030	0 -0.030	±0.015	-0.012 -0.042	2.5		1.8			
>12~17	5×5	5						3.0		2.3		0.16	0.25
>17~22	6×6	6						3.5		2.8			
>22~30	8×7	8	+0.036	+0.098	0	±0.018	-0.015	4.0	+0.2 0	3.3	+0.2 0		
>30~38	10×8	10	0	+0.040	-0.036		-0.051	5.0		3.3		0.25	0.40
>38~44	12×8	12	+0.043 0	+0.120 +0.050	0 -0.043	±0.0215	-0.018 -0.061	5.0		3.3			
>44~50	14×9	14						5.5		3.8			
>50~58	16×10	16						6.0		4.3			
>58~65	18×11	18						7.0		4.4			
>65~75	20×12	20	+0.052 0	+0.149 +0.065	0 -0.052	±0.026	-0.022 -0.074	7.0		4.9		0.40	0.60
>75~85	22×14	22						9.0		5.4			
>85~95	25×14	25						9.0		5.4			
>95~110	28×16	28						10.0		6.4			

注:在工作图中轴槽深用 t 或($d-t$)标注,轮毂槽深用($d+t_1$)标注。平键轴槽的长度公差带用 H14 表示。图中原标注的表面光洁度的代号和等级,现已折合成表面粗糙度 R_a 值标注。

普通平键的形式和尺寸(GB1096—79)

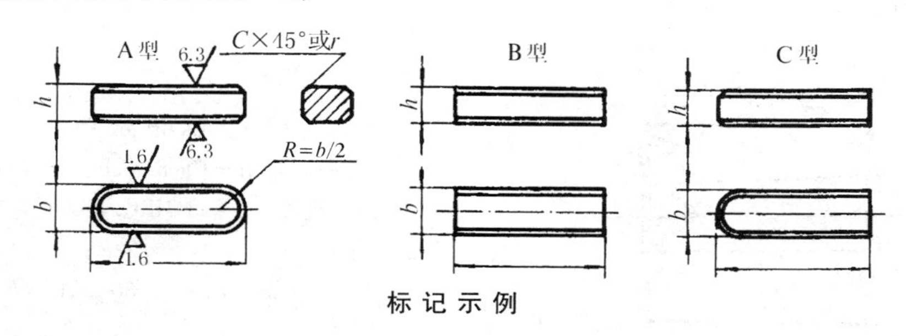

标 记 示 例

圆头普通平键(A型),b = 18mm,h = 11mm,L = 100mm:键 18×100 GB1096—79

方头普通平键(B型),b = 18mm,h = 11mm,L = 100mm:键 B18×100 GB1096—79

单圆头普通平键(C型),b = 18mm,h = 11mm,L = 100mm:键 C18×100 GB1096—79

单位:mm

b	2	3	4	5	6	8	10	12	14	16	18	20	22	25
h	2	3	4	5	6	7	8	8	9	10	11	12	14	14
C或r	0.16~0.25			0.25~0.40			0.40~0.60					0.60~0.80		
L	6~20	6~36	8~45	10~56	14~70	18~90	22~110	28~140	36~160	45~180	50~200	56~220	63~250	70~280
L系列	6、8、10、12、14、16、18、20、22、25、28、32、36、40、45、50、56、63、70、80、90、100、110、125、140、160、180、200、220、250、280													

注:材料常用45钢。图中原标注的表面光洁度的代号和等级,现已折合成表面粗糙度 R_a 值标注。

附表10.12 销

圆柱销(GB119—86)

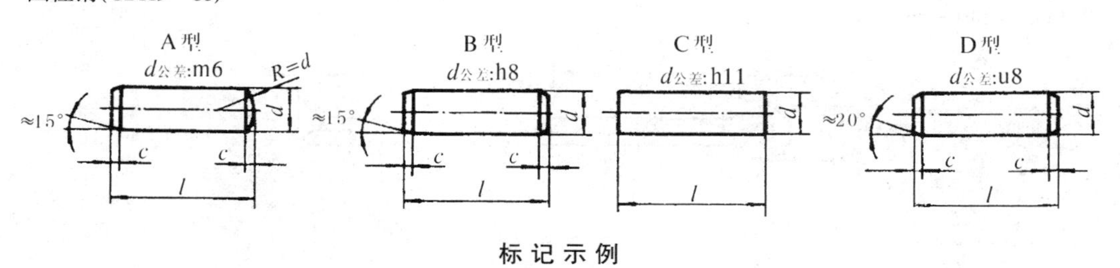

标 记 示 例

公称直径 d = 8mm,长度 l = 30mm,材料为35钢,热处理硬度(28~38)HRC,表面氧化处理的A型圆柱销:

销 GB119—86 A8×30

单位:mm

d(公称)	0.6	0.8	1	1.2	1.5	2	2.5	3	4	5
a≈	0.08	0.10	0.12	0.16	0.20	0.25	0.30	0.40	0.50	0.63
c=	0.12	0.16	0.20	0.25	0.30	0.35	0.40	0.50	0.63	0.80
l(商品规格范围公称长度)	2~6	2~8	4~10	4~12	4~16	6~20	6~24	8~30	8~40	10~50
d(公称)	6	8	10	12	16	20	25	30	40	50
a≈	0.80	1.0	1.2	1.6	2.0	2.5	3.0	4.0	5.0	6.3
c≈	1.2	1.6	2.0	2.5	3.0	3.5	4.0	5.0	6.3	8.0
l(商品规格范围公称长度)	12~60	14~80	18~95	22~140	26~180	35~200	50~200	60~200	80~200	95~200
l(系列)	2,3,4,5,6,8,10,12,14,16,18,20,22,24,26,28,30,32,35,40,45,50,55,60,65,70,75,80,85,90,95,100,120,140,160,180,200									

圆锥销(GB117—86)

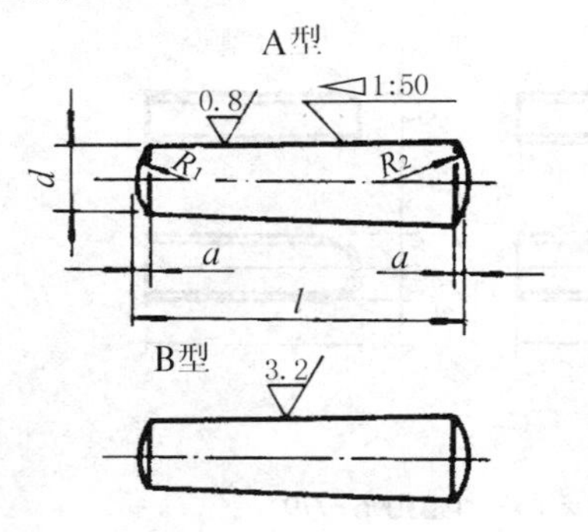

标 记 示 例

公称直径 $d=10$mm,长度 $l=60$mm,材料为35钢,热处理度(28~38)HRC,表面氧化处理的A型圆锥销:

销 GB117—86 A19×60

单位:mm

d(公称)	0.6	0.8	1	1.2	1.5	2	2.5	3	4	5
$a\approx$	0.08	0.1	0.12	0.16	0.2	0.25	0.3	0.4	0.5	0.63
l(商品规格范围公称长度)	4~8	5~12	6~16	6~20	8~24	10~35	10~35	12~45	14~55	18~60
d(公称)	6	8	10	12	16	20	25	30	40	50
$a\approx$	0.8	1	1.2	1.6	2	2.5	3	4	5	6.3
l(商品规格范围公称长度)	22~90	22~120	26~160	32~180	40~200	45~200	50~200	55~200	60~200	65~200
l(系列)	2,3,4,5,6,8,10,12,14,16,18,20,22,24,26,28,30,32,35,40,45,50,55,60,65,70,75,80,85,90,95,100,120,140,160,180,200									

开口销(GB91—86)

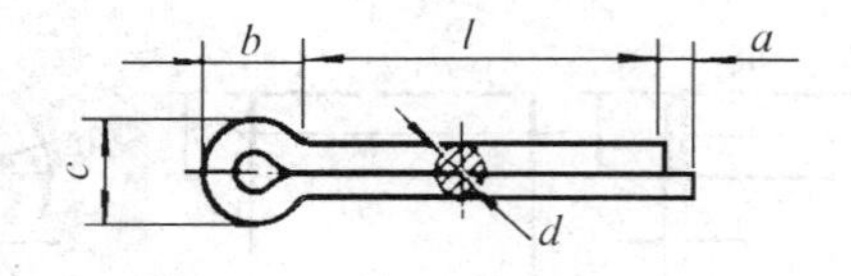

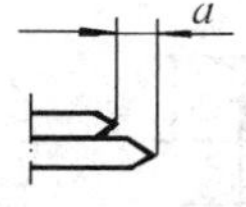

标 记 示 例

公称直径 $d=5$mm,长度 $l=50$mm,材料为低碳钢,不经表面处理的开口销:

销 GB91—86 5×5

单位:mm

d(公称)		0.6	0.8	1	1.2	1.6	2	2.5	3.2	4	5	6.3	8	10	12
d	max	1	1.4	1.8	2	2.8	3.6	4.6	5.8	7.4	9.2	11.8	15	19	24.8
	min	0.9	1.2	1.6	1.7	2.4	3.2	4	5.1	6.5	8	10.3	13.1	16.6	21.7

附表 10.13　深沟球轴承(GB/T276—94)

60000 型

轴承代号	外形尺寸/mm		
	d	D	B
00 系列			
16004	20	42	8
16005	25	47	8
16006	30	55	9
16007	35	62	9
16008	40	68	9
16009	45	75	10
16010	50	80	10
16011	55	90	11
16012	60	95	11
16013	65	100	11
16014	70	110	13
16015	75	115	13
16016	80	125	14
16017	85	130	14
10 系列			
6004	20	42	12
6005	25	47	12
6006	30	55	13
6007	35	62	14
6008	40	68	15
6009	45	75	16
6010	50	80	16
6011	55	90	18
6012	60	95	18
6013	65	100	18
6014	70	110	20
6015	75	115	20
6016	80	125	22
6017	85	130	22
6018	90	140	24
02 系列			
6205	25	52	15
6206	30	62	16
6207	35	72	17
6208	40	80	18
6209	45	85	19
6210	50	90	20
6211	55	100	21
6212	60	110	22
03 系列			
6300	10	35	11
6301	12	37	12
6302	15	42	13
6303	17	47	14
6304	20	52	15
6305	25	62	17
6306	30	72	19
6307	35	80	21
6308	40	90	23
6309	45	100	25
6310	50	110	27
6311	55	120	29
6312	60	130	31
6313	65	140	33
6314	70	150	35
6315	75	160	37
04 系列			
6403	17	62	17
6404	20	72	19
6405	25	80	21
6406	30	90	23
6407	35	100	25
6408	40	110	27
6409	45	120	29
6410	50	130	31
6411	55	140	33
6412	60	150	35
6413	65	160	37
6414	70	180	42
6415	75	190	45
6416	80	200	48

附表 10.14 圆锥滚子轴承(GB/T297—94

30000 型

轴承代号	外形尺寸/mm				
	d	D	T	B	C
02 系列					
30202	15	35	11.75	11	10
30203	17	40	13.25	12	11
30204	20	47	15.25	14	12
30205	25	52	16.25	15	13
30206	30	62	17.25	16	14
30207	35	72	18.25	17	15
30208	40	80	19.75	18	16
30209	45	85	20.75	19	16
30210	50	90	21.75	20	17
30211	55	100	22.75	21	18
30212	60	110	23.75	22	19
30213	65	120	24.75	23	20
30214	70	125	26.25	24	21
30215	75	130	27.25	25	22
03 系列					
30302	15	42	14.25	13	11
30303	17	47	15.25	14	12
30304	20	52	16.25	15	13
30305	25	62	18.25	17	15
30306	30	72	20.75	19	16
30307	35	80	22.75	21	18
30308	40	90	25.25	23	20
30309	45	100	27.25	25	22
30310	50	110	29.25	27	23
30311	55	120	31.5	29	25
30312	60	130	33.5	31	26
30313	65	140	36	33	28
30314	70	150	38	35	30
30315	75	160	40	37	31

轴承代号	外形尺寸/mm				
	d	D	T	B	C
13 系列					
31305	25	62	18.25	17	13
31306	30	72	20.75	19	14
31307	35	80	22.75	21	15
31308	40	90	25.25	23	17
31309	45	100	27.25	25	18
31310	50	110	29.25	27	19
31311	55	120	31.5	29	21
31312	60	130	33.5	31	22
31313	65	140	36	33	23
20 系列					
32004	20	42	15	15	12
32005	25	47	15	15	11.5
32006	30	55	17	17	13
36007	35	62	18	18	14
36008	40	68	19	19	14.5
36009	45	75	20	20	15.5
32010	50	80	20	20	15.5
32011	55	90	23	23	17.5
32012	60	95	23	23	17.5
32013	65	100	23	23	17.5
32014	70	110	25	25	19
32015	75	115	25	25	19
32016	80	125	29	29	22
32017	85	130	29	29	22
30 系列					
33005	25	47	17	17	14
33006	30	55	20	20	16
33007	35	62	21	21	17
33008	40	68	22	22	18
33009	45	75	24	24	19
33010	50	80	24	24	19
33011	55	90	27	27	21
33012	60	95	27	27	21
33013	65	100	27	27	21
33014	70	110	31	31	25.5
33015	75	115	31	31	25.5
33016	80	125	36	36	29.5
33017	85	130	36	36	29.5
33018	90	140	39	39	32.5

附表 10.15　推力球轴承(GB/T301—1995)

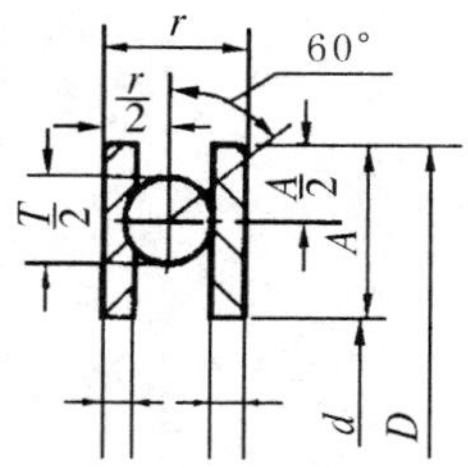

51000 型

轴承代号	外形尺寸/mm		
	d	D	T
11　系列			
51100	10	24	9
51101	12	26	9
51102	15	28	9
51103	17	30	9
51104	20	35	10
51105	25	42	11
51106	30	47	11
51107	35	52	12
51108	40	60	13
51109	45	65	14
51110	50	70	14
51111	55	78	16
51112	60	85	17
51113	65	90	18
51114	70	95	18
12　系列			
51200	10	26	11
51201	12	28	11
51202	15	32	12
51203	17	35	12
51204	20	40	14
51205	25	47	15
51206	30	52	16
51207	35	62	18
51208	40	68	19
51209	45	73	20
51210	50	78	22
51211	55	90	25
51212	60	95	26
51213	65	100	27
51214	70	105	27

轴承代号	外形尺寸/mm		
	d	D	T
13　系列			
51304	20	47	18
51305	25	52	18
51306	30	60	21
51307	35	68	24
51308	40	78	26
51309	45	85	28
51310	50	95	31
51311	55	105	35
51312	60	110	35
51313	65	115	36
51314	70	125	40
51315	75	135	44
51316	80	140	44
51317	85	150	49
51318	90	155	50
51320	100	170	55
51322	110	190	63
51324	120	210	70
51326	130	225	75
51328	140	240	80
51330	150	250	80
14　系列			
51405	25	60	24
51406	30	70	28
51407	35	80	32
51408	40	90	36
51409	45	100	39
51410	50	110	43
51411	55	120	48
51412	60	130	51
51413	65	140	56
51414	70	150	60
51415	75	160	65
51416	80	170	68
51417	85	180	72
51418	90	190	77
51420	100	210	85
51422	110	230	95
51424	120	250	102
51426	130	270	110
51428	140	280	112
51430	150	300	120

下 篇 计算机绘图

第11章 计算机绘图的基本知识

11.1 概 述

11.1.1 计算机绘图的基本概念

计算机绘图是建立在图形学、应用数学以及计算机科学三者相结合的基础之上，并应用计算机的各种功能来实现图形的输入、显示和输出，从而实现计算机辅助设计的一门新兴学科。

11.1.2 计算机绘图的优越性

自从计算机问世以来，人们利用计算机绘图，使以前所承担的繁重、重复的手工绘图操作得以解脱，借助计算机的帮助，人们便可以十分方便地完成各种设计和绘图工作，同时还可以十分方便地产形进行编辑修改，从而可以使设计和绘图的工作效率大大提高。并且通过计算机绘图还可以建立所设计产品的三维模型，并可以设置相应的灯光和材质，来模拟真实的设计对象，从而达到通过计算机绘图来模拟现实生活的理想境界。通过计算机的打印输出设备所输出的图形，其图形的质量更是手工绘图所无法比拟的。

因此，计算机绘图具有快速性、灵活性、高效性、优质性和方便性的特点，使计算机绘图取代手工绘图已经成为历史的必然趋势。

11.2 计算机绘图软件

11.2.1 Auto CAD 绘图软件的简介

Auto CAD 是美国 Autodesk 公司于 1982 年 12 月推出的目前国内外最受欢迎的微机 CAD 软件包，它的英文全称是 Auto Computer Aided Design(计算机辅助设计)。它先后经历了 Auto

CAD R1.0、R2.0、R9、R10、R11、R12 、R14 等版本，目前已发展到 Auto CAD 2000。通过多次重大修改，版本不断更新，功能越来越强，并日趋完善。从最初简易的二维图发展到现在已集三维设计及通用数据库管理为一体的一种通用的微机辅助绘图设计软件包。Auto CAD 的 AutoLISP 和基于 C 语言的 ADS 为用户二次开发提供了强大工具，也可为各专业设立可变参数图形库、数据库、线型库、文本字体、专用符号和元件库等。同时它可以与 3DS、3DS MAX、Photoshop 等软件配合使用，设计出具有真实感的三维效果图和三维动画。

近年来，世界各地在以 Auto CAD 为基础并进行二次开发的各专业应用软件不断涌现，并得到了较好的商业化推广和运用。使 Auto CAD 在机械、建筑、电子、石油、化工、冶金、地质、商业、广告、学校等部门或领域中获得了广泛运用。因此，Auto CAD 对于大中专院校的师生和工程设计人员来说，已经成为了一种非常必要的学习和工作的工具。

11.2.2　Auto CAD 2000 的运行系统需求

要安装并运行 Auto CAD 2000，则其对系统的软、硬件有如下的最低要求：

系统：Windows 95/98/2000 或 Windows NT 3.51/4.0/5.0。

CPU：Intel 486 级以上的 CPU，推荐 PentiumⅢ 级以上 CPU。

内存：Windows 95/98/2000 系统至少有 16MB 内存，推荐 32MB 内存；Windows NT 3.51/4.0/5.0 系统至少有 32MB 内存。

硬盘：至少 76MB 硬盘空间（软件本身占用），至少 64MB 硬盘交换空间（用于存放软件运行时产生的交换文件，退出 Auto CAD 时将释放）。

对于有条件的用户，可增选一些硬件配置如：喷墨或激光打印机或绘图仪，数字化仪。这些装置将会对你的工作有很大帮助。

对于如 Auto CAD 这样的大型绘图软件，内存大小对图形显示速度影响极大，选用较大的内存能节约大量的时间；同时，Auto CAD 在运行过程中将在硬盘上开辟一块区域用于存放临时文件，所以硬盘空闲空间的大小对 Auto CAD 正常运行也有影响，选择一个大硬盘是最好的，也是必要的。

第12章 绘图前的准备工作

12.1 绘图的工作环境

在利用 Auto CAD 2000 进行绘图之前，必须进行绘图的工作环境设置。而所谓的工作环境则是有利于自己进行图形绘制的一系列设置，如绘图单位、绘图极限、绘图模式、目标捕捉等。

12.1.1 启动并进入 Auto CAD 2000 的工作环境

对于 Auto CAD 2000 的启动方法常有两种，一是通过屏幕快捷图标来进行启动；二是通过在 Windows 的"开始/程序/ Auto CAD 2000"弹出菜单中进行启动。

当 Auto CAD 2000 的启动成功之后，系统则进入 Auto CAD 2000 的工作环境，其工作界面如图 12.1 所示。

12.1.2 Auto CAD 2000 的工作界面简介

Auto CAD 2000 的工作界面是用户进行绘图工作的主要界面，因此，要求用户应当十分熟悉它，下面将对工作界面进行简单的讲解。

(1)**Auto CAD 2000 的图形界面**

Auto CAD 2000 的图形界面全部采用了标准的 Windows 风格，有关 Windows 图形界面的使用方法和有关约定如标题栏、对话框、列表框、单选框、复选框、层叠式菜单等完全与 Windows 一致，如图 12.1 所示。

(2)**标题栏和下拉菜单栏**

Auto CAD 2000 的绘图屏幕顶部是标题栏，在软件名称"Auto CAD 2000"后面是当前图形的文件名称。但若未将打开的图形最大化，则其文件名称仅显示在图形窗口中。

在标题栏下面是下拉菜单栏，移动鼠标当鼠标指针指向菜单条上某项后，该菜单条按钮浮起，用鼠标左键单击就会选中该项并显示相应的下拉菜单。在下拉菜单区内拾取各选项即可，在各选项右边有省略号的菜单项将弹出对话框；有三角符号的选项表示还有下一级菜单。

(3)**工具条**

在 Auto CAD 2000 的绘图区左侧，缺省有一个绘图工具条和编辑工具条，如图 12.2 所示，点取该工具条上的命令按钮可执行相应的绘图命令或图形的编辑命令。

这些绘图和编辑命令也可通过命令行键入或在下拉菜单中点取相应的方式来执行。

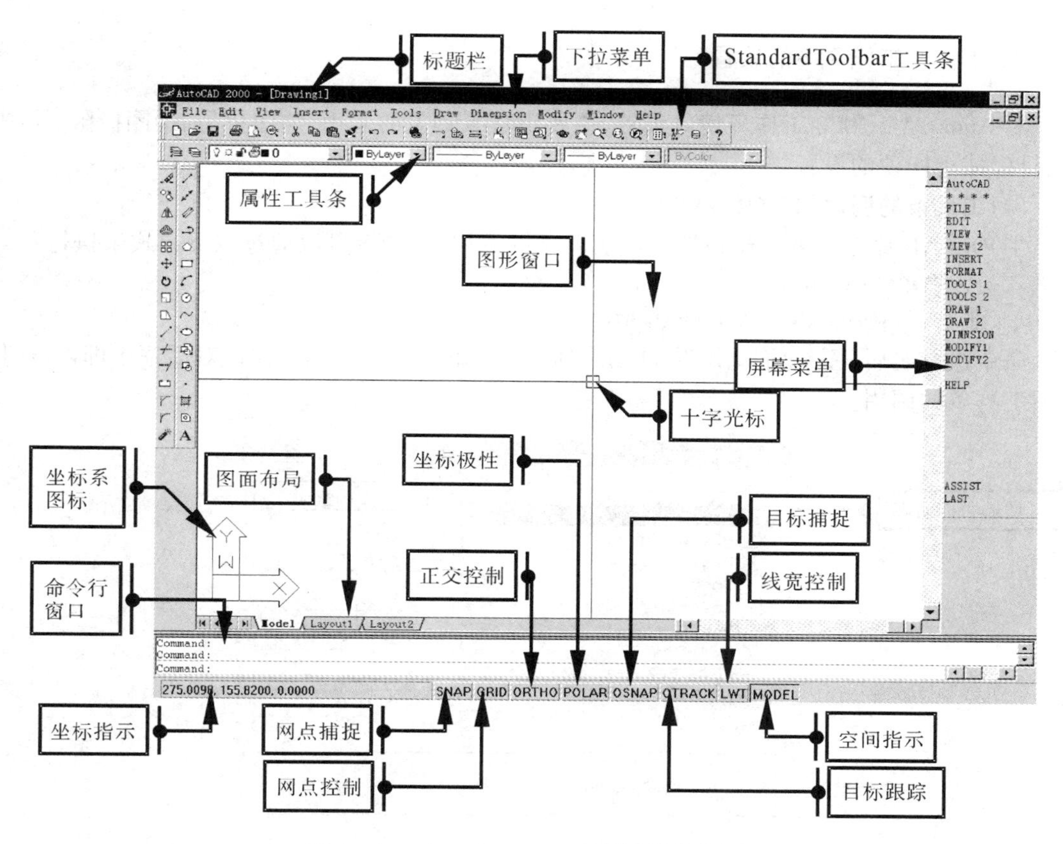

图 12.1　Auto CAD 2000 的用户操作界面

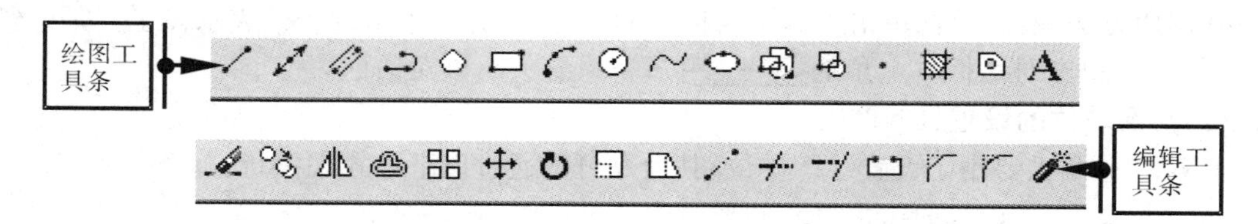

图 12.2　绘图工具栏和对象编辑工具栏

Auto CAD 2000 的各个工具条都可以由用户自行定制。

(4)命令行窗口与状态栏

在屏幕显示界面的底部是 Auto CAD 2000 的命令行窗口，在命令行中出现的是当前输入的命令,在命令窗口中出现的是以前输入的命令的历史记录。

命令行窗口是用户与 Auto CAD 2000 进行对话的对话窗口，在该处输入命令和点取工具按钮具有同样的结果,此窗口中还会显示出提示、错误、命令选项等用户必须注意到的信息。因此,在命令输入和执行期间,用户应当密切留意命令窗口中的内容。

在命令行与命令窗口下部的状态栏可指示出当前屏幕十字光标的坐标值及各种绘图模式状态如网点、正交、图形空间、模型空间的开闭状态。这些绘图模式状态是用相应的快捷按钮来切换,各个状态的快捷按钮都是单一性的按钮,即单击第一次为打开,单击第二次为关闭。

12.1.3 工作环境的设置

对 Auto CAD 2000 工作环境的设置，主要讲解工具条的调用、绘图单位、绘图极限、绘图模式、目标捕捉四项的设置。

(1)工具条的调用(TOOLBAR)

TOOLBAR 命令主要用于设置绘图工具条的调用，其命令可以通过以下方式来执行：

下拉菜单：View/Toolbars...

命 令 行：TOOLBAR 或 _TOOLBAR、TO

命令执行之后，系统将弹出"Toolbars"对话框，如图 12.3 所示，在该对话框中即可以进行绘图工具条的调用。

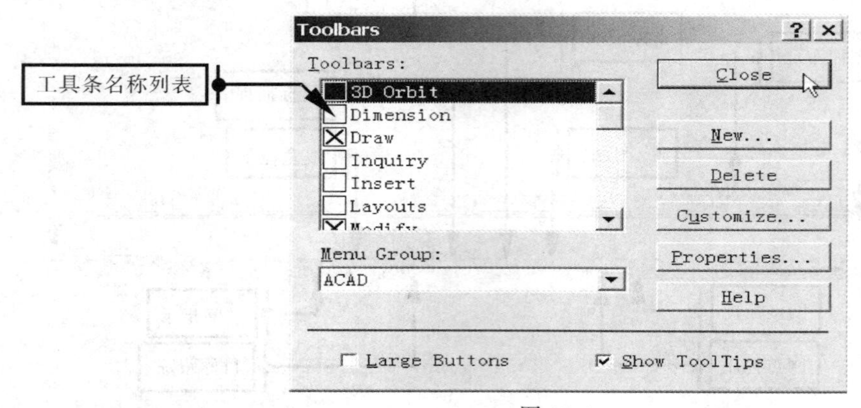

图 12.3

其调用方法是：用鼠标单击工具条名称前的小方框，方框中出现"×"表示该工具条已经被打开，然后在单击对话框右上角的 Close 按钮，系统关闭该对话框。

(2)绘图单位的设置(UNITS)

UNITS 命令主要用于设置绘图单位，其命令可以通过以下方式来执行：

下拉菜单：Format/Units...

命 令 行：UNITS 或 DDUNITS、_UNITS

命令执行之后，系统将弹出"Drawing Units"对话框，如图 12.4 所示，在该对话框中即可以进行绘图单位的设置。

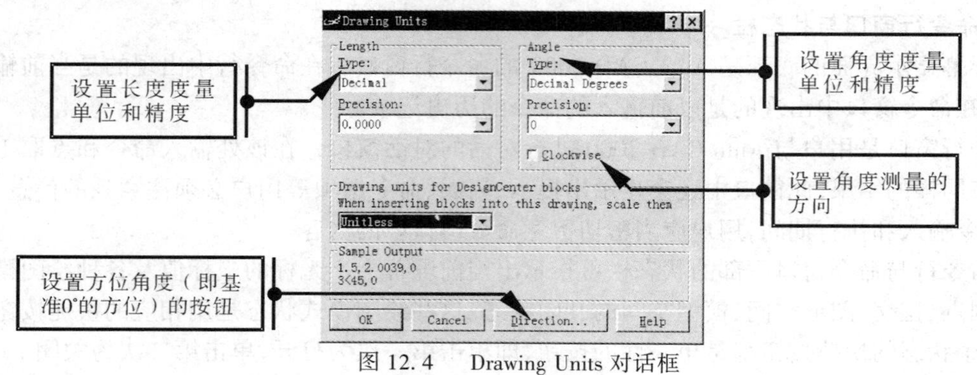

图 12.4　Drawing Units 对话框

在工程实际中，直线(Units)距离的单位应设置为：十进制(Decimal)，其小数的保留位数(Precision)为：0 位(整数)；角度(Angle)单位应设置为：十进制表示法(Decimal Degress)，其小数的保留位数(Precision)为：0 位(整数)。

(3)绘图极限的设置(LIMITS)

LIMITS 命令主要用于设置绘图的极限，其命令可以通过以下方式来执行：

下拉菜单：Format/Drawing Limits...

命 令 行：LIMITS 或'_LIMITS

命令执行之后，系统将在命令提示行出现相应的提示，以引导设计者去进行绘图极限的设置，其具体操作如表 12.1 所示。

表 12.1

Command:limits	激活 LIMITS 命令
Reset Model space limits:	重新定义模型空间的绘图界限
Specify lower left corner or [ON/OFF] <12.0000, 9.0000> :0,0↵	定义左下角点的坐标，不改变则回车
Specify upper right corner <420.0000, 297.0000> :594,420↵	定义右上角点的坐标
Command:↵	回车再次激活 LIMITS 命令
LIMITS	
Reset Model space limits:	
Specify lower left corner or [ON/OFF] <0.0000, 0.0000> :on↵	选择 ON 以打开绘图界限检查功能
Command:	

(4)绘图模式的设置(DSETTINGS)

DSETTINGS 命令主要用于设置绘图模式，其命令可以通过以下方式来执行：

下拉菜单：Tools/Drafting Settings...

命 令 行：DSETTINGS 或'DSETTINGS、_DSETTINGS

命令执行之后，系统将弹出“Drafting Settings”对话框，如图 12.5 所示，在该对话框中即可以进行绘图模式的设置，即光标移动间距、屏幕网点间距、自动追踪和目标捕捉的设置。

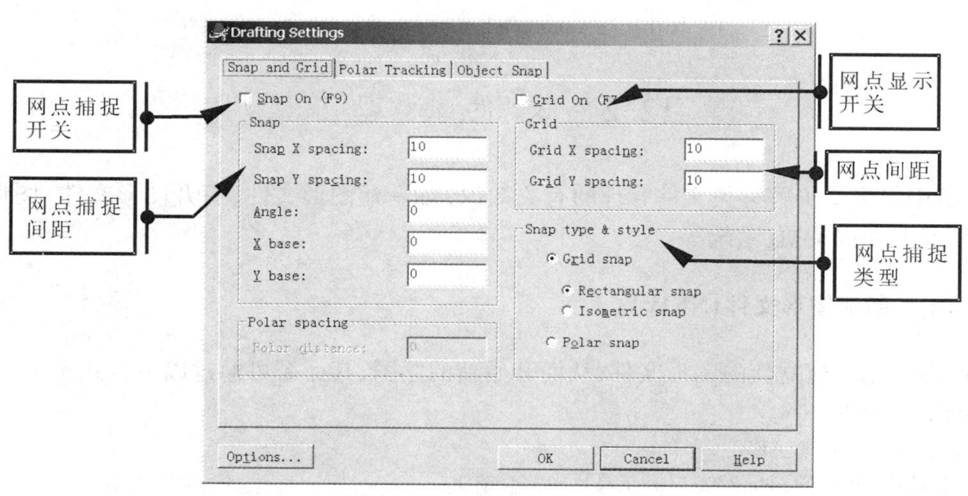

图 12.5　Drafting Settings 对话框

其中：光标移动间距、屏幕网点间距的设置内容如图 12.5 所示；角度追踪的设置内容如图 12.6 所示；目标捕捉和目标捕捉追踪的设置内容如图 12.7 所示。

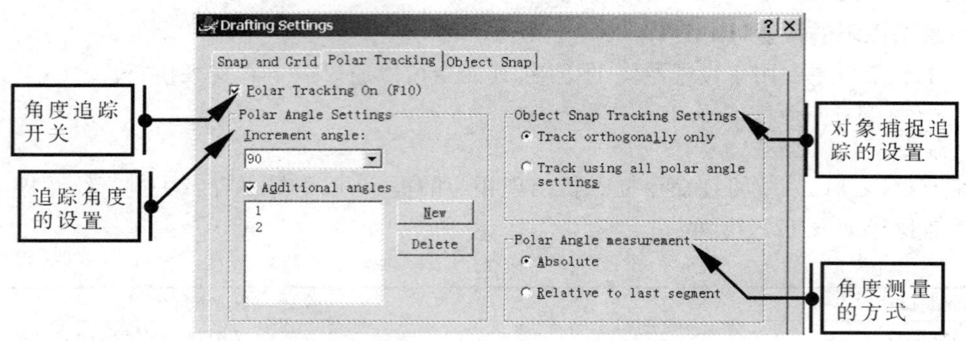

图 12.6　Drafting Settings 对话框

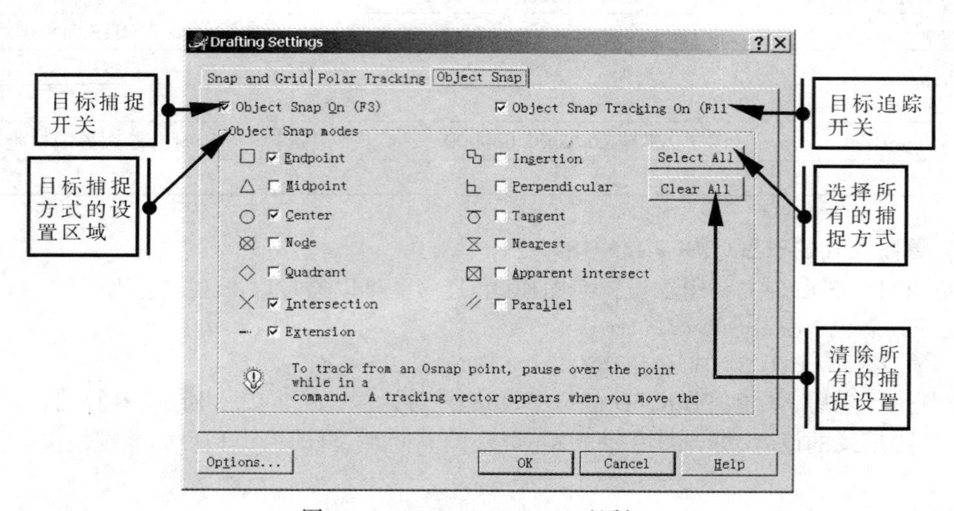

图 12.7　Drafting Settings 对话框

12.2　文件管理

在本节中将主要讲解有关文件管理的有关知识，如新建图形文件、打开图形文件、图形文件的保存、退出 Auto CAD 系统等。

12.2.1　新建图形文件(NEW)

NEW 命令用于建立新的图形文件，从而开始新的绘图，其命令可通过以下方式来执行：

下拉菜单：File/New...

命 令 行：NEW 或 _NEW

工具按钮：单击“Standard Toolbar”工具栏中的□按钮

命令执行之后，系统将弹出“Create New Drawing”对话框，如图 12.8 所示，在该对话框中即可以进行相应的设置，然后再单击 OK 按钮，即可建立一个新的图形文件。

12.2.2　打开图形文件(OPEN)

OPEN 命令用于打开原有的图形文件，其命令可以通过以下方式来执行：

下拉菜单：File/Open...

命 令 行：OPEN 或 _OPEN

工具按钮：单击"Standard Toolbar"工具栏中的按钮

命令执行之后，系统将弹出"Select File"对话框，如图 12.9 所示，在该对话框中即可以选择所需要打开的图形文件，然后再单击 打开(O) 按钮，即可建立一个新的图形文件。

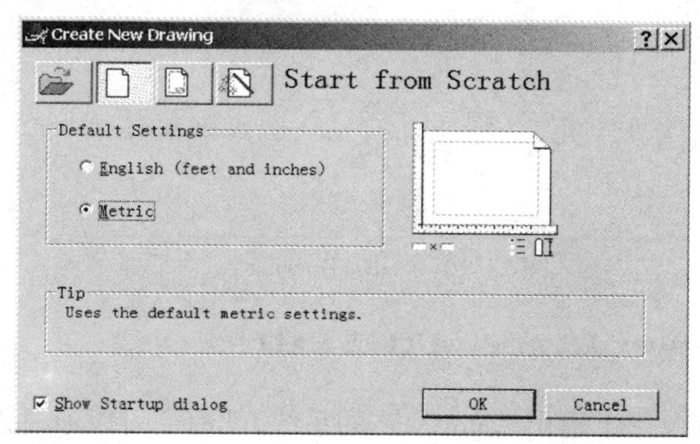

图 12.8　Create New Drawing 对话框

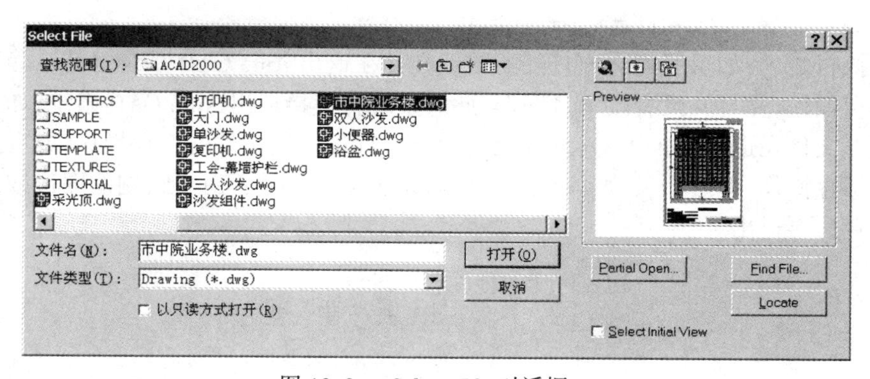

图 12.9　Select File 对话框

12.2.3　图形文件的保存(SAVE 或 SAVEAS、QSAVE)

SAVE 或 SAVE AS、QSAVE 命令用于对所绘制的图形文件进行保存，其命令可以通过以下方式来执行：

下拉菜单：File/Save 或 File/Save As...

命 令 行：SAVE、SAVEAS 或 QSAVE

工具按钮：单击"Standard Toolbar"工具栏中的按钮

在这些执行命令中，如果是在新建立的图形文件中进行绘图，并且是对该新图进行第一执行图形文件的保存，此时系统将弹出"Save Drawing As"对话框，如图 12.10 所示，在该对话框中需要输入所要保存图形文件的名称,然后单击 保存(S) 按钮即可保存图形文件。当对已有文件名的图形文件执行上述保存文件的命令时,系统将不会弹出“Save Drawing As”对话框,而是直接以原图形文件名来进行图形文件的快速保存。对于无文件名的新图或有文件名的旧图,当执行下拉菜单命令 File/Save As... 或在命令行输入并执行 save as 命令, 此时系统将弹出“Save Drawing As”对话框, 如图 12.10 所示, 要求在该对话框中输入新的图形文件名称, 以便对该图形文件进行赋名保存。

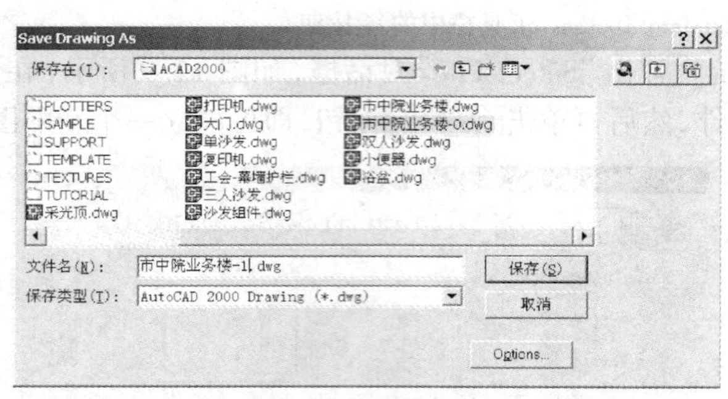

图 12.10　Save Drawing As 对话框

12.2.4　退出 Auto CAD 系统(QUIT 或 EXIT)

QUIT 或 EXIT 命令用于退出 Auto CAD 的系统,其命令可以通过以下方式来执行:

下拉菜单:File/Exit

命 令 行:QUIT 或 EXIT

工具按钮:单击屏幕窗口右上角的 × 按钮

命令执行之后,如果所建立或打开的图形文件在退出 Auto CAD 系统之前已经进行过一次文件的保存操作,并且又没有改动过图形,此时系统将直接退出 Auto CAD 系统;如果所建立或打开的图形文件在退出 Auto CAD 系统之前没有进行过一次文件的保存操作,或者虽进行过一次文件的保存操作,但后来又改动过图形,此时系统会提示是否对所绘制的图形或改动过的图形进行保存后再退出。

12.3　图 层 管 理

本节将讲解在 Auto CAD 中有关图层管理的相关知识,如图层的概念、图层的设置、图层的应用等知识。

12.3.1　图层的概念

在 Auto CAD 中,图层是一个特殊的概念,其含义就是相当于将一张绘图纸分割成若干层,每一层就如同一张能够上下完全重合的透明纸,在每一张透明纸上可以画着不透明的、不同性质的图形,然后将这些透明纸叠加在一起,就可以得到所需要的图形。

在 Auto CAD 中,建立图层是便于对所绘制的图形进行线型、线宽、图形的比例、尺寸和文字的标注等内容及其相关特性的管理和控制,同时还便于组织、编辑、打印图形。

12.3.2　图层的设置(LAYER)

LAYER 用于设置图层,其命令可以通过以下方式来执行:

下拉菜单:Format/Layer…

命 令 行:LAYER 或 _LAYER

工具按钮:单击“Object properties”工具栏中的按钮

命令执行之后,系统将弹出“Layer Properties Manager”对话框,如图 12.11 所示。在该对话框即可以进行所需要的图层设置,其具体的操作步骤如表 12.2 所示。

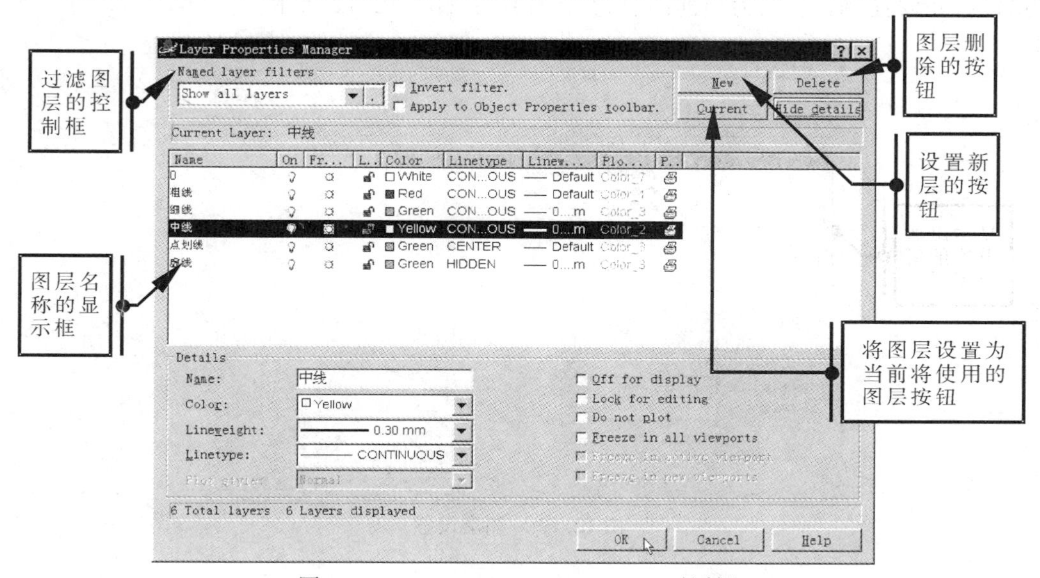

图 12.11　Layer Properties Manager 对话框

表 12.2

Command:layer ↵	激活 LAYER 命令,弹出“Layer Properties Manager”对话框
单击 New 按钮三次	为新图形创建三个新层,系统定名为“Layer1”、“Layer2”、“Layer3”
在图层显示窗口中选定新建的“Layer1”层,在 Details 区域中的“Name”输入框中输入“粗线”	将新创建的第一层定名为“粗线”
单击在“Details”区域中的“Color”输入框后的向下方向键,在其弹出的下拉列表框中选择“Red”	设置该层的颜色为红色
在图层显示窗口中选定新建的“Layer2”层,在“Details”区域中的“Name”输入框中输入“中线”	将新创建的第二层定名为“中线”
单击在“Details”区域中的“Color”输入框后的向下方向键,在其弹出的下拉列表框中选择“Yellow”	设置该层的颜色为黄色
在图层显示窗口中选定新建的“Layer3”层,在“Details”区域中的“Name”输入框中输入“细线”	将新创建的第三层定名为“细线”

续表

单击在"Details"区域中的"Color"输入框后的向下方向键,在其弹出的下拉列表框中选择"Green"	设置该层的颜色为绿色
选中"细线"图层,然后点取 Current 按钮	设定"细线"层为当前图层
单击"Layer Properties Manager"对话框下的 OK 按钮	保存设置,结束图层设置命令

按表12.2的操作步骤,可以用LAYER命令在新建的一幅图上设置"粗线"、"中线"、"细线"三个图层。并设定"粗线"图层的颜色为红色,"中线"图层的颜色为黄色,"细线"图层的颜色为绿色,并设置"细线"层为当前图层,其操作结果如图12.12所示。

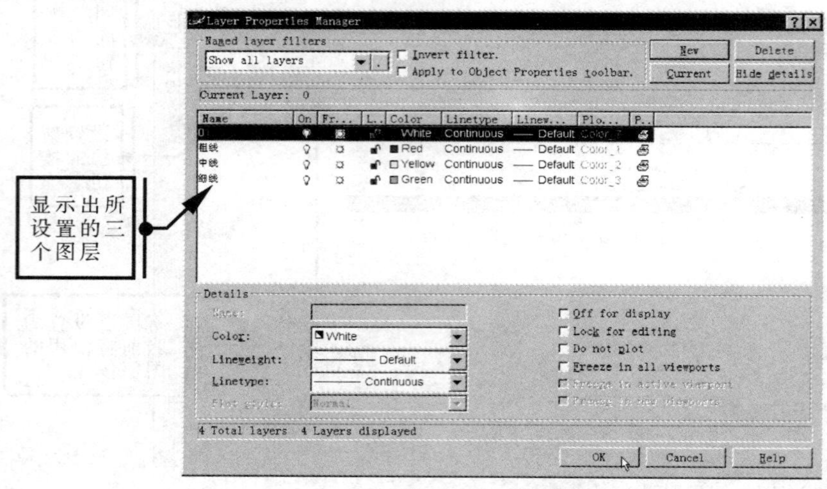

图12.12　图层设置

12.4　常用绘图操作

在本节中将讲解常用的绘图操作,如:正交操作、选择操作、目标捕捉、自动追踪、取消操作、恢复操作等。

12.4.1　正交操作(ORTHO)

正交操作是Auto CAD中进行精确绘图的操作之一,利用该正交操作功能,在二维绘图中可以十分方便地绘制水平线和垂直线。当在绘制轴侧图中,还可以绘制平行于X、Y或Z轴的线条。

ORTHO命令可以通过以下方式来执行:

快捷按钮:单击键盘上的F8功能键来打开或关闭正交操作

命 令 行:ORTHO

工具按钮:可以单击屏幕底部状态栏中的 ORTHO 按钮

当打开正交操作模式之后,在二维绘图中绘制水平线或垂直线,主要取决于在画线方向上沿X轴或Y轴所移动的相对距离的大小,如果沿X轴方向所移动的相对距离较沿Y轴方向所移动的相对距离大,则系统将绘制平行于X轴方向的线条;反之,则沿Y轴方向绘制线条。

12.4.2　选择操作

在 Auto CAD 中,选择操作是在对图形进行编辑或需要查询图形对象的特性时所进行的一种常用的、使用频率最高的操作,系统在需要选择图形对象时会在命令行出现“Select objects:”的提示。

常用的选择操作有以下的几种方式:

1)单选

当系统在命令行出现“Select objects: ”的提示时,此时屏幕中的光标已变成一个小方框,于是就可以用小方框一个个地去选择所需要选择的图形对象，凡被选择到的图形对象则变成虚线显示。

2)窗选

窗选有矩形窗选和多边形窗选，该选择方式的选择条件是只有位于选择窗口以内的图形对象才能够被选中。其具体的操作:当命令行出现“Select objects: ”的提示时,输入“W”然后回车以进行矩形窗选，接着在屏幕上确定矩形选择窗口的第一点，再确定矩形选择窗口的第二点,回车结束矩形窗选;当命令行出现“Select objects: ”的提示时,输入“WP”然后回车以进行多边形窗选,接着在屏幕上确定多边形选择窗口的第一点,再确定多边形选择窗口的第二点、第三点……,回车结束多边形窗选。

3)窗交选

窗交选有矩形窗交选和多边形窗交选，该选择方式的选择条件是凡位于选择窗口以内或与选择窗口相交的图形对象都能够被选中。其具体的操作:当命令行出现“Select objects: ”的提示时,输入“C”然后回车以进行矩形窗交选,接着在屏幕上确定矩形选择窗口的第一点,再确定矩形选择窗口的第二点,回车结束矩形窗交选;当命令行出现“Select objects: ”的提示时,输入“CP”然后回车以进行多边形窗交选,接着在屏幕上确定多边形选择窗口的第一点,再确定多边形选择窗口的第二点、第三点……,回车结束多边形窗交选。

4)栏选

该选择方式的选择条件是凡与选择线相交的图形对象都能够被选中。其具体的操作:当命令行出现“Select objects: ”的提示时,输入“F”然后回车以进行栏选,接着在屏幕上确定栏选的第一点,再确定矩形选择窗口的第二点、第三点……,回车结束栏选。

12.4.3　目标捕捉

目标捕捉也是 Auto CAD 中进行精确绘图的操作之一,利用该目标捕捉功能,在二维绘图中可以十分方便地确定绘制所需的点。

对于目标捕捉有两种情况:一种是“临时”性目标捕捉,另一种是“永久”性目标捕捉。

1)“临时”性目标捕捉

所谓的“临时”性目标捕捉即是在需要进行目标捕捉时才打开目标捕捉模式,当目标捕捉到之后系统就自动关闭目标捕捉模式。

“临时”性目标捕捉的命令可以通过以下方式来执行:

快捷方式:按住 Shift 键同时单击鼠标右键,从弹出的快捷菜单中选择执行

命 令 行:输入相应的目标捕捉方式的关键字母并回车来执行

工具按钮:单击"Object Snap"工具栏中相应的目标捕捉方式按钮来执行

2)"永久"性目标捕捉

所谓的"永久"性目标捕捉即是在目标捕捉模式打开期间都始终起作用。对于"永久"性目标捕捉必须先要设置好目标捕捉模式(对于目标捕捉模式的设置请参阅本书相关章节),然后在需要进行目标捕捉时,将光标移动到所需要捕捉的目标点周围,系统即可自动选择相应的目标捕捉模式来捕捉目标点。

目标捕捉模式的打开命令可以通过以下方式来执行:

快捷按钮:单击键盘上的 F3 功能键来打开或关闭目标捕捉模式

工具按钮:单击状态栏中的 OSNAP 按钮来打开或关闭目标捕捉模式

12.4.4 自动追踪

自动追踪(Auto Track)是 Auto CAD 2000 新增加的一个绘图工具,也是 Auto CAD 中进行精确绘图的操作之一,利用该自动追踪功能,可以让系统帮助用户按设定的方式来确定绘制所需的点。当打开自动追踪功能之后,系统会在需要时显示出相应的辅助线和提示来帮助用户精确定位。

对于自动追踪有两种方式:一种是角度追踪(Polar Tracking),另一种是目标捕捉追踪(Object Snap Tracking)。其中:角度追踪是系统按照事先设置好的角度增量来追踪所需点,当然在进行角度追踪时不能打开正交模式,否则达不到角度追踪的目的;而目标捕捉追踪则是按照与目标的某种特定关系来追踪所需点,当然,在使用目标捕捉追踪之前必须打开目标捕捉模式。在实际操作中,角度追踪与目标捕捉追踪可以同时打开使用。

1)角度追踪

角度追踪模式的设置请参阅本书相关章节,其打开命令可以通过以下方式来执行:

快捷按钮:单击键盘上的 F10 功能键来打开或关闭角度追踪模式

工具按钮:单击屏幕底部状态栏中的 POLAR 按钮来打开或关闭角度追踪模式

下面先执行画线的命令并在屏幕中任意确定线条的起点,然后通过角度追踪来确定另一点,要求该点距离起点 200 个绘图单位,并且偏移 X 轴 30°,其角度追踪结果如图 12.13 所示。

2)目标捕捉追踪

目标捕捉追踪的设置请参阅本书相关章节,其打开命令可以通过以下方式来执行:

快捷按钮:单击键盘上的 F11 功能键来打开或关闭角度追踪模式

工具按钮:单击屏幕底部状态栏中的 OTRACK 按钮来打开或关闭角度追踪模式

下面先执行画线的命令,然后用目标捕捉以拾取圆 O_1 的圆心作为线条的起点,然后通过目标捕捉追踪来确定线条的另一点,要求该点为正五边形的 CD 边的延长线与圆 O_2 的交点,其操作结果如图 12.14 所示。

12.4.5 取消操作

取消操作可以对前一操作或前一组操作给予取消,使系统返回到取消操作的前一步操作状态中。

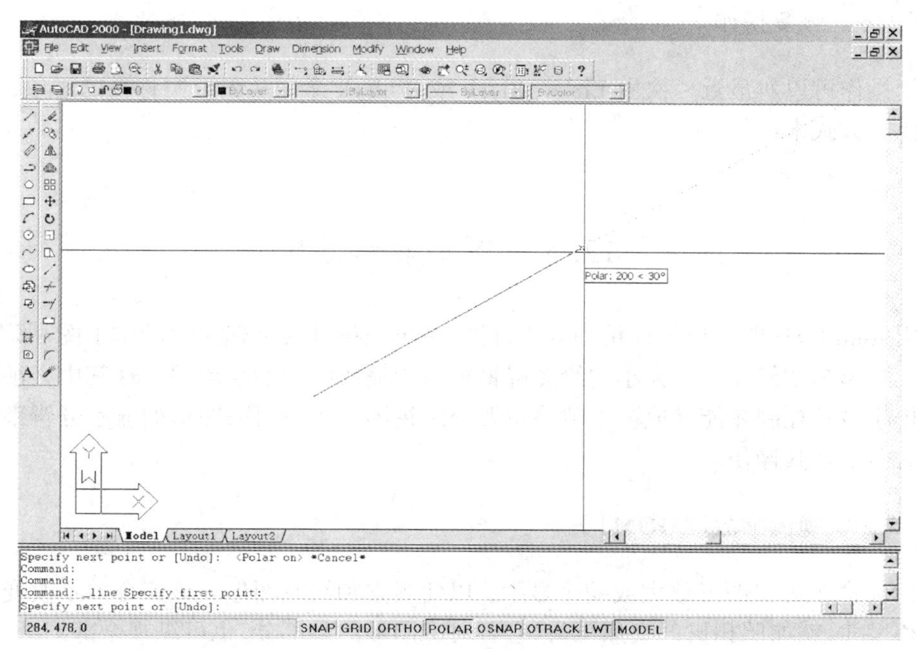

图 12.13　角度追踪示例

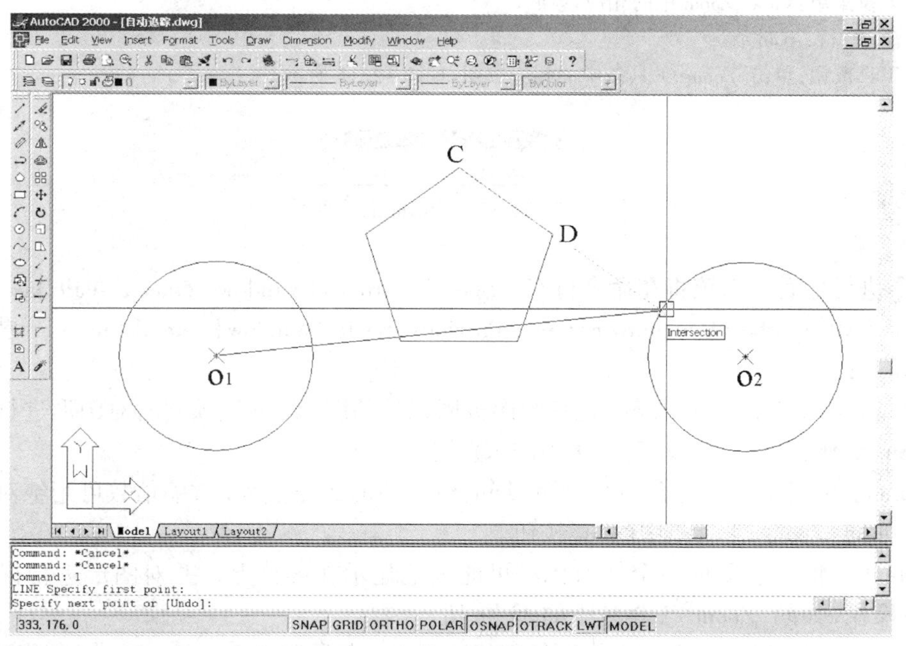

图 12.14　目标捕捉追踪示例

取消操作的命令可以通过以下方式来执行：

下拉菜单：Edit/Undo

命 令 行：U 或 -U

工具按钮：单击"Standard Toolbar"工具栏中的 ↶ 按钮

12.4.6　恢复操作

恢复操作可以对最近一次由 Erase、Block 或 Wblock 命令从图形中移去的对象，其命令可以通过以下方式来执行：

命 令 行:oops

12.5　图形显示操作

利用 Auto CAD 既可以设计精细的零件图,也可以设计大型建筑物的施工图。那么,对于小图形和大图形是如何在同一大小的绘图屏幕窗口中完成图形的绘制呢？这其中必须要运用到图形的相应显示控制才能完成。本节将主要介绍视图缩放、平移;图形的显示分辨率等有关视图显示的命令及其操作。

12.5.1　视图缩放(ZOOM)

ZOOM 命令可将图形放大或缩小显示，以便观察和绘制图形。该命令并不改变图形的实际位置和尺寸,就如照相机的变焦镜头,它可对准图形的某部分,也可纵观全部图纸。

ZOOM 命令可以通过以下方式来执行：

下拉菜单:View/Zoom 中的相应选项

命 令 行:zoom 或 z

工具按钮:单击“Zoom”工具条中的相应按钮,如图 12.15 所示

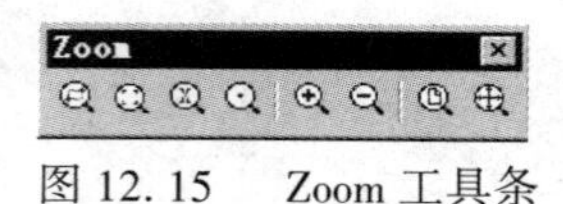

图 12.15　Zoom 工具条

命令执行之后，系统将在命令行有“Specify corner of window, enter a scale factor (nX or nXP), or [All/Center/Dynamic/Extents/Previous/Scale/Window] <real time> :”提示，其各项含义如下：

All：显示整个图形的内容，包括绘图极限以外的图形，此选项同时对图形进行视图重生成(Regen)操作,如同“Zoom”工具条中的 按钮。

Center：以指定点为屏幕中心放缩,同时输入新的放缩倍数,放缩倍数可用绝对值和相对值选取,如同“Zoom”工具条中的 按钮。

Extents：将当前图形中全体目标尽可能大地显示在屏幕上，并对图形进行视图重生成(Regen)操作,如同“Zoom”工具条中的 按钮。

Previous：恢复前一视图(最多可连续使用十次)。如同“Standard Toolbar”工具条中的　按钮。

Scale(X/XP)：此项的响应有三种形式,例如:以“3”响应时,则显示原图的 3 倍；以“3X”响应时,则将当前图形缩放系数放大 3 倍；若以“3XP”响应时,则将模型空间的图形以 3 倍的比例显示在图纸空间中,同“Zoom”工具条中的 按钮。

Window：即按设置的窗口对图形进行放大，如同“Zoom”工具条中的 按钮。同时系统

将在命令行提示“First corner”:(确定缩放窗口的第一角点);“Other corner”:(确定缩放窗口的另一角点)。

12.5.2　视图平移(PAN)

PAN 命令能让用户在不改屏幕缩放(ZOOM)比例的条件下,通过拖动鼠标上下左右来动态移动屏幕窗口,以便观察当前图形上的其他区域,这个操作的优点就好像在绘图桌上移动图纸,它不会改变任何图形的实际形状和位置,也不会改变图纸界限的大小。

PAN 命令可以通过以下方式来执行:

下拉菜单:VIEW/Pan 中的相应选项

命 令 行:PAN 或 P

工具按钮:单击“Standard Toolbar”中的按钮

12.5.3　显示分辨率(VIEWRES)

VIEWRES 命令用于控制圆弧等实体的显示分辨率,其命令可以通过以下方式来执行:

命 令 行:VIEWRES

下面将要设定图形快速缩放方式并设定圆、弧分辨率为 1000,其操作步骤如表 12.3 所示。

表 12.3

Command:VIEWRES ↵	发出 VIEWRES 命令
Do you want fast zooms? <Y> :↵	控制图形为快速显示方式
Enter circle zoom percent(1—20000) <100> :1000 ↵	圆(或弧)显示分辨率为 1000
Command:	

图 12.16a)、b)所示图形显示了圆弧显示分辨率分别为为 10 和 1000 的效果。此命令还影响样条和椭圆,对任何实体类型圆弧均有效,该命令只影响图形显示,不影响出图效果。

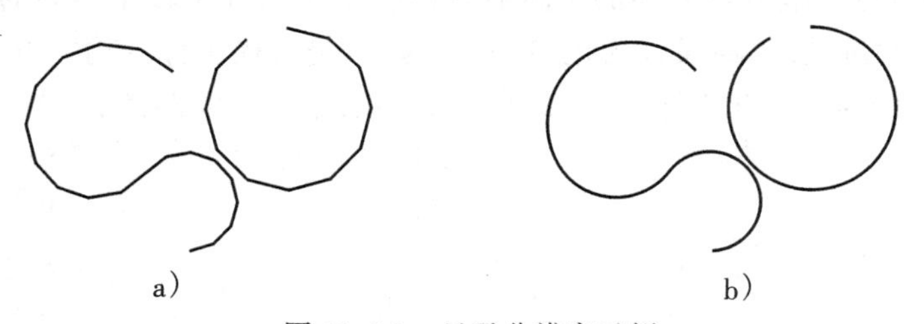

图 12.16　显示分辨率示例

12.6　Auto CAD 的图形与坐标

Auto CAD 的图形是矢量图形,它的每一个组成部分都与 Auto CAD 的坐标密切相关。因此,下面就对 Auto CAD 的图形与坐标进行讲解。

12.6.1　Auto CAD 的图形

Auto CAD 的图形包括点、线、面、体、文字、图块等实体,这些实体都由矢量构成,即这些实体由若干个包含(X, Y, Z)坐标的三维点构成。如在 Auto CAD 界面(图形屏幕)上绘制工程平、剖、透视等图,实际上就是在 Auto CAD 所指定的空间、指定的环境中构造几何模型,系统自动把这些图形信息用矢量定标的形式记录下来,并以 *. DWG 的形式形成图形文件。Auto CAD 的图形必须进入 Auto CAD 环境或经过其他转换方式转换之后才能够显示出来。

12.6.2 Auto CAD 坐标系统

Auto CAD 的坐标系统是笛卡尔右手坐标系统。在进入 Auto CAD 绘图时,可先设定绘图界限及目标捕捉模数等,否则,系统自动进入笛卡尔右手坐标系(世界坐标系 WCS)第一象限,左下角的(0, 0)点为坐标原点,Auto CAD 就是采用这个坐标系统来确定图形矢量的。其实任何 Auto CAD 实体都是用三维点构成的,如线是由若干个向量点构成,它们的坐标都是采用(X, Y, Z)来确定的,Auto CAD 就是在这个坐标系统内用矢量坐标绘图的。为解决一些复杂实体的造型,Auto CAD 还允许创建用户坐标系统,而用户坐标系则是用户在基于笛卡尔右手坐标系统的基础上建立的、适于自己使用的一种坐标系统。下面将主要介绍在 Auto CAD 的坐标系统中常用的三种坐标及其表示方法。

1)绝对坐标

绝对坐标是以坐标系统的原点为输入基准点,输入点的坐标值都是相对于坐标系统的原点坐标而位移的值,绝对坐标的输入方式为:3, 3。

2)相对坐标

相对坐标是相对于前一个输入点的坐标为基准,输入点的坐标值是相对前一点的坐标而位移的值,相对坐标的输入方式为:@ 4, 0。

3)极坐标

极坐标也有绝对极坐标和相对极坐标之分,绝对极坐标是以坐标系统的原点为基准,用原点到输入点之间的距离值和该两点连线与 X 轴正向间的角度来表示的。而相对极坐标是以前一点为基准,用前一点到输入点之间的距离值和该两点连线与 X 轴正向间的角度来表示的。角度以 X 轴正向为度量基准,逆时针为正,顺时针为负。绝对极坐标的输入方式为:4 < 0;相对极坐标的输入方式为:@ 4 < 0,字符“@”之后的数字表示两点间距离,符号“ < ”之后的数字表示角度值。

第13章 基本绘图命令及操作

13.1 基本绘图命令

本节将主要讲解有关二维绘图的一系列命令，如绘点命令、绘线命令、绘多义线命令、绘复合线命令、绘圆命令、绘矩形命令、绘正多边形命令、绘圆弧命令。

13.1.1 绘点命令(POINT)

用POINT命令可以在图中绘制一些控制点和参考点，其点的大小和形状可以通过单击下拉菜单"Format/Point Style..."后所弹出的"Point Style"对话框来设置，如图13.1所示。

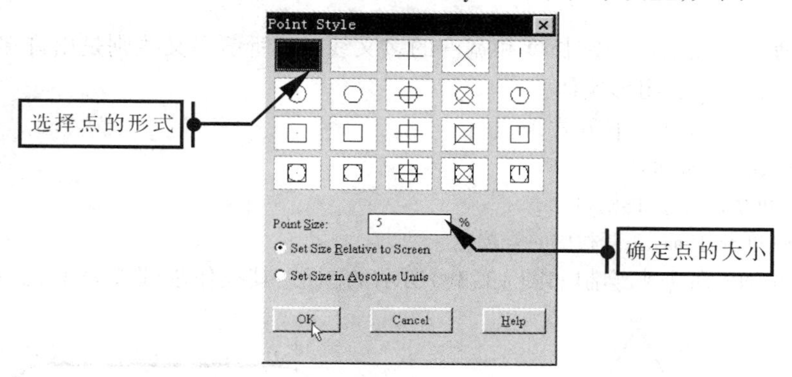

图13.1 Point Style对话框

在该对话框的上端有20种点的形式，可以选择所需要点的形式。其中，缺省值为一小点，如果等分线段的等分点选择小点和空隔时，该等分点将显示不出来，必须改选另外的点的形式(如"×"点)，才可显示线段上的等分点。

POINT命令可以通过以下方式来执行：

下拉菜单：Draw/Point中有4种绘制点的方式

命 令 行：POINT或_POINT

工具按钮：单击"Draw"工具栏中的 · 按钮，如图13.2所示

图13.2 Draw工具条

13.1.2　绘线命令(LINE)

用LINE命令可以绘制一定长度的直线段，该命令既可以通过拖动鼠标来任意绘制线段，也可以通过键盘输入线段的端点坐标来精确绘制线段。

LINE命令可以通过以下方式来执行：

下拉菜单：Draw/Line

命 令 行：LINE或_LINE、L

工具按钮：单击“Draw”工具栏中的按钮

下面将用LINE命令来绘制如图13.3a)所示的图形，其操作步骤如表13.1所示。

表13.1

Command: LINE↵	激活LINE命令
Specify first point: 100, 100↵	键入绝对坐标并回车以确定A点
Specify next point or [Undo]: @200, 0↵	键入相对坐标并回车以确定B点
Specify next point or [Undo]: @200 <120↵	键入相对极坐标并回车以确定C点
Specify next point or [Close/Undo]: c↵	键入c并回车以封闭所绘制的线条
Command:	

13.1.3　绘多义线命令(PLINE)

用PLINE命令可以绘制一定长度和宽度的多义线，而所谓多义线则是由许多直线段和圆弧线段组成的一个独立的图形实体。

PLINE命令可以通过以下方式来执行：

下拉菜单：Draw/Polyline

命 令 行：PLINE或_PLINE、PL

工具按钮：单击“Draw”工具栏中的按钮

下面将用PLINE命令来绘制如图13.3b)所示的图形，其操作步骤如表13.2所示。

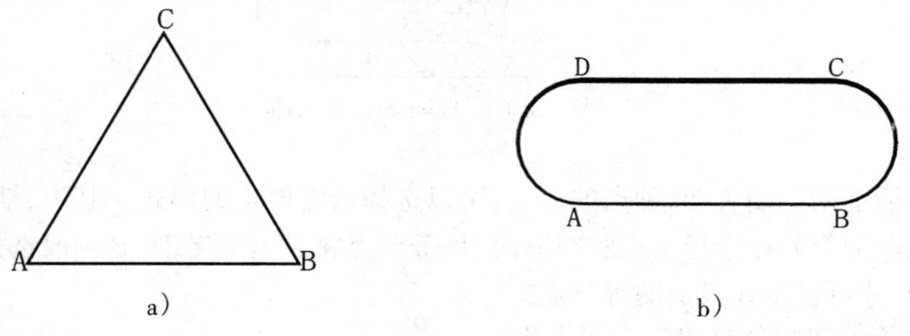

图13.3

13.1.4　绘复合多线命令(MLINE)

用MLINE命令可以绘制由多条平行线段组成的复合多线，而绘制的复合线是一个独立的图形实体。其复合线的样式可以通过单击下拉菜单“Format/ Mline Style...”后所弹出的

表 13.2

Command:PLINE ↵	激活 PLINE 命令
Specify start point:100, 100 ↵	键入绝对坐标并回车以确定 A 点
Current line - width is 0.0000	当前多义线的宽度为 0
Specify next point or [Arc/Close/Halfwidth/Length/Undo/Width]:w ↵	键入 w 并回车以确定新的宽度
Specify starting width <0.0000> :2 ↵	键入 2 并回车以确定新的开始端宽度
Specify ending width <2.0000> : ↵	直接回车以确定新的结束端宽度仍为 2
Specify next point or [Arc/Close/Halfwidth/Length/Undo/Width]:@200, 0 ↵	键入相对坐标并回车以确定 B 点
Specify next point or [Arc/Close/Halfwidth/Length/Undo/Width]; a ↵	键入 a 并回车以确定绘制弧线
Specify endpoint of arc or [Angle/CEnter/CLose/Direction/Halfwidth/Line/Radius/Second pt/Undo/Width]: w ↵	键入 w 并回车以确定新的线宽
Specify starting width <2.0000> : ↵	直接回车以确定新的开始端宽度仍为 2
Specify ending width <2.0000> : 4 ↵	键入 4 并回车以确定新的结束端宽度
Specify endpoint of arc or [Angle/CEnter/CLose/Direction/Halfwidth/Line/Radius/Second pt/Undo/Width]:@0, 100 ↵	键入相对坐标并回车以确定 C 点
Specify endpoint of arc or [Angle/CEnter/CLose/Direction/Halfwidth/Line/Radius/Second pt/Undo/Width]: l ↵	键入 l 并回车以确定绘制直线段
Specify next point or [Arc/Close/Halfwidth/Length/Undo/Width]: @ -200, 0 ↵	键入相对坐标并回车以确定 D 点
Specify next point or [Arc/Close/Halfwidth/Length/Undo/Width]: w ↵	键入 w 并回车以确定新的线宽
Specify starting width <4.0000> : ↵	直接回车以确定新的开始端宽度仍为 4
Specify ending width <4.0000> :2 ↵	键入 2 并回车以确定新的结束端宽度
Specify next point or [Arc/Close/Halfwidth/Length/Undo/Width]: a ↵	键入 a 并回车以确定绘制弧线
Specify endpoint of arc or [Angle/CEnter/CLose/Direction/Halfwidth/Line/Radius/Second pt/Undo/Width]:cl ↵	键入 cl 并回车以使所绘制的弧线终点与该多义线的起点 A 封闭
Command:	

"Multiline Styles"对话框来设置,如图 13.4 所示。

当单击 Load... 按钮系统将弹出一个"Load Multiline Styles"对话框,如图 13.5 所示。

当单击 Save... 按钮将弹出一个保存文件的对话框, 可将已经设置好的复合多线样式保存为一个文件,以便以后进行调用。其文件名可以为缺省的"ACAD · MLN"文件,也可另外取文件名。

当单击 Add 按钮可以将新定义的复合多线样式的名称加入到"Current"输入框中。

当单击 Rename 按钮可以将以前复合多线样式的名称进行更换。方法是先调出要更名的复合多线样式设置名称,然后再在"Name"项的输入框中输入更改的复合多线样式设置的新名称,最后再单击该按钮即可完成复合多线样式的更名。

当单击 Element Properties... 按钮系统将弹出"Element Properties"对话框,如图 13.6 所示,用

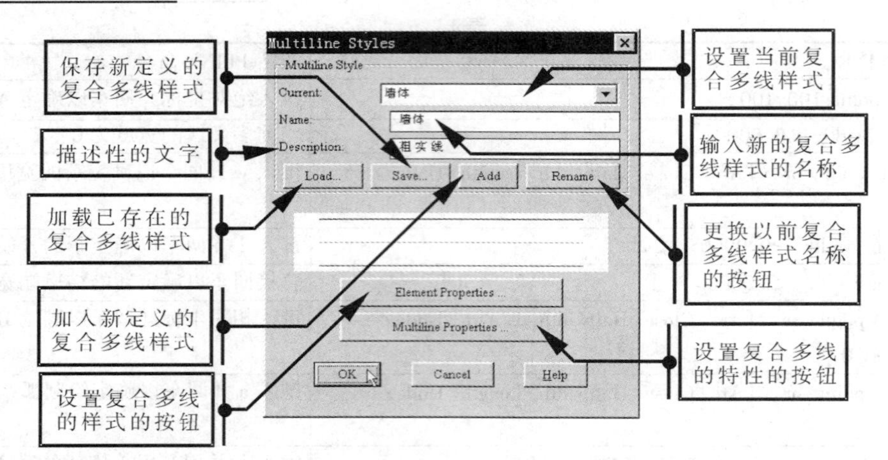

图 13.4　Multiline Styles 对话框

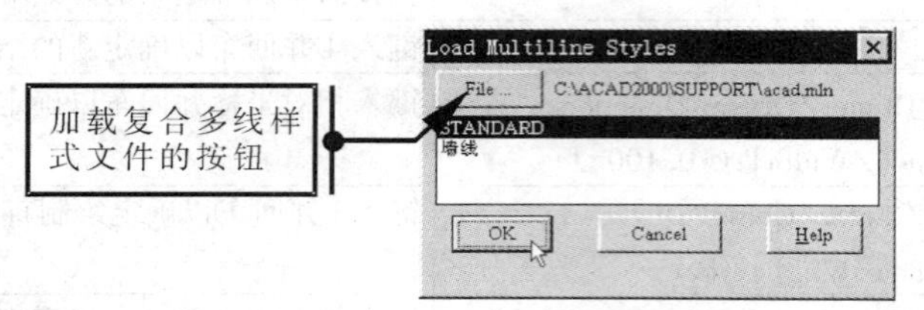

图 13.5　Load Multiline Styles 对话框

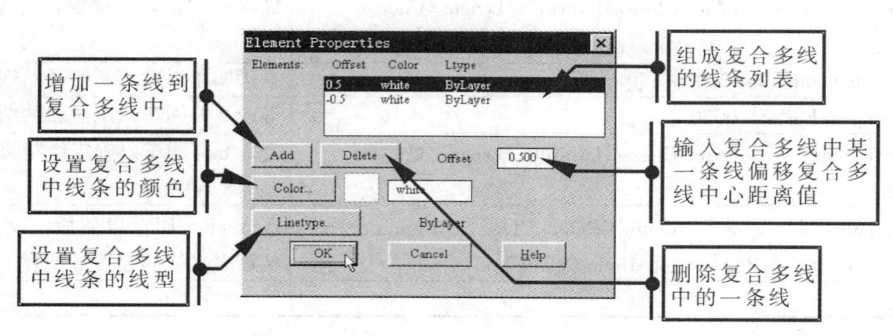

图 13.6　Element Properties 对话框

来设置复合多线对象的平行距离、颜色与线型等特性。

Element：在该项的方框中显示复合多线中各组成线的相关内容，分别是复合多线中各组成线偏移复合多线中心的距离、颜色与线型等信息。若要进行修改，可以单击其下的一些按钮来实现。

Add：单击该按钮，可以在上面的大方框中增加一条线的信息。在缺省状态下该线是这条复合多线的中心线，所以其偏移中心的距离为零，同时应修改该线的线型为中心线。

Offset：在该输入框中输入复合多线中某一条线偏移复合多线中心的距离。

Delete：单击该按钮，可以在上面的大方框中删除一条已被选中的线。

Color...：单击该按钮，可以在弹出的选择颜色的对话框中选择所需的颜色。

Linetype...：单击该按钮系统将弹出一个“Select Linetype”对话框，如 13.7 所示，用来设置复合多线中线条的线型。然后单击该对话框下面的 OK 按钮，系统将关闭该对话框并返回到“Element Properties”对话框，如图 13.6 所示。

当单击 Multiline Properties... 按钮系统将弹出“Multiline Properties”对话框，如图 13.8 所示，用来设置复合多线的特性。

设置完以上几项后，单击该对话框下面的 OK 按钮，系统将关闭该对话框并返回到“Multiline Styles”对话框，如图 13.5 所示。最后再单击“Multiline Styles”对话框下的 OK 按钮，系统将关闭该对话框并结束复合多线的设置。

MLINE 命令可以通过以下方式来执行：

下拉菜单：Draw/Multiline

命 令 行：MLINE 或 _MLINE、ML

工具按钮：单击“Draw”工具栏中的按钮

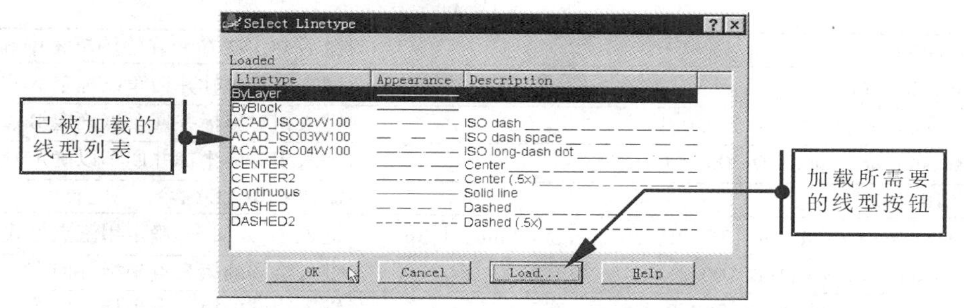

图 13.7　Select Linetype 对话框

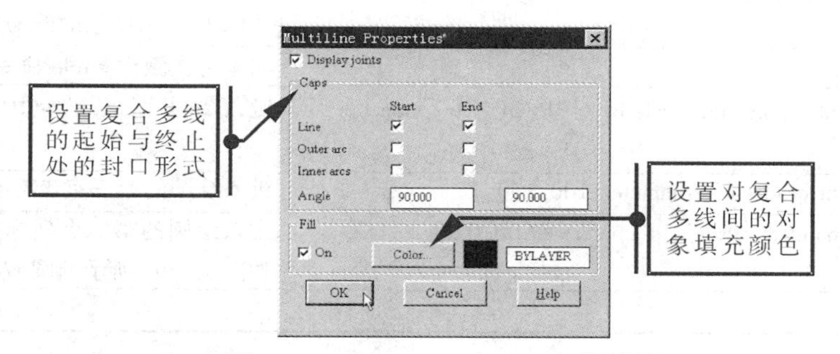

图 13.8　Multiline Properties 对话框

下面将用 MLINE 命令来绘制如图 13.9a)所示的图形，其操作步骤如表 13.3 所示。

表 13.3

Command：MLINE↲	激活 MLINE 命令
Current settings: Justification = Top, Scale = 20.00, Style = LYB	
Specify start point or [Justification/Scale/STyle]：100, 100	键入绝对坐标并回车以确定 A 点
Specify next point：@ 200, 0	键入相对坐标并回车以确定 B 点
Specify next point or [Undo]：@ 200 <120 ↲	键入相对极坐标并回车以确定 C 点
Specify next point or [Close/Undo]：c ↲	键入 c 并回车以封闭所绘制的复合线条
Command：	

13.1.5　绘圆命令(CIRCLE)

CIRCLE 命令可以绘制圆,而绘制圆的方法有 6 种:一是“圆心 - 半径”法画圆,二是“圆心 - 直径”法画圆,三是“两点”法画圆,四是“三点”法画圆,五是“切点 - 切点 - 半径”法画圆,六是“切点 - 切点 - 切点”法画圆。

CIRCLE 命令可以通过以下方式来执行:

下拉菜单:Draw/Circle 中有 6 种绘制圆的方式

命 令 行:CIRCLE 或 _CIRCLE

工具按钮:单击“Draw”工具栏中的⊙按钮

下面用 CIRCLE 命令来绘制如图 13.9b)所示的图形,其操作步骤如表 13.4 所示。

表 13.4

Command:POINT↵	激活 POINT 命令在绘图屏幕中确定三点
Specify first point:100, 100↵	键入绝对坐标并回车以确定 A 点
Specify next point or [Undo]:@ 200, 0↵	键入相对坐标并回车以确定 B 点
Specify next point or [Undo]:@ 200 < 120↵	键入相对极坐标并回车以确定 C 点
Command:CIRCLE↵	激活 CIRCLE 命令
Specify center point for circle or [3P/2P/Ttr (tan tan radius)]:3p	键入 3p 并回车,确定用三点方式绘制圆
Specify first point on circle:100, 100 ↵	键入绘圆的第一点坐标并回车
Specify second point on circle: @ 200, 0↵	键入绘圆的第二点坐标并回车
Specify third point on circle: @ 200 < 120↵	键入绘圆的第三点坐标并回车,其结果如图 13.9b)所示的圆 O_1
Command:↵	回车再次激活 circle 命令
CIRCLE Specify center point for circle or [3P/2P/Ttr (tan tan radius)]:2p↵	键入 2p 并回车,确定用两点方式绘制圆
Specify first end point of circle's diameter:100, 100↵	键入绘圆的第一点坐标并回车
Specify second end point of circle's diameter:@ 200, 0↵	键入绘圆的第二点坐标并回车,其结果如图 13.9b)所示的圆 O_2
Command:	

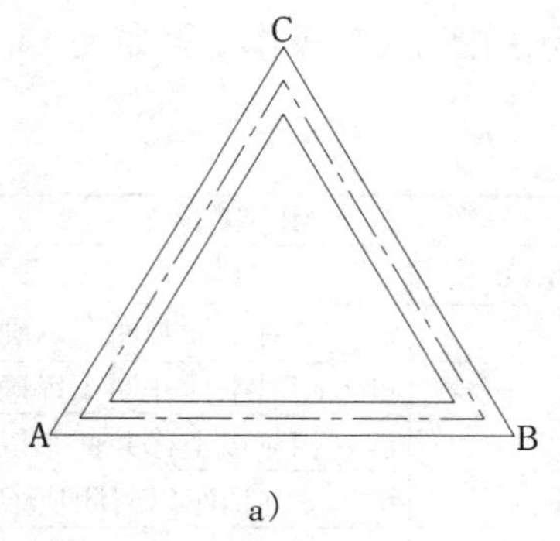

a)

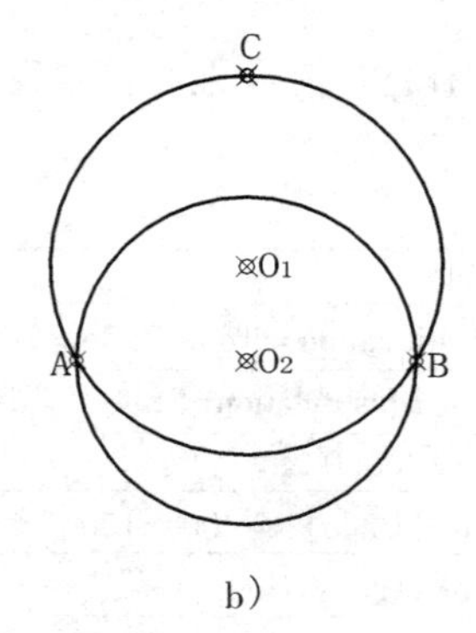

b)

图 13.9

13.1.6　绘矩形命令(RECTANG)

用 RECTANG 命令可以绘制矩形,而绘制的矩形是一个独立的图形实体,并可以通过相应的选项来控制矩形的线宽、倒角和圆角等。

RECTANG 命令可以通过以下方式来执行:

下拉菜单:Draw/Rectangle

命 令 行:RECTANG 或 _RECTANG

工具按钮:单击“Draw”工具栏中的 按钮

下面将用 RECTANG 命令来绘制如图 13.10a)所示的图形,其操作步骤如表 13.5 所示。

表 13.5

Command:RECTANG ↵	激活 RECTANG 命令
Current rectangle modes: Chamfer = 10.0000 x 20.0000	当前绘制矩形的模式为: 倒角为沿 X 轴的距离为 10,沿 Y 轴的距离为 20
Specify first corner point or [Chamfer/Elevation/Fillet/Thickness/Width]:w ↵	键入 w 并回车,以确定矩形的线宽
Specify line width for rectangles <0.0000> :2 ↵	键入 2 并回车,以确定矩形的线宽为 2
Specify first corner point or [Chamfer/Elevation/Fillet/Thickness/Width]:f ↵	键入 f 并回车,以确定以圆角的方式来绘制矩形
Specify fillet radius for rectangles <10.0000> ↵ 30 ↵	键入 30 并回车,以确定圆角的半径为 30
Specify first corner point or Ch[amfer/Elevation/Fillet/Thickness/Width]:100, 100 ↵	键入矩形的第一点坐标并回车
Specify other corner point:@ 300, 200 ↵	键入矩形的第二点坐标并回车
Command:	

13.1.7　绘正多边形命令(POLYGON)

用 POLYGON 命令可以绘制正多边形,而绘制的正多边形是一个独立的图形实体。

POLYGON 命令可以通过以下方式来执行:

下拉菜单:Draw/Rectangle

命 令 行:POLYGON 或 _POLYGON

工具按钮:单击“Draw”工具栏中的 按钮

下面将用 POLYGON 命令来绘制如图 13.10b)所示的图形,其操作步骤如表 13.6 所示。

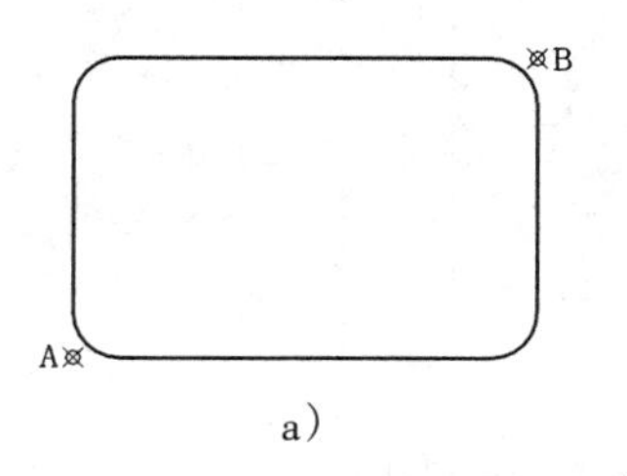

a)

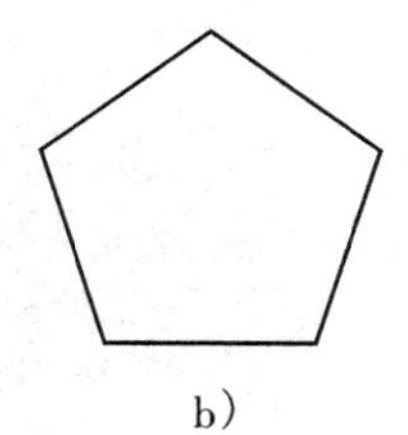

b)

图 13.10

表 13.6

Command:POLYGON ↵	激活 POLYGON 命令
Enter number of sides <4> :5 ↵	键入 5 并回车,确定多边形的边数
Specify center of polygon or [Edge]:(在屏幕中拾取一点)	确定多边形的中心点
Enter an option [Inscribed in circle/Circumscribed about circle] <I> : ↵	回车,以圆的内接正多边形方式来绘制正五边形
Specify radius of circle:100 ↵	键入 100 并回车,确定圆半径
Command:	

13.1.8 绘圆弧命令(ARC)

用 ARC 命令可以绘制圆弧线,而绘制圆弧线的方法有 11 种,如图 13.11 所示。该命令既可以通过拖动鼠标来任意绘制线段,也可以通过键盘输入相应参数来精确绘制圆。

ARC 命令可以通过以下方式来执行:

下拉菜单:Draw/Arc 中有 11 种绘制圆的方式,如图 13.11 所示

命 令 行:ARC 或 _ARC

工具按钮:单击“Draw”工具栏中的 ◜ 按钮

下面将用 ARC 命令来绘制如图 13.12 所示的图形,其操作步骤如表 13.7 所示。

表 13.7

Command:arc ↵	激活 arc 命令
Specify start point of arc or [CEnter]:ce ↵	键入 ce 并回车,确定绘制圆弧的中心点
Specify center point of arc:	在绘图屏幕中确定绘制圆弧的中心点 A
Specify start point of arc:	确定绘制圆弧的起点 B
Specify end point of arc or [Angle/chord Length]:a ↵	键入 a 并回车,确定以圆心角来绘制圆弧
Specify included angle:180 ↵	键入 180 并回车,确定绘制圆弧的圆心角
Command:	

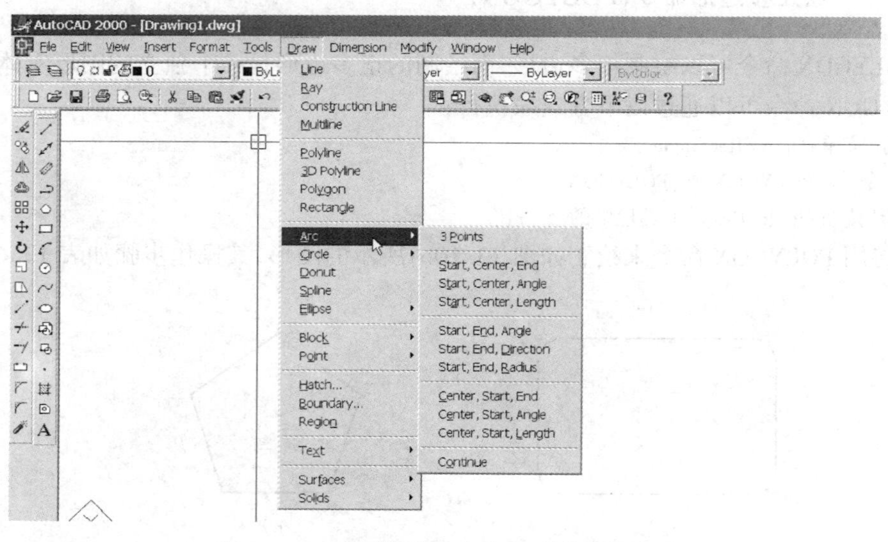

图 13.11 在下拉菜单中的 11 种绘制圆方式

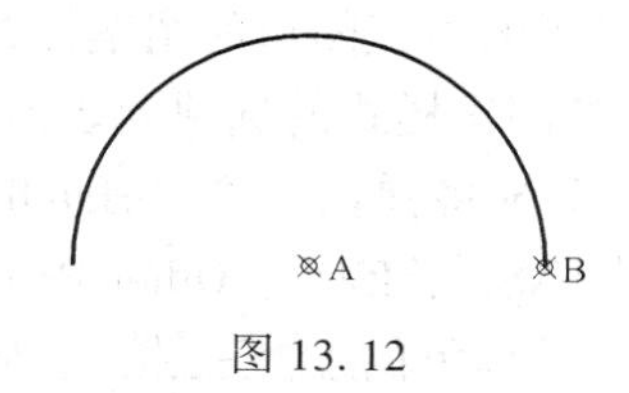

图 13.12

13.2　区域填充操作

13.2.1　概述

区域填充操作是指在自己所需要的区域内填充需要的图形，从而达到快速绘制图形的目的。工程实际中常利用目标填充来绘制剖面图或断面图中的材料符号，并且所填充的图形是一个独立的图形实体，用户可以十分方便地进行编辑和修改，并且还可以建立自己的填充图案库。

13.2.2　动态填充操作(BHATCH)

BHATCH 命令用于对所选择的区域进行动态的填充。

BHATCH 命令可以通过以下方式来执行：

下拉菜单：File/Hatch...

命 令 行：BHATCH 或 _BHATCH

工具按钮：单击“Standard Toolbar”工具栏中的按钮

命令执行之后，系统将弹出一个“Hatch Edit”对话框，该对话框中有“Quick”、“Advanced”两标签页。

Quick 标签页：选中该标签页将有如图 13.13 所示的标签页内容，其各项含义如下：

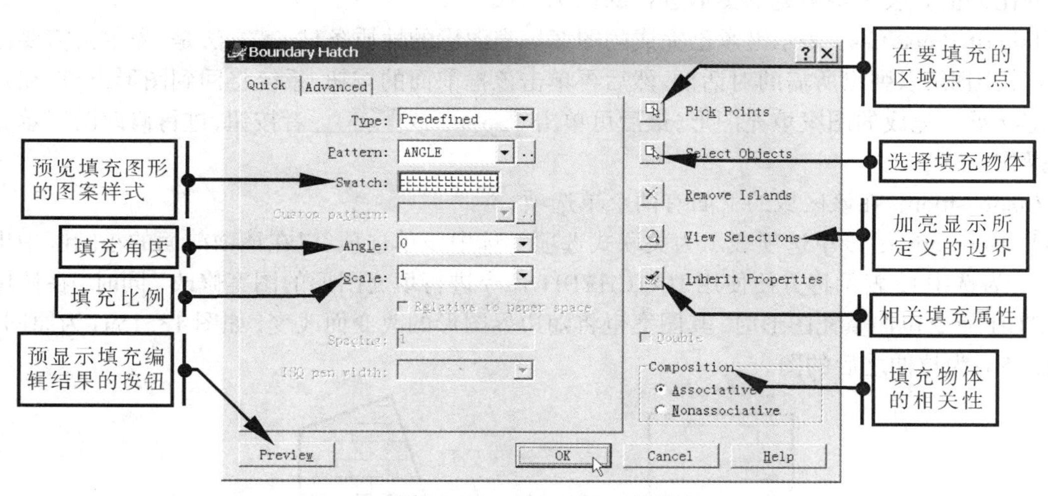

图 13.13　Hatch Edit 标签页

Type：该项用于设置填充图形的类型。

Pattern：设置可用的已预定义了的填充图形的图案样式。单击该输入框右端的向下方向键，将弹出一个列有多项填充图形的图案样式的选项列表框。

单击该输入框右端的按钮，系统将弹出一个“Hatch Pattern Palette”的对话框，见图 13.14。在该对话框中可分别单击“ANSI”、“ISO”、“Other Predefined”、“Custom”标签页选择所需的填充图形样式，然后再单击该对话框下的 OK 按钮，从而结束该对话框。

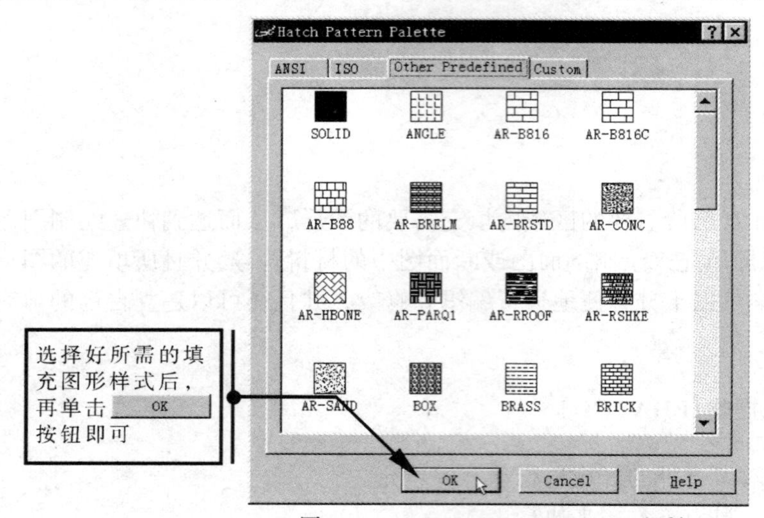

图 13.14　Hatch Pattern Palette 对话框

Swatch：在该项的方框中将显示出所选的填充图形的图案样式。

Angle：可以单击该项右端的向下方向键，选择所需的角度或者直接在该输入框中输入所需的角度。表示填充的图形倾斜水平线的角度。

Scale：可以单击该项右端的向下方向键，选择所需的比例值或者直接在该输入框中输入所需的比例值。表示将填充的图形进行的比例缩放。

Inherit Properties：表示继承已完成的图案填充图形的性质条件。其方法是：先单击需要修改的填充图形，以弹出所需的对话框。然后再单击该框前面的按钮，系统将回到图形窗口，在自行选定继承已完成的图案填充图形，最后可单击 Preview 或 OK 者按钮，进行修改图案填充图形操作。

Composition：在该区域的下面有两个单选项：

① Associative：该单选项表示为关联式选项。选中该单选项（以在该项前面的小圆圈中出现“·”为选中），表示将方便使用 HATCHEDIT 命令进行填充图形的图案修改，同时，在使用 STRETCH 命令拉伸填充图形时，其图案也将随边界图形的改变而改变，如图 13.15a）为原图，图 13.15b）为拉伸之后的图。

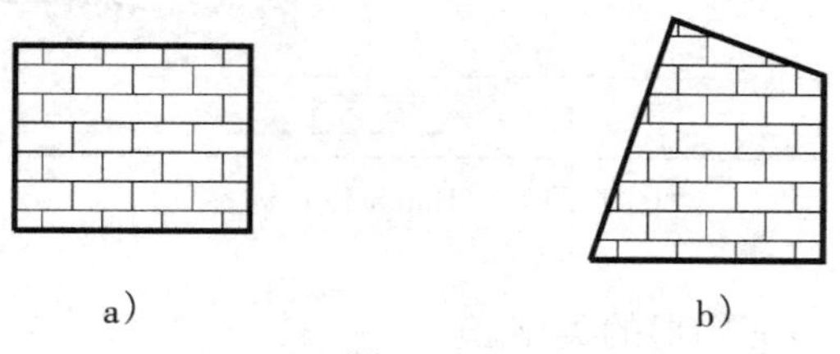

图 13.15

② Non associative：该单选项表示为非关联式选项，表示其内容与上面的相反。

Advanced 标签页：单击该标签页将弹出如图 13.16 所示的对话框。

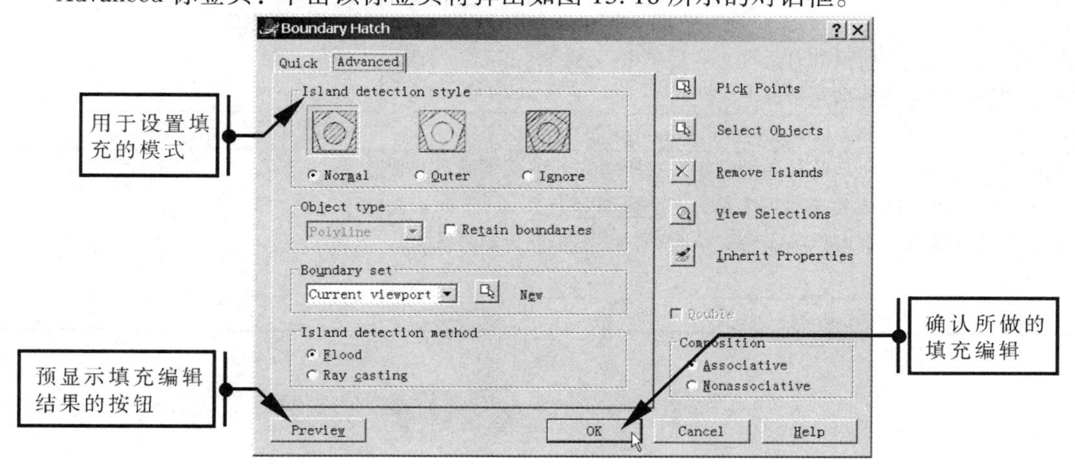

图 13.16　Advanced 标签页

Island detection style：在该区域的下面有三个单选项。

Normal：选中该单选项表示将按选定的单数区域进行填充的正常图形填充模式，其操作结果如图 13.17a）所示；Outer：选中该单选项表示将按选定的区域进行最外侧区域填充的图形填充模式，其操作结果如图 13.17b）所示；Ignore：选中该单选项表示将按选定的区域进行忽略内部区域填充的图形填充模式，其操作结果如图 13.17c）所示。

Preview 按钮：该按钮用于显示图案修改后填充的结果。当预览结束后按回车键一次，系统重显示“Boundary Hatch ”对话框，如图 13.16 所示，然后单击其下的 OK 按钮，确认所做的填充编辑，系统关闭该对话框。

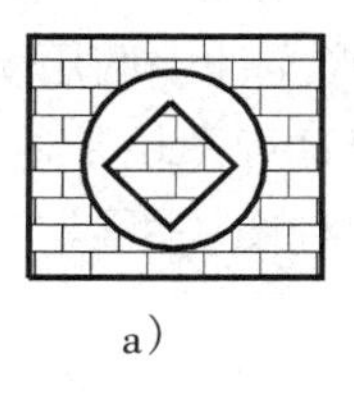

a）

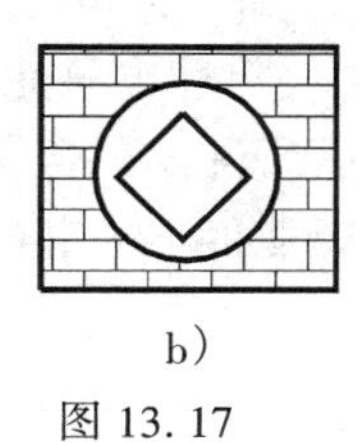

b）

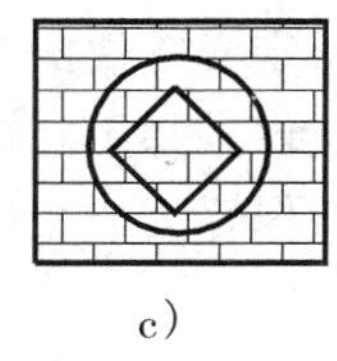

c）

图 13.17

其具体的动态填充操作步骤请参阅表 13.8 所示。

表 13.8

Command:BHATCH	激活 BHATCH 命令
命令执行之后，系统弹出图 13.13 所示的对话框，在该对话框中确定好相应的选项之后，单击按钮，系统返回到绘图屏幕以便在填充区域确定一点	
Select internal point: Selecting everything... Selecting everything visible... Analyzing the selected data...	在绘图屏幕中的填充区域内确定一点

续表

Analyzing internal islands...	
Select internal point:↵	回车结束点的确定
系统返回到图 13.13 所示的对话框，然后单击 Preview 按钮，系统返回到绘图屏幕以便观察填充情况	
<Hit enter or right - click to return to the dialog>↵	回车结束填充情况的观察
系统返回到图 13.13 所示的对话框，如果对所填充的情况不满意，则可以再次修改填充的相关选项，然后单击 Preview 按钮即可；如果对所填充的情况满意，则可以单击该对话框下的 OK 按钮，系统结束填充操作	
Command:	

13.3 图 块 操 作

13.3.1 概述

图块是用一个图块名来命名的由多个图形实体组成的图形单元的总称。在图块这个图形单元中，各个图形实体均能够保持各自的特性（如：图层、线型、颜色等），但在图块却是一个独立的、完整的图形对象，从而可以十分方便地进行各种编辑操作。

在 Auto CAD 中，运用图块具有方便建立图块库，便于图形修改、携带和多次使用，节约磁盘空间等特点。

13.3.2 图块的定义

在 Auto CAD 中，图块有"内部图块"和"外部图块"之分，而所谓的内部图块是指这种图块只能在存在于所定义图块的图形文件中，并且也只能在该图形文件中调用所定义的图块，而对于在其他图形文件中却不能被调用；而所谓的外部图块是指这种图块是通过图块存盘的方式将所定义的图块保存为一个单独的图形文件（*.dwg），则这种图块可以在所有的图形文件中被任意调用。

(1)内部图块的定义(BLOCK)

BLOCK 命令用于定义内部图块，其命令可以通过以下方式来执行：

下拉菜单：Draw/Block/Make...

命 令 行：block 或 _block、b

工具按钮：单击"Standard Toolbar"工具栏中的按钮

命令执行之后，系统将弹出"Block Definition"对话框，如图 13.18a)所示，在该对话框中即可以设置相应的选项，然后再单击相应按钮，即可进行内部图块的定义。

定义内部图块的具体操作步骤如表 13.9 所示。

(2)外部图块的定义(WBLOCK)

WBLOCK 命令用于定义外部图块；其命令可以通过以下方式来执行：

命 令 行：WBLOCK 或 _WBLOCK、W

命令执行之后，系统将弹出"Write Block"对话框，如图 13.19 所示，在该对话框中即可以

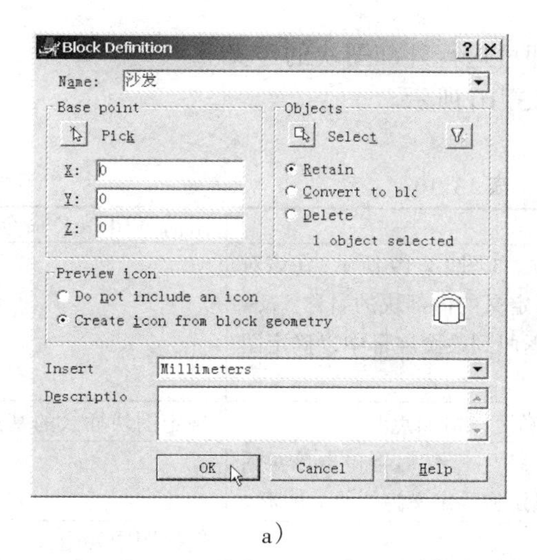

a)

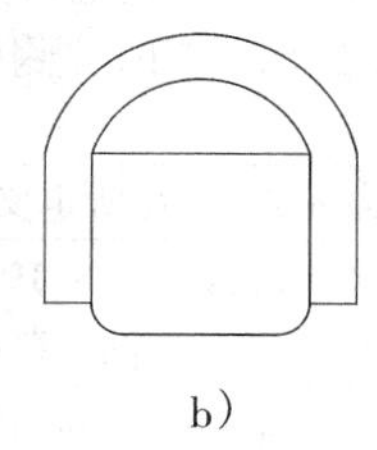

b)

图 13.18

表 13.9

Command:BLOCK ↵	激活 BLOCK 命令
命令执行之后，系统将弹出"Block Definition"对话框，如图 13.18a)所示，在该对话框中的"name:"项后的输入框中输入所定义的内部块的名称"图块"，然后再单击其下的按钮，系统返回到绘图屏幕中以确定图块插入的基点	
Specify insertion base point:(在所定义的图块中确定一恰当点)	确定图块插入的基点
确定之后，系统又返回到如图 13.18a)所示的对话框中，然后再单击该对话框中的按钮，系统返回到绘图屏幕中以选择确定将要定义为图块的图形	
Select objects: Specify opposite corner:36 found	选择图中要定义为图块的图形
选择好之后系统又返回到如图 13.18a) 所示的对话框中，然后再单击该对话框中的 OK 按钮，完成内部图块的定义	其结果如图 13.18b)所示
Command:	

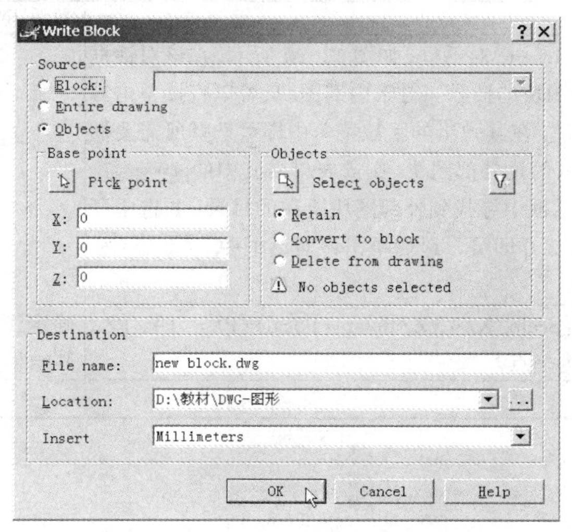

图 13.19　Write Block 对话框

设置相应的选项,然后再单击相应按钮,即可进行外部图块的定义。

定义外部图块的具体操作步骤如表 13.10 所示。

表 13.10

Command:WBLOCK ↵	激活 WBLOCK 命令
命令执行之后,系统将弹出“Write Block”对话框,如图 13.19 所示,在该对话框中的“File name:”项后的输入框中输入所定义的内部块的名称“new block . dwg”,然后在单击其下的按钮,系统返回到绘图屏幕中以确定图块插入的基点	
Specify insertion base point:(在所定义的图块中确定一恰当点)	确定图块插入的基点
确定之后,系统又返回到如图 13.19 所示的对话框中,然后再单击该对话框中的按钮,系统返回到绘图屏幕中以选择确定将要定义为图块的图形	
Select objects:Specify opposite corner:36 found	选择图中要定义为图块的图形
选择好之后系统又返回到如图 13.19 的对话框中,然后再单击该对话框中的 OK 按钮,完成外部图块的定义	
Command:	

13.3.3 图块的插入(INSERT)

INSERT 命令用于插入图块,其命令可以通过以下方式来执行:

下拉菜单:Insert/Block...

命 令 行:INSERT 或 _INSERT、I

工具按钮:单击“Standard Toolbar”工具栏中的按钮

命令执行之后,系统将弹出“Insert”对话框,如图 13.20 所示,在该对话框中即可以设置相应的选项,然后再单击相应按钮,即可进行图块的插入。

插入图块的具体操作步骤如表 13.11 所示。

表 13.11

Command:INSERT ↵	激活 INSERT 命令
命令执行之后,系统将弹出“Insert”对话框,如图 13.20 所示,在该对话框中即可进行内部图块和外部图块的插入。对于内部图块,可以直接单击其“name:”右侧的向下的方向键,在其弹出的下拉菜单中即可选择所需要插入的内部图块名称;如果插入的是外部图块,则需要单击其中的 Browse... 按钮,然后在其所弹出的对话框中寻找到外部图块所在的目录,并选中所需要插入的外部图块然后再打开即可,最后单击该对话框中 OK 按钮系统回到绘图屏幕中	
Specify insertion point or [Scale/X/Y/Z/Rotate/PScale/PX/ PY/PZ/PRotate]:(在绘图屏幕中确定一点)	确定图块的插入点或相关选项,其结果如图 13.18b)所示
Command:	

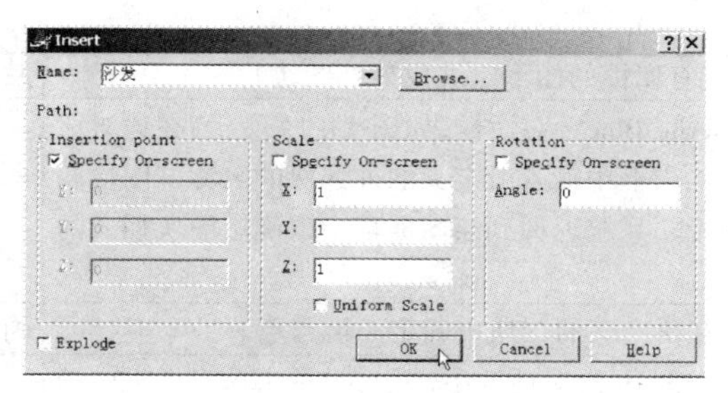

图 13.20　Insert 对话框

13.3.4　图块的属性及其应用

在 Auto CAD 中，可以为图块添加一些文本信息，从而增加图块的通用性，因此，这些附加的图块文本信息就被称为“图块的属性”。如对于图 13.21 所示标高符号，对于其中的标高值则可以定义为该图块的一个属性，如图 13.21a）所示；然后在每次插入该图块时均可以在命令行或对话框中进行属性值的修改，如图 13.21b）所示。

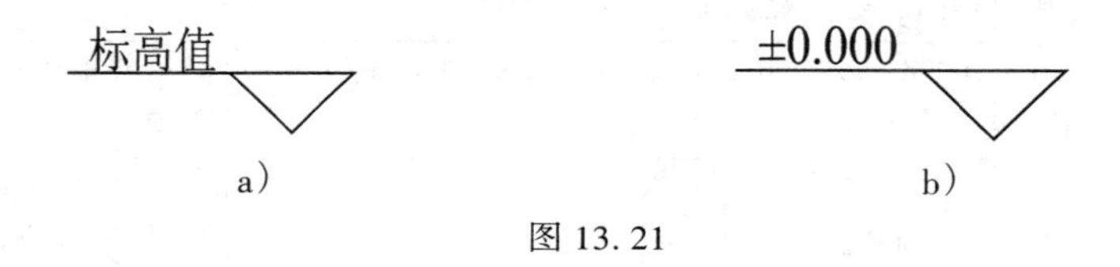

图 13.21

在建立带有属性的图块中，应该先定义图块的属性，然后再定义图块。

定义图块属性的命令可以通过以下方式来执行：

下拉菜单：Draw/Block/Dfine Attributes...

命 令 行：ATTDEF 或 DDATTDEF、_ATTDEF

命令执行之后，系统将弹出“Attribute Dfinition”对话框，如图 13.22 所示，在该对话框中即可以设置相应的选项，然后再单击相应按钮，即可进行图块属性的定义。

图块属性的定义及其相应的应用，其具体操作步骤如表 13.12 所示。

表 13.12

Command：ATTDEF ↵	激活 ATTDEF 命令
命令执行之后，系统将弹出“Attribute Dfinition”对话框，如图 13.22。在该对话框中，先在“Tag：”项右侧的输入框中输入“标高值”，然后在“Prompt：”项右侧的输入框中输入“请输入标高值”，再在“Value”项右侧的输入框中输入“3300”。然后单击其中的按钮，系统返回到绘图屏幕中，以确定属性插入的位置	
Start point：（在将要定义为图块的属性位置确定一点）	确定属性插入的位置
确定好之后系统回到对话框中，然后可以在对话框中的“Text Options”区域来确定所定义的图块属性的对齐方式、字体样式、字高和倾斜角度等。当确定好之后，再单击该对话框下的按钮，以结束图块属性的定义，系统返回到绘图屏幕中	其操作结果如图 13.21a）所示

续表

Command:WBLOCK ↵(对该带有属性的图形定义成外部图块)	激活 WBLOCK 命令
命令执行之后,系统将弹出"Write Block"对话框,如图 13.19 所示,在该对话框中的"File name:"项后的输入框中输入所定义的外部块的名称"图块属性",然后在单击其下的按钮,系统返回到绘图屏幕中以确定图块插入的基点	
Specify insertion base point: :(在所定义的图块中确定一恰当点)	确定图块插入的基点
确定之后,系统又返回到如图 13.19 的对话框中,然后再单击该对话框中的按钮,系统返回到绘图屏幕中以选择确定将要定义为图块的图形	
Select objects:Specify opposite corner:36 found	选择图中要定义为图块的图形
选择好之后系统又返回到如图 13.19 对话框中,然后再单击该对话框中的 OK 按钮,完成带有属性的外部图块的定义	
Command:INSERT ↵	激活 INSERT 命令
命令执行之后,系统将弹出"Insert"对话框,如图 13.20 所示。然后单击该对话框中的 Browse... 按钮,然后在其所弹出的对话框中寻找到所定义的外部图块所在的目录,并选中所需要插入的外部图块然后再打开即可,最后单击该对话框中 OK 按钮,系统则回到绘图屏幕中	
Specify insertion point or [Scale/Z/Y/Z/Rotate/PScale/PX/ PY/PZ/PRotate]:(在绘图屏幕中确定一点)	确定外部图块的插入点或相关选项
Enter attribute values 请输入标高值 <3300> :%%p0.000 ↵	键入%%p0.000并回车,确定所插入图块的属性值,如图 13.21b)所示
Command:	

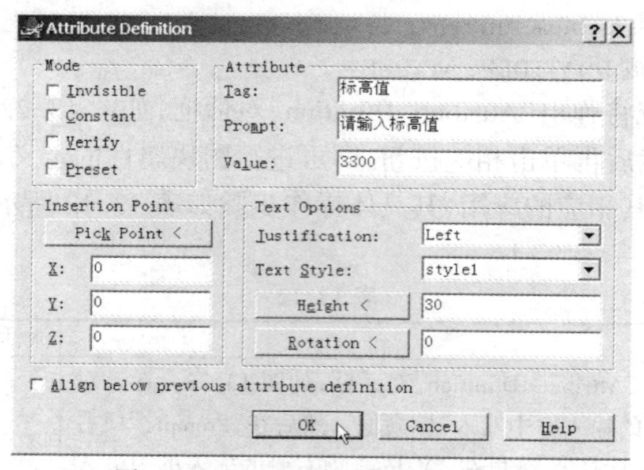

图 13.22　Attribute Dfinition 对话框

第14章 基本编辑命令及其操作

14.1 图形实体的属性编辑

在 Auto CAD 中，引进属性一词其含义是指对于图形实体的一些可见的外在数据或不可见的内在数据，这些数据将作为绘图者或计算机用来判别图形实体的依据。这些属性独立于图形实体，可以对其进行单独编辑。本节将讲解对图形实体属性的修改、匹配等内容。

14.1.1 属性的修改（PROPERTIES）

PROPERTIES 命令用于修改被选中的图形实体的属性内容（如：图形的线型、线型比例、颜色、图层等，文字的内容、颜色、图层、字高等），其命令可以通过以下方式来执行：

下拉菜单：Modify/Properties

命 令 行：PROPERTIES

工具按钮：单击“Standard Toolbar”工具栏中的按钮

命令执行之后，系统将弹出一个“Properties”的对话框，如图 14.1 所示。该对话框中有“Alphabetic”、“Toolbar”两个标签页，其各项含义如下：

Alphabetic 标签页：在该标签页下面的大方框中将按字母的顺序列出被选中的图形实体修改前的属性内容（如：颜色、图层等），如图 14.1a）所示。

Categorized 标签页：在该标签页下面的大方框中将按属性类别分类列出被选中的图形实体修改前的属性内容，如图 14.1b）所示。

用 PROPERTIES 命令进行修改图 14.2a）中被选中汉字的字高和颜色两属性内容，其操作结果如图 14.2b）所示，操作步骤如表 14.1 所示。

表 14.1

Command：PROPERTIES ↵	激活 PROPERTIES 命令
命令执行后，系统弹出如图 14.1 所示的对话框	
选择图 14.2a）中要修改的“建筑平面图”	
选中后，在弹出如图 14.1 所示的对话框中单击“Categorized”标签页，系统弹出如图 14.1b）所示的对话框	
在该对话框中修改“Color”项为 Red，“Height”项的数据为 300 并回车即可	
Command：	

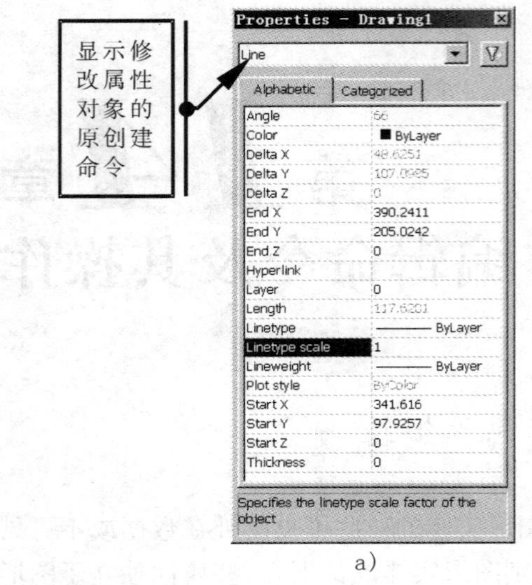

a)

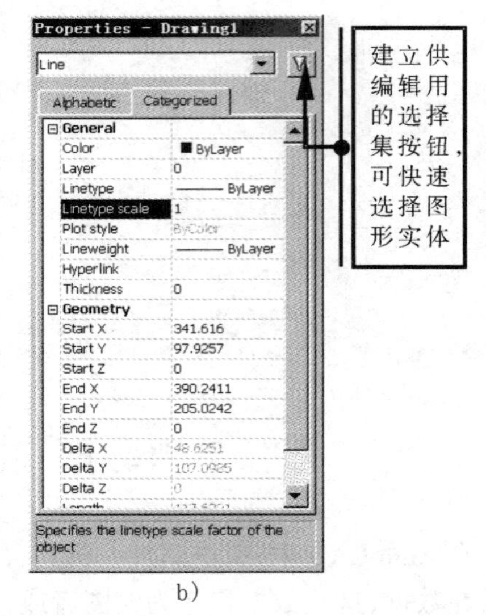

b)

图 14.1　Properties 对话框

建筑平面图　　建筑平面图

a)　　b)

图 14.2　汉字的字高和颜色的编辑

14.1.2　属性匹配(MATCHPROP)

MATCHPROP 命令用于将某一图形实体的属性匹配给另一图形实体，其命令可以通过以下方式来执行：

下拉菜单：Modify/Match Properties

命 令 行：MATCHPROP

工具按钮：单击“Standard Toolbar”工具栏中的按钮

用 MATCHPROP 命令进行图形实体的属性匹配，其操作结果如图 14.4 所示，操作步骤如表 14.2 所示。

结构设计师　　建筑设计师

图 14.3　属性匹配之前

结构设计师　　建筑设计师

图 14.4　属性匹配之后

表 14.2

Command:MATCHPROP ↵	激活 MATCHPROP 命令
Select source object:	选择属性匹配的源图形实体，如图 14.3 中的“结构设计师”
Current active settings: Color Layer Ltype Ltscale Lineweigh Thickness Plotstyle Text Dim Hatch	
Select destination object:	选择属性匹配的目的图形实体，如图 14.3 中的“建筑设计师”，结果如图 14.4 中的“建筑设计师”
Command:	

14.2　特殊图形实体的编辑

本节将主要讲解有关图形填充、多义线、复合线、字体等特殊图形实体的编辑工作。

14.2.1　图形填充的编辑(HATCHEDIT)

HATCHEDIT 命令用于编辑图形填充的有关特性，其命令可以通过以下方式来执行：

下拉菜单:Modify/Hatch…

命 令 行:HATCHEDIT 或 _HATCHEDIT

工具按钮:单击“Standard Toolbar”工具栏中的按钮

命令执行之后，系统将弹出一个“Hatch Edit”对话框，如图 14.5 所示。

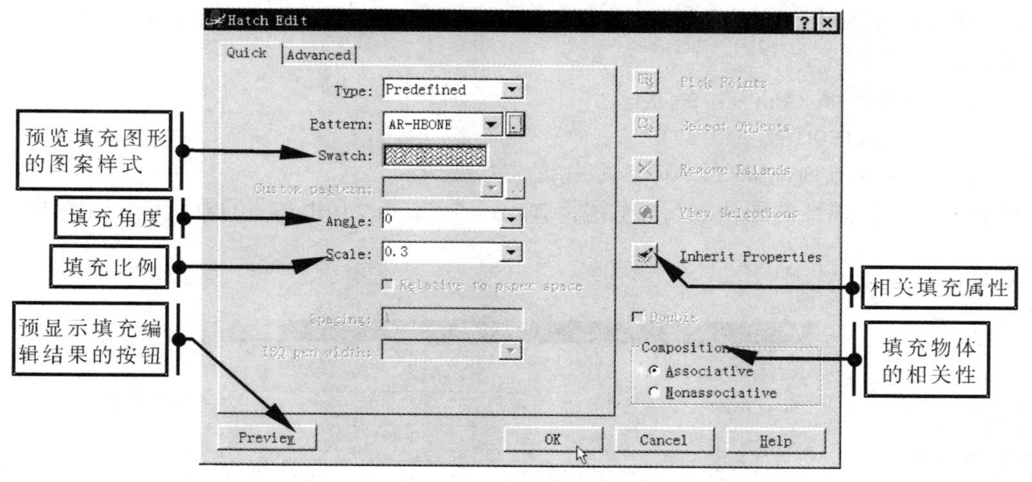

图 14.5　Hatch Edit 标签页用

HATCHEDIT 命令将图 14.6a) 所示的填充图形进行填充图案的修改，其操作结果如图 14.6b)所示，其操作步骤如表 14.3 所示。

表 14.3

Command:HATCHEDIT↵	激活 HATCHEDIT 命令
Select associative hatch object:	拾取图 14.6a)中所要编辑的填充图形
拾取之后，系统弹出图 14.5 所示的对话框，在该对话框中单击“Pattern:”输入框后的按钮,系统又弹出图 13.14 所示的对话框	
在图 13.14 所示的对话框中选择要编辑修改成的图案,然后单击该对话框下的 OK 按钮,系统返回到图 14.5 所示的对话框中	
最后单击图 14.5 所示的对话框下的 OK 按钮，系统结束该对话框,并执行填充图案的修改	其操作结果如图 14.6b)所示
Command:	

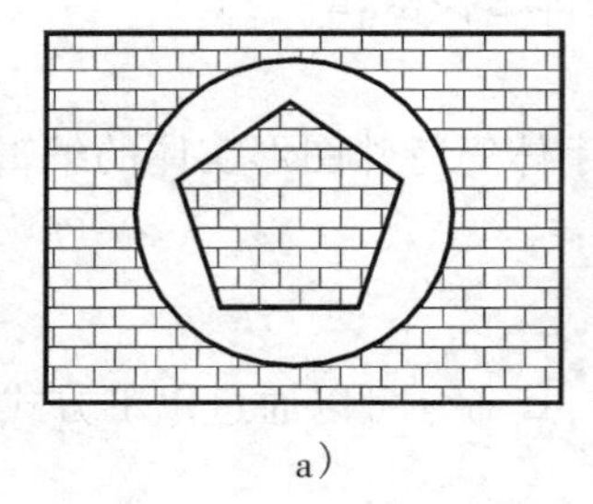
a)

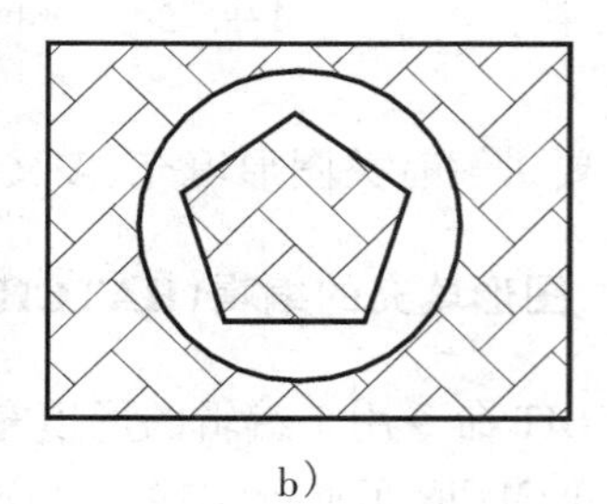
b)

图 14.6　填充图案的修改

14.2.2　属性值编辑(ATTEDIT)

ATTEDIT 命令用于编辑单个的、非常数的且与图块相关联的属性值，其命令可以通过以下方式来执行:

下拉菜单:Modify/Attribute/Single…

命 令 行:ATTEDIT 或 _ATTEDIT

工具按钮:单击“Standard Toolbar”工具栏中的按钮

选择好要编辑属性的图块之后，系统将弹出一个“Edit Attribute”的对话框，如图 14.7 所示。

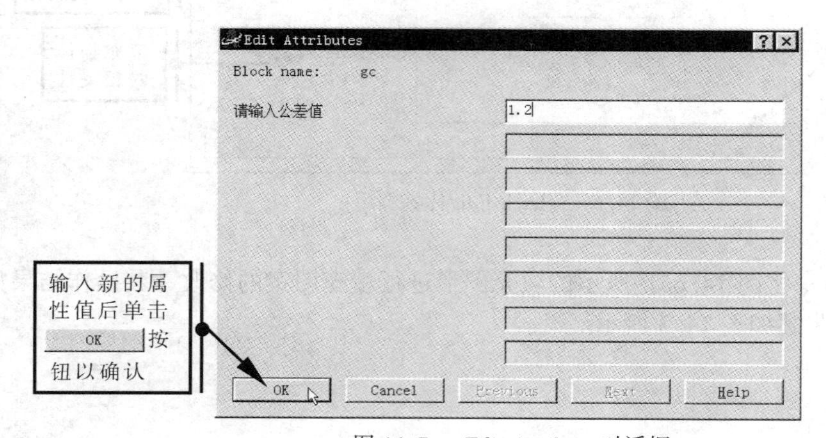

图 14.7　Edit Attribute 对话框

在该对话框可以修改该图块中所定义的属性,即公差值。

用 ATTEDIT 命令编辑图 14.8a) 中已定义了属性的图块属性（即公差值），操作结果如图 14.8b)所示,其操作步骤如表 14.4 所示。

表 14.4

Command:ATTEDIT ↵	激活 ATTEDIT 命令
Select block reference:	选择要编辑属性的图块
选择好之后,系统弹出如图 14.7 所示的对话框,将原公差值“1.2”修改为“1.8”,然后单击该对话框下的 OK 按钮即可	修改属性值
Command:	

图 14.8　图块属性的编辑

14.2.3　属性特性编辑(– ATTEDIT)

– ATTEDIT 命令用于编辑所选属性的特性,如位置、高度、倾斜角度、字型、图层、颜色等,其命令可以通过以下方式来执行:

下拉菜单:Modify/Attribute/Global

命 令 行: – ATTEDIT

命令执行之后,系统将在命令行有如下提示:

Edit attributes one at a time [Yes/No]　<Y> :表示是否进行一次一个单独属性的编辑。当选择 Yes 项时，表示将进行一次编辑一个单独属性，即可以编辑所选属性的属性值、位置、高度、旋转角度等,并且可通过图块名、标签名以及属性值来确定符合条件的属性;当选择 No 项时,表示将进行全部属性的编辑,也即只能编辑所选属性的属性值,而不能编辑其他的属性(如位置、高度、旋转角度等),并且也可通过图块名、标签名以及属性值来确定符合条件的属性。

Enter an option　[Value/Position/Height/Angle/Style/Layer/Color/Next]　<N> : 表示请键入一个选择项。

Value:修改所定义的属性值;Position:修改所定义的属性值的位置;Height:修改所定义的属性值的高度; Angle: 修改所定义的属性值的倾斜角度; Style: 修改所定义的属性值的字型; Layer:修改所定义的属性值所在的图层;Color:修改所定义的属性值的颜色;Next:选择将要修改的下一个属性。

用 – ATTEDIT 命令将图 14.9a)中的图块的属性进行特性的修改,操作结果如图 14.9b)所示,其操作步骤如表 14.5 所示。

图 14.9　图块的属性特性的修改

表 14.5

Command: -ATTEDIT ↵	激活 -ATTEDIT 命令
Edit attributes one at a time [Yes/No] <Y> :↵	将进行一次编辑一个单独属性,即可以编辑所选属性的属性值、位置、高度、旋转角度等,并且可通过图块名、标签名以及属性值来确定符合条件的属性
Enter block name specification <*> :↵	确定定义了属性的图块名
Enter attributes tag specification <*> :↵	确定定义了属性的标签名
Enter attributes Value specification <*> :↵	确定定义了属性的重要性
Select Attributes:1 found	选取所要修改的属性, 如图 14.9a)所示
Select Attributes:↵	回车结束选择
1 attributes selected. Enter an option [Value/Position/Height/Angle/Style/Layer/ Color/Next] <N> :V ↵	键入 V 并回车,修改属性值或字符串
Enter type of value modification [Change/Replace]R	键入 R 并回车,修改属性值
Enter new attribule value:3.000 ↵	键入新的属性值 3.000,如图 14.9b)所示
Enter an option [Value/Position/Height/ Angle/Style/Layer/ Color/Next] <N> :H↵	键入 H 并回车,修改属性的高度
Specify new height <25> :20↵	键入属性的新高度值 20 并回车, 如图 14.9b)所示
Enter an option [Value/Position/Height/ Angle/Style/Layer/ Color/Next] <N> :C ↵	键入 C 并回车,修改属性的颜色
Enter new color name or value <BYLAYER> :RED↵	键入属性新的颜色名称 RED, 如图 14.9b)所示
Enter an option [Value/Position/Height/ Angle/Style/Layer/ Color/Next] <N> :↵	回车结束该属性的修改,并可选择将要修改的下一个属性
Command:	

14.3 图形实体的擦除和多种复制

本节将主要介绍对图形实体的擦除、复制、镜像、偏移、阵列 5 个命令,这 5 个命令在对图形实体的编辑中是运用最为广泛的。

14.3.1 图形实体的擦除(ERASE)

ERASE 命令可以用于将图形中选中的个别图形实体擦除,其命令可以通过以下方式来执行:

下拉菜单:Modify/Erase

命 令 行:ERASE

工具按钮:单击“Modify”工具栏中的按钮

用 ERASSE 命令将图 14.10a) 中的 A、B 两个图形实体擦除,其操作结果如图 14.10b) 所示,其操作步骤如表 14.6 所示。

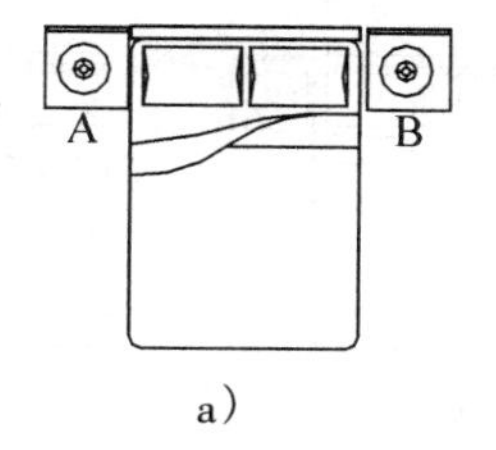

a)

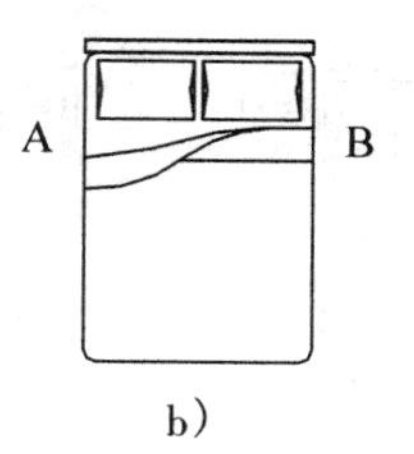

b)

图 14.10　擦除编辑

表 14.6

Command:ERASE ↵	激活 ERASE 命令
Select objects:1 found (已选中一个图形实体)	拾取要擦除的图形实体 A
Select objects: 1 found, 2 total(又选中一个图形实体,共计选中了两个图形实体)	再拾取要擦除的图形实体 B
Select objects: ↵	回车结束选择,选中的图形实体被擦除
Command:	

14.3.2　图形实体的复制(COPY)

COPY 命令可以用于将图形中所选的一个或多个图形实体按其原来的大小形状进行单一地或多重地复制,复制后的图形实体可以相对于原图形实体移动一个新的位置。

COPY 命令可以通过以下方式来执行:

下拉菜单:Modify/Copy

命 令 行:COPY 或 CP

工具按钮:单击"Modify"工具栏中的按钮

用 COPY 命令将图 14.11a)中的 A、B 两个图形实体复制,其操作结果如图 14.11b)所示,其操作步骤如表 14.7 所示。

表 14.7

Command:COPY ↵	激活 COPY 命令
Select objects:1 found (已选中一个图形实体)	拾取要复制的图形实体 A
Select objects:1 found,2 total (又选中一个图形实体,共计选中了两个图形实体)	再拾取要复制的图形实体 B
Select objects: ↵	回车结束选择
Specify base point or displacement or [Multiple]:M ↵	选择多重复制模式
Specify base point:拾取复制的基点 C	确定复制的基点 C
Specify base point or displacement or [Multiple]: Specify second point of displacement or <use first point as displacement> : ↵	确定复制的位置点 D、E。多重复制完成后,然后回车结束复制命令
Command:	

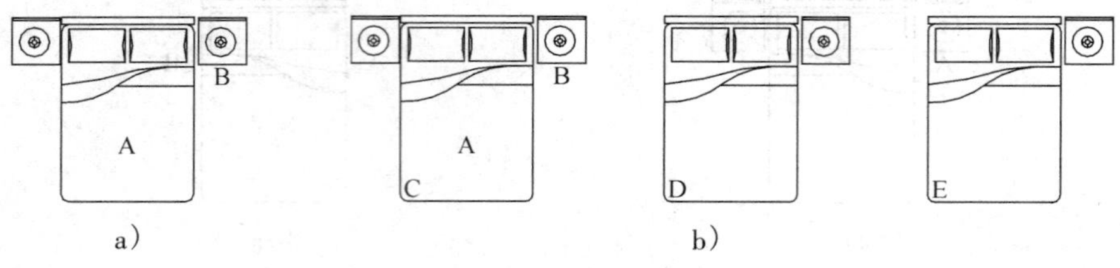

图 14.11　复制操作

14.3.3　图形实体的镜像(MIRROR)

MIRROR 命令可以用于将图形中个别图形实体进行镜像，也可以将对称图形绘制一半后用该命令进行镜像复制，以提高绘图速度，其命令可以通过以下方式来执行：

下拉菜单：Modify/Mirror

命 令 行：MIRROR 或 _MIRROR、MI

工具按钮：单击“Modify”工具栏中的按钮

用 MIRROR 命令将图 14.12a）中的图形实体镜像，其操作结果如图 14.12b）所示，其操作步骤如表 14.8 所示。

表 14.8

Command：MIRROR↵	激活 MIRROR 命令
Select objects：1 found（已选中一个图形实体）	拾取要复制的图形实体 A
Select objects：1 found，2 total（又选中一个图形实体，共计选中了两个图形实体）	再拾取要复制的图形实体 B
Select objects：↵	回车结束选择
Specify first point of mirror line：	确定镜像线的第一点 C
Specify scond point of mirror line：	确定镜像线的第二点 D
Delete source objest？[Yes/No]　<N>：↵	不要将原来的对象删除，然后回车结束命令
Command：	

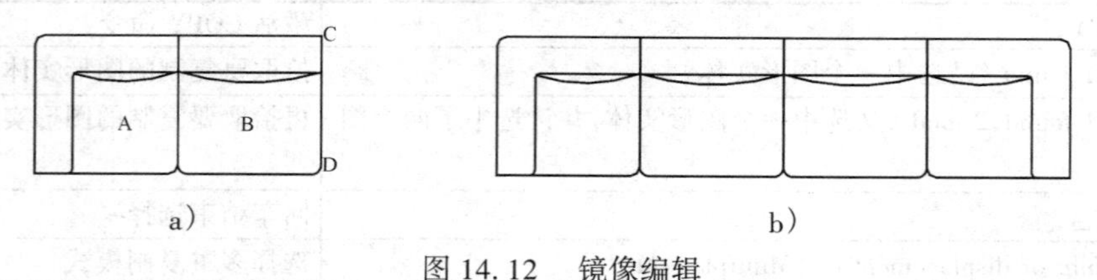

图 14.12　镜像编辑

14.3.4　图形实体的平行偏移(OFFSET)

OFFSET 命令可以用于将图形的直线、圆弧、云形线、多义线、圆、椭圆、多边形进行平行偏移，即进行平行相似的复制。当平行偏移的图形实体为封闭的实体(如：圆、椭圆、多边形等)时，则平行偏移后图形将被放大或缩小，而原图形实体不变。

OFFSET 命令可以通过以下方式来执行：

下拉菜单:Modify/Offset

命 令 行:OFFSET 或 _OFFSET

工具按钮:单击"Modify"工具栏中的按钮

用 OFFSET 命令将图 14.13a) 中的图形实体镜像,其操作结果如图 14.13b) 所示,操作步骤如表 14.9 所示。

图 14.13　平行偏移编辑

表 14.9

Command:OFFSET↵	激活 OFFSET 命令
Specify offset distance or [Through] <100> :200↵	设置平行偏移的间距 200
Select object to offset or <exit> :	选择要平行偏移的图形实体(圆)
Specify point on side to offset:(在圆中拾取一点)	指定平行偏移的偏移方向(向内)
Select object to offset or <exit> :	选择要平行偏移的图形实体(矩形)
Specify point on side to offset:(在矩形中拾取一点)	指定平行偏移的偏移方向(向内)
Select object to offset or <exit> :↵	回车结束命令
Command:	

14.3.5　图形实体的阵列(ARRAY)

ARRAY 命令可以用于将图形中所选择的个别图形实体对象进行矩形或环形的多份阵列复制,其命令可以通过以下方式来执行:

下拉菜单:Modify/Array

命 令 行:ARRAY 或 _ARRAY、AR

工具按钮:单击"Modify"工具栏中的按钮

用 ARRAY 命令将图 14.14 和图 14.15 中的 A 图形实体进行阵列,其操作结果如图 14.14 和图 14.15 所示,其操作步骤如表 14.10 所示。

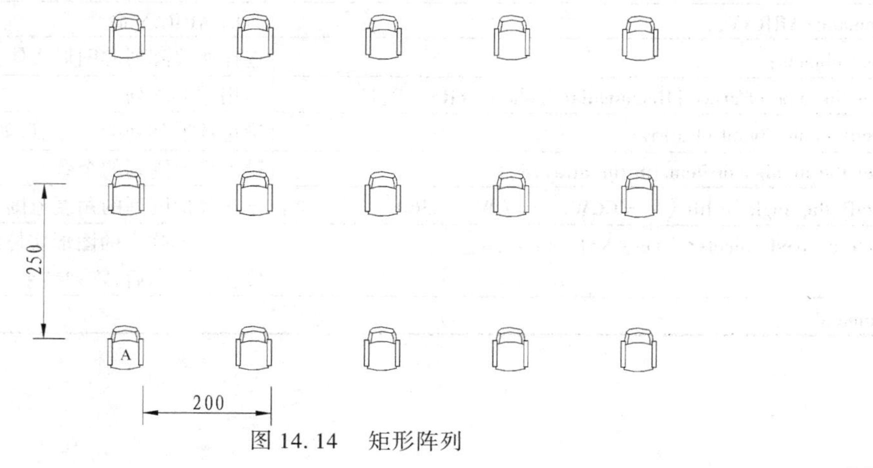

图 14.14　矩形阵列

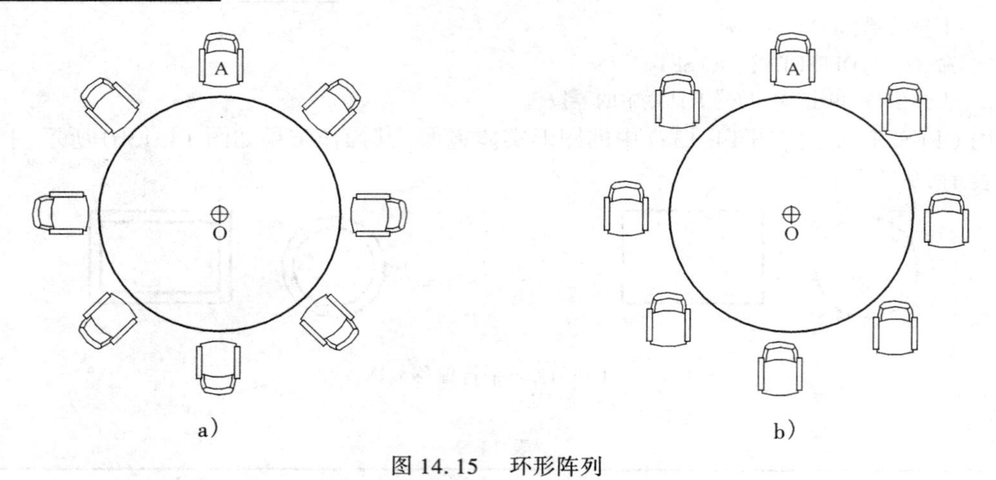

图 14.15　环形阵列

表 14.10

Command:ARRAY↲	激活 ARRAY 命令
Select objects:	选择所要阵列的图形实体,如图形实体 A
Enter the type of array [Rectangular/polar] <R> :↲	运用矩形阵列
Enter the number of rows (---):3 ↲	键入矩形阵列的行数三行
Enter the number of columns (|||):5↲	键入矩形阵列的列数五列
Enter the distance between rows or specify unit cell (---):250 ↲	键入行间距 250
Specify the distance between columns (|||):200↲	键入列间距 200 并回车后，阵列结果如图 14.14 所示
Command:ARRAY↲	激活 ARRAY 命令
Select objects:	选择所要阵列的图形实体。如图形实体 A
Enter the type of array [Rectangular/polar] <R> :P ↲	运用环形阵列
Specify center point of array:	确定环形阵列的中心点,如圆心 O
Enter the number of items in the array:8↲	键入环形阵列的个数 8
Specify the angle to fill (+ =CCW, - =CW) <360> :↲	键入环形阵列的角度范围 360°
Rotate arrayed objects? [Yes/No] <Y> :↲	要环形阵列的图形实体绕环形阵列的中心旋转。回车后,阵列结果如图 14.15a)所示
Command:ARRAY↲	激活 ARRAY 命令
Select objects:	选择所要阵列的图形实体。如图形实体 A
Enter the type of array [Rectangular/polar] <R> :P↲	运用环形阵列
Specify center point of array:	确定环形阵列的中心点,如圆心 O
Enter the number of items in the array:8↲	键入环形阵列的个数 8
Specify the angle to fill (+ =CCW, - =CW) <360> :↲	键入环形阵列的角度范围 360°
Rotate arrayed objects? [Yes/No] <Y> :N↲	不要环形阵列的图形实体绕环形阵列的中心旋转。回车后,阵列结果如图 14.15b)所示
Command:	

14.4　图形实体的位移变换

本节将主要介绍对图形实体的移动、旋转、比例缩放、拉伸、拉长 5 个命令，这 5 个命令在对图形实体的编辑中也是运用最为广泛的。

14.4.1　图形实体的移动（MOVE）

MOVE 命令可以用于将图形中个别图形实体进行移动，其命令可以通过以下方式来执行：

下拉菜单：Modify/Move

命 令 行：MOVE 或 M

工具按钮：单击“Modify”工具栏中的按钮

用 MOVE 命令将图 14.16a) 中的三个图形实体移动，其操作结果如图 14.16b) 所示，操作步骤如表 14.11 所示。

表 14.11

Command：MOVE ↵	激活 MOVE 命令
Select objects：1 found（已选中一个图形实体）	拾取要移动的图形实体 A
Select objects：1 found, 2 total（又选中一个图形实体，共计选中了两个图形实体）	再拾取要移动的图形实体 B
Select objects：↵	回车结束选择
Specify base point or displacement：Specify second point of displacement or <use first point as displacement> ：↵	确定移动的基点或者移动的距离值。再确定移动的位置点，系统自动结束命令
Command：	

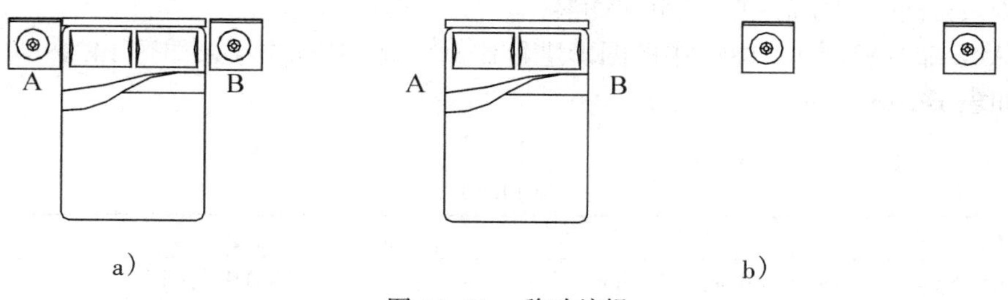

a)　　　　　　b)

图 14.16　移动编辑

14.4.2　图形实体的旋转（ROTATE）

ROTATE 命令可以用于将图形中个别图形实体进行旋转并改变原图形实体的位置，其命令可以通过以下方式来执行：

下拉菜单：Modify/Rotate

命 令 行：ROTATE 或 _ROTATE

工具按钮：单击“Modify”工具栏中的按钮

用 ROTATE 命令将图 14.17a) 中的图形旋转 -180°，其操作结果如图 14.17b) 所示，操作步骤如表 14.12 所示。

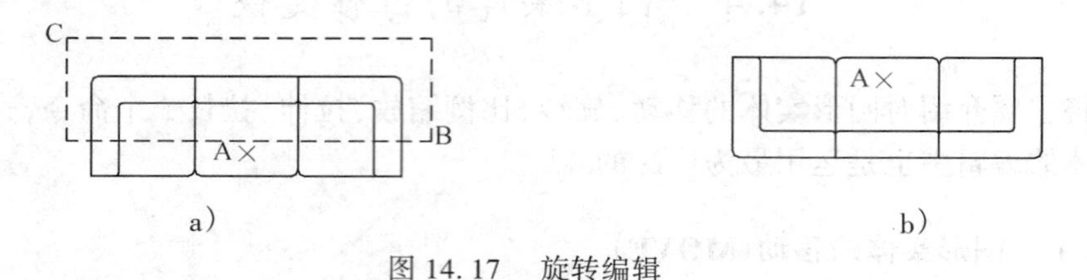

图 14.17　旋转编辑

表 14.12

Command:ROTATE ↵	激活 ROTATE 命令
Current positive angle in UCS: ANGDIR = counter clock wise ANGBASE = 0:	
Select objects: Specify opposite corner: 3 found	在屏幕上拾取 B、C 两点以交叉选择要旋转的图形实体即三个沙发组件
Select objects: ↵	回车结束选择
Specify base point:	拾取旋转的基点 A
Specify rotate angle or [Reference]: -180 ↵	键入旋转的角度 -180°，回车结束命令
Command:	

14.4.3　图形实体的比例缩放(SCALE)

SCALE 命令可以用于将图形中个别图形实体进行比例缩放，以改变图形实体的大小，其命令可以通过以下方式来执行：

下拉菜单：Modify/Scale

命 令 行：SCALE 或 SC

工具按钮：单击"Modify"工具栏中的按钮

用 SCALE 命令将图 14.18a) 中的图形进行比例缩放，其操作结果如图 14.18b)、c) 所示，操作步骤如表 14.13 所示。

表 14.13

Command:SCALE ↵	激活 SCALE 命令
Select objects: Specify opposite corner: 14 found. (2 duplicate), 14 total。	拾取图 14.18a) 中的图形
Select objects: ↵	回车结束选择
Specify base point:(在图中拾取一点)	确定缩放的基点
Specify scale factor or [Reference]:0.5 ↵	键入比例系数 0.5，将图形缩小 0.5 倍，操作结果如图 14.18b) 所示
Command:SCALE ↵	激活 SCALE 命令
Select objects: Specify opposite corner: 14 found. (2 duplicate), 14 total。	拾取图 14.18a) 的图形
Select objects: ↵	回车结束选择

续表

Specify base point:(在图中拾取一点)	确定缩放的基点
Specify scale factor or [Reference]:R ↵	选择参考长度模式
Specify reference length <1> :2 ↵	键入缩放物体的参考长度 2
Specify new length:3 ↵	键入缩放物体的新长度 3,将图形放大 1.5 倍,操作结果如图 14.18c)所示
Command:	

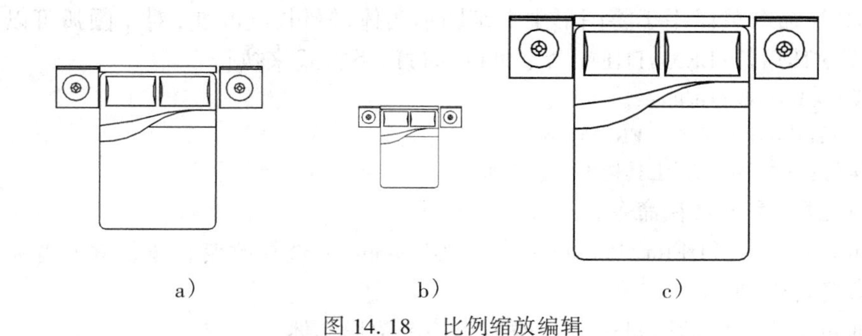

图 14.18　比例缩放编辑

14.4.4　图形实体的拉伸(STRETCH)

STRETCH 命令可以用于将图形中所选的个别图形实体进行拉伸，即拉长或者缩短所选的图形实体。能被拉伸的图形实体有:线段、弧线、多义线和云形线等;而点、圆、文本和图块均不能被拉伸。

STRETCH 命令可以通过以下方式来执行:

下拉菜单:Modify/Stretch

命 令 行:STRETCH 或 _STRETCH

工具按钮:单击"Modify"工具栏中的按钮

用 STRETCH 命令将图 14.19a)中的图形进行拉伸,其操作结果如图 14.19b)所示,操作步骤如表 14.14 所示。

表 14.14

Command:STRETCH ↵	激活 STRETCH 命令
Select object to stretch by crossing – window or crossing – polygon…	选择被拉伸物体必须采用交叉窗口选择或者交叉多边形选择
Select objects:Specify opposite corner:1 found	交叉窗口选择如图 14.19a) 所示，先拾取 A 点,再拾取 B 点
Select objects: ↵	回车结束选择
Specify base point displacement:	确定被拉伸物体的基准点 C
Specify second point displacement:	确定拉伸基准点的新位置 D
Command:	

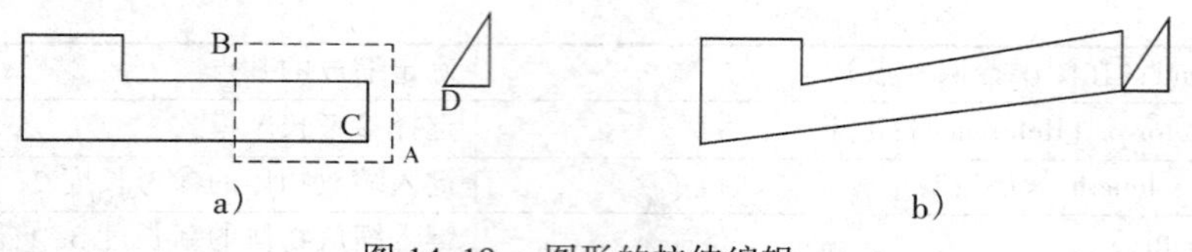

图 14.19　图形的拉伸编辑

14.4.5　图形实体的长度改变(LENGTHEN)

LENGTHEN 命令可以用于将图形中个别图形实体进行长度改变，对于圆弧可以通过改变其圆心角来改变其弧长；LENGTHEN 命令可以通过以下方式来执行：

下拉菜单：Modify/Lengthen

命 令 行：LENGTHEN 或 _LENGTHEN

工具按钮：单击“Modify”工具栏中的按钮

命令执行之后，系统将在命令行有如下的提示：

Select an object or [DElta/Percent/Total/DYnamic]：选择改变直线长度或者弧线弧长的图形实体或者各种选项。

DElta：通过输入一定的增量来延长或缩短一个图形实体。

Percent：通过输入一定的百分比来延长或缩短一个图形实体。

Total：通过输入一个新的直线长度或者新的弧线圆心角度来改变图形实体。

DYnamic：表示通过动态模式拖动所选图形实体的一个端点来改变图形实体的长度或者角度。

Select an object to change or [Undo]：选择要改变长度或者圆心角度的图形实体，而“Undo”项表示取消前一次对图形实体的改变。

用 LENGTHEN 命令将图 14.20a) 中的图形进行改变，其操作结果如图 14.20b) 所示，操作步骤如表 14.15 所示。

表 14.15

Command: LENGTHEN ↵	激活 LENGTHEN 命令
Select an object or [DElta/Percent/Total/DYnamic]:	选择图 14.20 中的圆弧
Current length: 5400, included angle: 160	被选择的圆弧的弧长为 5400，圆心角为 160°
Select an object or [DElta/Percent/Total/DYnamic]: T ↵	选择 Total 模式
Specify total length or [Angle] <100> : A ↵	选择 Angle 模式
Specify total angle <160> : 270 ↵	键入新的圆心角度值 270°
Select an object to change or [Undo]:	拾取图中圆弧
Select an object to change or [Undo]: ↵	回车结束该命令
Command:	

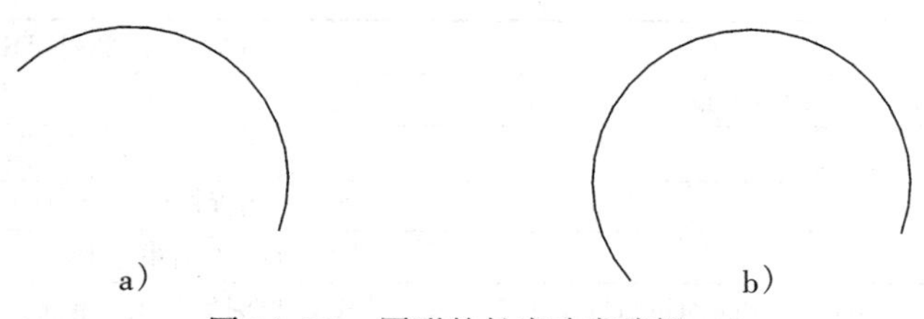

图 14.20　图形的长度改变编辑

14.5　图形实体的修改

本节将主要介绍对图形实体的修剪、延伸、断开、倒圆、倒角、分解 6 个命令，这 6 个命令在对图形实体的编辑中也是运用最为广泛的。

14.5.1　图形实体的修剪(TRIM)

TRIM 命令可以将一个或者多个图形实体沿指定的修剪边界修剪掉一部分，可用于修剪的图形实体有：直线、弧线、圆、射线、多义线等，其命令可以通过以下方式来执行：

下拉菜单：Modify/Trim

命 令 行：TRIM 或 _TRIM

工具按钮：单击“Modify”工具栏中的按钮

用 TRIM 命令将图 14.21a) 中的图形进行修剪，其操作结果如图 14.21b) 所示，操作步骤如表 14.16 所示。

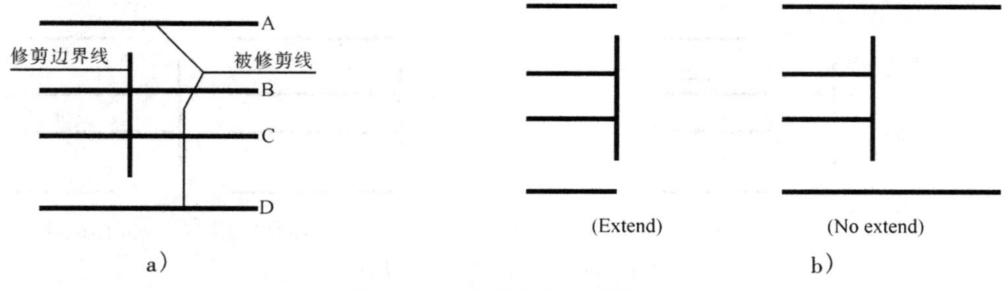

图 14.21　图形的修剪编辑

表 14.16

Command:TRIM ↵	激活 TRIM 命令
Current settings:Projection = UCS Edge = No extend	
Select cutting edges…	
Select object:1 found	选择图 14.21a)中一条修剪的边界线
Select object:↵	回车结束选择
Select object to trim or [Project/Edge/Undo]:E ↵	选择 "Edge"模式，确定边界线的边界模式
Enter an implied edge extension mode [Extend/ No extend]:E ↵	选择 "Extend"模式
Select object to trim or [Exoject/Edge/Undo]:	选择图 14.21a)中将要被修剪的 A、B、C、D 四条线，并回车结束该命令，结果如图 14.21b)中“Extend”模式

续表

Command:↵	回车,再次激活 TRIM 命令
Current settings:Projection = UCS Edge = Extend	
Select cutting edges…	
Select object:1 found	选择图 14. 21a)中一条修剪的边界线
Select object:↵	回车结束选择
Select object to trim or [Project/Edge/Undo]:E↵	选择"Edge"模式
Enter an implied edge extension mode [Extend/ No extend]:N↵	选择"No extend"模式,确定边界线的边界模式
Select object to trim or [Project/Edge/Undo]:	选择图 14. 21a)中将要被修剪的 A、B、C、D 四条线,并回车结束该命令,结果如图 14. 21b)中"No extend"模式
Command:	

14. 5. 2 图形实体的延伸(EXTEND)

EXTEND 命令可以将一个或者多个图形实体沿指定的延伸边界延伸一部分,可用于延伸的图形实体有:直线、弧线、圆、射线、多义线等,其命令可以通过以下方式来执行:

下拉菜单:Modify/Extend

命 令 行:EXTEND 或 _EXTEND

工具按钮:单击"Modify"工具栏中的按钮

用 EXTEND 命令将图 14. 22a) 中的图形进行延伸,其操作结果如图 14. 22b) 所示,操作步骤如表 14. 17 所示。

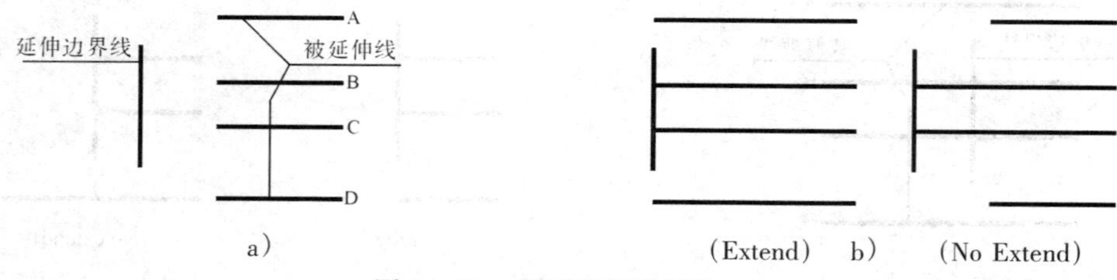

图 14. 22 图形的延伸编辑

表 14. 17

Command:EXTEND↵	激活 EXTEND 命令
Current settings:Projection = UCS Edge = No extend	
Select boundary edges…	
Select object:1 found	选择图 14. 22a)中一条延伸的边界线
Select object:↵	回车结束选择
Select object to trim or [Project/Edge/Undo]:E↵	选择"Edge"模式,确定边界线的边界模式
Enter an implied edge extension mode [Extend/ No extend]:E↵	选择"Extend"模式
Select object to trim or [Project/Edge/Undo]:	选择图 14. 22a)中将要被延伸的 A、B、C、D 四条线,并回车结束该命令,结果如图 14. 22b 中"Extend"模式

续表

Command:↵	回车,再次激活 EXTEND 命令
Current settings:Projection = UCS Edge = Extend	
Select cutting edges…	
Select object:1 found	选择图 14.22a)中一条延伸的边界线
Select object:↵	回车结束选择
Select object to trim or [Project/Edge/Undo]:E ↵	选择"Edge"模式
Enter an implied edge extension mode [Extend/ No extend]:N↵	选择"No extend"模式,确定边界线的边界模式
Select object to trim or [Project/Edge/Undo]:	选择图 14.22a)中将要被延伸的 A、B、C、D 四条线,并回车结束该命令,结果如图 14.22b)中"No extend"模式
Command:	

14.5.3　图形实体的断开(BREAK)

BREAK 命令可以将一个或者多个图形实体断开一部分,可以断开的图形实体有:直线、弧线、圆、椭圆、射线、云形线、多义线等,其命令可以通过以下方式来执行:

下拉菜单:Modify/Break

命 令 行:BREAK 或 _BREAK

工具按钮:单击"Modify"工具栏中的□按钮

用 BREAK 命令将图 14.23a)、b)中的图形进行断开,其操作结果如图 14.23 所示,操作步骤如表 14.18 所示。

表 14.18

Command:BREAK↵	激活 BREAK 命令
Select object:	选择图 14.23a)中将要断开的圆
Specify second break point or [First point]:F↵	键入 F 并回车
Specify first break point:	确定断开的起点
Specify second break point:	确定断开的终点
Command:↵	直接回车激活 BREAK 命令
BREAK Slelect object:	选择图 14.23b)中将要断开的圆
Specify second break point or [First point]:F↵	键入 F 并回车
Specify first break point:	确定断开的起点
Specify second break point:	确定断开的终点
Command:	

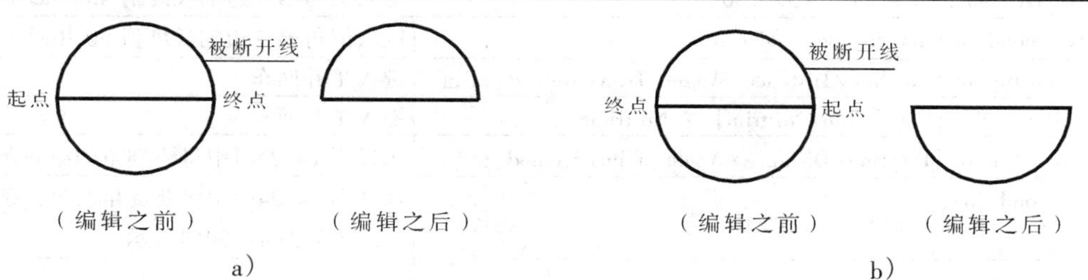

图 14.23　图形的断开编辑

对于系统提示“Select object:”既可以是作为选择断开目标,也可以作为缺省情况下的断开的第一点。当在提示请确定断开的第二点“Specify second break point:”时,如果键入“@”,则表示第二断开点与第一断开点是同一位置点,图形实际已被断开,只是显示上看不见罢了。

对于弧线、圆、椭圆的断开,系统将按照角度测量的正向从断开的第一点到断开的第二点间的一段弧线断开,如图 14.23a)、b)所示。

14.5.4 图形实体的倒角(CHAMFER)

CHAMFER 命令用于将两条一般相交直线进行倒角或对多义线的多个顶点进行一次性倒角,该命令还可以求两直线的交点,其命令可以通过以下方式来执行:

下拉菜单:Modify/Chamfer

命 令 行:CHAMFER 或 _CHAMFER

工具按钮:单击“Modify”工具栏中的按钮

命令执行之后,系统将在命令行出现如下提示:

Select first line or [Polyline/Distance/Angle/Trim/Method]:选择将要倒角的第一条线或者其他选项。

Polyline:给多义线做倒角;Distance:设置倒角的长度;Angle:设置倒角的角度值;Trim:设置修剪的模式;Method:设置是以距离还是以角度来作为倒角的缺省方式。

用 CHAMFER 命令将图 14.24a)中的图形进行倒角,其操作结果如图 14.24b)所示,操作步骤如表 14.19 所示。

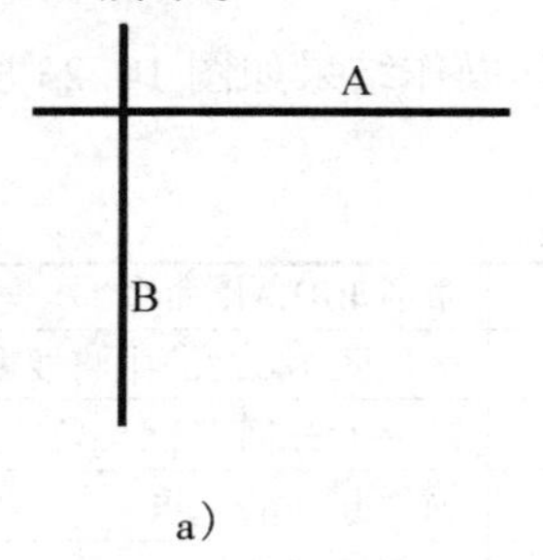

a)

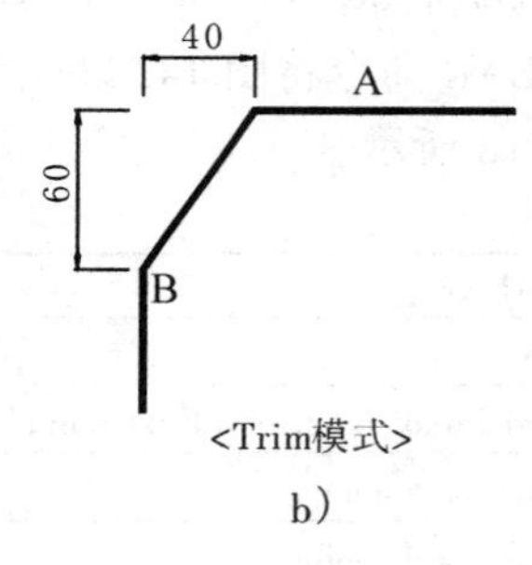

b)

图 14.24 图形的倒角

表 14.19

Command:CHAMFER ↵	激活 CHAMFER 命令
(NOTRIM mode) Current chamfer Dist1 = 5,Dest2 =4	
Select first line or [Polyline/Distance/Angle/Trim/Method]:D ↵	键入 D 并回车
Specify first chamfer distance <5> :40 ↵	键入倒角第一边的长度值 40 并回车
Specify second chamfer distance <4> :60 ↵	键入倒角第二边的长度值 60 并回车
Select first line or [Polyline/Distance/Angle/Trim/Method]:T ↵	键入 T 并回车
Enter Trim mode option [Trim/No trim] < No trim> : T ↵	键入 T 并回车
Select first line or [Polyline/Distance/Angle/Trim/Method]:	选择图 14.24a)中将要倒角的第一条线 A
Select second line:	选择图 14.24a)中将要倒角的第二条线 B,其结果如图 14.24b)所示
Command:	

14.5.5　图形实体的倒圆(FILLET)

FILLET 命令用于将两条一般相交直线进行倒圆或对多义线的多个顶点进行一次性倒圆(即按一定的半径进行圆弧连接并修整圆滑),该命令还可以求两直线的交点,其命令可以通过以下方式来执行:

下拉菜单:Modify/Fillet

命 令 行:FILLET 或 _FILLET

工具按钮:单击"Modify"工具栏中的 按钮

命令执行之后,系统将在命令行出现如下提示:

Select first line or [Polyline/Radius/Trim/]:选择将要倒角的第一条线或者其他选项。

Radius:设置连接圆角的半径。

用 FILLET 命令将图 14.25a)中的图形进行倒圆,其操作结果如图 14.25b)所示,操作步骤如表 14.20 所示。

图 14.25　图形的倒圆

表 14.20

Command:FILLET ↵	激活 FILLET 命令
Current settings Mode = TRIM, Radius = 500	
Select first object or [Polyline/Radius/Trim]:R ↵	键入 R 并回车
Specify fillet radius <500> :60 ↵	键入倒圆的半径 60 并回车
Select first object or [Polyline/Radius/Trim]:T ↵	键入 T 并回车
Enter Trim mode option [Trim/No trim] < Trim> :N ↵	键入 N 并回车
Select first object or [Polyline/Radius/Trim]:	选择图 14.25a)中将要倒角的第一条线 A
Select second line:	选择图 14.25a) 中将要倒角的第二条线 B,其结果如图 14.25b)所示
Command:	

14.5.6　图形实体的分解(EXPLODE)

EXPLODE 命令可以将复杂的图形实体分解成若干个基本的图形实体。如具有整体性的图块可将其分解成各个具有各自特性的原始图形实体,并可对各个图形实体进行编辑、修改。多义线可将其分解成几条单独的直线段和弧线段,同时多义线的宽度信息将消失。

EXPLODE 命令可以通过以下方式来执行：

下拉菜单：Modify/Explode

命 令 行：EXPLODE 或 _EXPLODE

工具按钮：单击“Modify”工具栏中的按钮

EXPLODE 命令只能分解一级组合实体。如果在图块中嵌套有其他图块，则一次只可分解其最外层的一级图块。如图块中包含有多义线，则可以将图块分解而得到多义线；如要得到组成多义线的直线和弧线，则需要再进行分解。如图块中包含有相关的尺寸标注，当进行一次分解后便可以分解为非相关尺寸标注。图块分解的前后其图形的显示将是一样的，但有的图形实体由于被还原，将恢复其原来的颜色和线型。

第 15 章 文本标注和尺寸标注

一幅完整的工程图样不仅要有正确的图形,还应有准确的尺寸数据和文字说明。那么在绘制、编辑好图形之后,要能在图形上标出所需要的尺寸数据和文字说明,就必须在标注之前做好字体模式与标注模式的设置,然后才进行标注。其中对于文字标注的汉字标注要借助一些应用软件中所提供的汉字输入功能来输入汉字。

15.1 文字样式的设置(STYLE)

DDSTYLE 命令用于设置字体的模式。字体模式中主要包括了文字字体、文字高度、文字倾斜角度、文字的宽高比、文字的上下左右倒置和垂直变化等特性。

DDSTYLE 命令可以通过以下方式来执行:

下拉菜单:Format/Text Style…

命 令 行:STYLE 或 DDSTYLE、_STYLE

在执行命令之后,系统将弹出"Text Styles"对话框,如图 15.1 所示,其各项含义如下:

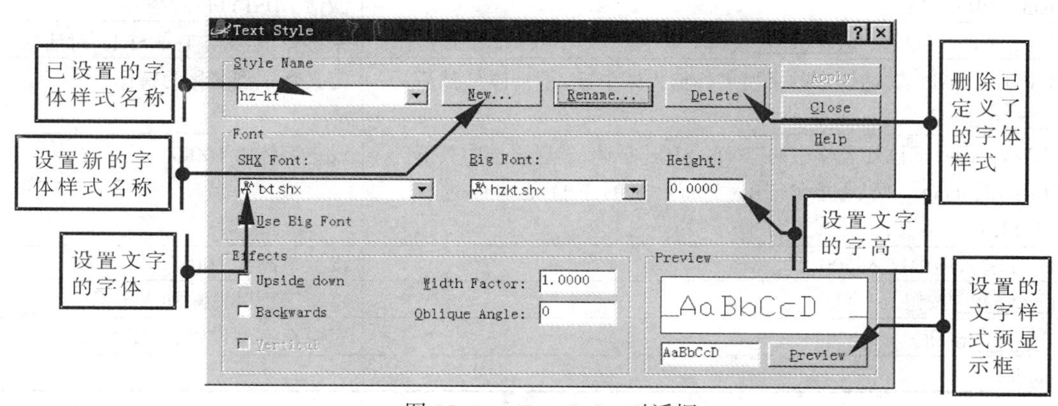

图 15.1　Text Styles 对话框

Style Name 区域:该区域用于对字体样式名称进行操作。在该区域的下面有一个输入框,单击该输入框的右端的向下方向键,就会弹出已定义好了的字体样式名称的下拉列表框,用于选取所需要的已定义好的字体样式。

Font 区域:该区域用于设置文字的字体、字高。

Font Name:该输入框用于设置文字样式的名称。

Font Style:该输入框用于设置文字的字体。

Height: 该输入框用于设置文字的字高。在缺省状态下字体的字高为0, 它表示在用TEXT、DTEXT命令输入汉字时系统将询问字体的字高,反之,则不询问字体的字高。

Effects区域:该区域用于设置文字倾斜角度、文字的宽高比、文字的上下左右倒置和垂直变化等特性。

Preview区域:该区域用于设置文字样式的预显示。可先在 Preview 按钮左边的方框中输入字母或汉字,然后单击 Preview 按钮,则输入的字母或汉字就显示在 Preview 按钮上面的大方框中。

在该方框右边依次有 New 、 Delete 、 Rename 三个按钮,其各个含义如下:

单击 New 按钮将弹出"New Text Style"对话框,用于设置新的字体样式名称。在"Style Name"右边的输入框中输入已定义好的字体名称,然后单击 OK 按钮。

单击 Rename 按钮将弹出"Rename Text Style"对话框,其操作同单击 New 按钮弹出的"New Text Style"对话框一样。

Delete 按钮是用于删除已定义了的字体名,其操作是先选中已定义好的字体样式名称,然后再单击 Delete 按钮即可。

在该对话框的右上角有 Apply 、 Cancel 、 Help 三个按钮,其含义分别为:

Apply :在对字体进行新的设置之后,一定要单击 Apply 按钮,以使设置生效。

Cancel :取消对字体进行的新设置。

Help :单击该按钮将弹出帮助对话框。

下面设定新字型名称为楷体,新字型的字体为HZKT,字高为500。其操作步骤如表15.1所示。

表 15.1

Command:DDSTYLE ↵	激活DDSTYLE命令
点取Text Style对话框的 New 按钮	系统弹出"New Text Style"对话框
在"New Text Style"对话框中的字型名称输入框中输入"楷体",然后点 OK 按钮	定义新字型名称为楷体
选择"Font name"下拉列表框中的"TXT. SHX"字体,然后再选中其下的"Use Big Font"项,再在"Big Font"项的下拉菜单中选择"HZKT. SHX"字体文件	设定字体为HZKT
在Height输入项中键入500	设置字高为500
单击 Apply 按钮	将新字型"楷体"加入图形
点 Close 按钮	完成新字型设置,关闭对话框
Command:	

15.2 文 本 输 入

在Auto CAD中,文本的输入有两种方式:一种是单行文本输入,即是在每次命令执行之后只能输入一行文本,系统不会自动换行,并且文本是在命令行中进行输入;另一种是多行文本输入,即是在每次命令执行之后能输入多行文本,且文本是通过对话框来完成输入。

15.2.1 单行文本输入(TEXT)

TEXT 用于单行文本的输入,其命令可以通过以下方式来执行:

下拉菜单:Draw/Text/Single Line Text

命 令 行:TEXT 或 DTEXT、_TEXT

命令执行之后,系统将在命令行出现“Specify start point of text or [Justify/Style]: ”的提示,其中各选项的含义如下:

Justify 选项: 选中该项并回车, 系统将出现 “Enter an option [Align/Fit/Center/Middle/Right/TL/TC/TR/ML/MC/MR/BL/BC/BR]: ”的提示,在该提示中一共列出了 14 种文字输入的对齐模式。

Style 选项:选中该项并回车,系统将出现“Enter style name or [?] <Standard> : ”的提示,该提示用来设置输入文本的字体。

下面将用 text 命令来输入“Auto CAD 2000 单行文本输入”这些文本,并分两行排列,其操作结果如图 15.2 所示,操作步骤如表 15.2 所示。

图 15.2 单行文本输入示例

表 15.2

Command:text ↵	激活 text 命令
Current text style: “Standard” Text height: 55.8273 Specify start point of text or [Justify/Style]:s ↵	当前字体名称为 “Standard”, 字高为 55.8273,键入 s 并回车
Enter style name or [?] <Standard> :仿宋体	输入字体样式名称“仿宋体”
Current text style: “仿宋体” Text height: 55.8273 Specify start point of text or [Justify/Style]:j ↵	键入 j 并回车,以确定文字输入的对齐模式
Enter an option [Align/Fit/Center/Middle/Right/TL/TC/TR/ML/ MC/MR/BL/BC/BR]:c ↵	键入 c 并回车,指定文字输入基线的中点
Specify center point of text:	回到绘图屏幕中指定一点

续表

Specify height <55.8273> :40↵	键入 40 并回车,确定文字的高度
Specify rotation angle of text <0> :↵	直接回车,确定文字的倾斜角度
Enter text:AutoCAD 2000↵	键入“AutoCAD 2000”并回车
Enter text:单行文本输入↵	键入“单行文本输入”并回车
Enter text:↵	回车,结束文本输入
Command:	

15.2.2 多行文本输入(MTEXT)

MTEXT 命令可以动态地标注多行文本,MTEXT 命令可以通过以下方式来执行:

下拉菜单:Draw/Text/Multiline Text...

命 令 行:MTEXT 或 _MTEXT

工具按钮:单击“Draw”工具条中的 A 按钮

命令执行之后,系统将在命令行出现“Specify first corner:”的提示,该提示要求在绘图屏幕中确定文本框的第一角点;接着系统将再次出现“Specify opposite corner or [Height/ Justify/ Line spacing/Rotation/Style/Width]:”的提示,该提示要求在绘图屏幕中确定文本框的另一角点或相关选项。确定之后系统将弹出一个“Multiline Text Editor”对话框,如图 15.3 所示。在该对话框中有四个标签页,各个标签页的功用如下:

Character 标签页:该标签页如图 15.3 所示,在该标签页中可以确定输入文本的字体、字高、粗体、斜体、下画线、放弃、堆叠、颜色以及特殊符号等。

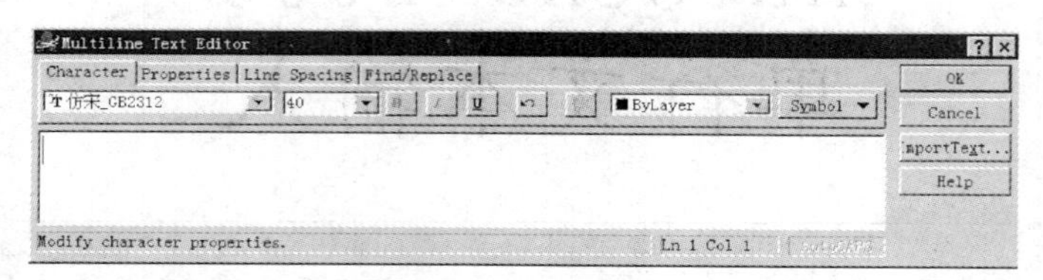

图 15.3 Multiline Text Editor 对话框

Properties 标签页:该标签页如图 15.4 所示,在该标签页中可以确定输入文本的字体样式、对齐方式、文本宽度以及文本倾斜角度等。

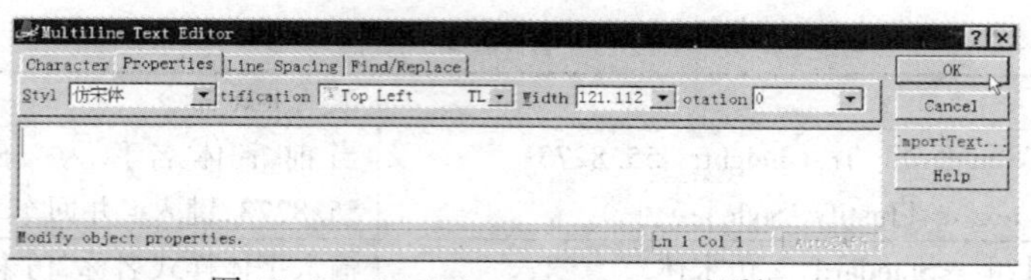

图 15.4 Multiline Text Editor 对话框

Line Spacing 标签页:该标签页如图 15.5 所示,在该标签页中可以确定输入文本的间距等。

Find/Replace 标签页:该标签页如图 15.6 所示,在该标签页中可以确定输入文本的查找、替换、区分大小写以及全字匹配等。

下面将用 mtext 命令来输入"Auto CAD 2000 多行文本输入"这些文本，并分两行排列，其操作结果如图 15.8 所示，操作步骤如表 15.3 所示。

表 15.3

Command:mtext ↵	激活 mtext 命令
Current text style: "仿宋体" Text height: 40 Specify first corner:	当前字体名称为"仿宋体"，字高为 40，在绘图屏幕中确定文本框的第一角点
Specify opposite corner or [Height/Justify/Line spacing/Rotation/ Style/Width]:	在绘图屏幕中确定文本框的另一角点，系统将弹出一个"Multiline Text Editor"对话框
在"Multiline Text Editor"对话框中输入"Auto CAD 2000 多行文本输入"这些文本，并分两行排列，如图 15.7 所示，然后单击对话框中的 OK 按钮，系统回到绘图屏幕窗口，结果如图 15.8 所示	
Command:	

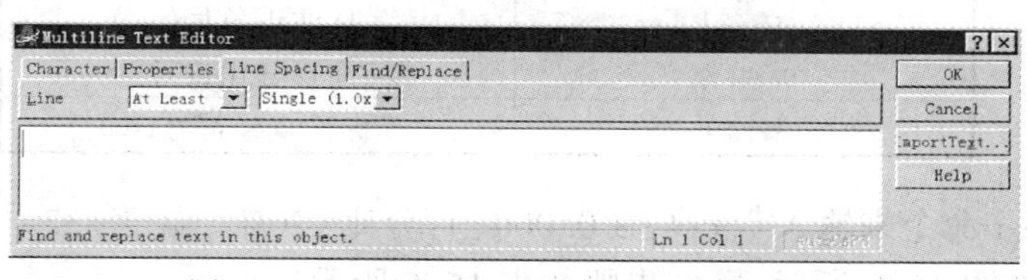

图 15.5 Multiline Text Editor 对话框

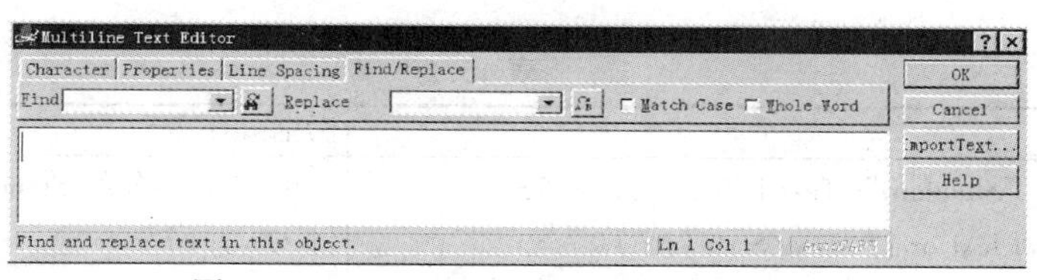

图 15.6 Multiline Text Editor 对话框

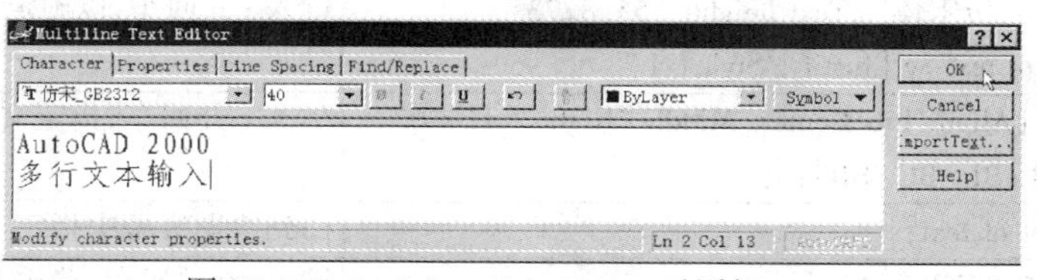

图 15.7 Multiline Text Editor 对话框

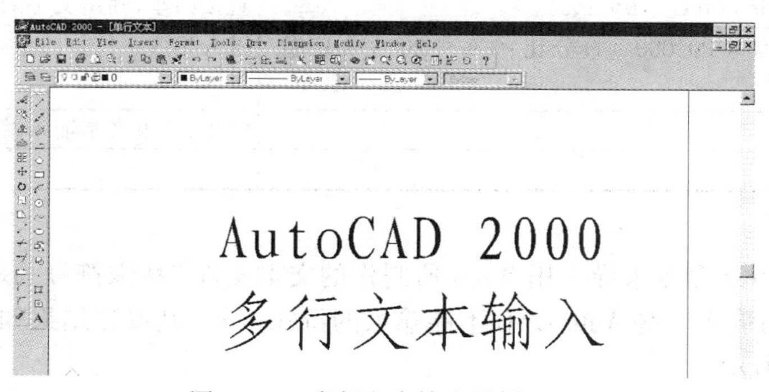

图 15.8 多行文本输入示例

15.2.3 特殊符号的输入方法

在工程实际中，常常会在图中标注一些特殊符号，如钢筋的直径符号、间距符号、百分号、正负号等等，对于这些符号常有两种方法进行输入：一种是直接利用 Auto CAD 所提供的特殊符号控制码来输入，另一种是利用多行文本输入对话框中的按钮来导入带有特殊符号的文本文件（如用 Word 所做的 *.txt 文件）。

Auto CAD 所提供的特殊符号控制码及其相对应的特殊符号如表 15.4 所示。

表 15.4

特殊符号控制码	相应的特殊符号及其功能
%%O	打开或关闭文本上画线
%%U	打开或关闭文本下画线
%%D	标注符号“度”（°）
%%P	标注正负号（±）
%%%	标注百分比符号（%）
%%C	标注直径符号（Φ）

下面将用 text 命令来输入“标高：±0.000、百分比：20%、温度：37°”这些文本，并排成一行，其操作结果如图 15.9 所示，操作步骤如表 15.5 所示。

表 15.5

Command：text↵	激活 text 命令
Current text style: “Standard” Text height: 55.8273 Specify start point of text or [Justify/Style]：s↵	当前字体名称为“Standard”，字高为 55.8273，键入 s 并回车
Enter style name or [?] <Standard> ：仿宋体	输入字体样式名称“仿宋体”
Current text style: “仿宋体” Text height: 55.8273 Specify start point of text or [Justify/Style]：j↵	键入 j 并回车，以确定文字输入的对齐模式
Enter an option [Align/Fit/Center/Middle/Right/ TL/TC/TR/ML/ MC/MR/BL/BC/BR]：c↵	键入 c 并回车，指定文字输入基线的中点
Specify center point of text：	回到绘图屏幕中指定一点
Specify height <55.8273> ：40↵	键入 40 并回车，确定文字的高度
Specify rotation angle of text <0> ：↵	直接回车，确定文字的倾斜角度
Enter text：标高：%%P0.000、百分比：%%%20、%%U 温度：%%D37↵	键入相应字符并回车
Enter text:↵	回车，结束文本输入，结果如图 15.9 所示
Command：	

下面再用 mtext 命令来导入用 Word 所制作的文本文件“特殊符号.txt”，该文件内容如图 15.10 所示，从而输入一些 Auto CAD 不能输入的特殊符号。其操作结果如图 15.14 所示，操作步骤如表 15.6 所示。

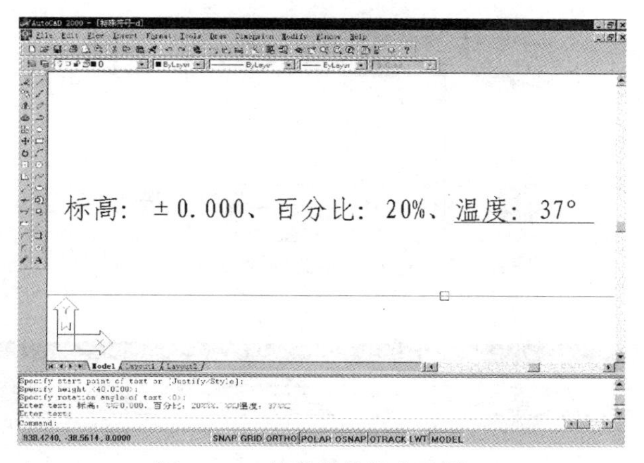

图 15.9　特殊符号输入示例一

表 15.6

Command：mtext ↵	激活 mtext 命令
Current text style："Standard"　Text height：2.5 Specify first corner：	当前字体名称为"Standard"，字高为 2.5，在绘图屏幕中确定文本框的第一角点
Specify opposite corner or [Height/Justify/Line spacing/Rotation/Style/Width]：	在绘图屏幕中确定文本框的另一角点，系统将弹出一个"Multiline Text Editor"对话框
在"Multiline Text Editor"对话框中设置文本字体为"宋体"，如图 15.11 所示。然后单击按钮，系统弹出"打开"对话框，寻找到文本文件"特殊符号.txt"，如图 15.12 所示，然后打开该文件。系统回到"Multiline Text Editor"对话框中，如图 15.13 所示，然后单击对话框中的 OK 按钮，系统回到绘图屏幕窗口，结果如图 15.14 所示	
Command：	

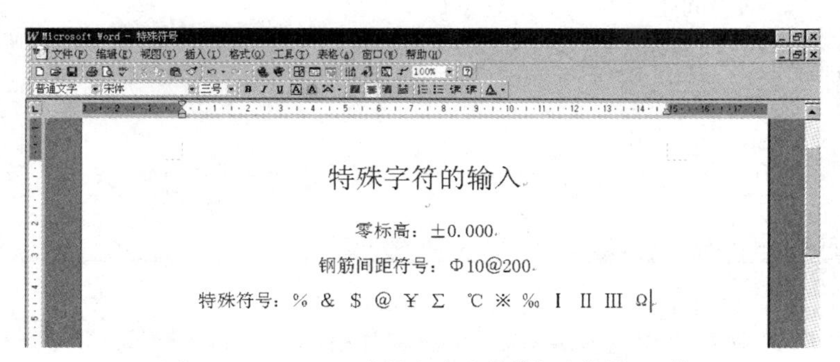

图 15.10　Word 中的文本文件"特殊符号.txt"

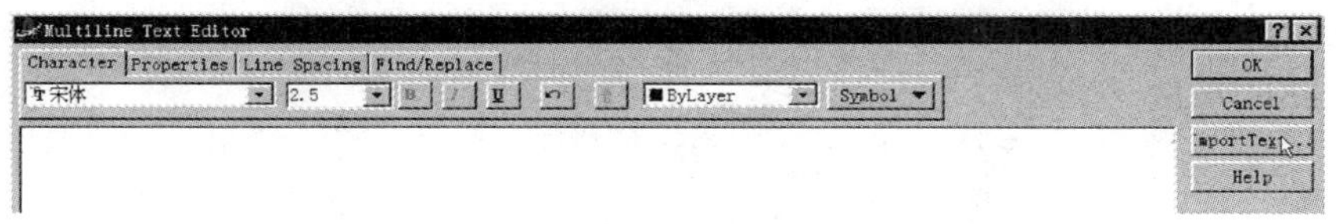

图 15.11　Multiline Text Editor 对话框

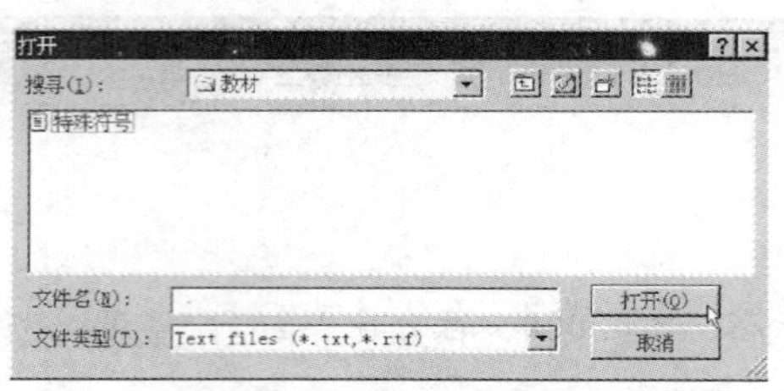

图 15.12　打开文本文件"特殊符号 . txt"

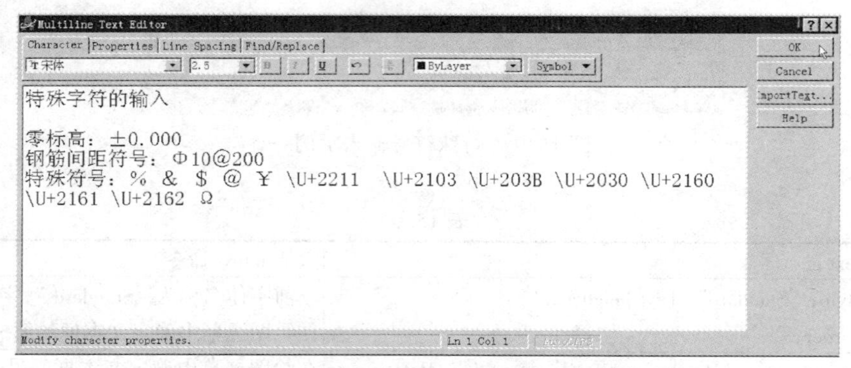

图 15.13　Multiline Text Editor 对话框

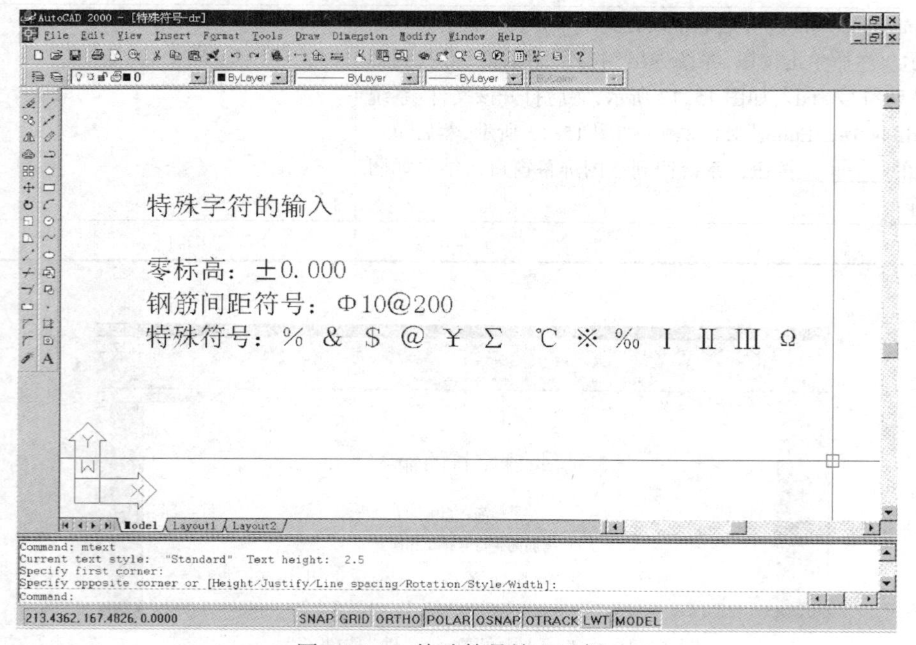

图 15.14　特殊符号输入示例二

15.3　尺寸标注样式的设置(DIMSTYLE)

DIMSTYLE 命令用于创建或修改尺寸标注样式,其命令可以通过以下方式来执行:

下拉菜单:Format /Dimension Style…

命 令 行:DIMSTYLE 或 D、_DIMSTYLE

工具按钮:单击“Dimension”工具条中的按钮,如图 15.15 所示

图 15.15　Dimension 工具条

执行 DIMSTYLE 命令,系统将弹出一个“Dimension Style Manager”对话框,如图 15.16 所示,其各项含义如下:

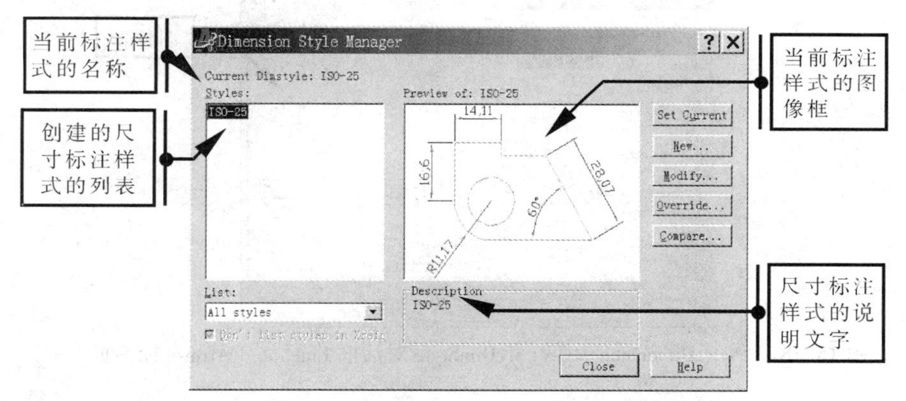

图 15.16　Dimension Style Manager 对话框

Set Current 按钮:单击此按钮把左侧所选尺寸标注样式设置为当前要用的尺寸标注样式。

Modify... 按钮:单击此按钮显示“Modify Dimension Style”对话框,该对话框用于对左侧所选尺寸标注样式进行修改。

Override... 按钮:单击此按钮显示“Override Dimension Style”对话框。该按钮对当前尺寸标注样式有用,用于对尺寸变量进行临时覆盖。

Compare... 按钮:单击此按钮将显示“Compare Dimension Style”对话框,在该对话框中用户可以比较两种不同尺寸标注样式的特性或显示某一尺寸标注样式的所有特性。

Close 按钮:单击此按钮关闭“Dimension Style Manager”对话框。

当单击“Dimension Style Manager”对话框右侧的 New 按钮,系统将弹出一个“Create New Dimension Style”对话框,如图 15.17 所示。

Continue:单击此按钮,显示“New Dimension Style”对话框,用户可在其中定义新的尺寸标注样式。

Cancel:单击此按钮即取消“新建尺寸标注样式”对话框操作。

当单击“New Dimension Style”对话框中 Continue 按钮,系统将弹出一个“New Dimension

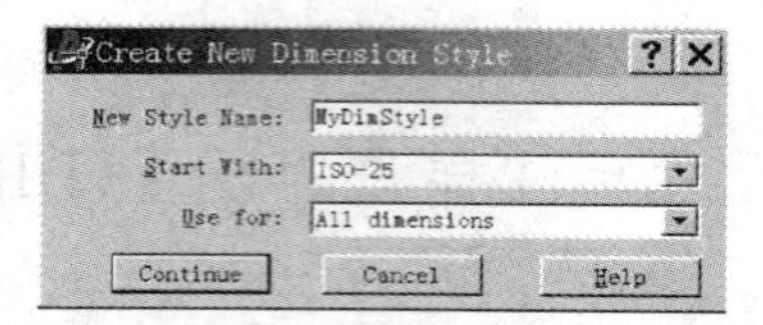

图 15.17　Create New Dimension Style 对话框

Style:MyDimStyle”对话框(其中 MyDimStyle 是新建尺寸标注样式的名称),如图 15.18 所示。

在“New Dimension Style: MyDimStyle”对话框中包括以下 6 个标签页:“Lines and Arrows”(直线和箭头)、“Text”(文本)、“Fit”(调整)、“Primary Units”(主单位)、“Alternate Units”(变换单位)、“Tolerance”(公差)等,下面将择重予以讲解:

Lines and Arrows 标签页:

在该标签页中可以确定尺寸线、尺寸界线、箭头和圆的中心标记等格式与属性,如图 15.18 所示。

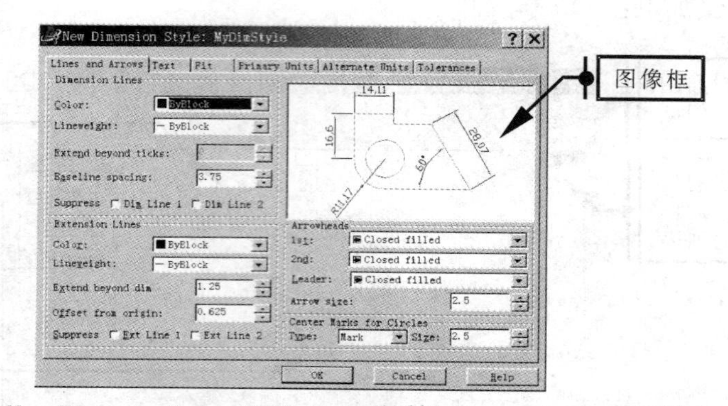

图 15.18　New Dimension Style : MyDimStyle 对话框 Lines and Arrows 标签页

① Dimension Lines 区域:在该区域中设置尺寸线的属性。

Color:在该下拉列表框中选择尺寸线的颜色。下拉列表框中“By Layer”表示尺寸线颜色由该尺寸标注所在图层颜色确定,“By Block”表示尺寸线的颜色由分配给该块的颜色确定,选择“Other. . . ”选项可打开如图 15.19 所示“Select Color”对话框,供用户选择所需颜色。

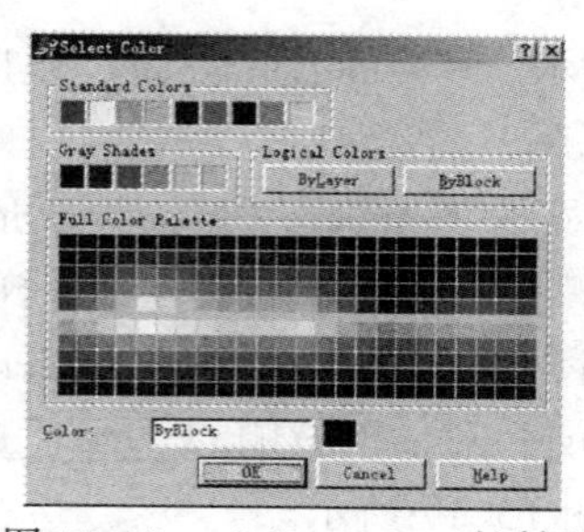

图 15.19　Select Color 对话框

Lineweight:在该下拉列表框中选择尺寸线的宽度。下拉列表框中“By layer”表示尺寸线的宽度由该尺寸标注所在图层线宽确定,“By block”表示尺寸线的宽度由分配给该块的线宽确定。

Extend Beyond tricks: 在该带上下微调按钮的文本编辑框中设置尺寸线超过尺寸界线的

距离。

Base line spacing：在该带上下微调按钮的文本编辑框中设置在基线标注时尺寸线之间的距离。

Suppress：使用该两个复选项确定尺寸线的显示情况：

· Dim Line 1：当选择此复选项时表示系统将省略显示第一条尺寸线；

· Dim Line 2：当选择此复选项时表示系统将省略显示第二条尺寸线。

② Extension Lines 区域：在该区域中控制尺寸界线的属性。

Color：在该下拉列表框中设置尺寸界线的颜色，其操作说明同前。

Lineweight：在该下拉列表框中设置尺寸界线的宽度，其操作说明同前。

Extend Beyond Dim Lines：在该带上下微调按钮的文本编辑框中设置尺寸界线延伸出尺寸线的距离。

Offset from origin：在其后带上下微调按钮的文本编辑框中设定尺寸界线偏离原点的距离。

Suppress：使用该两个复选项确定省略显示哪些尺寸界线。

· Ext Line1：当选择此复选项时系统将省略显示第一条尺寸界线；

· Ext Line2：当选择此复选项时系统将省略显示第二条尺寸界线。

③ Arrow heads 区域：在该区域中控制尺寸起止符号或箭头的属性，用户可以为第一条和第二条尺寸线指定不同的起止符号或箭头。

1st：在该下拉列表框中设置第一条尺寸线的箭头形式。

2nd：在该下拉列表框中设置第二条尺寸线的起止符号或箭头形式。

Leader：在该下拉列表框中设置指引线的箭头形式。

Arrow Size：在此带上下微调按钮的文本编辑框中设置起止符号或箭头的大小。

④ Center marks for circles 区域：在该区域中控制直径和半径标注对中心标记和中心线的外观。

Type：在该下拉列表框中选择中心标记的类型。

Size：在该带上下微调按钮的文本编辑框中设置和显示中心标记或中心线的尺寸。

图像框：位于对话框右上角，使用户可以即时观察尺寸标注的效果(以下各标签页相同)。

Text 标签页：

在该标签页中设置尺寸文本的形式位置与对齐方式，如图 15.20 所示。

① Text Appearance 区域：在该区域中控制尺寸文本形式与大小。

Text Style：在紧跟该下拉列表框中显示和设置尺寸文本的当前样式。用户要创建或修改尺寸文本的样式，请单击下拉列表框右边的...按钮。

...按钮：用户单击此按钮系统将显示“Text Style”(文本样式)对话框，在该对话框中用户可以定义或修改文本样式。

Text Color：在该下拉列表框中显示和设置尺寸文本的颜色，其操作说明同前。

Text Height：在其后带上下微调按钮的文本编辑框中显示和设置当前文本样式的高度。

Fraction Height Scale：在其后带上下微调按钮的文本编辑框中设定尺寸文本中分数部分的比例，系统用输入的值乘以文本高度来确定分数部分的高度。

Draw Frame Around Text：用户选择复选项即在尺寸文本周围加框。

② Text Placement 区域：在该区域中控制尺寸文本的位置。

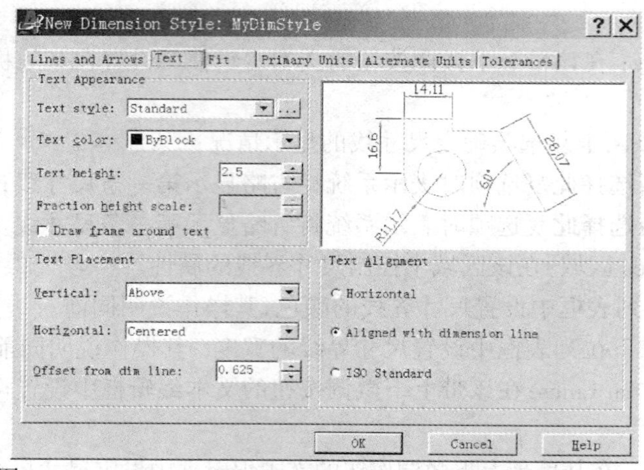

图 15.20　New Dimension Style：MyDimStyle 对话框 Text 标签页

Vertical：在该下拉列表框中选择尺寸文本的尺寸线竖直对齐的方式。

Centered：用户选择此选项可将尺寸文本放在尺寸线两部分的中间。

Above：用户选择此选项可将尺寸文本放在尺寸线之上，从尺寸线到尺寸文本最低基线间的距离即当前文本距离，该距离在其下的“offset from dim line”输入框中进行设置。

Outside：用户选择此选项即将尺寸文本放在远离第一定义点的尺寸线那一侧。

JIS：用户选择此选项来使用“Japanese Industrial Standards”（日本工业标准）表示法。

Horizontal：在该下拉列表框中选择尺寸文本给尺寸线和文本界线的水平对齐方式。

Centered：用户选择此选项即将尺寸文本和尺寸线放在两尺寸界线中间。

1st Extension Line：用户选择此选项即使尺寸文本沿尺寸线靠近第一尺寸界线左对齐。

2nd Extension Line：用户选择此选项即使尺寸文本沿尺寸线靠近第一尺寸界线右对齐。

Over 1st extension line：用户选择此选项即把尺寸文本放在第一尺寸界线或沿第一尺寸界线放置。

Over 2nd extension line：用户选择此选项即把尺寸文本放在第二尺寸界线或沿第二尺寸界线放置。

Offset from dim line：在其后带上下微调按钮的文本编辑框中显示和设置当前文本间隔。当尺寸线断开来放置尺寸文本时，是尺寸文本周围距离尺寸线的距离。

③ Text Alignment 区域：在该区域中控制尺寸文本的方向：水平或平齐。

Horizontal：用户选择此选项即表示无论何处都将尺寸文本水平放置。

Aligned with dimension line：用户选择此选项即将尺寸文本与尺寸线平齐。

ISO standard：用户选择此选项可使尺寸文本在两尺寸界线之间时与尺寸线平齐而在尺寸界线之外时保持水平。

Fit 标签页：

在该标签页中，可以控制尺寸文本、箭头指引线和尺寸线的放置，如图 15.21 所示。

Fit Options 区域：在该区域控制两尺寸界线之间空间不足时尺寸文本与箭头的放置。

Text Placement 区域：在该区域中设置当尺寸文本偏离默认位置时的放置方式。

Scale for Dimension Feature 区域：在该区域设置全局尺寸标注比例或图纸空间缩放比。

Fine Tuning 区域:在该区域中设置其他调整选项。

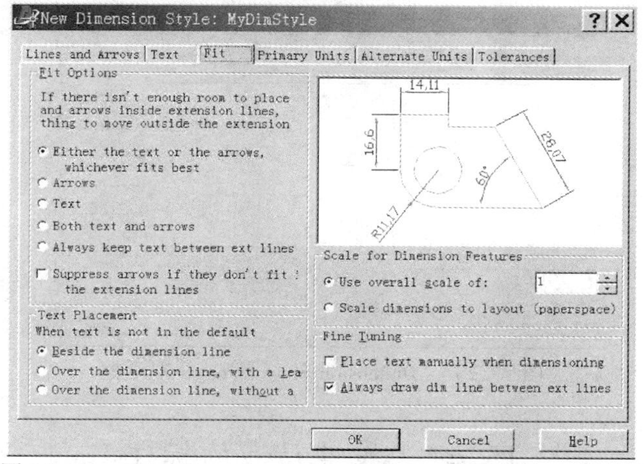

图 15.21　New Dimension Style : MyDimStyle 对话框 Fit 标签页

Primay Units 标签页:

在该标签页中,可以设置主单位的格式与精度和文本的前缀与后缀,如图 15.22 所示。

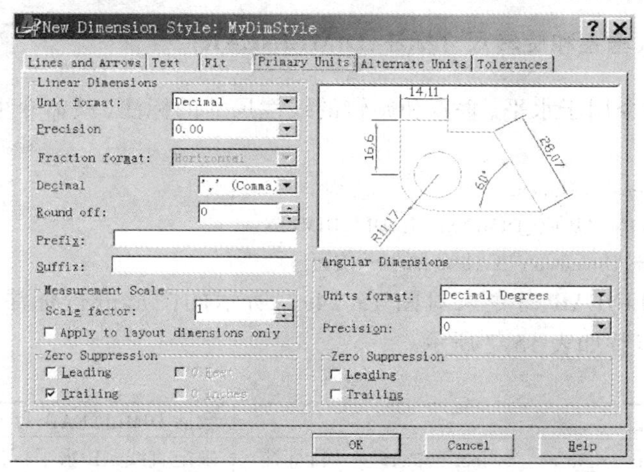

图 15.22　New Dimension Style : MyDimStyle 对话框 Primary Units 标签页

Linear Dimensions 区域:在该区域中设置线性尺寸标注的格式与精度。

Measurement Scale 区域:在该子区域中定义测量比例。

Zero Suppression 区域:在该子区域中控制 0 的省略。

Angular Dimension 区域:在该区域中显示和设置角度标注中的当前角度格式。

Alternate Unit 标签页:

在该标签页中,可以设置变换单位的格式、精度、角度、尺寸标注和比例。

Tolerances 标签页:

在该标签页中,可以控制尺寸文本中公差的显示与格式。

当对所需要修改的各项修改好之后,便可以单击"New Dimension Style: MyDimStyle"对话框下的 OK 按钮,以便对修改予以确认。之后,系统返回到"Dimension Style Manager"对话框中,此时用户可以观察到“Styles”下列表框中增加了“My DimStyle”一项,如图 15.23 所示。

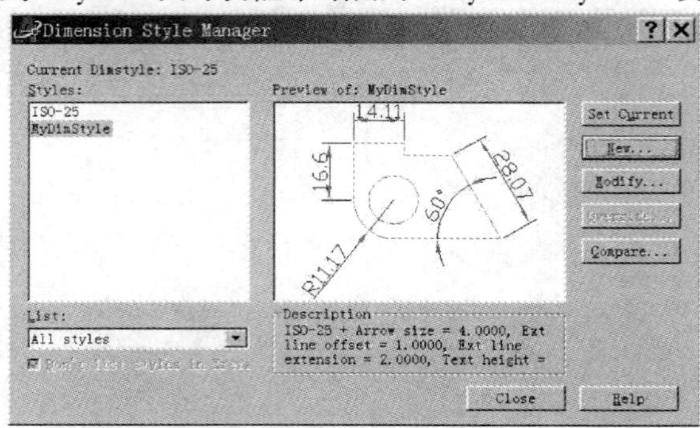

图 15.23　Dimension Style Manager 对话框

15.4　线性尺寸的标注

在线性尺寸的标注中包括了水平、垂直和旋转尺寸标注、平行标注、基线标注、连续标注,下面将分别介绍各种尺寸标注的具体方法。

15.4.1　水平、垂直和旋转尺寸标注(DIMLINEAR)

DIMLINEAR 命令用于水平、垂直和旋转的线性尺寸的标注,其命令可以通过以下方式来执行:

下拉菜单:Dimension/Linear

命 令 行:DIMLINEAR 或 _DIMLINEAR、DLI、DIMLIN

工具按钮:单击“Dimension”工具条中的 ⟼ 按钮

下面将用 DIMLINEAR 命令来对图 15.24a) 所示的图形进行标注,其操作结果如图 15.24b)所示,操作步骤如表 15.7 所示。

表 15.7

Command:DIMLINEAR ↵	激活 DIMLINEAR 命令
Specify first extension line origin or <select object> :(目标捕捉 A 点)	确定直线 AB 水平标注的第一条尺寸界线的起点 A
Specify second extension line origin:(目标捕捉 B 点)	确定直线 AB 水平标注的第二条尺寸界线的起点 B
Specify dimension line location or [Mtext/Text/Angle/ Horizontal/Vertical/Rotated]:(向下拉动光标确定一恰当点)	确定直线 AB 水平标注的尺寸线的位置
Dimension text = 170	标注的尺寸数字为 170
Command:↵ DIMLINEAR	回车 激活 dimlinear 命令
Specify first extension line origin or <select object> :(目标捕捉 B 点)	确定直线 BC 水平标注的第一条尺寸界线的起点 B
Specify second extension line origin:(目标捕捉 C 点)	确定直线 BC 水平标注的第二条尺寸界线的起点 C

续表

Specify dimension line location or [Mtext/Text/Angle/ Horizontal/Vertical/Rotated]:(向上拉动光标确定一恰当点)	确定直线 BC 水平标注的尺寸线的位置
Dimension text = 85	标注的尺寸数字为 85
Command:↵ DIMLINEAR	回车 激活 dimlinear 命令
Specify first extension line origin or <select object> :(目标捕捉 B 点)	确定直线 BC 垂直标注的第一条尺寸界线的起点 B
Specify second extension line origin:(目标捕捉 C 点)	确定直线 BC 垂直标注的第二条尺寸界线的起点 C
Specify dimension line location or [Mtext/Text/Angle/ Horizontal/Vertical/Rotated]:(向右拉动光标确定一恰当点)	确定直线 BC 垂直标注的尺寸线的位置
Dimension text = 147	标注的尺寸数字为 147
Command:↵ DIMLINEAR	回车 激活 dimlinear 命令
Specify first extension line origin or <select object> :(目标捕捉 C 点)	确定直线 CA 旋转标注的第一条尺寸界线的起点 C
Specify second extension line origin:(目标捕捉 A 点)	确定直线 CA 旋转标注的第一条尺寸界线的起点 A
Specify dimension line location or [Mtext/Text/Angle/ Horizontal/Vertical/Rotated]:R ↵	键入 R 并回车,确定尺寸线进行旋转的选项
Specify angle of dimension line <0> :45↵	键入 45 并回车,确定尺寸线进行旋转的角度为 45°
Specify dimension line location or [Mtext/Text/Angle/ Horizon-	向左上拉动光标确定一恰当点
tal/Vertical/Rotated]:(向左上拉动光标确定一恰当点)	确定直线 C A 旋转标注的尺寸线的位置
Dimension text = 164	标注的尺寸数字为 164
Command:	

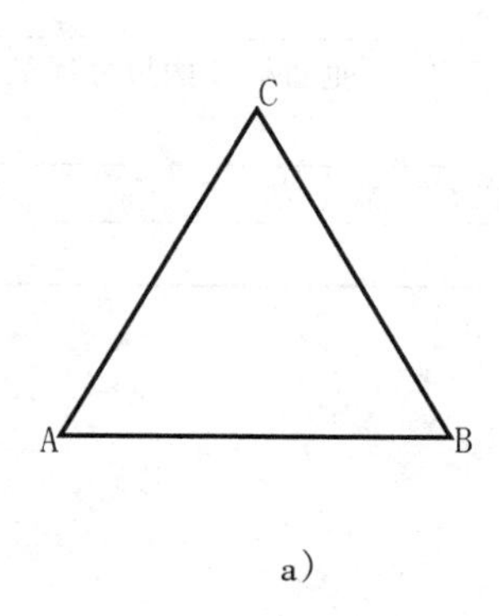

a)

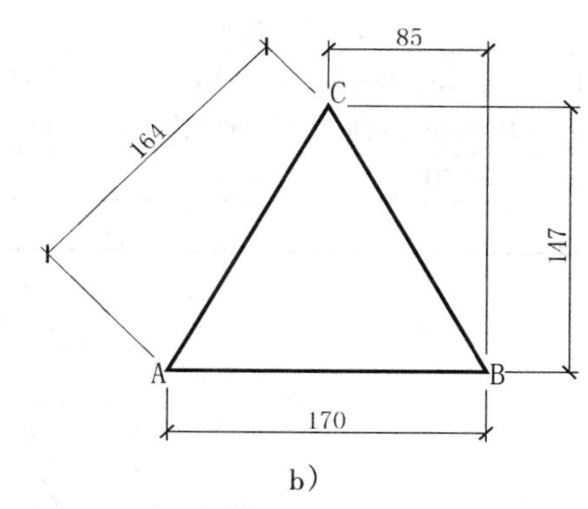

b)

图 15. 24

15. 4. 2　平行标注(DIMALIGNED)

DIMALIGNED 用于平行尺寸的标注,其命令可以通过以下方式来执行:

下拉菜单:Dimension/Aligned

命 令 行:DIMALIGNED 或 _DIMALIGNED、DAL、DIMALI

工具按钮:单击“Dimension”工具条中的按钮

下面将用 DIMALIGNED 命令来对图 15.24a) 所示的图形进行标注，其操作结果如图 15.25 所示,操作步骤如表 15.8 所示。

表 15.8

Command:DIMALIGNED↵	激活 DIMALIGNED 命令
Specify first extension line origin or <select object> :(目标捕捉 A 点)	确定直线 AB 平行标注的第一条尺寸界线的起点 A
Specify second extension line origin:(目标捕捉 B 点)	确定直线 AB 平行标注的第二条尺寸界线的起点 B
Specify dimension line location or [Mtext/Text/Angle/ Horizontal/Vertical/Rotated]:(向下拉动光标确定一恰当点)	确定直线 AB 平行标注的尺寸线的位置
Dimension text = 170	标注的尺寸数字为 170
Command:↵ DIMALIGNED	回车 激活 dimaligned 命令
Specify first extension line origin or <select object> :(目标捕捉 B 点)	确定直线 BC 平行标注的第一条尺寸界线的起点 B
Specify second extension line origin:(目标捕捉 C 点)	确定直线 BC 平行标注的第二条尺寸界线的起点 C
Specify dimension line location or [Mtext/Text/Angle/ Horizontal/Vertical/Rotated]:(向右上拉动光标确定一恰当点)	确定直线 BC 平行标注的尺寸线的位置
Dimension text = 170	标注的尺寸数字为 170
Command:↵ DIMALIGNED	回车 激活 dimaligned 命令
Specify first extension line origin or <select object> :(目标捕捉 C 点)	确定直线 CA 平行标注的第一条尺寸界线的起点 C
Specify second extension line origin:(目标捕捉 A 点)	确定直线 CA 平行标注的第二条尺寸界线的起点 A
Specify dimension line location or [Mtext/Text/Angle/ Horizontal/Vertical/Rotated]:(向左上拉动光标确定一恰当点)	确定直线 CA 垂直标注的尺寸线的位置
Dimension text = 170	标注的尺寸数字为 170
Command:	

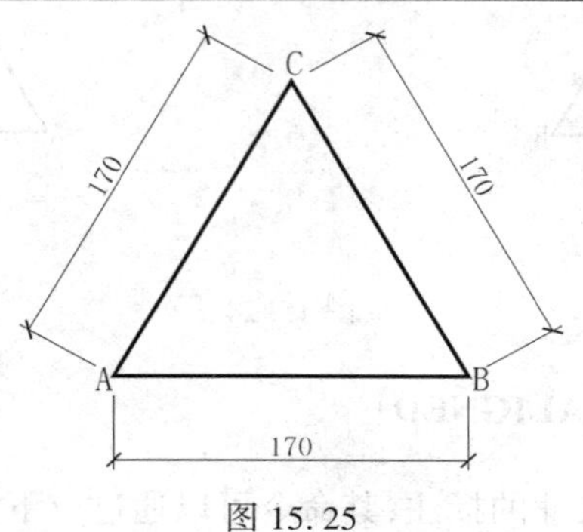

图 15.25

15.4.3　基线标注(DIMBASELINE)

DIMBASELINE 命令用于有一个共同的标注基准点的线性或角度尺寸的标注，其命令可以通过以下方式来执行：

下拉菜单：Dimension/Baseline

命 令 行：DIMBASELINE 或 _DIMBASELINE、DBA、DIMBAS

工具按钮：单击“Dimension”工具条中的按钮

在进行基线标注之前，必须先进行一次最基本的标注，因为下一次连续标注的起点将是以上一次标注的第一点为准。如：对于线性方面的连续标注，则应先进行一次水平(或垂直)标注或平行标注，再进行连续标注；对于角度方面的基线标注，则应先进行一次角度标注，再进行基线标注。

下面将用 DIMBASELINE 命令来对图 15.26 所示的图形进行标注，其操作结果如图 15.27 所示，操作步骤如表 15.9 所示。

表 15.9

Command：DIMALIGNED ↵(先进行平行标注)	激活 DIMALIGNED 命令
Specify first extension line origin or <select object> ：(目标捕捉 A 点)	确定直线 AB 平行标注的第一条尺寸界线的起点 A
Specify second extension line origin：(目标捕捉 B 点)	确定直线 AB 平行标注的第二条尺寸界线的起点 B
Specify dimension line location or [Mtext/Text/Angle/ Horizontal/Vertical/Rotated]：(向下拉动光标确定一恰当点)	确定直线 AB 平行标注的尺寸线的位置
Dimension text = 114	标注的尺寸数字为 114
Command：DIMBASELINE ↵(再进行基线标注)	激活 DIMBASELINE 命令
Specify a second extension line origin or [Undo/Select] <Select> ：(目标捕捉 E 点)	确定基线标注 AE 的第二条尺寸界线的起点 E
Dimension text = 262	标注的尺寸数字为 262
Specify a second extension line origin or [Undo/Select] <Select> ：(目标捕捉 F 点)	确定基线标注 AF 的第二条尺寸界线的起点 F
Dimension text = 340	标注的尺寸数字为 340
Specify a second extension line origin or [Undo/Select] <Select> ：↵	回车，结束下一次基线标注
Select base dimension：↵	回车，结束基线标注第一条尺寸界线的选择
Command:	

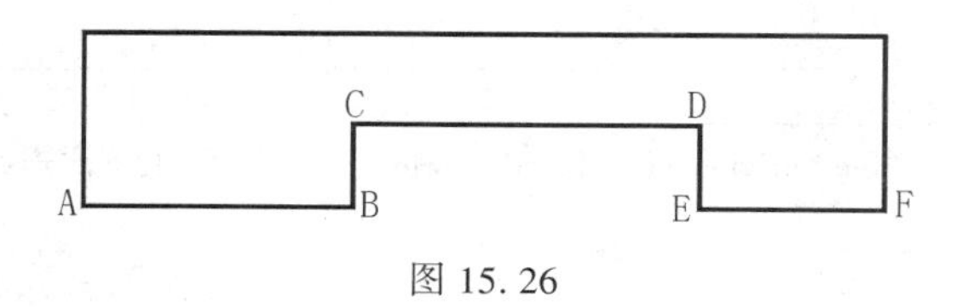

图 15.26

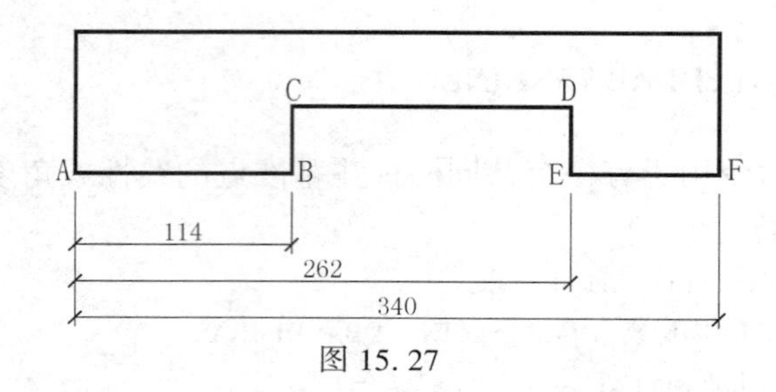

图 15.27

15.4.4 连续标注(DIMCONTINUE)

DIMCONTINUE 命令用于在同一方向上相连续的线性或角度尺寸的标注。其命令可以通过以下方式来执行:

下拉菜单:Dimension/Continue

命 令 行:DIMCONTINUE 或 _DIMCONTINUE、DCO、DIMCON

工具按钮:单击“Dimension”工具条中的 按钮

在进行连续标注之前,必须先进行一次最基本的标注,因为下一次连续标注的起点将是以上一次标注的第二点为准。如:对于线性方面的连续标注,则应先进行一次水平(或垂直)标注或平行标注,再进行连续标注;对于角度方面的连续标注,则应先进行一次角度标注,再进行连续标注。

下面将用 DIMCONTINUE 命令来对图 15.26 所示的图形进行标注,其操作结果如图 15.28 所示,操作步骤如表 15.10 所示。

表 15.10

Command:DIMLINEAR ↵(先进行水平标注)	激活 DIMLINEAR 命令
Specify first extension line origin or <select object> :(目标捕捉 A 点)	确定直线 AB 水平标注的第一条尺寸界线的起点 A
Specify second extension line origin:(目标捕捉 B 点)	确定直线 AB 水平标注的第二条尺寸界线的起点 B
Specify dimension line location or [Mtext/Text/Angle/ Horizontal/Vertical/Rotated]:(向下拉动光标确定一恰当点)	确定直线 AB 平行标注的尺寸线的位置
Dimension text = 114	标注的尺寸数字为 114
Command: :DIMCONTINUE ↵(再进行连续标注)	激活 DIMCONTINUE 命令
Specify a second extension line origin or [Undo/Select] <Select> :(目标捕捉 E 点)	确定直线 CD 标注的第二条尺寸界线的起点 E
Dimension text = 147	标注的尺寸数字为 147
Specify a second extension line origin or [Undo/Select] <Select> :(目标捕捉 F 点)	确定直线 EF 标注的第二条尺寸界线的起点 F
Dimension text = 78	标注的尺寸数字为 78
Specify a second extension line origin or [Undo/Select] <Select> :↵	回车,结束下次连续标注
Select continued dimension:↵	回车,结束连续标注第一条尺寸界线的选择
Command:	

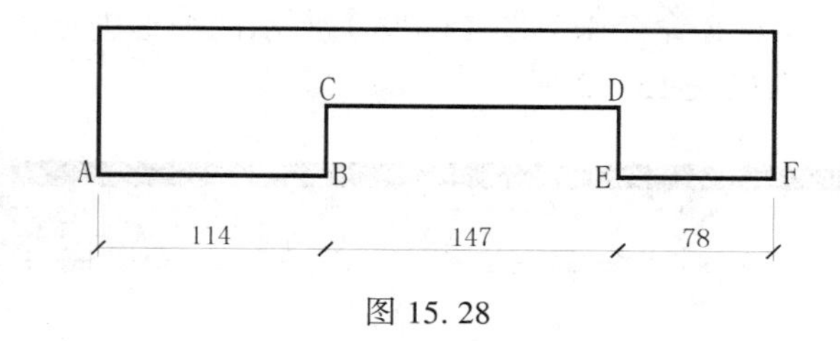

图 15.28

15.5　半径、直径和角度的标注

15.5.1　半径的标注(DIMRADIUS)

DIMRADIUS 命令用于圆或圆弧的半径尺寸的标注,其命令可以通过以下方式来执行:

下拉菜单:Dimension/Radius

命 令 行:DIMRADIUS 或 _DIMRADIUS、DRA、DIMRAD

工具按钮:单击“Dimension”工具条中的按钮

下面将用 DIMRADIUS 命令来对图 15.29a) 所示的图形进行半径标注, 其操作结果如图 15.29b)所示,操作步骤如表 15.11 所示。

表 15.11

Command:DIMRADIUS ↵	激活 DIMRADIUS 命令
Select arc or circle:(拾取圆 O)	选择要进行标注的圆或圆弧
Dimension text = 91	标注的半径数字为 91
Specify dimension line location or [Mtext/Text/Angle]↵	回车,结束半径标注
Command:	

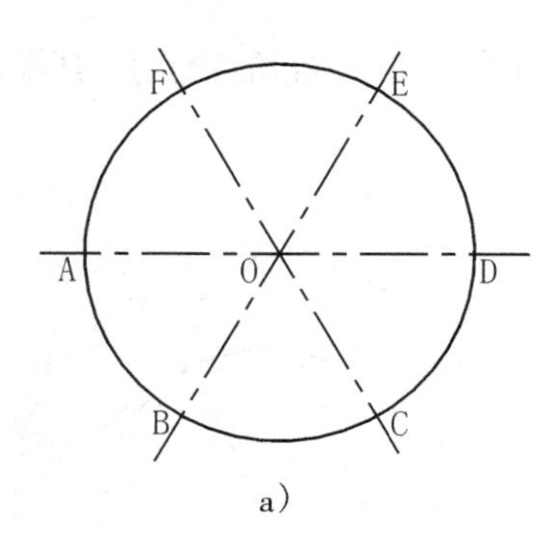

a)　　　　b)

图 15.29

15.5.2　直径的标注(DIMDIAMETER)

DIMDIAMETER 命令用于圆或圆弧直径尺寸的标注,其命令可以通过以下方式来执行:

下拉菜单:Dimension/Diameter

命 令 行:DIMDIAMETER 或 _DIMDIAMETER、DDI、DIMDIA

工具按钮:单击“Dimension”工具条中的按钮

下面将用 DIMDIAMETER 命令来对图 15.29a) 所示的图形进行直径标注，其操作结果如图 15.31a)所示，操作步骤如表 15.12 所示。

图 15.30　Multiline Text Editor 对话框

表 15.12

Command:dimdiameter ↵	激活 dimradius 命令
Select arc or circle:	选择要进行标注的圆或圆弧
Dimension text = 182	标注的直径数字为 182
Specify dimension line location or [Mtext/Text/Angle]:m ↵(对直径标注的文字进行修改)	键入 m 并回车
接着系统弹出一个“Multiline Text Editor”对话框，在该对话框中进行直径标注文本的修改输入，结果如图 15.30 所示，然后单击 OK 按钮	进行标注文本的修改
Specify dimension line location or [Mtext/Text/Angle]: ↵	回车，结束直径标注
Command:	

15.5.3　角度的标注(DIMANGULAR)

DIMANGULAR 命令用于角度尺寸的标注，其命令可以通过以下方式来执行：

下拉菜单：Dimension/Angular

命 令 行：DIMANGULAR 或 _DIMANGULAR、DAN、DIMANG

工具按钮：单击“Dimension”工具条中的 按钮

下面将用 DIMANGULAR 命令来对图 15.29a) 所示的图形进行角度标注，其操作结果如图 15.31b) 所示，操作步骤如表 15.12 所示。

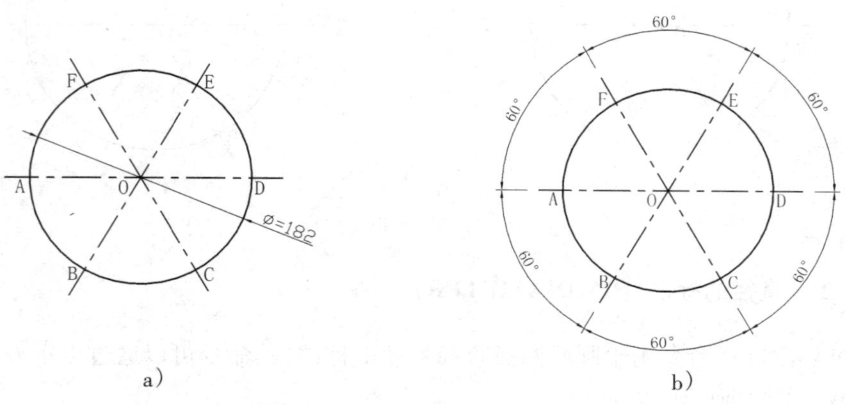

图 15.31

表 15.13

Command:DIMANGULAR ↵	激活 DIMANGULAR 命令
Select arc, circle, line, or <specify vertex> :(拾取直线 OA)	选择圆弧、圆或直线
Select second line:(拾取直线 OB)	选择角度的第二条线
Specify dimension arc line location or [Mtext/Text/Angle]:(拖动光标向左下角定一适当点)	确定尺寸线的位置
Dimension text = 60	标注的角度数字为 60°
Command:DIMCONTINUE ↵(进行角度的连续标注)	激活 DIMCONTINUE 命令
Specify a second extension line origin or [Undo/Select] <Select> :(目标捕捉 C 点)	选择第二条尺寸界线的起点
CDimension text = 60	标注的角度数字为 60°
Specify a second extension line origin or [Undo/Select] <Select> :	选择第二条尺寸界线的起点 D
Dimension text = 60	标注的角度数字为 60°
Specify a second extension line origin or [Undo/Select] <Select> :	选择第二条尺寸界线的起点 E
Dimension text = 60	标注的角度数字为 60°
Specify a second extension line origin or [Undo/Select] <Select>	选择第二条尺寸界线的起点 F
Dimension text = 60	标注的角度数字为 60°
Specify a second extension line origin or [Undo/Select] <Select> :	选择第二条尺寸界线的起点 A
Dimension text = 60	标注的角度数字为 60°
Specify a second extension line origin or [Undo/Select] <Select> : ↵	回车,结束下一次角度标注
Select continued dimension: ↵	回车，结束连续角度标注第一条尺寸界线的选择
Command:	

15.6　尺寸标注的编辑

对于尺寸标注的编辑通常有尺寸文本内容的编辑、尺寸文本位置的编辑。

15.6.1　尺寸文本内容的编辑(DIMEDIT)

DIMEDIT 命令用于对尺寸文本内容的编辑,其命令可以通过以下方式来执行:

下拉菜单:Dimension/Dimension Edit

命 令 行:DIMEDIT

工具按钮:单击“Dimension”工具条中的按钮

下面将用 DIMEDIT 命令来对图 15.31a) 所示的直径标注的文本进行编辑, 其操作结果如图 15.33 所示,操作步骤如表 15.14 所示。

表 15.14

Command:DIMEDIT ↵	激活 DIMEDIT 命令
Enter type of dimension editing [Home/New/Rotate/Oblique] <Home> :n ↵	键入 n 并回车
接着系统弹出一个"Multiline Text Editor"对话框，在该对话框中进行直径标注文本的修改输入，结果如图 15.32 所示，然后单击 OK 按钮	进行标注文本的修改
Select objects:1 found	选择所标注的直径文本
Select objects:↵	回车，结束选择。文本发生修改，如图 15.33 所示
Command:	

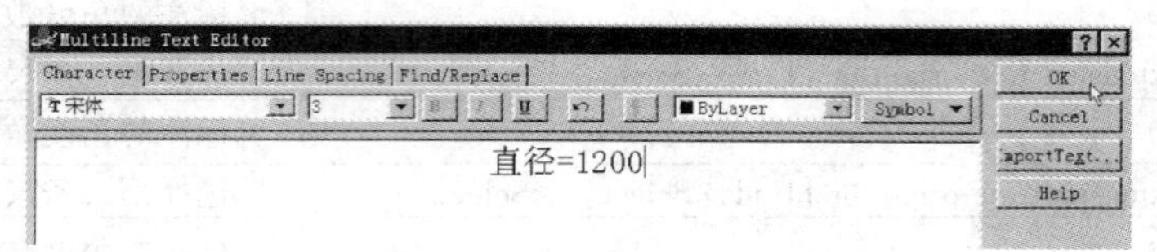

图 15.32

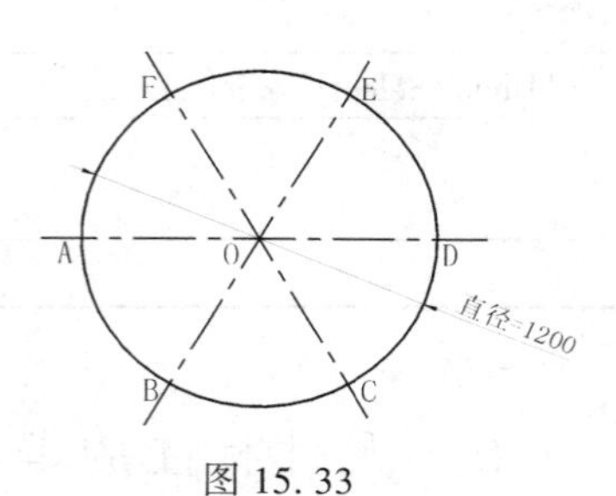

图 15.33

15.6.2　尺寸文本位置的编辑(DIMTEDIT)

DIMTEDIT 命令用于对尺寸文本位置的编辑，其命令可以通过以下方式来执行：

下拉菜单：Dimension/Dimension Text Edit

命 令 行：DIMTEDIT

工具按钮：单击"Dimension"工具条中的按钮

下面将用 DIMTEDIT 命令来对图 15.27 所示的基线标注的文本位置进行编辑，其操作结果如图 15.34 所示，操作步骤如表 15.15 所示。

表 15.15

Command:DIMTEDIT↵	激活 DIMTEDIT 命令
Select Dimension:(选择长度为 114 的尺寸标注文本)	选择要编辑的尺寸文本
Specify new location for dimension text or [Left/Right/Center/Home/Angle]:l ↵	键入 l 并回车，使尺寸文本沿尺寸线左对齐(当然也可以直接拖动光标来确定尺寸文本的新位置)

续表

Command:↵	回车再次激活 dimtedit 命令
DIMTEDIT	
Select Dimension:(选择长度为 262 的尺寸标注文本)	选择要编辑的尺寸文本
Specify new location for dimension text or [Left/Right/Center/Home/Angle]:r↵	键入 r 并回车,使尺寸文本沿尺寸线右对齐
Command:	

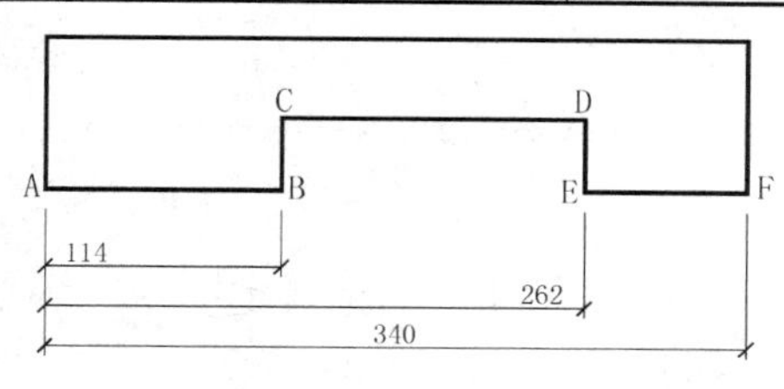

图 15.34

第16章 图形输出

16.1 概 述

图形输出是计算机辅助设计一个重要的环节，是将在计算机上所绘制的图形表达在图纸上的一个重要操作步骤。Auto CAD 2000 具有强大的图形输出和打印管理功能,并且能够支持多种类型的打印机和绘图仪。

16.2 打印出图(PLOT)

当将打印输出设备安装连接并配置好之后,一般都不会对其做经常性的变动。在要打印输出图形或文稿时,常只是在相应的软件中做好要打印的相应设置之后,再开启打印机,最后才单击开始打印的相应按钮即可。因此打印之前的相应设置将直接影响打印出图的质量,下面讲解 Auto CAD 2000 相应的打印出图设置:

打印出图设置的命令可以通过以下方式来执行:

下拉菜单:File /Plot…

命 令 行:PLOT 或 _PLOT、PRINT

工具按钮:单击“Standard”工具条中的按钮

PLOT 命令执行之后,系统将弹出一个“Plot”对话框,如图 16.1 所示,用于出图设备的设置和相应打印出图的设置。

16.2.1 出图设备的设置

在“Plot”对话框中有一“Plot Device”标签页,在该标签页中就可以对出图设备进行设置,如图 16.1 所示。在该标签页中共有四个选择区域,其各个含义如下:

Plotter Configuration 区域:在该区域中可以选择用户的输出设备,从而方便用户使用多个输出设备。其操作方法是:单击该区域中的向下方向按钮,系统将列出所配置的多个输出设备,然后即可选择所需要的输出设备(如:Epson MJ－1500K),如图 16.2 所示。

Plot style table(pen assignments)区域:在该区域中可以选择用户的打印出图样式或编辑已有的出图样式。其操作方法是:可以单击“Name: ”右侧的向下方向按钮,在系统所列出的多个出图样式中进行选择即可。

What to plot 区域：在该区域中可以确定用户打印出图的份数和打印出图标签。

Plot to file 区域：在该区域中可以将用户打印出图的内容输出到用户所指定的文件中。

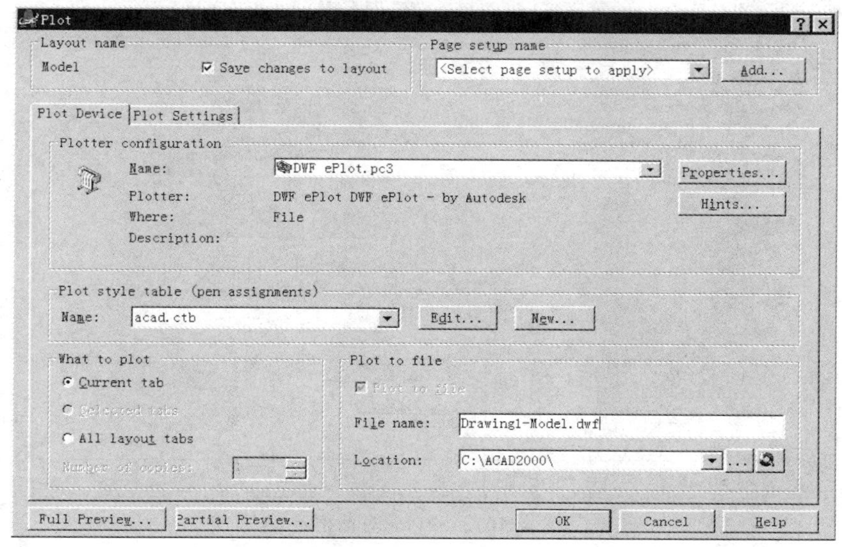

图 16.1　Plot 对话框

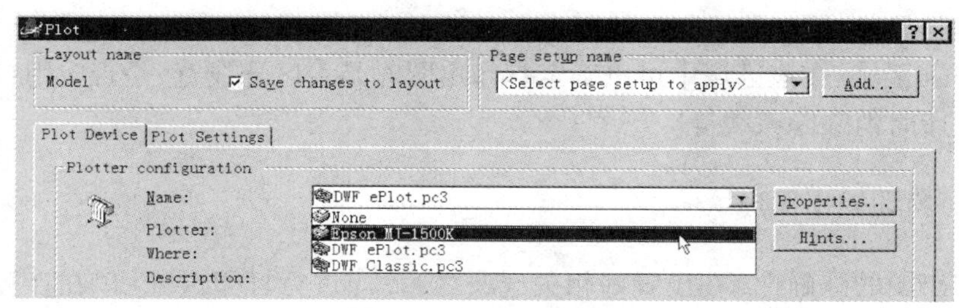

图 16.2　Plot 对话框

16.2.2　打印出图的设置

在“Plot”对话框中有一“Plot Settings”标签页，在该标签页中就可以对打印出图进行设置，如图 16.3 所示。在该标签页中共有六个选择区域，其各个含义如下：

Paper size and paper units 区域：在该区域中可以设置图纸的大小和图纸尺寸的单位。

Drawing orientation 区域：在该区域中可以设置打印出图的方向。

Plot area 区域：在该区域中可以确定绘图的区域，凡是在指定区域之外的图形将不会被打印输出。在该区域中共有五个单选项，其各个含义为：Limits 表示将以整个图形布局来输出图形；Extents 表示将最大限度地输出图形；Display 表示将以当前所显示的图形来输出图形；View 表示将以当前所命名的视图来输出图形；Window 表示将以在绘图屏幕中所窗选的范围来输出图形，其操作方法是先单击其右侧的 Window < 按钮，系统回到绘图屏幕中，然后窗选所要打印的图形范围，系统又回到该对话框中。

Plot scale 区域：在该区域中可以确定打印出图的比例。其方法有两种：一是单击 Scale 右侧的向下方向按钮，从其列表中进行选择；另一种是直接在 Custom 右侧的输入框中输入比例参数即可。

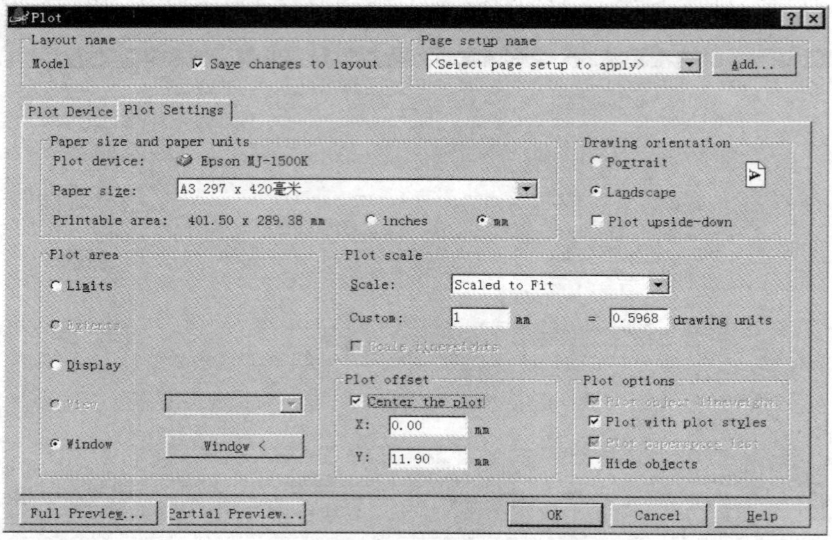

图 16.3　Plot 对话框

Plot offset 区域：在该区域中可以通过在其 X、Y 旁的输入框中直接输入参数，以控制图形输出的原点偏移量，来控制所要打印的图形在图纸中的位置。

Plot options 区域：在该区域中可以确定打印出图时是否区分线宽、是否应用打印出图样式以及是否在打印时消除隐藏线等。

16.2.3　打印输出图形

为了打印出图的准确性，在设置好相关选项之后，应进行打印预览，以在计算机中观察打印出图的效果，如果不理想，可以对相关选项再进行修改设置。打印预览的操作方法是：可以单击“Plot”对话框下的 Full Preview... 或 Partial Preview... 按钮，其中 Partial Preview... 按钮则只显示打印出图的范围与纸张大小的位置关系，而不显示所要打印的图形等，如图 16.4 所示。如果不需要再预显示，单击 OK 按钮即可退出预显示，系统返回到“plot”对话框中。

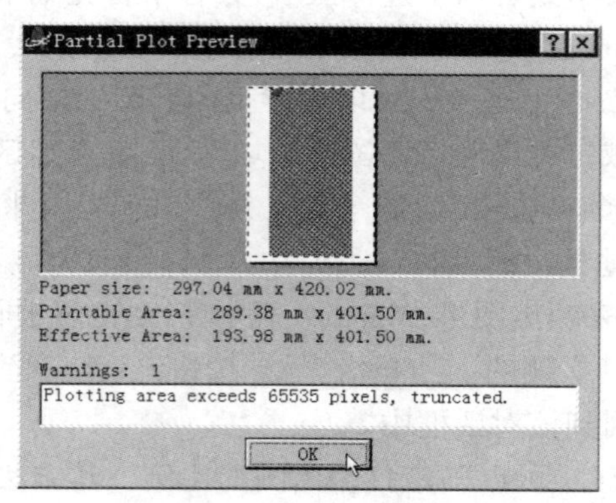

图 16.4　Partial Plot Preview 对话框

单击 Full Preview... 按钮可以完全显示所要打印的图形和图纸的边框等全部内容，并且可以拖动鼠标来动态缩放预览视图，如图 16.5 所示。如果不需要再预显示，便可以单击鼠标右键，在其弹出的菜单中点击 Exit 选项即可退出预显示，系统返回到“plot”对话框中。

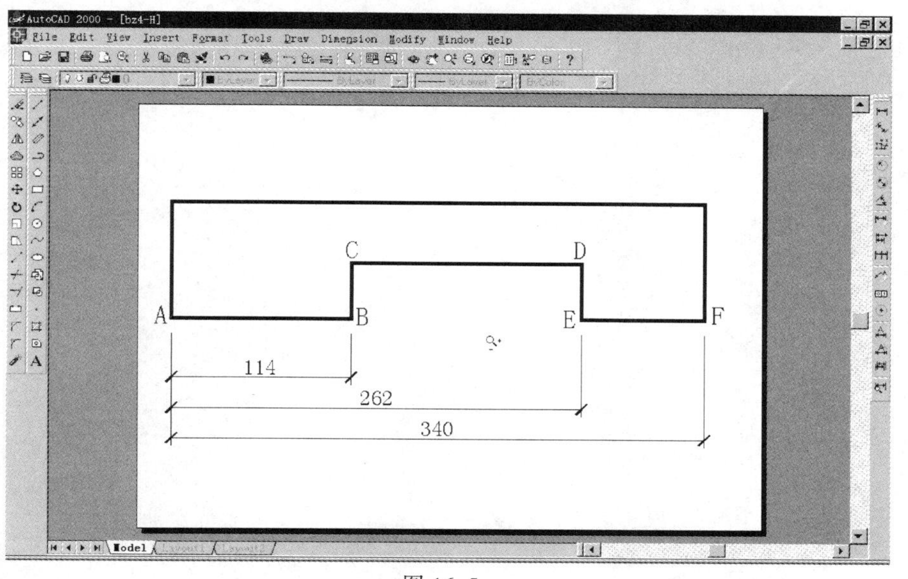

图 16.5

如果对于打印出图的预显示效果满意的话，便可以打开打印输出设备并放置好打印图纸，然后单击“plot”对话框下的 OK 按钮，系统将会把所要打印的内容完全打印到图纸上。